Hans-Jürgen Weidemann

Schwingungsanalyse in der Antriebstechnik

AF294864

Springer-Verlag Berlin Heidelberg GmbH

http://www.springer.de/engine-de/

Hans-Jürgen Weidemann

Schwingungsanalyse in der Antriebstechnik

Springer

Dr.-Ing. habil. Hans-Jürgen Weidemann
Hinterm Esel 11
67346 Speyer
e-mail: hjweidemann@freenet.de

ISBN 978-3-642-62638-8   ISBN 978-3-642-55850-4 (eBook)
DOI 10.1007/978-3-642-55850-4

Bibliografische Information der Deutschen Bibliothek
Die Deutsche Bibliothek verzeichnet diese Publikation in der Deutschen Nationalbibliografie;
detaillierte bibliografische Daten sind im Internet über http://dnb.ddb.de abrufbar.

Dieses Werk ist urheberrechtlich geschützt. Die dadurch begründeten Rechte, insbesondere die
der Übersetzung, des Nachdrucks, des Vortrags, der Entnahme von Abbildungen und Tabellen, der
Funksendung, der Mikroverfilmung oder Vervielfältigung auf anderen Wegen und der Speicherung
in Datenverarbeitungsanlagen, bleiben, auch bei nur auszugsweiser Verwertung, vorbehalten. Eine
Vervielfältigung dieses Werkes oder von Teilen dieses Werkes ist auch im Einzelfall nur in den Grenzen der gesetzlichen Bestimmungen des Urheberrechtsgesetzes der Bundesrepublik Deutschland
vom 9. September 1965 in der jeweils geltenden Fassung zulässig. Sie ist grundsätzlich vergütungs-
pflichtig. Zuwiderhandlungen unterliegen den Strafbestimmungen des Urheberrechtsgesetzes.

http://www.springer.de

© Springer-Verlag Berlin Heidelberg 2003

Softcover reprint of the hardcover 1st edition 2003
Die Wiedergabe von Gebrauchsnamen, Handelsnamen, Warenbezeichnungen usw. in diesem Buch
berechtigt auch ohne besondere Kennzeichnung nicht zu der Annahme, dass solche Namen im
Sinne der Warenzeichen- und Markenschutz-Gesetzgebung als frei zu betrachten wären und daher
von jedermann benutzt werden dürften. Sollte in diesem Werk direkt oder indirekt auf Gesetze,
Vorschriften oder Richtlinien (z. B. DIN, VDI, VDE) Bezug genommen oder aus ihnen zitiert worden
sein, so kann der Verlag keine Gewähr für die Richtigkeit, Vollständigkeit oder Aktualität überneh-
men. Es empfiehlt sich, gegebenenfalls für die eigenen Arbeiten die vollständigen Vorschriften oder
Richtlinien in der jeweils gültigen Fassung hinzuzuziehen.

Einbandgestaltung: medio Technologies AG, Berlin
Satz: Daten vom Autor
Gedruckt auf säurefreiem Papier   68/3020/M - 5 4 3 2 1 0

Vorwort

Die Dynamik von Antriebssträngen bildet einen Forschungsschwerpunkt des Maschinen- und Anlagenbaus in Deutschland. Viele Dissertationen und Habilitationen aus den letzten drei Jahrzehnten behandeln die nummerische Berechnung und die Regelung von Schwingungen in Rotoren und Antriebssträngen verschiedenster Art.

Dieses Buch fasst einige der Arbeiten, Messungen und Rechnungen zusammen. Es wendet sich an berechnende Ingenieure, Assistenten und Studenten, und versucht anhand der ausgewählten Komponenten und Beispiele die Vielfalt des Themas von der Theorie über Berechnung und Nummerik bis zur Messung und Diagnose von Schwingungen darzustellen.

Aufgrund der Komplexität des Themengebietes kann und will diese Schrift das Thema keinesfalls vollständig abbilden.

Dem Leiter des vormaligen Instituts B für Mechanik der Technischen Universität München, Herrn Prof. Dr.-Ing. Friedrich Pfeiffer, danke ich für die Möglichkeit, die am Lehrstuhl in breitem Spektrum vorhandenen Arbeiten zu diesem Thema um diesen Beitrag über Schwingungen in Motoren und Getrieben ergänzen zu dürfen. Eine besonders hilfreiche Unterstützung erhielt ich von Herrn Dr.-Ing. Thomas Roßmann.

Eine wissenschaftliche Arbeit über die Berechnung technischer Systeme kann einer Bewertung nur dann bestehen, wenn sie Vergleiche der Modellrechnungen mit „echten" Daten und Messungen von „realen" Anlagen beinhaltet. Weiterer Dank gilt daher den Firmen MTU Friedrichshafen, BHS-Cincinnati in Sonthofen, und ABB Automation in Mannheim für die freundliche und wohlwollende Unterstützung dieser Arbeit mit Messungen, Grafiken und Daten.

Unverzichtbare Hilfe für die Habilitation und dieses Fachbuch ist die stete Geduld und Unterstützung durch meine Frau Ulrike.

Speyer, im Januar 2003   Hans-Jürgen Weidemann

Inhaltsverzeichnis

1. **Einleitung** 1

2. **Berechnung von Schwingungen** 3
   2.1 Methodik 3
   2.2 Dynamik starrer und elastischer Bauteile 10
      2.2.1 Grundlagen 11
      2.2.2 Starre Einzelkörper 13
      2.2.3 Elastische Körper 25
   2.3 Bewegungsgleichungen für Räder und Wellen 49
      2.3.1 Räder 49
      2.3.2 Wellen 50
   2.4 Spline-Ansatz für elastische Wellen 69
      2.4.1 B-Splines zweiter Ordnung 69
      2.4.2 B-Splines dritter Ordnung 70
      2.4.3 Spezielle B-Splines 71
      2.4.4 Vergabesystematik 74
   2.5 Lagerungen für Rotoren 79
      2.5.1 Wälzlagerungen 79
      2.5.2 Gleitlagerungen 88
      2.5.3 Luftlager 102
   2.6 Koppelelemente in rotierenden Maschinen 108
      2.6.1 Verzahnungen 109
      2.6.2 Planetensätze 117
      2.6.3 Riementriebe 122
      2.6.4 Schrumpfsitze 125
      2.6.5 Kupplungen 133
      2.6.6 Arbeitszylinder in Hubkolbenmotoren 150
      2.6.7 Nockentriebe 161
      2.6.8 Modellierung von Randbedingungen 166
   2.7 Nummerische Integration 169
      2.7.1 Übersicht 169
      2.7.2 Einteilung der Verfahren 170
      2.7.3 Stabilität 172
      2.7.4 Schrittweitensteuerung 172

          2.7.5   Schaltpunktsuche 178
    2.8   Programmierung der Bewegungsgleichungen 182
          2.8.1   Datenstrukturen 182
          2.8.2   Körper und Koppelelemente 183

3.   Überwachung von Schwingungen 189
    3.1   Entstehung von Schwingungen 189
          3.1.1   Klassifizierung der Mechanismen 189
          3.1.2   Anregungsmechanismen in rotierenden Maschinen 192
    3.2   Methodik der Schwingungsdiagnose 196
          3.2.1   Überwachungsgrößen 196
          3.2.2   Standards und Normierungen 198
          3.2.3   Messverfahren und -größen 201
          3.2.4   Sensorik für Schwingungsanalysen 202
          3.2.5   Überwachungsmethoden 207
          3.2.6   Darstellungsmethoden 208
    3.3   Überwachungssysteme in großen Industrieanlagen 212
          3.3.1   Systemübersicht 213
          3.3.2   Datenfluss und Systemarchitektur 213
          3.3.3   Analysemodule 214

4.   Beispiele 221
    4.1   Schiffsdieselmotor, 12 Zylinder 221
          4.1.1   Modellierung des Schiffsdiesels 221
          4.1.2   Torsionsschwingungen in der Kurbelwelle 225
          4.1.3   Zahnhämmern im Rädertrieb des Dieselmotors 227
    4.2   Luftgelagerte Kleinturbine 229
          4.2.1   Aufgabenstellung 229
          4.2.2   Mechanisches Ersatzmodell 230
          4.2.3   Dynamisches Verhalten, Messung und Rechnung 233
    4.3   Kompaktplanetengetriebe 235
          4.3.1   Modellbeschreibung 236
          4.3.2   Zahnkräfte und Sonnenradschwingung 238

Literatur 241

Sachverzeichnis 255

Symbolverzeichnis

Nomenklatur

$\boldsymbol{a}$	fette Buchstaben bezeichnen Vektoren und Matrizen.
$\tilde{\boldsymbol{\omega}}$	Der Tilde-Operator bezeichnet das Kreuzprodukt, es gilt $\tilde{\boldsymbol{\omega}}\boldsymbol{r} = \boldsymbol{\omega} \times \boldsymbol{r}$
$cond(\boldsymbol{J})$	Konditionszahl einer Matrix $\boldsymbol{J}$
$\boldsymbol{A}^T$	Transponierte einer Matrix $\boldsymbol{A}$
$\dot{a} \equiv \frac{d}{dt}a$	Zeitliche Ableitung einer Größe

Indizierung: Systematik

$_K\boldsymbol{r}$	Index links unten: benutztes Koordinatensystem
$\boldsymbol{r}_{AB}$	Index rechts unten: Bezug, im Falle von Ortsvektoren Punkte
$\boldsymbol{I}^O$	Index rechts oben: Bezugspunkt

Symbole

α	Filterkoeffizient im NEWMARK-VERFAHREN
α, β, γ	KARDAN-WINKELKOORDINATEN
α_0	Normaleingriffswinkel
α_W	Betriebseingriffswinkel
β	Schrägungswinkel
β	Winkel zwischen Pleuel- und Kolbenachsen
$\alpha(), \beta()$	Elastische Hohlradverformung
$\boldsymbol{\alpha}$	Winkelbeschleunigung
β	Normiertes Breitenverhältnis in Gleitlagern
δ	Normierte Dämpfung im Einmassenschwinger
$\delta()$	Dirac- Impuls
$\delta\boldsymbol{r}$	Variation des Vektors $\boldsymbol{r}$
ϵ	Dehnung
ε	Verdichtung $(= V_2/V_1)$
γ	Gleitwinkel

$\boldsymbol{\gamma}$	Hilfsvektor im rekursiven Verfahren
λ	Eigenfrequenzen
$\lambda(Re)$	Rohrreibungszahl
$\boldsymbol{\lambda}$	Vektor der aktiven Gelenkkräfte und -Momente
$\boldsymbol{\eta}$	Hilfsvektor im rekursiven Verfahren
φ	Rotationswinkel um Hauptachse
φ_E	Relativwinkel bei Gleitbeginn im Schrumpfsitz
φ_R	Relativwinkel bei Rutschbeginn im Schrumpfsitz
φ_K	Kurbelwinkel
$\varphi_{EB1}, \varphi_{EB2}$	Einbaulage von Ritzel und Rad
Γ	Rand eines Gebietes
$\boldsymbol{\Gamma}$	Ortsintegralvektor
μ	Haftreibungszahl
ν	Eigenfrequenz im Einmassenschwinger
ν	Querkontraktionszahl (St: 0.26)
ϕ	Verfahrensfunktion
$\Phi(s)$	Interpolationspolynom
κ	Dimensionslose Dämpfung in GEISLINGER-KUPPLUNGEN
κ	Adiabatenexponent ($= c_p/c_v$; Luft: $1, 402$)
η	Hilfskoeffizient zur Berechnung der Kontaktellipse
η	Dynamische Schmierfilmviskosität
η_{therm}	Thermischer Wirkungsgrad
ω	Betrag der Winkelgeschwindigkeit
$\boldsymbol{\omega}$	Vektor der Winkelgeschwindigkeit
Ω	Nominale Winkelgeschwindigkeit
π	Kreiszahl
$\boldsymbol{\Pi}$	Ortsintegralmatrix
Π	Normierter Schmierspaltdruck
ψ	Hilfskoeffizient zur Berechnung der Kontaktellipse
ψ	Normiertes Lagerspiel
ρ	Dichte
σ	Normalspannung
σ_{rr}	Schrumpfdruck in Fügefläche
τ	Schubspannung
τ	Normierte Zeit
ξ	Koordinate
ξ	Verhältnis der Profilverschiebungen
ξ	Hilfskoeffizient zur Berechnung der Kontaktellipse
$\boldsymbol{\xi}$	Eigenvektor
ζ	Verlustfaktor in fluidischer Strömung
0	Nullmatrix
a	Große Halbachse des Kontaktellipsoids
a	Achsabstand (Verzahnungen)
a_i	Koeffizient 3. Ordnung kubischer Splines
a_j, a_c, a_w	Koeffizienten für die Berechnung der Kurbelwellensteifigkeit

$\boldsymbol{a}$	Absolutbeschleunigung
A	Diagonalelement des Trägheitstensors
A	Beginn der Eingriffsgeraden
A_K	Effektive Kolbenquerschnittsfläche
$\boldsymbol{A}$	Transformationsmatrix
$\boldsymbol{A}$	Vektor der Gleitlagerkoeffizienten
b	Kleine Halbachse des Kontaktellipsoids
b	Zahnbreite
b, b_L	Lagerbreiten von Wälzkörpern
b_i	Koeffizient 2. Ordnung kubischer Splines
b_R	Breite des schmäleren Radköpers
$B1, B2$	Anteile in Kolben- und Pleueldynamik
B	Diagonalelement des Trägheitstensors
B	Lagerbreite
$\boldsymbol{B}$	Stelleingriffsmatrix
c	Bezogenes Kopfspiel
c'	Normierte Gleitlagersteifigkeit
c_p	Spezifische isobare Wärmekapazität (Luft: $1005\,J/(kgK)$)
c_v	Spezifische isochore Wärmekapazität (Luft: $717\,J/(kgK)$)
c_i	Koeffizient 1. Ordnung kubischer Splines
c_E	Ersatzsteifigkeit des Schrumpfsitzes
c_{EP}	Proportionalitätskonstante in Nockentrieben
c_R	Torsionssteifigkeit von GEISLINGER-KUPPLUNGEN
c_T	Torsionssteifigkeit elastischer Kupplungen
c_{min}, c_{max}	Zahnsteifigkeiten
$\boldsymbol{c}$	Körperlängsvektor im rek. Verfahren
C	Diagonalelement des Trägheitstensors
$C_1, \ldots, C_5$	Lagerluftklasse für Wälzlager
C_Z	Ersatzsteifigkeit von Wälzlagern
$\boldsymbol{C}_T, \boldsymbol{C}_{T2}$	Steifigkeitsmatrix in Kupplungen
$\boldsymbol{C}_R, \boldsymbol{C}_{R2}$	Rotationssteifigkeitsmatrix in Kupplungen
d'	Normierte Gleitlagerdämpfungen
d^*	Dämpfkonstante für lageproportionale Dämpfung
d_D	Zahndämpfbeiwert
d_i	Koeffizient 0. Ordnung kubischer Splines
d_i, d_a	Innen- und Außendurchmesser
d_F	Durchmesser der Fügestelle
d_T	Torsionsdämpfung elastischer Kupplungen
D	Nebendiagonalelement des Trägheitstensors
D	Lagerdurchmesser
D	Lehr'sches Dämpfungsmaß
$D()$	Defekt
$D1, D2$	Anteile in Kinetik von Kolben und Pleuel
$\boldsymbol{D}$	Dämpfungsmatrix

$\boldsymbol{D}_T, \boldsymbol{D}_{T2}$	Dämpfungsmatrix in Kupplungen
$\boldsymbol{D}_R, \boldsymbol{D}_{R2}$	Rotationsdämpfungsmatrix in Kupplungen
e_a, e_b	Profil- und Sprungüberdeckung
e_{ED}	Eindringung der Zahnflanken
$\boldsymbol{e}_x, \boldsymbol{e}_y, \boldsymbol{e}_z$	normierte Koordinatenvektoren
E	Nebendiagonalelement des Trägheitstensors
E	Elastizitätsmodul
E	Ende der Eingriffsgeraden
$E1, E2$	Anteile in Kinetik von Kolben und Pleuel
$\boldsymbol{E}$	Einheitsmatrix
$f_i(x)$	i-te Axialansatzfunktion für Gleitlagerdruck
$\boldsymbol{f}$	Direkte Kinetik: Gelenkkräfte
$\boldsymbol{f}_e$	eingeprägte Kraft
F	Nebendiagonalelement des Trägheitstensors
F_{spez}	Typische erwartete Zahnlast
F_S	Spezifische Belastung pro Zahnbreite in N/mm
$\boldsymbol{F}$	Kraftvektor
fg	Anzahl Freiheitsgrade eines Einzelkörpers
g	Zahl der Koordinaten
g_a, g_f	Eingriffsstrecken (Vezahnungen)
$g, \boldsymbol{g}$	Erdbeschleunigung
$g(\boldsymbol{q})$	Zwangsbedingung
G	Schubmodul, Materialparameter
$G1, G2$	Anteile in Kinetik von Kolben und Pleuel
$\boldsymbol{G}$	schiefsymmetrische Gyromatrix
$\mathcal{G}$	Gebiet eines elastischen Kontinuums
h	Länge eines Wellenabschnittes
h_{a0}	Werkzeugkopfhöhe
h_{a1}, h_{a2}	Kopfhöhen (Verzahnungen)
$h(s)$	Spaltfunktion
h_{wk}	Werkzeugkopfhöhe, bezogen auf Modul ($h_{wk} \approx 1.2$)
$\boldsymbol{h}$	Vektor der nichtlinearen verallgemeinerten Kräfte
H	Gelenkpunkt im rek. Verfahren
H	Normierte Schmierspaltfunktion
H_1, H_2, H_3	Ortsintegrale im elastischen Hohlrad
$H1, H2$	Kraftanteile des Pleuels auf die Kurbelwelle
i	Übersetzung ($i = z_2/z_1 \geq 1$)
I	Integralfunktional
I_j, I_c, I_w	polare FTM in Kurbelwellenberechnung
$\boldsymbol{I}$	Trägheitstensor
I_y, I_z	Axiale Flächenträgheitsmomente
J	polares Massenträgheitsmoment
J_0	Konstantes Massenträgheitsmoment des Kurbelwellenabschnittes
J_P	Massenträgheitsmoment des Pleuels um Schwerpunkt S_P
ΔJ	Nichtlineare Massenträgheit durch Kolben und Pleuel

$\boldsymbol{J}$	Trägheitstensor
$\boldsymbol{J}_T, \boldsymbol{J}_R$	Jacobi-Matrizen der Translation und Rotation
k	Kopfhöhenänderung (Verzahnungen)
$\boldsymbol{k}_i$	i-ter Integratorstützpunkt
$K1, K2$	Anteile in Kolben- und Pleuelkinematik
$\boldsymbol{K}$	Steifigkeitsmatrix
$\boldsymbol{l}_e$	eingeprägter Drall
l_F	Länge der Fügestelle
l_1	Länge der Kurbel
l_2	Länge des Pleuels
L_j, L_c, L_w	Längenabschnitte in der Kurbelwelle
L	Lagrange'sche Funktion
L	Umfangslänge
$\boldsymbol{L}$	Kinetik: Drallvektor
$\boldsymbol{L}, \boldsymbol{L}^T$	CHOLESKY-ZERLEGTE DER MASSENMATRIX
$\mathcal{L}$	Differenzialoperator
m	Normalmodul
m	Masse eines Einzelkörpers
m_L	Masse der Luft im Zylinder
m_K	Masse des Kolbens
m_P	Masse des Pleuels
M_x, M_y	Axiale Biegemomente
M_E	Lastmoment bei Gleitbeginn im Schrumpfsitz
M_R	Lastmoment bei Rutschbeginn im Schrumpfsitz
$\boldsymbol{M}$	Momentenvektor
$\boldsymbol{M}$	Massenmatrix
$\boldsymbol{M}_i$	lokale Massenmatrix
$\boldsymbol{N}$	Matrix der nichtkonservativen Koppelkräfte
O	Inertialfester Ursprung
p	Druck in Fluiden
p, p_{et}	Teilung, Eingriffsteilung (Verzahnungen)
p_H, p_S	Phasenverschiebung der Zahneingriffe
$\boldsymbol{p}$	Impuls eines Körpers
P	Gelenkpunkt im rek. Verfahren
P_S	Spezifische Belastung pro Zahnbreite
$P1, P2$	Anteile in Kolbenbeschleunigung
$\boldsymbol{q}$	Vektor der verallgemeinerten Koordinaten
Q	Volumenstrom
Q	Zu- bzw. abgeführte Wärme
$\boldsymbol{Q}$	Stelleingriff, generalisierte Kräfte
r_f	Auf Modul bezogener Fußradius
r_N	Nockenradius
$r, r', r_1, r_1', r_2, r_2'$	Krümmungsradien von Wälzkörpern
$\boldsymbol{r}$	Ortsvektor
R	Gaskonstante (Luft: $287J)/(kgK)$
R	Residuum
Re	Reynoldszahl
$\mathfrak{R}$	Menge der rationalen Zahlen

s	Umlaufkoordinate
s	Flankenspiel
s_A, s_B, s_C	Grenzamplitude in Schwingungsdiagnostik
$\bar{s}$	Normierte Spaltkoordinate
S	Steifigkeit von Luftlagern
So	Sommerfeldzahl
$S()$	Differenzialoperator für Randfunktion
t	Zeitkoordinate
t_A	Anfangszeitpunkt
t_S	Schaltzeitpunkt
$T()$	Differenzialoperator für Randfunktion
T	Temperatur
$T_i(x)$	i- tes TSCHEBYSCHEFF-POLYNOM
T_T, T_{rot}	translatorische und rotatorische kinetische Energie
TP	Topologie-Vektor
u	lokale Verschiebung
$\boldsymbol{u}$	Vektor der Gelenkmomente
v_S	Betrag der Schwerpunktsgeschwindigkeit
v_N	Betrag der Nockengeschwindigkeit
v	lokale Verschiebung
$\boldsymbol{v}$	Geschwindigkeitsvektor
V	Elastisches Biegepotenzial, gespeicherte Formänderungsenergie
V	Momentanes Volumen in Verbrennungskolben
V_1	Zylindervolumen im UT
V_2	Zylindervolumen im OT
w	lokale Verschiebung
w	Wichtungsfunktion
w	Annäherung von Wälzlagern
W	Formänderungsenergie
W	Zu- bzw. abgegebene Arbeit
$\boldsymbol{W}$	Eingriffsmatrix
x	Ortskoordinate
x_{sum}	Betrag der Summe der Profilverschiebungen ($|x_1 + x_2|$)
x_1, x_2	Profilverschiebungen Ritzel, Rad
$\bar{x}$	Normierte Umfangskoordinate
$\boldsymbol{X}$	Modalmatrix der Eigenvektoren
y	Ortskoordinate
$Y1, Y2$	Anteile in Kolbenbeschleunigung
$\boldsymbol{Y}$	approximierter Zustandsvektor
z	Ortskoordinate
z_{sum}	Summe der Zähnezahl
z_1, z_2	Zähnezahlen Ritzel, Rad
z_S, z_P, z_H	Zähnezahlen Sonne, Planet, Hohlrad
$\boldsymbol{Z}$	Vektor der Gleitlagerzustände

1. Einleitung

Aus technischer Sicht bestehen Antriebsstränge aus einer Vielzahl von Baugruppen und Einzelteilen, welche mechanische Arbeit von einer erzeugenden Quelle (Zylinder, Läufer von Elektromotoren) zum jeweiligen Verbraucher (Achsabtriebe, Generatorwellen) übertragen.

Das Schwingungsverhalten im Betrieb dieser Maschinen bestimmt die Lebensdauer der Bauteile und die auftretenden Kosten durch Wartung und Reparatur maßgeblich. Neben den Kosten stehen aber auch die Betriebssicherheit und die Folgen ungeplanter Maschinenstillstände im Zentrum des Interesses der Betreiber. Der Vermeidung der Schwingungen durch Analyse und konstruktiver Auslegung der Maschinengruppen und der kontinuierlichen Überwachung von Schwingungen im Betrieb großer rotierender Maschinen kommt eine entsprechende Bedeutung zu.

Das vorliegende Kompendium möchte in zusammenhängender Form den Bogen von den theoretischen Grundlagen der Schwingungen in Antriebssystemen über die Beschreibung der Anregungsmechanismen bis zur Darstellung von Analyse- und Überwachungssystemen im Betrieb großer Maschinen beschreiben. In der Praxis ist oftmals gerade dieser Übergang von der Theorie auf die entsprechende Umsetzung in realen Problemstellungen schwierig.

Dieses Buch beinhaltet die analytische Formulierung der Bewegungsgleichungen und die Theorie der numerischen Simulation von Schwingungsphänomenen in Antriebssystemen mit einem kompakten, einheitlichen Ansatz.

Durch den Vergleich der Berechnung mit Messungen von realen Biege- und Torsionsschwingungen in Hubkolbenmotoren, Zahnradgetrieben und luftgelagerten Kleinturbinen wird die Effizienz der vorgestellten Algorithmen überprüft und die Übertragung der theoretischen Grundlagen auf reale Problemstellungen illustriert.

Neben der mathematischen Beschreibung ist in der industriellen Praxis die Überwachung, Diagnose und Vermeidung der Maschinenschwingungen von besonderem Interesse. Eine kurze Übersicht über den Aufbau, die Sensorik und die Funktionen eines in der Praxis eingesetzten Schwingungsüberwachungssystems soll dieses Kompendium abrunden.

2. Berechnung von Schwingungen

2.1 Methodik

Es ist die in sehr vielen Arbeiten studierte Kunst der „mechanischen Modellbildung", die Summe der technischen Einzelteile und Baugruppen durch einzelne, mathematische Modelle in der Form zu approximieren, dass sich die im realen System auftretenden, unerwünschten Phänomene wie etwa Schwingungen, Stick-Slip- oder spezielle Stoßereignisse in analoger Form mit dem mathematischen Ersatzmodell abbilden lassen. Es gilt hierfür der bekannte und vielzitierte Hinweis, dass diese Ersatzmodelle einerseits so aufwendig wie möglich und andererseits nur so aufwendig wie nötig sein mögen. Grundlage einer Entscheidung in dieser Hinsicht ist die Wahl der Phänomene, welche man mit dem jeweiligen Ersatzmodell abbilden möchte.

Die hier zugrundegelegte Methodik erzeugt einen analytischen Satz Bewegungsgleichungen zur Beschreibung eines realen Antriebssystems. Sie basiert auf einer Unterscheidung aller interessierenden Bauelemente in massebehaftete Einzelkomponenten, „Körper", und in verbindende Bauelemente, „Koppelelemente".

Jede real vorhandene, massebehaftete Einzelkomponente des Systems wird durch ein Element aus einer übersichtlichen Anzahl von beherrschbaren Modellkörpern mit räumlichen Bewegungsfreiheitsgraden und inneren, auf elastische Verformungen beruhenden weiteren Freiheitsgraden modelliert. Für diese Modellierung der Einzelkörper gilt das Ziel, nur die relevanten starren und elastischen Freiheitsgrade zu bestimmen und zu berücksichtigen, welche die wesentlichen Verformungen aus dem idealen Sollzustand der einzelnen Maschinenteile heraus beschreiben. Höhere Detaillierungsgrade über dieses Ziel hinaus bedingen i. Allg. ebenfalls erhöhte Dimensionen der Bewegungsgleichungen und einen damit verbundenen erhöhten Zeitaufwand für ihre nummerische Lösung. Die Bewegungsgleichungen dieser Einzelkörper basieren auf dem Prinzip von D'ALEMBERT [13]. Für komplexere Konturen, beispielsweise der untersuchten Wellen, wird eine Methodik zur Approximation der inneren elastischen Torsions- und Biegeverformungen mit kubischen Splines angewandt.

Die Kopplungen und Kontakte zwischen den Baugruppen, zu denen alle Lagerungen, Kupplungen oder Verzahnungen gehören, sind in der mathematischen Beschreibung durch eine Vielzahl nichtlinearer Kraftgesetze ersetzt.

Die Kraftgesetze spiegeln sich in dem Satz entstehender Bewegungsdifferenzialgleichungen als zustands- oder zeitabhängige Anregungen auf die Koordinaten der Einzelkörper wider. Die Abhängigkeit dieser jeweils zwischen Körpern wirkenden Kraft- und Momentgrößen von den relativen Bewegungsgrößen der Körper erzeugt die wechselseitige Kopplung der einzelnen Bewegungsdifferenzialgleichungen des Systems. Eine Lösung dieser gekoppelten, i. Allg. nichtlinearen Differenzialgleichungen ist aufgrund ihrer Komplexität nur durch nummerische Integration über die Zeit möglich. Des weiteren erhebt der Ansatz den Anspruch, nicht allein auf die vorhergehend genannten Probleme zugeschnitten zu sein, sondern vielmehr dahingehend Allgemeingültigkeit zu besitzen, dass die als Module formulierten Bauteile des Simulationswerkzeugs ohne weiteres auf eine allgemeinere Gruppe von Antriebssträngen anwendbar sind.

Methode der Finiten Elemente. Es ist in den Berechnungsabteilungen der größeren Maschinenhersteller inzwischen der verbreitete Stand der Dinge, mit Finite-Element-Programmen Strukturanalysen bestimmter Maschinenkomponenten durchzuführen. Diese FEM-Programme sind inzwischen sehr leistungsfähig und berechnen interne Spannungs- und Dehnungszustände, Temperaturverläufe, Verformungen unter Lasten und auch das Eigenschwingungsverhalten selbst komplexerer Baugruppen.

In diesem Zusammenhang stellt sich dann die Frage nach dem Sinn einer analytischen Modellierung elastischer Wellen und Hohlräder, wenn auch komplexere Körper verhältnismäßig schnell durch FEM-Programme modelliert werden können.

Die Antwort liegt in der Vielzahl der betrachteten Körper und der Vielzahl von nichtlinearen, speziellen Kraftkopplungen in den betrachteten Systemen. Das lineare Verhalten einzelner, auch komplizierter Teile wird durch FE-Methoden i. Allg. sehr genau analysiert. Analytische Beschreibungen der inneren Verformungen sind vergleichsweise insbesondere bei komplexeren Bauteilgeometrien nicht oder nur sehr eingeschränkt möglich. Das nichtlineare Zusammenwirken aller Körper im Gesamtsystem unter periodischen und irregulär wirkenden äußeren Lasten hingegen wird besser durch Ansätze erfasst, welche nur die wesentlichen elastischen Freiheitsgrade der beteiligten Körper zuzüglich zur vollständigen nichtlinearen Massendynamik und die charakteristischen Kennlinien der einzelnen Kraftkopplungen berücksichtigen. Der nummerische Aufwand bleibt so in beherrschbaren Dimensionen mit einer zwei- oder maximal dreistelligen Anzahl von Systemfreiheitsgraden. Nichtlinearitäten und Sprünge im Beschleunigungsverlauf der Teilkörper werden durch geeignete nummerische Lösungsverfahren beherrschbar.

FE-Methoden besitzen ihre Stärke in der Analyse von Eigenschwingungsformen und -frequenzen („Modalanalyse") und in der Berechnung der Verformungen einer einzelnen, geometrisch komplizierten Baugruppe unter äußeren, statischen Lasten. Die in diesem Buch beschriebene Methodik widmet sich hingegen dem Ziel, die Wechselwirkung und das Bewegungsverhalten mehrerer starrer und elastischer Einzelkörper zu beschreiben. Sie setzt voraus, dass die Einzelkörper durch gewisse Symmetrien und standardisierte Geometrien darstellbar sind. Die in der Realität wirkenden, i. Allg. stark nichtlinearen Kopplungen zwischen den einzelnen Körper werden durch Kraftkopplungen modelliert. Anstelle der Modalanalyse und der Berechnung quasistatischer Verformungen einzelner Körper steht die Integration des Zeitverhaltens eines Antriebssystems unter der Einwirkung nichtlinearer Koppelkräfte und zeitvarianter äußerer Anregungen im Vordergrund. Der Nutzwert dieser Methodik und des Ergebnisses einer solchen Zeitintegration ist die detaillierte Einsicht in interne Kräfte, Dehnungen, Spannungen und Bewegungsverhalten eines gesamten Antriebsstranges, um mit dieser Kenntnis den Antriebsstrang zu optimieren.

Spezielle, problemorientierte Simulationsprogramme für diese Problemgruppe werden aus den genannten Gründen auch in Zukunft ihre Berechtigung gegenüber Finite-Element-Berechnungsprogrammen nicht verlieren.

Strukturen der untersuchten Systeme. Treten einzelne Körper durch Stöße, Lagerungen, Verzahnungen oder weitere Effekte miteinander in Kontakt, so besteht die mathematische Darstellung dieser Effekte prinzipiell entweder aus zusätzlichen, auf beide Körper wirkende Kräfte, „Koppelelemente", oder aus einschränkenden Bedingungen für die verallgemeinerten Koordinaten, welche die Bewegungen beider Körper beschreiben.

Die letztere Form der Darstellung spiegelt sich beispielsweise in der Anwendung von Stoßgesetzen oder Zwangsbedingungen für Geschwindigkeiten und Beschleunigungen wieder. Sie bietet den Vorteil, die im Kontakt wirkenden Kräfte nicht notwendigerweise aus der aktuellen Lage und dem aktuellen Bewegungszustand quantitativ zu ermitteln: Die Anwendung der Kontakt-Zwangsbedingung, welche eine Transformation der verallgemeinerten Koordinaten in den Raum der verbleibenden Bewegungsfreiheiten darstellt, eliminiert gleichzeitig den Normalanteil der Kräfte im Kontaktpunkt aus den Gleichungen.

Als Nachteil dieser Form der Darstellung gilt hingegen, dass zum einen oftmals kleine Verformungen (und die entsprechenden Kräfte) eben in diesen Kontaktpunkten interessieren, zum anderen eine räumliche Verschaltung mehrerer Kontaktzwangsbedingungen sofort auf Komplementaritätsprobleme höherer Dimensionen führt, die mit dem Nachteil eines sehr großen Aufwands in Theorie und Nummerik verbunden sind.

Für die heutzutage auftretenden Schwingungen in Antriebssträngen hat es sich in vielerlei Hinsicht als ausreichend erwiesen, die Kopplungen zwischen den Körpern über Kraftgesetze und nicht über kinematische Zwangsbedingungen (ideale Gelenke/Kontakte ohne Verformungen) zu modellieren.

Sind somit alle Lagerungen, Verzahnungen, Abwälzungen und weitere Wechselwirkungen der Körper untereinander durch entsprechende Kraftgesetze und nicht durch kinematische Bedingungen ihrer Koordinaten beschrieben, entfallen „kinematische Schleifen" beim Aufstellen der Bewegungsgleichungen.

Das betrachtete mathematische Ersatzsystem besitzt in diesem Fall keine Baumstruktur mehr, es besteht vielmehr aus einem Vektor einzelner Körper, welche jeweils nur durch Koppelelemente und nicht durch Gelenke untereinander verbunden sind. Alle Koordinaten können somit als absolute Größen gegenüber inertialfesten Umgebungen definiert werden, welches eine weitere Vereinfachung der mathematischen Beschreibung ermöglicht.

Bewegungsgleichungen. Es entsteht unter Verwendung obiger Methodik ein Satz von Bewegungsgleichungen, welcher eine Gesamtmassenmatrix in Blockdiagonalform aufweist.

Bei entkoppelten Körpern vereinfachen sich die Bewegungsgleichungen dann auf die Berechung der Impuls- und Drallsätze für starre Körper und auf die Auswertung konstanter Massen-, Dämpfungs- und Steifigkeitsmatrizen, welche jeweils höchstens die Dimension der Anzahl elastischer Freiheitsgrade des betrachteten Körpers besitzen. Die Auswertung der Bewegungsgleichungen kann sukzessive für jeden Körper erfolgen. Körper gleichen Typs lassen sich in Vektoren ablegen, die Auswertung der Bewegungsgleichungen im Hinblick auf die nummerische Integration kann rechentechnisch äußerst effektiv durch eine einfache Schleife über alle Elemente dieses Vektors erfolgen.

Körper. In dieser Arbeit wird mit dem Begriff „Körper" eine in sich steife oder linear elastische Struktur verbunden, welche sich als Einheit durch den Raum bewegt.

Sehr oft trifft man in der kaum überblickbaren Vielfalt der Literatur zur Analyse von Schwingungen in Antriebssystemen auf Modelle mit starren Einzelkörpern und rotatorischen Freiheitsgraden.

Es ist ein Schwerpunkt dieser Arbeit, die notwendigen Gleichungen und Ansätze zur Berücksichtigung elastischer Biege- und Torsionsverformungen in langen Wellen einzubeziehen. Gerade in der Kopplung der möglichen elastischen Verformungen liegt oftmals die Begründung auftretender Schwingungserscheinungen.

Die folgend aufgelisteten „Körper"-Typen bilden die Palette der Elemente, mit denen im Rahmen dieser Beschreibung einzelne Bauteile der betrachteten Antriebsstränge modelliert werden.

Rad: rotationssymmetrisch, ein rotatorischer Starrkörper-Freiheitsgrad
Scheibe: Rotationssymmetrisch, drei ebene Starrkörper-Freiheitsgrade
Starrkörper: Allgemeiner Starrkörper, sechs räumliche Freiheitsgrade
Hohlrad: Sehr dünnwandige, kurze Hohlwelle mit Abschlussflansch zur Modellierung von elastischen Hohlrädern in Planetengetrieben
Torsionswelle: Lange, torsionselastische Welle mit null bis fünf Starrkörperfreiheitsgraden und einer beliebigen Zahl elastischer Torsionsfreiheitsgrade
Vollelastische Welle: Lange Welle mit beliebigen Anzahlen von Torsions- und Biegefreiheitsgraden.

Koppelelemente. Die vorliegende Arbeit beinhaltet diejenigen Koppelelemente, mit denen sich typische Antriebsstränge mit elektrischen Antrieben, Turbinen, Generatoren, Hubkolbenmotoren, Kupplungen und Wellen, Zahnradgetrieben und ähnlichen Komponenten modellieren lassen. Eine Erweiterung auf spezielle Formen (wie beispielsweise Strömungsmaschinen und hydrodynamische Wandler) ist im Rahmen der gewählten Methodik ohne Einschränkung möglich. Diese Erweiterbarkeit und der hohe Grad an Übersichtlichkeit ist die Folge der strikten, strukturierten Einteilung in Körper und Kraftkopplungen und die modularisierte rechentechnische Realisierung der Modelle durch eine entsprechende objektorientierte Software-Sprache. Im Einzelnen bilden die folgenden „Kraftkopplungen" die Module, mit denen sich die oben aufgeführten Körper zu einem Gesamtsystem koppeln lassen.

Torsionsfedern, Dämpfer: Die Modellierung von Kupplungen kann in einfacher Form durch lineare, progressive oder degressive Ersatzkennlinien mit oder ohne Spiel geschehen. Mit diesen Kraftkopplungen lässt sich des Weiteren die Torsionssteifigkeit von Kurbelwellenkröpfungen zwischen den Lagerstellen in übersichtlicher Weise approximieren.

Gleitlager: Diese weitverbreitete Art der Lagerung von Wellen besitzt die Eigenschaft einer gegenüber der Auslenkung des Lagerzapfens verdrehten Richtung der resultierenden Lagerkraft, welche des Weiteren ein hohes Maß an Nichtlinearität aufweist. Die Theorie zur Berechnung der Schmierfilmverhältnisse und ihrer Asymmetrie ist durch eine Vielzahl von Arbeiten aufbereitet und wird in diesem Beitrag exemplarisch auf ein zylindrisches Gleitlager mit radial umlaufender Tasche angewandt. Es ist jedoch aufgrund der sich ergebenden hohen Rechenzeit nur in seltenen Fällen möglich, für komplexere Systeme mit mehreren Lagerungen die Schmierfilmverhältnisse in jedem Integrationsschritt neu zu bestimmen. Mit gewissen Fehlern kann man jedoch für einen bestimmten Lagertyp einen einmalig im Voraus bestimmten Verlauf von Lagerkraft und deren Richtung in Abhängigkeit der Auslenkung und ihrer Richtung als Kennlinie aufschalten. Dieses ist allerdings nur zur Analyse eines komplexeren Gesamtsystems und nicht zur detaillierten Betrachtung einzelner Schmierfilmverhältnisse zulässig.

Kugellager: Gegenüber Gleitlagern wird bei Wälzlagern mit Ausnahme von Reib- und Walkkräften kein Winkelversatz zwischen Auslenkung und resultierender Lagerkraft angenommen. Der Zusammenhang zwischen Lagerkraft und Auslenkung wird durch ein radiales Spiel und einen progressiven Steifigkeitsverlauf modelliert.

Luftlager: Für Lagerungen mit relativ kleinen flächenbezogenen Lagerdrücken und hohen Ansprüchen an Reibungsfreiheit bilden Luftlager eine interessante Alternative. So findet man Luftlager in hochdrehenden, radial und axial nur leicht belasteten Komponenten, aber auch in fahrerlosen Transportsystemen, in denen sie eine extrem reibungsarme Tragschicht zwischen Hallenboden und Unterplatte des Transportmodules bilden. Die

Modellierung des dynamischen Verhaltens der Luftlager geschieht anhand der Betrachtung der radialen Massenströme aus Einzeldüsen und die resultierenden Druckverhältnisse.

Kupplungen: Die schaltbare oder nicht schaltbare Übertragung eines Drehmomentes zwischen drehenden Wellen oder Flanschen übernimmt das Bauelement „Kupplung". Zur nummerischen Analyse von Antriebssträngen mit integrierten Kupplungen kommt es in erster Linie darauf an, die Zustandsabhängigkeit des zwischen den Körpern übertragenen Dreh- und Biegemomentes korrekt wiederzugeben. Mit Ausnahme großer Sonderkupplungen spielen die Massenträgheiten der Bauelemente von Kupplungen im realen Maschinenbau verglichen mit Antriebs- und Abtriebseinheiten i. Allg. nur eine untergeordnete Rolle. Es wird hier für die Simulation von Kupplungen das „Koppelelement" Kupplung vorgestellt, welches ausschließlich den in der Kupplung auftretenden Schnittkraftvektor und den Schnittmomentvektor zustandsabhängig bestimmt und diese auf zwei der Kupplung zugeordnete „Körper" aufschaltet. Die Massengeometrie der Bauelemente der jeweiligen Kupplung muss bereits durch die Gestaltung der beiden zugeordneten Körper erfolgt sein.

Verzahnungen: Die Wechselwirkung miteinander kämmender Zahnflanken besitzt i.a. großen Einfluss auf das Systemverhalten von Getriebestufen und ganzen Antriebssträngen. Durch die Wechselwirkungen des Antriebs- und Abtriebes entstehen unterschiedliche Charakteristika im Betriebsverhalten. So wird beispielsweise ein Aufeinanderschlagen der Zahnflanken unter Last als Hämmern bezeichnet. Ein weiterer, häufig auftretender Betriebsfall ist das Rasseln, welches das Aufeinanderschlagen der Zahnflanken von nicht im Lastfluss laufender Verzahnungen bezeichnet. Zur Analyse dieser Effekte wird für dieses Koppelelement „Zahnpaarung" eine besonders feine Modellierung notwendig. Diese wird durch die nummerische Beschreibung der durch Radialverschiebungen zustandsabhängige Lage der Eingriffsgeraden, durch die Berücksichtigung von Fertigungsparametern bei der Berechnung der Kontaktsteifigkeiten der Zahnflanken und durch einen Ansatz für die Öldämpfung im Spielbereich erreicht. Die wechselseitig auf die Zahnflanken wirkende Kontaktkraft wird aus Kennlinien und Gleichungen der einzelnen Effekte berechnet und bestimmt die Kinetik der betreffenden Räder und Wellen.

Planetensätze: Die bekannte und platzsparende Getriebestufe mit mehreren stirnverzahnten Rädern, „Planeten" und „Sonne" in einem ebenfalls verzahnten Hohlrad ist im Sinne der eingeführten Schematik eigentlich kein eigenes Kraftelement, da es sich ja aus Körpern (Räder, Wellen oder Scheiben) und Kraftelementen (Lagerungen, Verzahnungen) zusammensetzen lässt. Die spezielle Kinematik dieser Anordnung erfordert jedoch einige gesonderte Rechnungen, welche in dieser Arbeit mit dem Koppelelement „Planetensatz" zusammengefasst sein sollen.

Schrumpfsitze: Eine oft verwendete Realisierung einer Welle-Nabe-Verbindung ist das thermische Aufschrumpfen einer als Presspassung ausgelegten zylindrischen Nabenbohrung auf eine Wellenschulter. Diese Presspassung besitzt eine hohe Normalspannung in der Fügefläche und überträgt Drehmomente sicher bis zu einem Grenzmoment, ab welchem in der gesamten Fügefläche Rutschen auftritt.

Riementriebe: Als effizientes, kostengünstiges, montage- und wartungsfreundliches Konstruktionselement zur Drehmomentübertragung haben sich Riementriebe fest im allgemeinen Maschinenbau etabliert. Keilrippenriemen nach DIN 7867 sind rückenlauffähig und erlauben somit die platzsparende Variante der Serpentinenantriebe.

Anregungen: Das Wort „Anregungen" steht hier in spezieller Bedeutung für im vornherein bekannte Verläufe externer Kräfte, Momente oder auch Bewegungen, die auf Körper des Systems wirken. Je nach Eigenart wird unterschieden in

a) Kraftanregungen und b) Momentanregungen, welche gemäß ihrer Bezeichnung Kräfte und Momente auf bestimmte Körper wirken lassen, und
c) Weganregungen und d) Drehwinkelanregungen, welche im Sinne des Wortlautes eigentlich keine Anregungen sondern Vorgaben sind. Sie spiegeln Schwingungen oder Bewegungen an Schnittstellen des betrachteten Systems wieder und setzen somit bestimmte Werte für die betreffenden Koordinaten fest, so dass sich die Anzahl der freien Koordinaten reduziert. Die Struktur der Bewegungsgleichungen kann (muss aber nicht) auf den verbleibenden Rest der noch freien generalisierten Koordinaten reduziert werden. Es muss darauf geachtet werden, dass derartige Systemgrenzen mit Vorgaben für Wege oder Drehwinkel nur an den Stellen eingeführt werden, deren Bewegungsverhalten unabhängig von dem freigesschnittenen Teilsystem ist. Ansonsten verliert das Modell die in der Realität vorhandenen Rückkopplungen und wird ungültig.

Nocken: In den Steuertrieben von Verbrennungsmotoren bilden i. Allg. speziell geformte Nocken die Koppelelemente zwischen Nockenwellen und synchron arbeitenden Elementen wie Ventile und Einspritzpumpen. Durch die relativ kleinen Radien der Nocken und die hohen Einspritzdrücke entstehen extrem hohe Kontaktkräfte zwischen Nocken und Stößeln, deren Exzentrizität weiterhin hohe Torsionsmomente auf die Nockenwelle bewirkt. Die Modellierung dieser Kraftkopplung geschieht daher durch eine detaillierte Betrachtung der Nockenkurve und der Stößelkräfte.

Arbeitszylinder in Verbrennungsmotoren: Ein Zylinder mit Kolben, Pleuel und Ankopplung an die Kurbelwelle bildet ein eigenes Mehrkörpersystem für sich und ist somit kein „Koppelelement". Wird jedoch Spielfreiheit in den Pleuellagerungen voraus gesetzt, entfallen eigene Freiheitsgrade für den Kolben. Die nichtlinearen translatorischen und rotatorischen Beschleunigungen von Kolben und Pleuel, die Gaskräfte auf die Kolbenoberfläche sowie die Reibwirkungen der Kolbenringe an der Zylinderinnenwand werden im Rahmen dieser Arbeit jedoch in ihrer Summe als Koppelelement „Verbrennungskolben" bezeichnet und als solches behandelt. Dieses Koppelelement besitzt dann die Besonderheit, sowohl Kräfte auf die Kurbelwelle auszuüben als auch entstehende Veränderungen in den Massenanteilen der Bewegungsgleichungen der Welle zu berechnen und diese in die Gleichungen einzutragen. Die Berechnung dieser Veränderungen in den Massentermen ist besonders komplex und wird daher vollständig hergeleitet. Die Gaskräfte lassen sich entweder als gemessener Verlauf drehwinkelabhängig aufschalten, oder durch einen thermodynamischen Ersatzprozess mit Hilfe der Gleichungen für ideale Gase berechnen. Die letztere Vorgehensweise wird genutzt und beinhaltet den Vorteil, dass sich verschiedene Drehzahlen und geregelte Einspritzprozesse ohne weiteren Aufwand behandeln lassen.

Einspritzregler: Während der Simulation von Dieselmotoren entstand das zur Realität kompatible Problem, dass Dieselmotoren ohne Drehzahlregelung eine Instabilität in der Drehzahl aufweisen. Als Lösung dient hier ein einfaches Modell einer Regelung der Einspritzmenge, welches sich auf die Form des thermodynamischen Kreisprozesses und damit direkt auf die abgegebene mechanische Arbeit auf den Kolben auswirkt.

2.2 Dynamik starrer und elastischer Bauteile

Ziel aller theoretischen Arbeiten über die Dynamik von Antriebsstrangsystemen ist ein Satz mathematischer Gleichungen, die das Zeit- und Frequenzverhalten der betrachteten Systeme widerspiegeln. Grundlage der Herleitung dieses Gleichungssystems ist einerseits das Prinzip von d'Alembert in der Fassung von Lagrange [13], [9] und ein geeigneter Algorithmus zur Aufbereitung dieses Prinzips für die jeweils zugrundeliegende Anwendung. So ist es im Sinne ausreichender Approximation der realen Phänomene durchaus legal, einen einzelnen Körper als starr zu modellieren, falls die betrachteten Bewegungen dieses Körpers groß gegenüber den inneren elastischen Verformungen sind und im Vordergrund des Interesses stehen. Bei kleinen räumlichen Bewegungen und großen Kräften treten mehr und mehr auch innere Verformungen in relevante Größenordnungen. Hier ist als Kriterium sinnvollerweise weiterhin zu prüfen, welche Frequenzen den inneren Verformungen im harmonischen Schwingungszustand zugeordnet sind (die Eigenformen und zugehörige Eigenfrequenzen), und welche Frequenzen in den Anregungen enthalten sind. Aus dem Vergleich dieser beiden Frequenzgruppen muss dann die Auswahl der Modi innerer Verformungen für den betrachteten Belastungsfall erfolgen. Frequenzen, welche weit höher als die äußeren Anregungsfrequenzen liegen, klingen i. Allg. aufgrund innerer Materialdämpfung ab und müssen nur bei besonderem Interesse mit modelliert werden. Die Auswahl der elastischen Verformungsmodi nach den Frequenzen wird auch „Frequenzkriterium" genannt.

2.2.1 Grundlagen

Nomenklatur. Für die Identifizierung von Körpern und Koordinatensystemen in Termen und Größen in Bewegungsgleichungen werden Indizes genutzt. Indizes rechts unten ordnen die betrachtete Größe einem Körper zu. Als Beispiel bezeichnet m_i die Masse des i-ten Körpers. Indizes links unten bezeichnen das Koordinatensystem, in dem die betrachtete Größe dargestellt wird, so ist $_K\boldsymbol{d}$ ein Vektor $\boldsymbol{d}$, dessen Koordinaten im Koordinatensystem K angeschrieben sind. Ein Index rechts oben identifiziert einen Bezugspunkt, so ist $\boldsymbol{\tau}^{Hi}$ ein Moment $\boldsymbol{\tau}$ bezogen auf den Punkt H des Körpers i. Mit den mathematischen Zeichen „˙" wird die zeitliche Änderung einer Größe bezeichnet, $\frac{d}{dt}a := \dot{a}$. Die zeitliche Ableitung bedeutet immer die formale Ableitung des nachfolgenden Termes, es ergeben sich dementsprechend Relativableitungen bei Verwendung körperfester Koordinaten. Die Transponierte einer Matrix ist durch ein hochgestelltes ^{T} gekennzeichnet und das Kreuzprodukt zweier Vektoren wird mit dem Schlange-Operator abgekürzt: $\boldsymbol{a} \times \boldsymbol{b} := \tilde{\boldsymbol{a}}\boldsymbol{b}$. Vektoren und Matrizen heben sich durch Fettdruck gegenüber Skalaren hervor.

Strukturen. Antriebsstränge bilden aus der Sicht der analytischen Mechanik starre oder auch elastische Mehrkörpersysteme. Die einzelnen Elemente des Antriebsstranges, Wellen, Motorläufer, Rädertriebe, Kupplungen, Gelenke und weitere isolierbare Teilkörper, bilden die starren und elastischen Körper des Mehrkörpersystems, kurz MKS. Die Kopplungen zwischen den Körpern geschieht durch ideale Gelenke oder Koppelelemente. Zu den Koppelelemente gehören beispielsweise Verzahnungen oder Kupplungen. Der Unterschied zwischen kinematischen Kopplungen durch ideale Gelenke und Kraftkopplungen ist dabei von elementarer Bedeutung sowohl für die Struktur, „Topologie", des Systems als auch für die Auswahl eines geeigneten Algorithmus zur Herleitung der Bewegungsgleichungen.

Gelenk. Sind zwei Körper durch ein Gelenk kinematisch gekoppelt, so besitzen sie mindestens eine gemeinsame Minimalkoordinate. Im Falle einer kinematischen Kopplung durch ein Gelenk wirken in den durch das Gelenk gesperrten Translations- und Rotationsrichtungen Zwangskräfte und Zwangsmomente, welche aber keinen Projektionsanteil in den Raum der freien Minimalkoordinaten besitzen. Diese Zwangskräfte leisten aufgrund ihres fehlenden Weganteiles keine Arbeit am System, sie gehören zu den „verlorenen Kräften". Dies besagt das Prinzip von D'ALEMBERT [13] und von LAGRANGE [66], [9], [10]. Nur die eingeprägten Kräfte $\boldsymbol{f}_e$ leisten Arbeit am System und besitzen einen Weganteil in Richtung der möglichen Verschiebungen $\delta\boldsymbol{r}$ eines Massenelementes dm.

Kraftkopplung. Bei einer Kopplung über ein Kraftgesetz verbleibt die angesetzte Auswahl der Minimalkoordinaten der gekoppelten Körper unverändert. Die in der Kopplung übertragene Kraft spiegelt sich wechselseitig in den Bewegungsgleichungen beider Körper wieder. Im Allgemeinen ist der in der

Kopplung wirkende Kraftwinder von der relativen Lage und der relativen Geschwindigkeit der gekoppelten Körper abhängig, so dass insgesamt eine Kopplung der Bewegungsgleichungen beider Körper entsteht. In real ausgeführten Maschinen weisen alle Gelenke, Lagerungen, Verzahnungen elastische Verformungen und Lagerauslenkungen auf. Sie stellen somit keine idealen Gelenke und keine idealen Lagerungen dar. Diese Tatsache führt zu der in dieser Arbeit gewählten Systematik, die Gesamtheit dieser Kopplungselemente nicht als kinematische Kopplung mit der verbundenen Reduktion der Freiheitsgrade der gekoppelten Körper darzustellen, sondern vielmehr die Reaktionskraft dieser Koppelelemente anhand der jeweils zugrundeliegenden Kraftgesetze zu ermitteln um diesen Kraftwinder dann auf die gekoppelten Körper „aufzuschalten".

Topologie. Zum Aufstellen der Bewegungsgleichungen eines Mehrkörpersystemes sind zunächst die freien Bewegungsrichtungen der einzelnen Teilkörper zu analysieren und Minimalkoordinaten zuzuordnen. Jeder Starrkörper besitzt sechs Freiheitsgrade im Anschauungsraum $\mathbb{R}^3$. Sie werden durch Gelenke reduziert. Ist das System so strukturiert, dass sich eine Durchnummerierung finden lässt, bei der an jedem Körper genau ein Körper mit einer kleineren Nummer gelenkig angelagert ist, besitzt es eine Baumstruktur. Im gegenteiligen Fall besitzt das System mindestens eine kinematische Schleife (vgl. Abb. 2.1). Einen Sonderfall der Baumstruktur bildet die „Einstufige Baumstruktur": Jeder Teilkörper ist nur an die Umgebung gelenkig angelagert. Zur nummerischen Analyse der Dynamik von Antriebssträngen ist es oftmals zweckmäßig, Kupplungen, Lager und Verzahnungen nicht als Gelenk sondern als Kraftkopplung zu modellieren. In vielen Fällen zerfällt das Modell eines Antriebsstranges dann zur einstufigen Baumstruktur. Die hiermit verbundenen „Blockdiagonalisierung" der Bewegungsgleichungen enthält signifikante Vorteile hinsichtlich der nummerischen Behandlung der entstehenden Gleichungen: Eine Zuordnung der Bewegungsgleichungen zu den einzelnen Körpern wird möglich und wird effizient und übersichtlich dezentral in entsprechend modularisierten Programmbausteinen realisiert.

Grundprinzipe. Die Gleichungen der theoretischen Mechanik fußen auf einer Reihe von Axiomen, denen fundamentale Bedeutung zukommt.

D'ALEMBERT [13] teilt alle an einem System angreifenden Kräfte auf in Kräfte, die Bewegung verursachen und in Kräfte, welche für eine Bewegung verloren sind. Es gilt dann das Prinzip von d'Alembert (Traite de dynamique, 1743):

Die Gesamtheit der verlorenen Kräfte hält sich das Gleichgewicht

LAGRANGE [66] stellt es in seiner *Mechanique analytique* 1788 in der Form

$$\int_{\text{System}} (\ddot{\boldsymbol{r}} dm - d\boldsymbol{f}_e)^T \delta \boldsymbol{r} = 0 \tag{2.1}$$

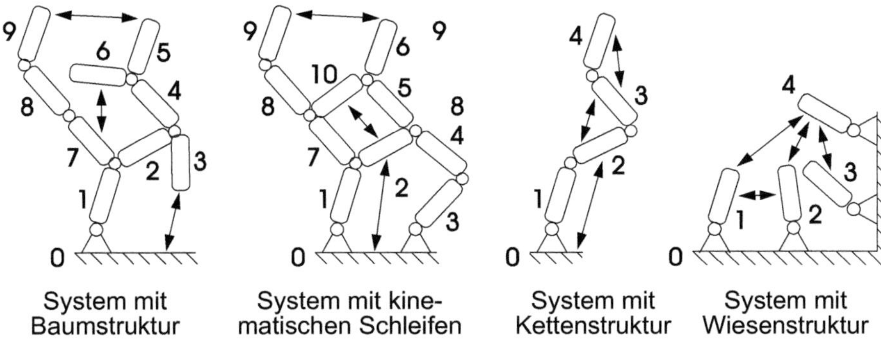

Abb. 2.1. Zur Topologie von Mehrkörpersystemen. Die ovalen Symbole markieren starre oder auch elastische Körper, die Kreise Gelenke. Durch die beidseitigen Pfeile werden Kraftkopplungen symbolisiert. Die Einteilung der Topologie erfolgt nach der Verteilung von Körpern und Gelenken, nicht aber der Kraftkopplungen. Die gelenkige Lagerung an die Umgebung kann auch durch ein nullwertiges Gelenk geschehen. Ein so gelagerter Körper besitzt dann alle sechs Freiheitsgrade im Anschauungsraum

dar. Nur die eingeprägten Kräfte $\boldsymbol{f}_e$ leisten Arbeit am System und besitzen einen Weganteil in Richtung der möglichen Verschiebungen $\delta\boldsymbol{r}$ eines Massenelementes dm. Der Übergang von diesem elementaren Grundprinzip der Mechanik auf die Formulierung von Impuls- und Drallgesetzen wird in BREMER [9] ausführlich diskutiert und ist hier nicht weiter detailliert. Während der Impulssatz in (2.1) bereits implizit enthalten ist, bedarf es zur Herleitung des Drallsatzes noch des Axiomes von BOLTZMANN bzw. der Symmetrie des Spannungstensors von CAUCHY. Es besagt, dass die Momente der Oberflächenkräfte bzgl. des Koordinatenursprunges eines Elementes gleich Null sind und entspricht der Momentenfreiheit des Elementes.

Die Anwendung der Impuls- und Drallsätze auf starre Einzelkörper und auf differentielle Massenelemente von elastischen Körpern erzeugt in direkter Weise die in dieser Arbeit verwendete Darstellungsform der einzelnen Bewegungsgesetze.

2.2.2 Starre Einzelkörper

Je nach dem speziellen Schwerpunkt des Interesses wird bei der Synthese eines mechanischen Ersatzmodelles für ein zugrundeliegendes zu untersuchendes reales System abzuwägen sein, ob die Bewegungen, Rotationen und Schwingungen der betroffenen Komponenten als geschlossene Bewegung eines starren Körpers oder zusätzlich mit elastischen Deformationen des Körpers anzusetzen ist.

Die gültige und wichtige Hypothese, so weit wie möglich mit einfachen Modellen voranzuschreiten, führt auf die Verwendung von starren Rädern und

Wellen als mathematisches Ersatzmodell für eine Vielzahl existierender technischer Schwingungsprobleme. Zur Überprüfung der Rechtmäßigkeit dieser Vereinfachung dient die Bedingung, dass die Beträge aller Eigenfrequenzen möglicher elastischer Deformationen hinreichend größer als die interessierenden Frequenzbereiches sein müssen (Frequenzbedingung).

Die so mit dem Begriff „Starrkörper" bezeichneten Komponenten besitzen im Anschauungsraum drei rotatorische und drei translatorische Bewegungsfreiheitsgrade. Eine Vielzahl untersuchter Einzelkörper in Antriebssträngen (Räder, Wellen, Läufer) besitzen bedingt durch ihren Einbau und die Wechselwirkung mit weiteren Komponenten aber nur eine eingeschränkte Bewegungsfreiheit. Es lohnt in diesem Falle der Übergang von allgemeinen Koordinaten im Raum auf verbleibende oder nur auf relevante Koordinaten, den „verallgemeinerten Koordinaten" [9]. In vielen Fällen weiterhin sinnvoll ist die Wahl von kleinen Abweichungen von einer Sollbewegung als beschreibende Koordinaten und eine Linearisierung der Bewegungsgleichung um diese Sollbewegung. Ein weiterer Gesichtspunkt bei der Wahl des Algorithmus ist die Topologie des Antriebssystems. In diesem Sinne wird im Folgenden zunächst die Herleitung der Bewegungsgleichungen für Einzelkörper und dann die Notation für Mehrkörpersysteme angegeben.

Bewegungsgleichungen starrer Einzelkörper. Viele Strukturen in ausgeführten Antriebssträngen lassen sich mit mechanischen Ersatzmodellen in einstufiger Baumstruktur, dass heißt mit absoluten Koordinaten für die Einzelkomponenten und ohne kinematische Zwangskopplung (Gelenke) einzelner Freiheitsgrade benachbarter Komponenten modellieren. Alle auf die Komponenten wirkenden Kräfte und Momente stammen in diesem Fall aus Kraftkopplungen, Momentenkopplungen zwischen den Körpern oder aus weiteren, äußeren Anregungen. Im Beispiel einer gleitgelagerten verzahnten Einzelwelle stellen die Gleitlagerung und alle Verzahnungen jeweils Koppelelemente dar, die Welle wird als freier Einzelkörper mit oder ohne innere elastische Verformung modelliert. Für diese Einzelkörper vereinfachen sich die beschreibenden Bewegungsgleichungen signifikant.

Impuls- und Drallsatz. Bezeichnet m die Masse und $\boldsymbol{J}$ den auf den Schwerpunkt bezogenen Massenträgheitstensor eines betrachteten Körpers K, und sind $\boldsymbol{p}$ bzw. $\boldsymbol{L}$ Impuls den Drall dieses Körpers, so gilt mit den eingeprägten Kräften $\boldsymbol{f}_e$ und Momenten $\boldsymbol{l}_e$ der Impulssatz und der Drallsatz in der Form

$$\boldsymbol{p} = m\boldsymbol{v}_S; \qquad \boldsymbol{L} = \boldsymbol{J}\boldsymbol{\omega}\,. \tag{2.2}$$

Der Vektor $\boldsymbol{\omega}$ bezeichnet die absolute Winkelgeschwindigkeit dieses Körpers, $\boldsymbol{v}_S$ dessen Schwerpunktsgeschwindigkeit. Die Änderung dieser körperbezogenen Größen hängt von den jeweils wirkenden Kräften und Momenten ab:

$$\dot{\boldsymbol{p}} = \boldsymbol{f}_e, \qquad \dot{\boldsymbol{L}} = \boldsymbol{l}_e\,. \tag{2.3}$$

Analog zu den eingeprägten Kräften im Impulssatz hängen die rotatorischen Beschleunigungen eines Körpers von den eingeprägten Momenten ab. Eingeprägte Momente entstehen durch äußere Momente und durch die Momentenwirkung äußerer Kräfte mit einer Wirkungslinie, welche nicht durch den Bezugspunkt verläuft. Mit den Formeln der Relativkinematik lassen sich beide Gleichungen (2.3) in einer beliebigen Basis K beschreiben. Die Größe $\boldsymbol{\omega}_{IK}$ stellt den Vektor der absoluten Winkelgeschwindigkeit dieser Basis gegenüber dem der Berechnung zugrundeliegenden, als „inertialfest" definiertem System dar.

$$\dot{\boldsymbol{p}} + \tilde{\boldsymbol{\omega}}_{IK}\boldsymbol{p} - \boldsymbol{f}_e = 0; \qquad \dot{\boldsymbol{L}} + \tilde{\boldsymbol{\omega}}_{IK}\boldsymbol{L} - \boldsymbol{l}_e = 0 \tag{2.4}$$

Zur Berechnung der verallgemeinerten Beschleunigungen ist es sehr zweckmäßig, den Impuls und den Drall eines Körpers in den Raum der freien Bewegungsmöglichkeiten zu projizieren. In dieser Projektion sind die Zwangskräfte ausgeblendet, die Darstellung und die Auswertung der Gleichungen vereinfacht sich. Wählt man einen geeigneten Satz von Minimalkoordinaten $\boldsymbol{q}$, so berechnen sich die hierfür notwendigen Funktionalmatrizen zu $\partial\boldsymbol{v}/\partial\boldsymbol{q}$ und $\partial\boldsymbol{\omega}/\partial\boldsymbol{q}$.

Räumliche Bewegungskoordinaten. Ein allgemeiner Starrkörper besitzt drei rotatorische und drei translatorische Freiheitsgrade im Raum. Jedem Starrkörper i werden als verallgemeinerte Koordinaten die KARDAN-Winkel $\alpha_i, \beta_i, \gamma_i$ gegenüber dem inertialen I-Koordinatensystem und die Schwerpunktskoordinaten x_i, y_i, z_i im I-System zugeordnet.

$$\boldsymbol{q}_i := [\alpha_i, \beta_i, \gamma_i, x_i, y_i, z_i]^T \tag{2.5}$$

Die absolute Geschwindigkeit jedes Körpers ist dann definiert als

$$\boldsymbol{v}_{S,abs} = \frac{d}{dt}\boldsymbol{r}_{S,abs} = \frac{d}{dt}\begin{bmatrix} x_i \\ y_i \\ z_i \end{bmatrix} \tag{2.6}$$

seine absolute Beschleunigung ist

$$\boldsymbol{a}_{S,abs} = \frac{d}{dt}\boldsymbol{v}_{S,abs} \tag{2.7}$$

Die Orientierung jedes Körpers gegenüber der Umgebung ist durch die Transformationsmatrix $\boldsymbol{A}_{KI}$ in Abhängigkeit der KARDAN-Winkel [9], [126] gegeben. Die Komponenten eines Vektors im körperfesten K-System (Index K links unten) sind über diese Matrix mit seiner Darstellung im I-System (Index I links unten) in Abhängigkeit der Verdrehung α, β, γ des K-Systems gegenüber dem I-System verknüpft.

$$_I\boldsymbol{r} = \boldsymbol{A}_{IK}\,_K\boldsymbol{r} \tag{2.8}$$

$$\boldsymbol{A}_{IK} = \begin{bmatrix} a_{11} & a_{12} & a_{13} \\ a_{21} & a_{22} & a_{23} \\ a_{31} & a_{32} & a_{33} \end{bmatrix}$$

$$a_{11} = \cos\beta\cos\gamma$$
$$a_{12} = -\cos\beta\sin\gamma$$
$$a_{13} = \sin\beta$$
$$a_{21} = \cos\alpha\sin\gamma + \sin\alpha\sin\beta\cos\gamma$$
$$a_{22} = \cos\alpha\cos\gamma - \sin\alpha\sin\beta\sin\gamma$$
$$a_{23} = -\sin\alpha\cos\beta$$
$$a_{31} = \sin\alpha\sin\gamma - \cos\alpha\sin\beta\cos\gamma$$
$$a_{32} = \sin\alpha\cos\gamma + \cos\alpha\sin\beta\sin\gamma$$
$$a_{33} = \cos\alpha\cos\beta \tag{2.9}$$

Die absolute Winkelgeschwindigkeit $\boldsymbol{\omega}$ des betrachteten Körpers gegenüber der Umgebung liegt mit bekannten Winkelgeschwindigkeiten $\dot\alpha, \dot\beta, \dot\gamma$ und den KARDAN-Gleichungen als Vektor im jeweiligen körperfesten K-System vor:

$$_K\boldsymbol{\omega} = \boldsymbol{A}_\Omega \cdot \begin{bmatrix} \dot\alpha_i \\ \dot\beta_i \\ \dot\gamma_i \end{bmatrix}; \qquad \boldsymbol{A}_\Omega = \begin{bmatrix} 1 & 0 & \sin\beta \\ 0 & \cos\alpha & -\sin\alpha\cdot\cos\beta \\ 0 & \sin\alpha & \cos\alpha\cdot\cos\beta \end{bmatrix} \tag{2.10}$$

Bewegungsgleichungen in Matrixschreibweise. Für jeden Starrkörper mit konstanter Masse gilt der Impulssatz (2.3) in der Darstellung:

$$m\boldsymbol{a}_{S,abs} = \sum_i \boldsymbol{F}_i. \tag{2.11}$$

Der Vektor der Absolutbeschleunigung des Schwerpunktes ist mit $\boldsymbol{a}_{S,abs}$ bezeichnet, $\boldsymbol{F}_i$ ist eine äußere Kraft auf den Körper. Der Impulssatz beschreibt die absolute Beschleunigung des Schwerpunktes in Abhängigkeit der auf ihn einwirkenden Kräfte. Die Orientierung des Körpers verändert sich durch äußere Kräfte und Momente nach Maßgabe des Drallsatzes (2.3), hier bezogen auf den Schwerpunkt des Einzelkörpers. Alle Größen in der folgenden Gleichung sind im jeweiligen körperfesten Koordinatensystem angeschrieben.

$$I^{(S)}\dot{\boldsymbol{\omega}} + \boldsymbol{\omega} \times I^{(S)}\boldsymbol{\omega} = \sum_i \boldsymbol{r}_i \times \boldsymbol{F}_i + \sum_j \boldsymbol{M}_j \tag{2.12}$$

$I^{(S)}$ bezeichnet den Trägheitstensor, bezogen auf den Schwerpunkt S, $\boldsymbol{r}_i$ den Angriffspunkt einer Kraft $\boldsymbol{F}_i$, $\boldsymbol{M}_j$ ist ein äußeres Moment. Die in der nummerischen Integration notwendige verallgemeinerte Beschleunigung $\ddot{\boldsymbol{q}}$ des Vektors der verallgemeinerten Koordinaten (2.5) liegt nun unter Verwendung von Impuls- und dem Drallsatz in geschlossener Form vor:

$$\ddot{\boldsymbol{q}}_i = \begin{bmatrix} \boldsymbol{A}_\Omega^{-1}(\boldsymbol{I}^{-1}(\sum_i \boldsymbol{r}_i \times \boldsymbol{F}_i + \sum_j \boldsymbol{M}_j - \boldsymbol{\omega} \times \boldsymbol{I}\boldsymbol{\omega}) - \dot{\boldsymbol{A}}_\Omega \dot{\boldsymbol{q}}) \\ \frac{1}{m_i}(\sum_i \boldsymbol{F}_i) \end{bmatrix} \tag{2.13}$$

Die Berechnung des Bewegungsverhaltens des studierten Systems entspricht der Lösung eines Anfangswertproblemes für $\boldsymbol{q}(t)$: Nach Wahl eines Anfangszustandes $\boldsymbol{q}_0 = \boldsymbol{q}(t = 0)$ und $\dot{\boldsymbol{q}}_0 = \dot{\boldsymbol{q}}(t = 0)$ wird der gesuchte Lösungsfluss $\boldsymbol{q}(t)$ mit Hilfe eines geeigneten Integrationsverfahrens über ein definiertes Zeitintervall integriert. Zur Integration von $\boldsymbol{q}$ wird der in (2.13) dargestellte Beschleunigungsvektor $\ddot{\boldsymbol{q}}$ für jeden Einzelkörper und für jedes Zeitintervall mehrfach nummerisch evaluiert.

Erster Sonderfall: Starre Welle. Unter dem Oberbegriff „Welle" wird im Folgenden ein starrer Körper verstanden, welcher neben einer Rotation um die körperfeste x-Achse, der eigentlichen Sollbewegung des zugrundeliegenden technischen Prozesses, nur kleine translatorische Bewegungen und kleine Rotationsbewegungen um die Querachsen ausführt. Größere Translationsbewegungen und Drehungen um die Querachsen (y-,z-Achsen) sind durch Spiel und Steifigkeit der vorhandenen Lagerungen beschränkt.

Dieser Modelltyp eignet sich insbesondere für steifere Wellen, d.h. für Wellen mit einem Verhältnis Länge zu Durchmesser kleiner etwa fünf. Wie schon im Falle allgemeiner Körper bezeichnen die KARDAN-Winkel α, β, γ die Verdrehung der Welle gegenüber dem Nominalzustand, jetzt allerdings mit der Einschränkung, dass diese Winkel nur „klein" verbleiben:

$$\alpha \ll 1; \qquad \beta \ll 1; \qquad \gamma \ll 1 \tag{2.14}$$

Diese Einschränkung beschreibt die Vielzahl der technischen Ausführungen von Wellen, Rotoren und Turbinenläufern. Mit dem Symbol Ω werde die nominale Rotationsgeschwindigkeit der Welle bezeichnet, der Anteil der absoluten Winkelgeschwindigkeit der Welle bzgl. der körperfesten Längsachse $_K x$ entspricht somit der nominalen Rotationsgeschwindigkeit plus der ihr überlagerten Abweichung α:

$$\omega_x = \Omega + \dot{\alpha} \tag{2.15}$$

Bewegungsgleichungen für starre Wellen. Der Trägheitstensor der Welle beschreibt die Verteilung der Massenelemente der Welle bzgl. der Drehachsen des beschreibenden Koordinatensystems. Diese Verteilung ist nur für körperfeste Achsen konstant, somit besitzt der Trägheitstensor auch nur in einem körperfesten Koordinatensystem zeitinvariante Komponenten. Aus diesem Grunde bietet sich eine Darstellung des Drallsatzes gerade in einem körperfesten System an. Vorzugsweise wählt man ein Hauptachsensystem mit Ursprung im Schwerpunkt der Welle. Für den Trägheitstensor $\boldsymbol{J}$ bzgl. eines solchen körperfesten, ansonsten beliebigen Systems gilt:

$$_K\boldsymbol{J} := \begin{bmatrix} A & -F & -E \\ -F & B & -D \\ -E & -D & C \end{bmatrix} \tag{2.16}$$

Die Komponenten A, B, C sind die Massenträgheitsmomente um die x-, y- und z-Achsen von K, die Nebendiagonalelemente sind die Massendeviationsmomente.

$$A := \int_K (x^2 + z^2)dm \tag{2.17}$$

$$B := \int_K (z^2 + x^2)dm \tag{2.18}$$

$$C := \int_K (x^2 + y^2)dm \tag{2.19}$$

$$D := \int_K yz\,dm \tag{2.20}$$

$$E := \int_K zx\,dm \tag{2.21}$$

$$F := \int_K xy\,dm \tag{2.22}$$

Die absolute Winkelgeschwindigkeit der Welle, dargestellt als Vektor im „wellenfesten" System K lautet mit den zugrundeliegenden Näherungen $\alpha \ll 1$, $\beta \ll 1$ und $\gamma \ll 1$:

$$_K\boldsymbol{\omega} = \begin{bmatrix} \cos\beta\cos\gamma & \sin\gamma & 0 \\ -\cos\beta\sin\gamma & \cos\gamma & 0 \\ \sin\beta & 0 & 1 \end{bmatrix} \begin{bmatrix} \dot{\alpha} + \Omega \\ \dot{\beta} \\ \dot{\gamma} \end{bmatrix} \approx \begin{bmatrix} \dot{\alpha} + \Omega \\ \dot{\beta} \\ \dot{\gamma} \end{bmatrix} \tag{2.23}$$

Nach Ermittlung des körperfesten Trägheitstensors $_K\boldsymbol{J}$ ist somit der absolute Drall $\boldsymbol{L}$ der Welle bekannt:

$$_K\boldsymbol{L} =_K \boldsymbol{J}_K\boldsymbol{\omega} = \begin{bmatrix} A(\dot{\alpha} + \Omega) \\ B\dot{\beta} \\ C\dot{\gamma} \end{bmatrix} =_S \boldsymbol{L} \qquad (2.24)$$

Zur Auswertung des Drallsatzes wird ein schleifendes Koordinatensystem S benutzt. Seine $_Sx$-Achse soll immer mit der $_Kx$-Achse zusammenfallen. Die Nominaldrehung Ω und die Drehungleichförmigkeit α wird von dem S-System aber nicht nachgeführt (Abb. 2.2), so dass gegenüber einem inertialfesten System nur die „kleinen" Drehungen β, γ und die „kleinen" Verschiebungen x, y, z möglich sind.

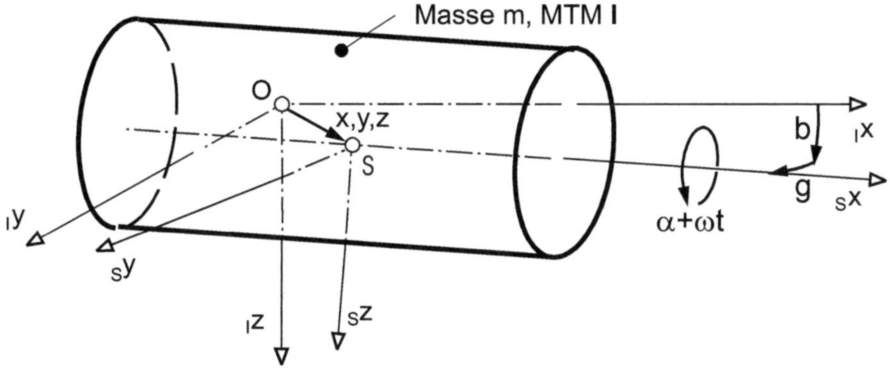

Abb. 2.2. Eine starre Welle mit translatorischen und rotatorischen Freiheitsgraden. Zur Auswertung der Bewegungsgleichungen werden Impulssatz und Drallsatz an der Welle im schleifenden Koordinatensystem S angegeben.

$$_S\dot{\boldsymbol{L}} = \frac{d}{dt}{}_S\boldsymbol{L} +_S \boldsymbol{\omega}_{IS} \times_S \boldsymbol{L} \qquad (2.25)$$

$$= \begin{bmatrix} A(\ddot{\alpha} + \dot{\Omega}) \\ B\ddot{\beta} \\ C\ddot{\gamma} \end{bmatrix} + \begin{bmatrix} 0 \\ \dot{\beta} \\ \dot{\gamma} \end{bmatrix} \times \begin{bmatrix} A(\dot{\alpha} + \Omega) \\ B\dot{\beta} \\ C\dot{\gamma} \end{bmatrix} \qquad (2.26)$$

$$= \begin{bmatrix} A(\ddot{\alpha} + \dot{\Omega}) + \dot{\beta}\dot{\gamma}C - \dot{\beta}\dot{\gamma}B \\ B\ddot{\beta} + \dot{\gamma}A(\dot{\alpha} + \Omega) \\ C\ddot{\gamma} - \dot{\beta}A(\dot{\alpha} + \Omega) \end{bmatrix} \qquad (2.27)$$

Für rotationssymmetrische Wellen wird $C = B$ und der Drallsatz im S-System bekommt die einfache Struktur:

$$_S\dot{\boldsymbol{L}} = \sum \boldsymbol{M} = \sum_i {}_S\boldsymbol{M}_i + \sum_j {}_S\boldsymbol{r}_{Sj} \times_S \boldsymbol{F}_j := \begin{bmatrix} M_x \\ M_y \\ M_z \end{bmatrix} \qquad (2.28)$$

$$\rightarrow \ddot{\alpha} = M_x A^{-1} - \dot{\Omega} \qquad (2.29)$$

$$\rightarrow \ddot{\beta} = [M_y - \dot{\gamma}A(\dot{\alpha} + \Omega)]C^{-1} \qquad (2.30)$$

$$\rightarrow \ddot{\gamma} = [M_z + \dot{\beta}A(\dot{\alpha} + \Omega)]C^{-1} \qquad (2.31)$$

Die translatorischen Beschleunigungen ermittelt man in identischer Form aus dem Impulssatz für starre Körper. Er wird in Analogie zum Drallsatz ebenfalls im S-System ausgewertet.

$$_S\dot{\boldsymbol{p}} = {}_S\boldsymbol{F} = \sum_j {}_S\boldsymbol{F}_j := \begin{bmatrix} F_x \\ F_y \\ F_z \end{bmatrix} \qquad (2.32)$$

$$\rightarrow \ddot{x} = F_x m^{-1} \qquad (2.33)$$

$$\rightarrow \ddot{y} = F_y m^{-1} \qquad (2.34)$$

$$\rightarrow \ddot{z} = F_z m^{-1} \qquad (2.35)$$

Zweiter Sonderfall: Starre Körper mit ebener Bewegung. Oftmals sind rotierende Komponenten in Motoren und Getrieben dergestalt gelagert, dass im Rahmen der akzeptierten Toleranz für die Genauigkeit der Systemapproximation im vornherein die Bewegung dieser Komponenten als „eben" klassifiziert wird. In der nummerischen Simulation des Gesamtsystems berücksichtigt man dann für diese Komponenten nur die drei Freiheitsgrade der ebenen Bewegung: Die Rotationsabweichung φ von der Nominaldrehung Ω sowie die Koordinaten y, z einer translatorischen Bewegung senkrecht zur Rotationsachse. Der Modelltyp dieses Sonderfalles eines starren Einzelkörpers ist in Abb. 2.3 dargestellt und wird im Folgenden durch den Begriff „Scheibe" klassifiziert.

Bewegungsgleichungen für Komponenten mit ebenen Bewegungen. Der Impulssatz und der Drallsatz für den Sonderfall „Scheibe" besitzen eine einfache, entkoppelte Form. Es sei des Weiteren vermerkt, dass die Kontur der betrachteten realen Komponente nicht zwangsweise rotationssymmetrisch sein muss. Vielmehr steht die Größe A in den folgenden Gleichungen für den Betrag des polaren Massenträgheitsmomentes der betrachteten Komponente um die Rotationsachse x.

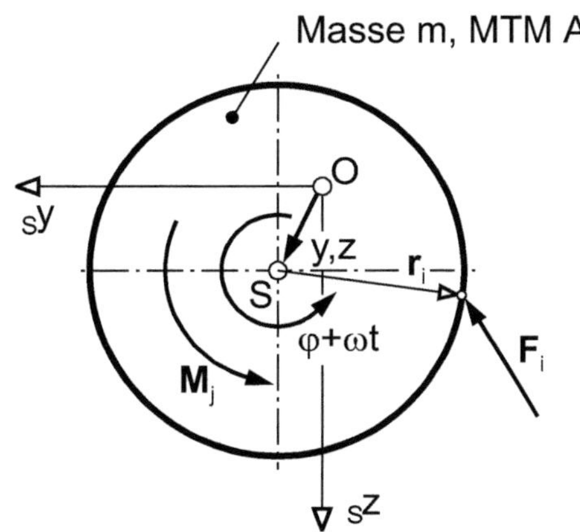

Abb. 2.3. Das mechanische Ersatzmodell für einen einzelnen Körper des Typs „Scheibe" besitzt zwei translatorische und einen rotatorischen Freiheitsgrad. Es eignet sich als Ersatzmodell für breit ausgeführte, gleitgelagerte Zahnräder. Als Konvention wird festgelegt, dass die Rotationsachse in x-Richtung, und die z-Richtung des zur Beschreibung dienenden S-Systems stets vertikal nach unten zeigt

$$\ddot{\varphi} = A^{-1}\Big[\sum_i {}_S\boldsymbol{e}_{x\,S}\boldsymbol{M}_i + \sum_j {}_S\boldsymbol{e}_x({}_S\boldsymbol{r}_j \times_S \boldsymbol{F}_j)\Big] \tag{2.36}$$

$$_S\ddot{y} = m^{-1}\sum_j {}_S\boldsymbol{e}_{y\,S}\boldsymbol{F}_j \tag{2.37}$$

$$_S\ddot{z} = m^{-1}\sum_j {}_S\boldsymbol{e}_{z\,S}\boldsymbol{F}_j \tag{2.38}$$

Dritter Sonderfall: Starre, ideal rotierende Körper. Der letzte und einfachste hier betrachtete Sonderfall der Bewegung eines starren Körpers ist durch nur einen rotatorischen Drehfreiheitsgrad um die x-Achse (Symmetrieachse) des Körpers charakterisiert. Die Auswertung der Bewegungsgleichungen für diese Bewegungsklasse beschränkt sich auf den eindimensionalen Fall des Drallsatzes.

J Rotationsträgheit des Rades um die x-Achse
$\Omega(t)$ Nominelle Winkelgeschwindigkeit des Rades
φ_{abs} Absoluter Drehwinkel des Rades
$\varphi(t)$ Kleine Abweichung vom Solldrehwinkel Ωt
M_e Eingriffsmoment um x-Achse auf das Rad

$$\varphi_{abs} := \Omega t + \varphi(t) \tag{2.39}$$

Die gesuchte Winkelbeschleunigung ergibt sich durch die Division der Summe aller Momente um die Rotationsachse durch die Rotationsträgheit J um diese Achse.

$$\ddot{\varphi} = \sum_i M_{e,i} J^{-1} - \dot{\Omega} \tag{2.40}$$

Mehrkörpersysteme.

Bewegungsgleichungen in Newton-Euler-Notation. In den voranstehenden Kapiteln bilden auf einzelne Abschnitte von elastischen Körpern angewandte Impuls- und Dralländerungsgesetze die Gleichungen, mit denen die Änderungen der Bewegungen aus dem Verformungszustand und äußeren Kräften hervorgeht. Diese Gesetze gelten ebenso für alle Teilkomponenten eines komplexeren, aus vielen Einzelkörpern zusammengesezten Systems.

Für jedes differentielle Massenelement dm eines elastischen Körpers ebenso wie für jeden starren Einzelkörper mit den Translations- und Rotationsgeschwindigkeiten $\boldsymbol{v}_i$ und $\boldsymbol{\omega}_i$ des jeweiligen Schwerpunktes sind durch den Impuls- und den Drallsatz die räumlichen Bewegungsgleichungen festgelegt [10].

Die entstehende Vielfalt aller Geschwindigkeiten $\boldsymbol{v}_i$ und $\boldsymbol{\omega}_i$ aller Teilelemente übersteigt i. Allg. die Dimension der Freiheitsgrade des Systems. Lagerungen und Gelenke stellen einschränkende Bedingungen für Geschwindigkeiten und Rotationsbewegungen der Körper dar. Ein Satz beschreibender Koordinaten mit minimaler Anzahl, welcher alle Bewegungsfreiheiten des betrachteten Systems darzustellen vermag, nennt man „verallgemeinerte Koordinaten". Die Anzahl Koordinaten in diesem Satz entspricht der Anzahl tatsächlicher Freiheitsgrade des Systems.

Die Reduktion der allgemeinen Bewegungsgleichungen die verallgemeinerten Koordinaten geschieht mit „Funktionalmatrizen". Diese stellen die partiellen Ableitungen aller lokalen Schwerpunktsgeschwindigkeiten nach den verallgemeinerten Koordinaten dar.

$$\sum_{i=1}^{n} \int_{\text{Körper i}} \left\{ \begin{bmatrix} \frac{\partial \boldsymbol{v}_i}{\partial \boldsymbol{q}} \\ \frac{\partial \boldsymbol{\omega}_i}{\partial \boldsymbol{q}} \end{bmatrix}^T \begin{bmatrix} (d\dot{\boldsymbol{p}} + \tilde{\boldsymbol{\omega}}_{IK} d\boldsymbol{p} - d\boldsymbol{f}_e)_i \\ (d\dot{\boldsymbol{L}} + \tilde{\boldsymbol{\omega}}_{IK} d\boldsymbol{L} - d\boldsymbol{l}_e)_i \end{bmatrix} \right\} = 0 \qquad (2.41)$$

Für ein starres Mehrkörpersystem mit n Körpern entfällt durch die Reduktion auf die verallgemeinerten Koordinaten die separate Integration über die elastischen Körper. Die Vormultiplikation mit den Funktionalmatrizen fasst die $6n$ Bewegungsgleichungen auf die Anzahl der tatsächlichen Geschwindigkeitsfreiheitsgrade g zusammen. Die Zahl g entspricht der Dimension des Vektors $\boldsymbol{q}$ der verallgemeinerten Koordinaten.

$$\sum_{i=1}^{n} \left\{ \begin{bmatrix} \frac{\partial \boldsymbol{v}_i}{\partial \boldsymbol{q}} \\ \frac{\partial \boldsymbol{\omega}_i}{\partial \boldsymbol{q}} \end{bmatrix}^T \begin{bmatrix} (\dot{\boldsymbol{p}} + \tilde{\boldsymbol{\omega}}_{IK} \boldsymbol{p} - \boldsymbol{f}_e)_i \\ (\dot{\boldsymbol{L}} + \tilde{\boldsymbol{\omega}}_{IK} \boldsymbol{L} - \boldsymbol{l}_e)_i \end{bmatrix} \right\} = 0 \qquad (2.42)$$

Nach einer erfolgten Auswertung der Integration und der Funktionalmatrizen lassen sich die Gln. (2.42) und (2.41) zu einem System von g Differenzialgleichungen zweiter Ordnung umordnen:

$$\boldsymbol{M}\ddot{\boldsymbol{q}} + \boldsymbol{D}\dot{\boldsymbol{q}} + \boldsymbol{K}\boldsymbol{q} = \boldsymbol{h} + \boldsymbol{J}\boldsymbol{F}_e \qquad (2.43)$$

Diese Matrixnotation der Bewegungsgleichungen starrer und elastischer Mehrkörpersysteme besitzt durch ihre Übersichtlichkeit wesentliche Vorteile im Hinblick auf eventuelle weitere Auswertungen und weitere nummerische Behandlungen. Ist g die Zahl vorhandener Freiheitsgrade, stellt $q \in \mathbb{R}^g$ den Vektor der verallgemeinerten Koordinaten dar, $M \in \mathbb{R}^{g,g}$ die symmetrische und positiv definite Massenmatrix, $D \in \mathbb{R}^{g,g}$ die Matrix der geschwindigkeitsproportionalen Kräfte und Momente (Dämpfungsmatrix), und $K \in \mathbb{R}^{g,g}$ bezeichnet die Steifigkeitsmatrix. Die nichtlinearen Kräfte / Momente sind in h zusammengefasst, über die Jacobi-Matrix J wirken äußere Kräfte und Momente F_e auf das System ein. Die Systemmatrizen in (2.43) sind je nach Art des Systems zeitvariant oder konstant: Sind nur kleine Bewegungen um eine Nominallage der einzelnen Körper möglich, so kann das System durch Linearisierung um diese Nominallage mit invarianten Massen- und Steifigkeitsmatrizen beschrieben werden. Im Falle großer Führungsbewegungen hingegen sind die Systemmatrizen mit zeitvarianten Komponenten besetzt und müssen im Laufe einer nummerischen Integration wiederholt ausgewertet werden. Die Integration der Differenzialgleichungen (2.43) beinhaltet die Inversion der Massenmatrix M mit folgenden nummerischen Hürden:

- Der Aufwand für eine Matrixinversion steigt mit der dritten Potenz ihrer Dimension (daher auch die Bezeichnung $Order(n^3)$- Verfahren).
- Im Falle schlecht konditionierter Matrizen steigt die Kumulation nummerischer Rundungsfehler bis hin zur Unbrauchbarkeit der Ergebnisse.

Aus diesen aufgeführten Gründen empfiehlt sich für die nummerische Integration der Bewegungsgleichungen von kettenähnlichen Strukturen (vergleiche Abb. 2.1) die Anwendung eines rekursiven Verfahrens (Verfahren der Ordnung n oder $O(n)$-Verfahren).

Als Nachteil der rekursiven Verfahren gilt, dass diese ohne explizit aufgestellte Massen-, Steifigkeits- und Dämpfungsmatrizen arbeiten und somit den Vorteil der Übersichtlichkeit und der Verfügbarkeit dieser Systemmatrizen für Reglerauslegungen und weitere nummerische Analysen verlieren.

Rekursive Verfahren. Für kettenstrukturierte MKS (vgl. Abb. 2.1) lässt sich die Rechenzeit zur Auswertung der Bewegungsgleichungen unter Verwendung eines rekursiven Algorithmus reduzieren. Liegt eine zeitvariante Massenmatrix vor, so muss das nummerische Integrationsverfahren diese innerhalb jedes Integrationsschrittes invertieren. Zur Simulation des Zeitverhaltens eines aufwendigeren Systems können ohne weiteres einige Millionen Auswertungen der Bewegungsgleichungen (2.43) vonnöten sein. Im Falle eines zeitvarianten Systems ist neben dem Aufstellen der Funktionalmatrizen auch die Matrixinversion trotz ausgeklügelter nummerischer Verfahren (Cholesky-Zerlegung und weitere) ein zeitbestimmender Faktor. JOHANNI, BRANDL und OTTER stellen in [84] und [85] einen rekursiv arbeitenden Algorithmus zur Lösung der Bewegungsgleichungen vor. Das Verfahren vermeidet das Aufstellen und Invertieren von Systemmatrizen und ist für die nummerische Simulation von nichtlinearen Systemen mit Ketten- und Baumstrukturen und zeit-varianten Systemmatrizen besonders geeignet. Es findet u.a. in LACHENMAYR [65] zur Berechnung von Schwingungen in Planetengetrieben mit elastischen Hohlrädern Verwendung. FRITZER [26] und PRESTL [102] nutzen dieses Verfahren zur Berechung der nichtlinearen Dynamik von Steuertrieben und zur Analyse des Zahnhämmerns in Rädertrieben von Dieselmotoren.

Ein Antriebsstrang wird in diesem Fall als baumstrukturiertes Mehrkörpersystem modelliert, eine geschlossene Schleife wird zunächst an einem Gelenk aufgeschnitten. Es lässt sich dann eine Nummerierung der einzelnen Körper bestimmen, so dass jeder Körper i nur einen *Vorgängerkörper* mit Nummer $p(i)$ (predecessor), aber beliebig viele Nachfolgekörper $s(i)$ (successor) besitzt. Der Körper mit der Nummer Null ist ein Körper mit bekanntem Bewegungszustand, i. Allg. die Umgebung oder ein mitbewegtes Referenzsystem.

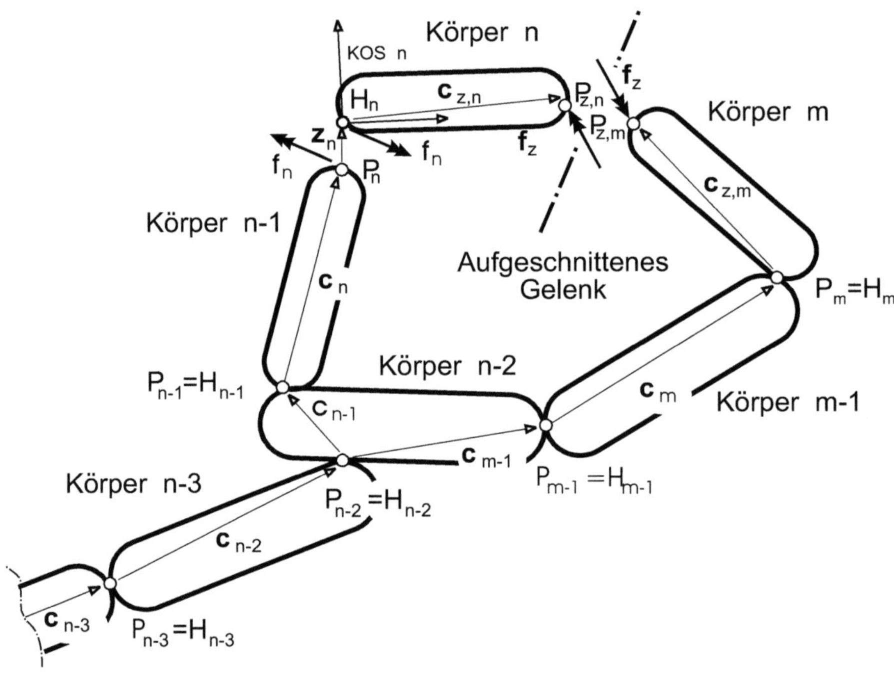

Abb. 2.4. Ein MKS mit kinematischer Schleife. Durch einen virtuellen Schnitt im Gelenk P_z entstehen zwei offene Äste mit den Endkörpern n und m. Rekursive Verfahren eignen sich nur dann zur Lösung der Bewegungsgleichungen, wenn die betrachteten Systeme kettenähnliche Strukturen aufweisen und jeweils mehrere Teilkörper aneinandergereiht sind (Abb. 2.1)

Der letzte Körper eines Astes der Baumstruktur habe die Nummer n. Es wird anhand der Systemstruktur überprüft, ob im betrachteten Ast des

MKS Zwangskräfte betrachtet werden müssen. Auf den letzten Körper n wirken neben bekannten äußeren Kräften nur das Kraft-Momentenpaar am Gelenk zum Vorgängerkörper. Berücksichtigt man diese Tatsache und formt in den Impuls- und Drallsatz des letzten Körpers entsprechend um, lässt sich die Dynamik des Endkörpers auf den Impuls- und Drallsatz am vorletzten Körper in Abhängigkeit der bekannten aktiven Gelenkkräfte und der bekannten äußeren Kräfte transformieren. In gleicher Weise kann jetzt auch die Dynamik des vorletzten Körpers $n - 1$ auf diejenige des Körpers $n - 2$ reduziert werden, welche wiederum auf den Körper $n - 3$ abgebildet wird, bis schließlich eine Gleichung für den ersten Körper $n = 1$ erhalten wird, dessen Vorgänger (i. Allg. die raumfeste Umgebung) eine bekannte Beschleunigung $[\dot{\omega}_0, a_0]$ besitzt. Damit ist die linke Seite der Bewegungsgleichungen für den ersten Körper bekannt, für den ersten Körper können somit die Beschleunigungen berechnet werden. In einer abschließenden Vorwärtsrekursion ermittelt man dann sukzessive die Beschleunigungen aller Nachfolgekörper.

Geschlossene kinematische Schleifen bedeuten einen erheblichen Mehraufwand zur Berechnung der Bewegungsgleichungen für größere mechanische Systeme. Trennt man alle Schleifen jeweils an einem Gelenk auf und behandelt die freigeschnittenen „Gelenkreaktionen" als zunächst unbekannte äußere Kräfte, dann kann das vorgestellte Verfahren für Baumstrukturen angewandt werden.

Die typischen Kopplungen in Antriebssystemen (Kupplungen, Verzahnungen, Lagerungen) besitzen in der Realität jedoch meistens Spiel oder Schlupf und werden dann als Kraftkopplung und nicht als Gelenk modelliert. Die Kraftkopplungen verkürzen somit die Kettenlänge der kinematisch voneinander abhängigen Körper und damit auch die Länge der „Äste" in der Topologie der ersatzweise betrachteten Mehrkörpersysteme. Die erwähnten Vorteile der rekursiven Verfahren kommen hier nicht zum Tragen. Aus diesen Gründen wird auf eine detaillierte Herleitung einzelner Gleichungen des rekursiven Algorithmus in diesem Rahmen verzichtet und es sei hier nur auf die oben zitierte Literatur verwiesen.

2.2.3 Elastische Körper

Für die Beschreibung der elastischen Deformationen von Körpern unter zeitvarianten äußeren Lasten ist es i. Allg. nicht möglich, geschlossene analytische Lösungen anzugeben. Die bekannten Methoden, Bewegungsgleichungen für elastische Kontinua aufzustellen, basieren auf einer gebietsweisen Näherungslösung für die partiellen Differenzialgleichungen an finiten Teilelementen des Kontinuums. Zu diesen Verfahren gehören unter anderem das Galerkin'sche Verfahren, die Finite-Elemente- und Finite-Differenzen-Verfahren und die Randintegralmethoden. Im Anschluss an eine kurze theoretische Klassifizierung dieser Näherungsverfahren wird im Folgenden die Bewegungsgleichung für torsions- und biegeelastische Wellen explizit hergeleitet.

Klassifizierung der Näherungsverfahren. Generell wird das Verhalten des elastischen Kontinuums eines Körpers im Rahmen der technischen Mechanik durch partielle Differenzialgleichungen beschrieben. Unter der Voraussetzung eines linear-elastischen, homogenen und isotropen Verhaltens gilt beispielsweise für die Torsion φ von Wellen die partielle Differenzialgleichung

$$\varrho I_p \ddot{\varphi}_0 = G I_p \varphi_0'', \tag{2.44}$$

wenn der Operator $''$ eine zweifache partielle Differentiation des Torsionswinkels in Achsrichtung der Torsion darstellt. Der Index $_0$ kennzeichnet die Lösung φ_0 als exakte Lösung im Gegensatz zur nummerisch integrierter Näherung φ. Obige Gleichung stellt eine hyperbolische Differenzialgleichung dar. Generell gilt für Schwingungsgleichungen elastischer Medien mit der lokalen Verformung $u(x_1, x_2, \ldots, x_n)$ die Darstellung

$$g \frac{\partial^2 u}{\partial t^2} = div(p\, grad\, u) - qu + F(t, x_i) \tag{2.45}$$

Die Parameter g, p und q sind durch die Eigenschaften des jeweiligen Mediums bestimmt, F stellt äußere Einwirkungen zur Zeit t am Ort x_i dar. In allgemeinerer Schreibweise lässt sich der zugrundeliegenden Differenzialgleichung ein Operator $\mathcal{L}$ zuordnen, im einfachen homogenen Fall der Torsionswelle etwa

$$\mathcal{L}(\varphi_0) = \frac{\varrho}{G} \frac{\partial^2 \varphi_0}{\partial t^2} = b \quad \varphi_0 \in \mathcal{G} \qquad \text{mit} \qquad \mathcal{L}() := \frac{\partial^2 ()}{\partial x^2} \tag{2.46}$$

mit dem Gebiet $\mathcal{G}$ der elastischen Verformung.

Inneres Produkt. Alle Näherungsverfahren benutzen ein inneres Produkt im Gebiet $\mathcal{G}$, um eine Aussage über einen mittleren Fehler zu erhalten. Ein inneres Produkt ist durch eine Funktion w so definiert, dass gilt:

$$\int_{\mathcal{G}} (\mathcal{L}(\varphi) - b) w\, d\mathcal{G} = 0 \tag{2.47}$$

Dieses Integral entspricht der „Wichtung" des durch die Näherung φ entstehenden Fehlers (Defekts) $D = \mathcal{L}(\varphi) - b$ gegenüber einer auf dem Gebiet (dem betrachteten elastischen Kontinuum) bekannten, definierten Funktion w, so dass die Summe aller lokalen Produkte Dw verschwindet. Der Fehler D muss somit entweder eine im Gebiet zu w normale Funktion darstellen oder im gesamten Gebiet identisch Null sein, um diese Forderung zu erfüllen.

Partielle Integration. Es ist nun mit Hilfe der partiellen Integration möglich, das so definierte innere Produkt solange in $\mathcal{G}$ partiell zu integrieren, bis alle Ableitungen von φ nach den Ortskoordinaten verschwinden. Man erhält so zueinander adjungierte Formen des inneren Produktes. Die verschiedenen Stufen der partiellen Integration dieser Integralgleichung klassifizieren die verschiedenen Näherungsverfahren. Im allgemeinen Fall der elastischen Verformung u lautet die partielle Integration im Gebiet G

$$\int_{\mathcal{G}} \mathcal{L}(u)w\,d\mathcal{G} = \int_{\mathcal{G}} u\mathcal{L}^*(w)\,d\mathcal{G} + \int_{\Gamma} [S^*(w)T(u) - T^*(w)S(u)]\,d\Gamma \quad (2.48)$$

Der Rand des Integrationsgebietes $\mathcal{G}$ ist mit Γ bezeichnet, $S()$ und $T()$ sind Differenzialoperatoren, die für die Randbedingungen stehen. Der Operator $\mathcal{L}^*$ ist der adjungierte Operator zu $\mathcal{L}$. Im Falle des oben definierten Operators $\mathcal{L} := \frac{\partial^2}{\partial x^2}$ wird $\mathcal{L}^* = \mathcal{L}$, der Operator ist „selbst-adjungiert".

Stufen der partiellen Integration. Eine Klassifikation der Näherungsverfahren ist anhand der Stufe der partiellen Integration möglich, welche das jeweilige Verfahren zur Definition des mittleren Fehlers benutzt. Die Original-Formulierung des inneren Produktes lautete im speziellen Fall der Torsionswelle:

$$\int_{\mathcal{G}} (\mathcal{L}(\varphi) - b)w\,d\mathcal{G} = 0 \qquad (2.49)$$

Die erste Stufe der partiellen Integration (auch als „Weak Formulation" in der sehr guten Übersicht zu den „Boundary Integral Methods" von BREBBIA et al., [8] bezeichnet) lautet:

$$\int_{\Gamma} \varphi'w\,d\Gamma - \int_{\mathcal{G}} \varphi'w'\,d\mathcal{G} - \int_{\mathcal{G}} bw\,d\mathcal{G} = 0 \qquad (2.50)$$

Nach einer weiteren partiellen Differentiation erreicht man die zweite Stufe, („Inverses Problem"), bei der alle Differentiationen der Koordinate φ im Gebiet $\mathcal{G}$ eliminiert sind.

$$\int_{\Gamma} \varphi'w\,d\Gamma - \int_{\Gamma} \varphi w'\,d\Gamma + \int_{\mathcal{G}} \varphi\mathcal{L}(w)\,d\mathcal{G} - \int_{\mathcal{G}} bw\,d\mathcal{G} = 0 \qquad (2.51)$$

Randbedingungen. Die exakte Lösung u_0 im allgemeinen und φ_0 im speziellen Fall erfüllen die Randbedingungen, die in kinetische Randbedingung und in kinematische Randbedingung unterschieden werden:

$$
\begin{aligned}
&\text{Kinematische RB:} && \varphi_0 = \varphi_\Gamma && \varphi \in \Gamma_1 \\
&\text{bzw.} && S(u_0) = s && u_0 \in \Gamma_1 \\[1em]
&\text{Kinetische RB:} && \varphi'_0 = \varphi'_\Gamma && \varphi \in \Gamma_2 \\
&\text{bzw.} && T(u_0) = t && u_0 \in \Gamma_2
\end{aligned}
$$

Der Rand Γ teilt sich auf in Gebiete Γ_1 mit kinematischen Randbedingungen und Gebiete Γ_2 mit kinetischen Randbedingungen. Im Fall der als eindimensionales Kontinuum betrachteten Torsionswelle werden die Teilgebiete von Γ zu Punkten auf der Torsionsachse, etwa feste Einspannungen i bei $x_i \in \Gamma_1$ mit $\varphi(x_i) = 0$, oder momentenfreie Wellenenden $x_j \in \Gamma_2$ mit $\varphi'(x_j) = 0$.

Residuen. Die exakten Lösungen $u_0(t)$ bzw. $\varphi_0(t)$ erfüllen den Operator $\mathcal{L}$ im Gebiet $\mathcal{G}$ und die Randbedingungen auf Γ. In jeder Näherung u und φ existieren Fehler sowohl in $\mathcal{G}$ als auch auf Γ, sie werden als Residuen bezeichnet. Man definiert zunächst die systembedingten Randbedingungen, im Fall der Torsionswelle etwa:

$$
\begin{aligned}
\varphi = \bar{\varphi} \qquad & \varphi \quad \in \quad \Gamma_1 \quad \text{Kinematische RB} && (2.52)\\
\varphi' = \bar{\varphi}' \qquad & \varphi \quad \in \quad \Gamma_2 \quad \text{Kinetische RB} && (2.53)
\end{aligned}
$$

Nach Einsetzen dieser Definitionen in die partielle Integration zweiter Stufe ergibt sich die Form

$$
\begin{aligned}
\int_{\mathcal{G}} \varphi \mathcal{L}(w)\, d\mathcal{G} - \int_{\mathcal{G}} bw\, d\mathcal{G} = & + \int_{\Gamma_1} \varphi' w\, d\Gamma + \int_{\Gamma_2} \bar{\varphi}' w\, d\Gamma \\
& - \int_{\Gamma_1} \bar{\varphi} w'\, d\Gamma - \int_{\Gamma_2} \varphi w'\, d\Gamma && (2.54)
\end{aligned}
$$

Integriert man diese Gleichung wiederum zweifach partiell „zurück", um die Formulierung in der Originalfassung zu erhalten, findet man

$$
\int_{\mathcal{G}} (\mathcal{L}(\varphi) - b)w\, d\mathcal{G} = \int_{\Gamma_2} (\bar{\varphi}' - \varphi')w\, d\Gamma - \int_{\Gamma_1} (\bar{\varphi} - \varphi)w'\, d\Gamma \qquad (2.55)
$$

Man erhält nach Definition der Randbedingungen also weitere Fehlermöglichkeiten auf den Rändern mit kinematischen und kinetischen Randbedingungen. Die einzelnen Terme verschwinden im Falle der exakten Lösung φ_0, welche den Operator $\mathcal{L}$ im Gebiet $\mathcal{G}$ und die Randbedingungen $\bar{\varphi}, \bar{\varphi}'$ auf den Rändern Γ exakt erfüllt. Im Fall der Näherungslösung bezeichnet man die Fehler als Residuen R, R_1, R_2 mit:

$$
R := \mathcal{L}(\varphi) - b; \qquad R_1 := \bar{\varphi} - \varphi; \qquad R_2 := \bar{\varphi}' - \varphi' \qquad (2.56)
$$

Das innere Produkt über den zu erfüllenden Operator inklusive Randbedingungen wird dann zu:

$$\int_{\mathcal{G}} Rwd\mathcal{G} = \int_{\Gamma_2} R_2 wd\Gamma - \int_{\Gamma_1} R_1 w' d\Gamma \qquad (2.57)$$

Ziel aller Näherungslösungen für partielle Differenzialgleichungen zweiter Ordnung ist es, die Residuen und damit die einzelnen Terme obiger Gleichung zu minimieren. Eine Klassifikation dieser Näherungslösungen geschieht nach der Stufe der partiellen Integration des inneren Produktes und nach der Art der Ansatzfunktionen für die elastischen Verformungen des betrachteten Gebietes.

Klassifikation der Näherungslösungen. Die Näherungsverfahren für partielle Differenzialgleichungen lassen sich nach drei Kriterien klassifizieren:

Klassifikation nach Art der Grundgleichung: Die bekannten Näherungsverfahren betrachten die Grundgleichung (2.47) entweder in der Original-Formulierung, oder in der partiellen Integration der ersten Stufe oder in der partiellen Integration der zweiten Stufe.

Klassifikation nach der Forderung für die Residuen: Bekannte Näherungsverfahren setzen zur Lösung der Grundgleichung (2.47) entweder Forderungen für das Residuum R auf dem Gebiet $\mathcal{G}$ oder aber Forderungen für die Residuen R_1, R_2 der Randintegrale ein und unterscheiden sich somit prinzipiell auch in diesem Punkt.

Klassifikation nach den Ansatz- und Lösungsfunktionen: Es existieren Näherungslösungen, welche sowohl für die Ansatzfunktionen der Näherungslösung (u oder φ) aus auch für die Gewichtungsfunktionen $w(x)$ identische Sätze von Funktionen heranziehen ($\varphi(x) = w(x)$). Sie unterscheiden sich damit prinzipiell von denjenigen Verfahren, welche unterschiedliche Sätze für Ansatzfunktionen und Gewichtungsfunktionen zulassen ($\varphi(x) \neq w(x)$).

Theoretisch ergäbe sich aus obigen Klassifikationen eine Unterscheidung in zwölf prinzipiell verschiedene Ansätze, von denen hier nur die bekanntesten Verfahren genannt seien. Alle hier genannten Verfahren zählen zu den Methoden der gewichteten Residuen, da alle der Forderung entsprechen, dass eine in verschiedene Art und Weise gewichtete Summe bzw. ein entsprechendes Integral über die Residuen R, R_1, R_2 den Wert Null annehmen muss.

Original-Galerkin'sche Forderung: Für die Näherungsfunktion $u(x)$ als auch für die Gewichtungsfunktion $w(x)$ werden identische Funktionen herangezogen. Untersucht wird die Originalfassung des inneren Produktes mit der Forderung:

$$\int_{\mathcal{G}} Rwd\mathcal{G} = 0$$

Die Wahl der Ansatzfunktionen und der Gewichtungsfunktionen muss weiterhin gemäß (2.57) so geschehen, dass die Randintegrale über die Residuen R_1 und R_2 verschwinden. Dies bedeutet für die Ansatzfunktionen, dass sie neben den geometrischen Randbedingungen auch die kinematischen Randbedingungen erfüllen müssen.

Finite-Differenzen-Verfahren: Die bekannteste Art der Finiten-Differenzen-Verfahren ist die Wahl einzelner Dirac-Funktionen in dem Separationsansatz für $w(x)$ und die Verwendung des inneren Produktes in der Originalfassung. Die Dirac-Punkte der Näherungsfunktion zwingen somit die Summe ausgewählter Punkte des Residuums im Integrationsgebiet zu Null (Punkt-Kollokation). Bekannt ist ebenfalls der Ansatz, die Kollokation nicht auf einzelne Punkte sondern auf Subregionen durchzuführen.

Finite-Element-Verfahren (Allgemeine Galerkin-Techniken): Auf der Basis der partiellen Integration erster Stufe des betrachteten inneren Produktes arbeiten die FE-Verfahren. Sie benutzen identische Funktionen für u und w. Der große Vorteil identischer Funktionen für Ansatz und Wichtung ist die Symmetrie und die positive Definitheit der sich ergebenden Systemmatrizen. Die Wahl der Funktionen geschieht meistens in Übereinstimmung mit den systembedingten Randbedingungen.

Randintegralmethoden (Boundary Integral Methods): Randintegralmethoden basieren auf der zweiten Stufe der partiellen Integration des inneren Produktes (2.47). Wählt man Ansatzfunktionen u so, dass sie in allgemeiner Form den Operator $\mathcal{L}$ erfüllen, nicht aber die Randbedingungen, wird die linke Seite in (2.57) automatisch identisch Null, da das Residuum R für sich immer zu Null wird. In (2.57) verbleiben nur noch Integralanteile auf dem Rand Γ des Gebietes. Bei Wahl eines linearen Separationsansatzes für u und w erhält man so allein durch Auswertung der Randbedingungen ein lineares Gleichungssystem zur Bestimmung der unbekannten Parameter. Die Verwendung identischer Funktionen führt auf die Methode von Trefftz [133]. Die von BREBBIA beschriebene Randintegralmethode basiert auf Verwendung der Green'schen Funktion als Gewichtsfunktion.

Anwendung der Näherungslösung für Torsionswellen. In der Bewegungsgleichung einer starren Welle (2.31) ist die Rotation um die Längsachse von den beiden rotatorischen Freiheitsgraden um die Querachsen entkoppelt. Sie ist aufgrund der vorausgesetzten Annahme „kleiner" Drehwinkel um die Querachse nicht von der Winkelgeschwindigkeit $\dot{\beta}, \dot{\gamma}$ und den Winkeln β, γ abhängig. Betrachtet man überlagerte torsionselastische Verformungen der Welle, so kann diese durch die Entkopplung bei kleinen Drehwinkeln um die Querachse unabhängig von den verbleibenden Freiheitsgraden durch weitere Koordinaten modelliert werden. Es gilt dabei der Ansatz, dass sich der absolute Drehwinkel φ_{abs} um die x-Achse eines Querschnittes an der Stelle x aus einer vorgegebenen Drehung Ωt und einer lokalen, kleinen Verdrillung $\varphi(x, t)$ zusammensetzt.

$$\varphi_{abs}(x, t) = \int \Omega dt + \varphi(x, t) \tag{2.58}$$

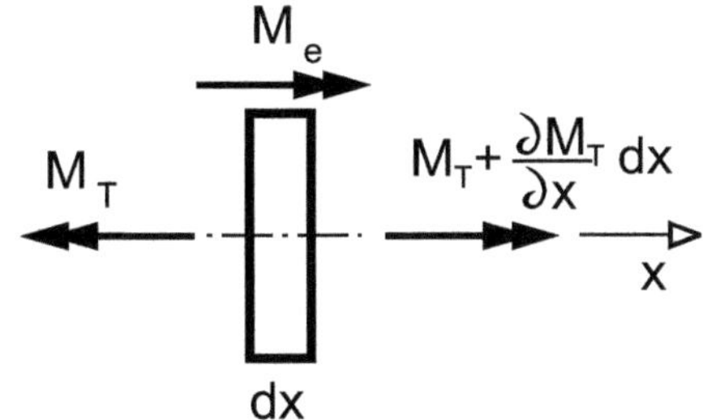

Abb. 2.5. Die Schnittmomente an einem freigeschnittenen Massenelement einer Torsionswelle. An den Stellen, an denen äußere Momente M_e angreifen, werden diese über einen Dirac-Impuls $\delta(x-x_e)$ auf das Element eingebracht

Zur Herleitung des Zeitverhaltens des Verdrillwinkels $\varphi(x,t)$ an der Stelle x zur Zeit t wird mit ϱ die Dichte des Wellenmaterials, mit $I_p(x)$ das „polare Flächenträgheitsmoment" des Querschnitts und mit G der Schubmodul des Wellenmaterials bezeichnet. Ein äußeres Eingriffsmoment M_e greife an der Stelle $x = x_e$ an, mit $M_T(x)$ wird das Schnittmoment an der Stelle x benannt. Weiterhin ist J die Rotationsträgheit der Welle, sie wird über die Außen- und Innendurchmesserfunktionen $d_a(x)$ und $d_i(x)$ und die Dichte ϱ bestimmt.

Bewegungsgleichungen für elastische Torsionswellen. Zur Herleitung der Bewegungsgleichungen wird der Drallsatz am freigeschnittenen Element dx betrachtet. Greift an dem betrachteten Massenelement dm (vgl. Abb. 2.5) ein äußeres Moment M_e an, so wird es mit einem Dirac-Impuls $\delta(x-x_e)$ an dieser Stelle eingebracht. Das Integral über den Dirac-Impuls ist dabei gleich Eins.

$$dJ\ddot{\varphi} = -M_T + M_T + \frac{\partial M_T}{\partial x}dx + M_e\delta(x - x_e) \tag{2.59}$$

Für die Rotationsträgheit J und das polare Flächenträgheitsmoment I_p gilt die Abhängigkeit

$$dJ = \frac{dm}{2}\frac{d_a^2 + d_i^2}{4} = \frac{\varrho\pi(d_a^2 - d_i^2)dx}{8}\frac{d_a^2 + d_i^2}{4}$$
$$= \varrho\pi\frac{d_a^4 - d_i^4}{32}dx = \varrho I_p dx \tag{2.60}$$

Ein Einsetzen der Herleitung für dJ führt den Drallsatz am freigeschnittenen Element in die folgende Form über:

$$\ddot{\varphi}\varrho I_p(x) = \frac{\partial M_T}{\partial x}dz + M_e\delta(x - x_e) \tag{2.61}$$

Das Schnittmoment an der Stelle x entspricht dem Integral der Schubspannungen im Querschnitt. Diese sind im Rahmen der linearen Theorie nach dem Materialgesetz von HOOKE linear proportional dem Verdrillwinkel eines Materialelementes.

$$M_T(x) = GI_p \frac{\partial \varphi}{\partial x} \tag{2.62}$$

Einsetzen des Materialgesetzes liefert

$$\varrho I_p(x)\ddot{\varphi}(x,t) = \frac{\partial}{\partial x}\left(GI_p(x)\frac{\partial \varphi}{\partial x}\right) + M_e\delta(x - x_e) \tag{2.63}$$

Gleichung (2.63) stellt eine partielle Differenzialgleichung 2. Ordnung zweier Variablen x, t dar. Um eine Lösung zu erhalten, führt man den Separationsansatz von BERNOULLI [10] ein. Dieser trennt die Orts- und die Zeitabhängigkeit der lokalen Verdrillung $\varphi(x,t)$ in zwei Vektoren $\boldsymbol{\varphi}(x)$ und $\boldsymbol{q}(t)$ einer vorzugebenden Dimension n. Im Vektor $\boldsymbol{\varphi}(x)$ stehen n voneinander unabhängige Ortsfunktionen $\varphi_i(x)$, im Vektor $\boldsymbol{q}(t)$ stehen n unabhängige Zeitfunktionen $q_i(t)$, welche die Auslenkung der n Ortsfunktionen an der Stelle x jeweils mit einer Zeitabhängigkeit gestalten.

$$\varphi(x,t) := \boldsymbol{\varphi}^T(x)\boldsymbol{q}(t) \tag{2.64}$$

Eingesetzt in den Drallsatz ergibt sich dann die Bewegungsgleichung für die Koordinate φ.

$$\varrho I_p \boldsymbol{\varphi}^T \ddot{\boldsymbol{q}} = \frac{\partial}{\partial x}\left(GI_p(x)\frac{\partial \boldsymbol{\varphi}^T}{\partial x}\right)\boldsymbol{q} + M_e\delta(x - x_e) \tag{2.65}$$

Den exakten Verlauf des Torsionswinkels $\varphi(x,t)$ kann man mit einer endlichen Zahl n von Ansatzfunktionen nur mit einem Fehler D (Defekt) approximieren.

Ritz'sches Verfahren. Ein weiterer Schritt ist die Definition zeitinvarianter Ortsfunktionen. WALTER RITZ demonstrierte dieses Verfahren bereits Ende des letzten Jahrhunderts sehr elegant am Beispiel einer quadratischen Platte [107]. Es wird ein beliebiger Satz von voneinander unabhängigen Funktionen $\boldsymbol{\varphi}(x)$ gewählt. Diese müssen ein vollständiges Funktionensystem bilden und die geometrischen Randbedingungen erfüllen. Das Zeitverhalten $\boldsymbol{q}(t)$ der Lösung $\varphi(x,t)$ ist somit durch eine nummerische Integration über die untersuchte Zeitspanne berechenbar.

Galerkin'sche Vorschrift. Das Verfahren von GALERKIN fordert, den entstehenden Defekt D (Fehler bzw. Residuum R der Näherungslösung $\varphi(t)$) dahingehend zu minimieren, dass er über die Länge x orthogonal zu den Ansatzfunktionen wird. Das innere Produkt $\boldsymbol{\varphi}^T D(\boldsymbol{\varphi})$ verschwindet in Folge auf dem Gebiet der elastischen Deformation, welches als die Länge l der Welle definiert wird.

$$\int_0^l \boldsymbol{\varphi}^T D(\boldsymbol{\varphi}) \overset{!}{=} 0 \tag{2.66}$$

$$\int_0^l \boldsymbol{\varphi}^T \left[\varrho I_p \boldsymbol{\varphi}^T \ddot{\boldsymbol{q}} - \frac{\partial}{\partial x}(GI_p \frac{\partial \boldsymbol{\varphi}}{\partial x})\boldsymbol{q} - \sum_i M_{e,i}\delta(x - x_{e,i}) \right] = 0 \tag{2.67}$$

$$\int_0^l \varrho I_p \boldsymbol{\varphi} dx \dot{\Omega} + \int_0^l \varrho I_p \boldsymbol{\varphi}\boldsymbol{\varphi}^T dx \ddot{\boldsymbol{q}} -$$

$$\int_0^l \boldsymbol{\varphi} \frac{\partial}{\partial x} \left(GI_p \frac{\partial \boldsymbol{\varphi}^T}{\partial x} dx \right) \boldsymbol{q} = \sum_i M_{e,i} \boldsymbol{q}|_{x=x_{e,i}} \tag{2.68}$$

Der dritte Term in der obenstehenden Bewegungsgleichung wird partiell integriert. Er beinhaltet die Randmomente.

$$\int_0^l \boldsymbol{\varphi} \frac{\partial}{\partial x} \left(GI_p \frac{\partial \boldsymbol{\varphi}^T}{\partial x} dx \right) \boldsymbol{q} = GI_p \left[\boldsymbol{\varphi} \frac{\partial \boldsymbol{\varphi}^T}{\partial x} \Big|_0^l - \int_0^l \frac{\partial \boldsymbol{\varphi}}{\partial x} \frac{\partial \boldsymbol{\varphi}^T}{\partial x} dx \right] \tag{2.69}$$

Es muss bei der Wahl der Ansatzfunktionen darauf geachtet werden, dass diese neben den kinematischen auch die kinetischen Randbedingungen erfüllen. So sind die Randterme $GI_p\boldsymbol{\varphi}\boldsymbol{\varphi}'$ dann identisch Null, wenn entweder kein Torsionsmoment an den Enden der Welle angreift ($\varphi'_i = 0$), oder die Enden der Welle fest eingespannt sind ($\varphi_i = 0$). Im Falle verschwindender Randterme entstehen durch die Auswertung von (2.68) die Bewegungsgleichungen in Matrixschreibweise:

$$\boldsymbol{M}\ddot{\boldsymbol{q}} + \boldsymbol{K}\boldsymbol{q} = -\boldsymbol{h}\dot{\Omega} + \boldsymbol{W}\boldsymbol{M}_e, \tag{2.70}$$

Die Dimension der Vektoren $\boldsymbol{\varphi}$ und $\boldsymbol{q}$ betrage n, die Anzahl der Eingriffsmomente sei m. Mit $\boldsymbol{M}$ wird die symmetrische und positiv definite Massenmatrix dann wie folgt definiert:

$$\boldsymbol{M} := \varrho \int_0^l I_p(x)\boldsymbol{\varphi}(x)\boldsymbol{\varphi}^T(x)dx \in \mathbb{R}^{n,n} \tag{2.71}$$

Die ebenfalls symmetrische und positiv definite Steifigkeitsmatrix lautet:

$$\boldsymbol{K} := G \int_0^l I_p(x) \frac{\partial \boldsymbol{\varphi}(x)}{\partial x} \frac{\partial \boldsymbol{\varphi}^T(x)}{\partial x} dx \in \mathrm{I\!R}^{n,n} \qquad (2.72)$$

Der Koppelvektor $\boldsymbol{h}$ beschreibt die Projektion einer Führungsbeschleunigung auf die elastischen Koordinaten, die Matrix $\boldsymbol{W}$ ist die Eingriffsmatrix, welche den Vektor $\boldsymbol{M}_e$ der Eingriffsmomente auf die verallgemeinerten Koordinaten projiziert.

$$\boldsymbol{h} := \varrho \int_0^l I_p(x) \boldsymbol{\varphi}(x) dx \in \mathrm{I\!R}^n \qquad (2.73)$$

$$\boldsymbol{W} := [\boldsymbol{\varphi}(x = x_{e1}), \boldsymbol{\varphi}(x = x_{e2}), \ldots, \boldsymbol{\varphi}(x = x_{em})] \in \mathrm{I\!R}^{n,m} \qquad (2.74)$$

Kollokationsmethode. Gegenüber der Galerkin'schen Vorschrift, welche den Defekt $D(\varphi)$ bei einer begrenzten Anzahl Ansatzfunktionen über die gesamte Länge quadratisch minimiert, bietet die Kollokationsmethode [11] die Möglichkeit, den Fehler an bestimmten Punkten auf der Wellenachse zu Null zu drücken. Die Kollokationsmethode fordert für eine Menge $\mathbb{Z}$ von n Punkten $\mathbb{Z} := x_i \in [x_1, x_2, \ldots, x_n]$ die Bedingung:

$$D(\varphi)|_{x=x_i} = 0 \quad \forall x_i \in \mathbb{Z} \qquad (2.75)$$

Die Auswertung dieser n Forderungen für (2.63) ergibt sofort die Systemmatrizen. Es muss dabei auf jeder Stelle, an welcher äußere Momente wirken, mindestens ein Kollokationspunkt x_i vorhanden sein. Bei der Wahl von Ansatzfunktionen und Kollokationspunkten muss darauf geachtet werden, dass in den jeweiligen Bereich jeder Ansatzfunktion mindestens ein Kollokationspunkt fällt.

$$\text{Abkürzung:} \quad \varphi'' := \frac{\partial^2 \varphi}{\partial x^2} \qquad (2.76)$$

$$\boldsymbol{M}\ddot{\boldsymbol{q}} + \boldsymbol{K}\boldsymbol{q} = \boldsymbol{M}_e \qquad (2.77)$$

$$\boldsymbol{M} := \varrho I_p \begin{bmatrix} \varphi_1|_{x=x_1} & \varphi_2|_{x=x_1} & \cdots & \varphi_n|_{x=x_1} \\ \varphi_1|_{x=x_2} & \varphi_2|_{x=x_2} & \cdots & \varphi_n|_{x=x_2} \\ \vdots & \vdots & & \vdots \\ \varphi_1|_{x=x_n} & \varphi_2|_{x=x_n} & \cdots & \varphi_n|_{x=x_n} \end{bmatrix} \in \mathrm{I\!R}^{n,n} \qquad (2.78)$$

$$\boldsymbol{K} := GI_p \begin{bmatrix} -\varphi_1{''}|_{x=x_1} & -\varphi_2{''}|_{x=x_1} & \cdots & -\varphi_n{''}|_{x=x_1} \\ -\varphi_1{''}|_{x=x_2} & -\varphi_2{''}|_{x=x_2} & \cdots & -\varphi_n{''}|_{x=x_2} \\ \vdots & & & \vdots \\ -\varphi_1{''}|_{x=x_n} & -\varphi_2{''}|_{x=x_n} & \cdots & -\varphi_n{''}|_{x=x_n} \end{bmatrix} \tag{2.79}$$

$$\boldsymbol{M}_e := [M_1, M_2, \ldots, M_n]^T \tag{2.80}$$

Die Punktkollokationsmethode besitzt Vorteile hinsichtlich der Einfachheit des automatisierten Aufstellens der Systemmatrizen. Der große Nachteil ist jedoch die Asymmetrie der Systemmatrizen und der zum Teil nummerisch „steif" und mit hohen Rechenzeiten verbundene Lösungsfluss.

Materialdämpfung. Die Bewegungsgleichung (2.70) beinhaltet keinen Energieverlust durch innere Materialdämpfung. Das Abklingen einer freien Schwingung wird in gebräuchlicherweise durch das Dämpfungsmaß D_L nach LEHR charakterisiert. Zwei der bekanntesten Methoden, die Matrix $\boldsymbol{D}$ der inneren Materialdämpfung aufzustellen, sind

- Die Abschätzung über das Lehr'sche Dämpfungsmaß, und die so genannte
- „Bequemlichkeitshypothese".

Abschätzung über das Lehr'sche Dämpfungsmaß. Das Dämpfungsmaß nach Lehr ist für schwingungsfähige Systeme mit einem Freiheitsgrad durch die Relation der Werte für Steifigkeit und Dämpfung mit den folgend aufgelisteten Symbolen definiert:

m	Masse des Einmassenschwingers
c	Wirksame Kopplungssteifigkeit um die Lage $x = 0$
d	Viskose Dämpfung auf die Masse m
D_L	Lehr'sches Dämpfungsmaß des Einmassenschwingers

$$m\ddot{x} + d\dot{x} + cx = 0 \tag{2.81}$$

$$\ddot{x} + 2\delta\dot{x} + \nu^2 x = 0 \quad \text{mit} \quad \delta = \frac{2d}{m} \quad \text{und} \quad \nu^2 = \frac{c}{m} \tag{2.82}$$

$$D_L := \frac{\delta}{\nu} \quad \rightarrow \quad d = 2D\sqrt{mc} \tag{2.83}$$

Systeme mit einem Lehr'schen Dämpfungsmaß gleich Null sind demgemäß ungedämpft, ein Lehr'sches Dämpfmaß gleich Eins markiert den aperiodischen Grenzfall. Systeme mit höheren Lehr'schen Dämpfungsmaßen als Eins sind nicht mehr schwingungsfähig, sondern nur noch kriechfähig. Mit (2.83) ist nun unter Vorgabe eines Schätz- oder Messwertes für das aus der inneren

Materialdämpfung herrührenden effektiven Dämpfmaßes D_L der zugehörige Dämpfbeiwert d bekannt. In Analogie zum eindimensionalen Fall wird Gleichung (2.83) auf die n-dimensionale Bewegungsgleichung der Torsionswelle erweitert.

$$\boldsymbol{M}\ddot{\boldsymbol{q}} + \boldsymbol{D}\dot{\boldsymbol{q}} + \boldsymbol{K}\boldsymbol{q} = -\boldsymbol{h}\dot{\Omega} + \boldsymbol{W}\boldsymbol{M}_e \tag{2.84}$$

$$\text{mit} \quad \boldsymbol{D} := 2D\sqrt{\boldsymbol{MK}} \tag{2.85}$$

Die Wurzel des symmetrischen Matrixproduktes $\boldsymbol{C} = \boldsymbol{MK}$ lässt sich mit Hilfe einer Modaltransformation von $\boldsymbol{C}$ auf Diagonalgestalt berechnen. Für die Dämpfungsmatrix kann somit eine Lösung in Abhängigkeit des Lehr'schen Dämpfungsmaßes angegeben werden.

$\boldsymbol{C}$ Matrixprodukt $\boldsymbol{MK}$
$\boldsymbol{v}_i$ i-ter Eigenvektor von $\boldsymbol{C}$
$\boldsymbol{X}$ Modalmatrix mit Eigenvektoren $\boldsymbol{v}_i$ von $\boldsymbol{C}$
$\boldsymbol{\lambda}$ Diagonalmatrix mit Eigenwerten λ_i von $\boldsymbol{C}$

$$\boldsymbol{C} = \boldsymbol{X}\boldsymbol{\lambda}\boldsymbol{X}^{-1} \tag{2.86}$$

$$\sqrt{\boldsymbol{C}} = \boldsymbol{X}\sqrt{\boldsymbol{\lambda}}\boldsymbol{X}^{-1} \tag{2.87}$$

$$\boldsymbol{D} = 2D\boldsymbol{X}\sqrt{\boldsymbol{\lambda}}\boldsymbol{X}^{-1} \tag{2.88}$$

$$\text{mit} \quad \boldsymbol{C} := \boldsymbol{MK}; \quad \boldsymbol{X} := [\boldsymbol{v}_1, \boldsymbol{v}_2, \ldots, \boldsymbol{v}_n]; \quad \boldsymbol{v}_i := \text{EV von } \boldsymbol{C}; \tag{2.89}$$

$$\text{und} \quad \boldsymbol{\lambda} := diag(\lambda_i) \quad \text{EW von } \boldsymbol{C}, \quad \sqrt{\boldsymbol{\lambda}} = diag\sqrt{\lambda_i} \tag{2.90}$$

Abschätzung der Dämpfungsmatrix über die Bequemlichkeitshypothese. Das Abklingverhalten der einzelnen Eigenformen ist durch die Struktur der Welle, den Materialparametern und den Eigenfrequenzen der betrachteten Eigenform geprägt. Eine weitere, einfache Methode der Abschätzung der Dämpfungsmatrix besteht darin, für jede Eigenform unter Annahme eines Abklingverhaltens eine Dämpfungsmatrix proportional zur Steifigkeitsmatrix zu wählen. Dieser Ansatz ist mit der Bezeichnung „Bequemlichkeitshypothese" in der Literatur verbreitet.

Anwendung der Näherungslösung für vollelastische Wellen. Der Begriff „vollelastisch" wird gewählt, um das gleichzeitige Auftreten von biegeelastischen und torsionselastischen Verformungen anzuzeigen. Wie bei den starren Wellen und den torsions- und biegeleastischen Wellen gilt auch für vollelastische Wellen die Konvention, dass neben der Rotation um die Symmetrieachse keine weiteren großen Bewegungen, sondern nur kleine Schwingungen um die Nominallage zulässig sind.

Die Bewegungsgleichungen des Kontinuums lassen sich in überschaubarer Form mit Hilfe der Lagrange'schen Gleichungen II. Art herleiten. Für die Verformungen translatorischer und rotatorischer Art wird in Übereinstimmung mit der Vorgehensweise für die Torsionswelle ein Bernoulli'scher Separationsansatz gewählt.

Elastische Formänderungsenergie im Balken. Für die in der Welle gespeicherte Formänderungsenergie W gilt zunächst das Integral über das Gesamtvolumen V über alle dW:

$$dW = \frac{1}{2} \int (\varepsilon_{ij}\sigma_{ij} + \tau_{ij}\gamma_{ij})dV = \frac{E}{2} \int \varepsilon_{ij}^2 dV + \frac{G}{2} \int \gamma_{ij}^2 dV \qquad (2.91)$$

Für die betrachtete Welle sollen im Folgenden die Anteile aus ε_{xx} (Biegung und Normalkraft) sowie τ_{xu} (Torsion) berücksichtigt werden. Die Erweiterung um die Anteile τ_{ij} durch Querkraft bedürfte eines erweiterten Ansatzes (BRESSE-Balken oder auch TIMOSHENKO-Balken) mit unabhängigen Freiheitsgraden für jeweils Biegewinkel und Querverformung. Im gewählten Fall gelte die Annahme, dass die Querschnitte stets senkrecht auf der Biegelinie stehen (EULER-BERNOULLI-Balken). Die Verformungen werden in einem schleifenden Referenzsystem R angegeben (s. Abb. 2.6).

Die Normalspannung σ_{xx} durch Biegung folgt aus der Biegegleichung:

$$\sigma_{xx} = \frac{-M_z}{I_z}y + \frac{M_y}{I_y}z = \frac{-EI_z v''}{I_z}y - \frac{EI_y w''}{I_y}z \qquad (2.92)$$

$$= -Ev''y - Ew''z \qquad (2.93)$$

$$\rightarrow \varepsilon_{xx} = -v''y - w''z \qquad (2.94)$$

Für die Schubspannung τ_{xu} in Umfangsrichtung durch Torsion gilt der lineare Ansatz

$$\tau_{xu}(x,r) = \frac{M_T(x)}{I_x(x)}r = G\varphi'(x)r = G\gamma(x,r); \quad \gamma(x,r) = \varphi'(x)r \qquad (2.95)$$

Die in der elastischen Welle gespeicherte Formänderungsenergie lautet somit

$$W = \frac{E}{2} \int_0^l I_z v''^2 dx + \frac{E}{2} \int_0^l v'' w'' I_{yz} dx \tag{2.96}$$

$$+ \frac{E}{2} \int_0^l w'' I_y dx + \frac{G}{2} \int_0^l \varphi'^2 I_x dx \tag{2.97}$$

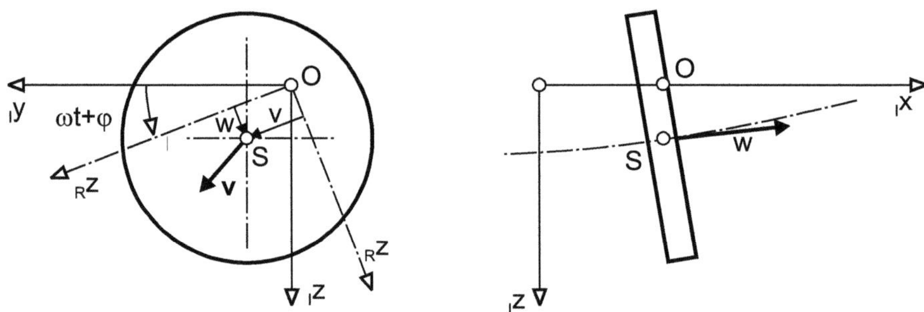

Abb. 2.6. Die Kinematik einer elastischen Welle. Ein scheibenförmiges Element der Welle soll in der y-,z-Ebene die Lage v, w und den Geschwindigkeitsvektor v besitzen. Die Rotation und das Kippen des Elementes wird durch die KARDAN-Winkel α, β, γ der Drehung vom I-System über das schleifende R-System in ein nicht dargestelltes scheibenfestes Koordinatensystem festgelegt

Translatorische kinetische Energie eines Balkenelementes. Die Verformung der Welle bzw. des Balkens wird durch die Zuordnung von fünf Freiheitsgraden der Balkenelemente beschrieben. Eine Stauchung der Welle in Längsrichtung (x-Achse) wird nicht betrachtet. In diesem Fall lautet der Vektor r_{OS} der Verschiebung der jeweiligen Schwerpunkte S der Balkenelemente von der Ausgangslage in die verformte Lage:

$$_R r_{OS}^T = [0, v, w] \tag{2.98}$$

$$_R v_{OS} = \begin{bmatrix} 0 \\ \dot{v} \\ \dot{w} \end{bmatrix} + \begin{bmatrix} \omega + \dot{\varphi} \\ 0 \\ 0 \end{bmatrix} \times \begin{bmatrix} 0 \\ \dot{v} \\ \dot{w} \end{bmatrix} = \begin{bmatrix} 0 \\ -(\omega + \dot{\varphi})w \\ +(\omega + \dot{\varphi})v \end{bmatrix} \tag{2.99}$$

$$|v_{OS}^2| = \dot{v}^2 + \dot{w}^2 + v^2 w^2 + v^2 \omega^2 + w^2 \omega^2 - 2\dot{v}w\omega + 2\dot{w}v\omega \tag{2.100}$$

Für die translatorische kinetische Energie T_T gilt somit das Integral:

$$T_T = \frac{1}{2} \int_0^l |\boldsymbol{v}_{OS}^2| \, \varrho A(x) \, dx \qquad (2.101)$$

Rotatorische kinetische Energie. Ein scheibenförmiges Element der elastischen Welle führt neben den translatorischen Bewegungen weiterhin die Rotation plus eine Taumelbewegung durch. Zur Beschreibung der Orientierung eines Elementes eignen sich insbesondere KARDAN-Winkel, welche der Reihe nach eine Drehung um die x-Achse (Winkel α), eine Drehung um die so entstandene y^*-Achse (Winkel β) und eine abschließende Drehung um die so entstandene z^*-Achse definieren. Mit der einschränkenden Annahme, dass die betrachteten Querschnitte jeweils senkrecht auf die lokale Tangente an die Biegelinie stehen, gilt dann:

$$\alpha = \omega t + \varphi; \qquad \beta = -w'; \qquad \gamma = v' \qquad (2.102)$$

Für den Vektor $_K\boldsymbol{\omega}_{abs}$ der absoluten Winkelgeschwindigkeit, dargestellt im körperfesten K-System des betrachteten scheibenförmigen Wellenelementes folgt aufgrund der kinematischen Gleichungen der KARDAN-Winkel:

$$_K\boldsymbol{\omega}_{abs} = \begin{bmatrix} \cos\beta\cos\gamma & \sin\gamma & 0 \\ -\cos\beta\sin\gamma & \cos\gamma & 0 \\ \sin\beta & 0 & 1 \end{bmatrix} \begin{bmatrix} \dot\alpha \\ \dot\beta \\ \dot\gamma \end{bmatrix} \qquad (2.103)$$

Es wird im Folgenden die Näherungslösung für kleine Winkel ($\beta \ll 1$; $\gamma \ll 1$) weiter studiert, da diese die realen Verhältnisse für technische Rotoren ausreichend genau approximiert. Die Linearisierung der transzendenten Winkelfunktionen um die Ideallage ergibt somit:

$$_K\boldsymbol{\omega}_{abs} \approx \begin{bmatrix} 1 & v' & 0 \\ -v' & 1 & 0 \\ -w' & 0 & 1 \end{bmatrix} \begin{bmatrix} \omega + \dot\varphi \\ -\dot{w}' \\ \dot{v}' \end{bmatrix} = \begin{bmatrix} \omega + \dot\varphi - \dot{v}\dot{w}' \\ -v'(\omega + \dot\varphi) - \dot{w}' \\ -w'(\omega + \dot\varphi) + \dot{v}' \end{bmatrix} \qquad (2.104)$$

Die rotatorische Energie eines Scheibenelementes ergibt sich aus der quadratischen Form des Trägheitstensors und der absoluten Winkelgeschwindigkeit. Zur Auswertung ist das scheibenfeste K-System geeignet, da im Falle rotationssymmetrischer Wellen der Trägheitstensor im K-System zur Diagonalmatrix wird. Im Zuge der Linearisierung sind im Folgenden alle Produkte und Potenzen kleiner Größen zweiter Ordnung gegenüber den Termen nullter und erster Ordnung vernachlässigt. Die rotatorische Energie dT_R eines Scheibenelementes lautet dann:

$$dT_R = \frac{1}{2}\,_K\boldsymbol{\omega}_{abs}^T\,_K dJ\,_K\boldsymbol{\omega}_{abs} \tag{2.105}$$

$$\approx +\frac{dJ_x}{2}(\omega^2 + \dot{\varphi}^2 + 2\omega\dot{\varphi}) \tag{2.106}$$

$$+\frac{dJ_y}{2}(v'^2\omega^2 + \dot{w}'^2 + 2\omega v'\dot{w}') \tag{2.107}$$

$$+\frac{dJ_z}{2}(w'^2\omega^2 + \dot{v}'^2 - 2\omega w'\dot{v}') \tag{2.108}$$

$$T_R = \int dT_R dx \tag{2.109}$$

Die Approximation der translatorischen Koordinaten v, w und der rotatorischen Anteile φ, w', v' im Gebiet $\mathcal{G} := 0 \leq x \leq L$ der elastischen Welle geschieht durch Separation der orts- und der zeitabhängigen Größen:

$$\varphi(x,t) := \boldsymbol{q}_\varphi^T(t)\boldsymbol{\varphi}(x) = \boldsymbol{\varphi}^T(x)\boldsymbol{q}_\varphi(t) \tag{2.110}$$

$$v(x,t) := \boldsymbol{q}_v^T(t)\boldsymbol{v}(x) = \boldsymbol{v}^T(x)\boldsymbol{q}_v(t) \tag{2.111}$$

$$w(x,t) := \boldsymbol{q}_w^T(t)\boldsymbol{w}(x) = \boldsymbol{w}^T(x)\boldsymbol{q}_w(t) \tag{2.112}$$

Die Bewegungsgleichungen mit den so definierten Approximationen der elastischen Deformationen lassen sich in relativ überschaubarer Weise mit Hilfe der Lagrange'schen Gleichungen II. Art ableiten. Es gilt:

$$\frac{d}{dt}\left(\frac{\partial T}{\partial \dot{\boldsymbol{q}}}\right) - \frac{\partial T}{\partial \boldsymbol{q}} + \frac{\partial V}{\partial \boldsymbol{q}} = \boldsymbol{M}\ddot{\boldsymbol{q}} + \boldsymbol{G}\dot{\boldsymbol{q}} + (\boldsymbol{K} + \boldsymbol{N})\boldsymbol{q} = \boldsymbol{Q}$$

Ein Vektor $\boldsymbol{q}$ der Gewichtungsparameter (Zeitfunktionen) kann wie folgt definiert werden:

$$\boldsymbol{q}^T := [\boldsymbol{q}_\varphi^T, \boldsymbol{q}_v^T, \boldsymbol{q}_w^T] \tag{2.113}$$

Die einzelnen Matrizen enthalten die jeweiligen Ortsintegrale über die gewählten Approximationsfunktionen. Die Massenmatrix lautet:

$$\boldsymbol{M} := \begin{bmatrix} \boldsymbol{M}_\varphi & 0 & 0 \\ 0 & \boldsymbol{M}_v & 0 \\ 0 & 0 & \boldsymbol{M}_w \end{bmatrix} \tag{2.114}$$

$$\boldsymbol{M}_\varphi := \int \rho \boldsymbol{\varphi}\boldsymbol{\varphi}^T dx \tag{2.115}$$

$$\boldsymbol{M}_v := \int \rho (A\boldsymbol{v}\boldsymbol{v}^T + I_z \boldsymbol{v}'\boldsymbol{v}'^T) dx \tag{2.116}$$

$$\boldsymbol{M}_w := \int \rho (A\boldsymbol{w}\boldsymbol{w}^T + I_z \boldsymbol{w}'\boldsymbol{w}'^T) dx \tag{2.117}$$

Die schiefsymmetrische „Gyromatrix" $\boldsymbol{G}$ besitzt den Aufbau:

$$\boldsymbol{G} := \begin{bmatrix} 0 & 0 & 0 \\ 0 & 0 & \boldsymbol{G}_v \\ \boldsymbol{G}_w & 0 & 0 \end{bmatrix} \tag{2.118}$$

$$v\boldsymbol{G}_v := -2\omega \int [\rho A \boldsymbol{v}\boldsymbol{v}^T + \rho I_y \boldsymbol{v}'\boldsymbol{v}'] dx \tag{2.119}$$

$$\boldsymbol{G}_w := 2\omega \int [\rho A \boldsymbol{w}\boldsymbol{w}^T + \rho I_z \boldsymbol{w}'\boldsymbol{w}'] dx \tag{2.120}$$

Lageproportionale Koppelkräfte zwischen den Biegerichtungen treten auch durch Beschleunigungen $\dot{\omega}$ der Welle auf. Sie sind im Anteil $\boldsymbol{N}\dot{\boldsymbol{q}}$ berücksichtigt. Die Matrix $\boldsymbol{N}$ ist dabei analog zu $\boldsymbol{G}$ schiefsymmetrisch aufgebaut.

$$\boldsymbol{N} := \begin{bmatrix} 0 & 0 & 0 \\ 0 & 0 & \boldsymbol{N}_v \\ \boldsymbol{N}_w & 0 & 0 \end{bmatrix} \tag{2.121}$$

$$\boldsymbol{N}_v := -\dot{\omega} \int [\rho A \boldsymbol{v}\boldsymbol{v}^T + \rho I_y \boldsymbol{v}'\boldsymbol{v}'] dx \tag{2.122}$$

$$\boldsymbol{N}_w := +\dot{\omega} \int [\rho A \boldsymbol{w}\boldsymbol{w}^T + \rho I_z \boldsymbol{w}'\boldsymbol{w}'] dx \tag{2.123}$$

Das elastische Pozential bei Verformung der Welle bewirkt lageproportionale Rückstellkräfte (Hooke'sches Materialgesetz). Sie werden durch den Anteil $\boldsymbol{K}\boldsymbol{q}$ repräsentiert.

$$\boldsymbol{K} := \begin{bmatrix} \boldsymbol{K}_\varphi & 0 & 0 \\ 0 & \boldsymbol{K}_v & 0 \\ 0 & 0 & \boldsymbol{K}_w \end{bmatrix} \tag{2.124}$$

$$\boldsymbol{K}_{\varphi} := \int GI_x\boldsymbol{\varphi'}^T\boldsymbol{\varphi'}dx \qquad\qquad (2.125)$$

$$\boldsymbol{K}_v := -\omega^2 \int [\rho A\boldsymbol{v}^T\boldsymbol{v} + \rho I_y\boldsymbol{v'}^T\boldsymbol{v'}]dx + \int EI_y\boldsymbol{v''}^T\boldsymbol{v''}dx \qquad (2.126)$$

$$\boldsymbol{K}_w := -\omega^2 \int [\rho A\boldsymbol{w}^T\boldsymbol{w} + \rho I_z\boldsymbol{w'}^T\boldsymbol{w'}]dx + \int EI_y\boldsymbol{w''}^T\boldsymbol{w''}dx \qquad (2.127)$$

Die Anteile in den Biegerichtungen enthalten Terme mit negativen Vorzeichen, welche propotional zum Quadrat der Winkelgeschwindigkeit ω der Führungsdrehung sind. Es sind die instabil wirkenden Zentrifugalanteile auf aussermittige Scheibenelemente. Ist eine Matrix $\boldsymbol{K}_w$ oder $\boldsymbol{K}_v$ negativ definit, so ist die entsprechende Biegerichtung instabil. Ein solcher Betriebszustand mit einer dementsprechend hohen Winkelgeschwindigkeit wird in technischen Anlagen natürlich nicht eingestellt. Die Auswirkungen der Rotordrehzahlen auf die Eigenfrequenzen der gleichlaufenden und gegenlaufenden Biegeeigenformen sind sehr komplex und werden ausführlich durch ULBRICH [136] studiert.

Eine sinnvolle Erweiterung der Steifigkeitsmatrix berücksichtigt lageproportionale Lagerreaktionskräfte, die keinen Winkelversatz bzgl. der Auslenkungsrichtung beinhalten. Auf diese Art und Weise lassen sich Kugellager mit linearisierten Steifigkeiten c_i an den Orten x_i in einfacher Form direkt in die Bewegungsgleichungen integrieren.

$$\boldsymbol{K}_v^* = \boldsymbol{K}_v + \sum_{i=1}^{i=e} \left\{ \frac{1}{2}c_i(\boldsymbol{v}_i\boldsymbol{v}_i^T + \boldsymbol{w}_i\boldsymbol{w}_i^T) \right\}$$

Analog gilt die Erweiterung der Steifigkeitsmatrix $\boldsymbol{K}_w$ auf $\boldsymbol{K}_w^*$ in der zweiten Biegerichtung. Eine besondere Wahl der Ansatzfunktionen ergibt sich mit den „Attachement Modes", welche die statischen Auslenkungen der wie oben beschrieben elastisch gelagerten Welle unter der Wirkung normierter Kräfte an aussgezeichneten Stellen x_j darstellen.

$$\boldsymbol{K}_w^*\boldsymbol{q}_{AM} = \boldsymbol{W}_aF_{w,a} \qquad \text{mit} \qquad F_{w,a} = 1$$

Die Kraft $F_{w,a}$ wirkt in Richtung der Biegeverformung w. Bei Rotationssymmetrie der Welle und gleicher Wahl der Ansatzfunktionen gilt die Identität:

$$\boldsymbol{K}_w = \boldsymbol{K}_v; \qquad \boldsymbol{K}_w^* = \boldsymbol{K}_v^*$$

Diese speziellen globalen Ansatzfunktionen sind häufig eine Linearkombination bereichsweise definierter kubischer Splines und beschleunigen die Konvergenz der Approximation der elastischen Verformungen, falls das Lastspektrum der Welle besonders durch Einzelkrafteingriffe an definierten Stellen (etwa an Nocken auf elastischen Nockenwellen) charakterisiert wird.

Anwendung der Näherungslösung für elastische Hohlräder. Elastische Hohlräder finden vor allem in Planetengetrieben vermehrt Anwendung. Die elastische Verformung des Umfangs dient der gleichmäßigeren Verteilung der Zahnkräfte auf die Planeten. Besondere Bauformen benutzen weiterhin eine fliegend gelagerte Sonnenradwelle. Die Eigenformen eines fest miteinander verbundenen Systems aus elastischer Welle und topfartigem Hohlrades sind nur noch mit unvertretbar hohem Aufwand aus einer analytischen Rechnung mit Hilfe von Spline-Ansätzen für die einzelenen Verformungskoordinaten identifizierbar. Man ist in diesem Fall auf FE-Methoden angewiesen. Der Nachteil der FE-Methoden aus heutiger Sicht ist die mangelnde Kombinationsmöglichkeit mit einer Dynamikssimulation weiterer Elemente mit nichtlinearen und stark unstetigen Verhalten.

Moderne FE-Programmsysteme bieten die Zeitintegration nichtlinearer Elemente und die Erweiterung mit speziellen „USER-ELEMENTEN" [1] an. Es verbleibt jedoch der Nachteil einer im Vergleich zu den weiteren Systemkomponenten unzulänglich hohen Zahl der Elementfreiheitsgrade und die damit verbundene hohe Rechenzeit. Weiterhin sind fast alle Finite-Elemente-Programmsysteme einseitig „geschlossen", ein Benutzer darf zwar selbstdefinierte Elemente in die FE-Rechnung integrieren, nicht aber umgekehrt die Finite-Elemente-Dynamiksimulation eines Kontinuums in eine umfassendere Systemsimulation einbeziehen.

Es verbleibt die Möglichkeit eines Mittelweges. Unter der Annahme kleiner Wellenverformungen gegenüber der Ringverformung des Hohlradmantels (s. Abb. 2.7) und unter der weiteren Annahme, dass die Verformung des Topfbodens ebenfalls klein gegenüber der Verformung des dünnwandigen Mantels bleibt, lässt sich ein Ritz-Ansatz für die azimutalen und radialen Verformungen des Hohlrades angeben.

Die azimutalen Verformungen $u(x, s)$ und die radialen Ausbeulungen $w(x, s)$ im zweidimensionalen Gebiet $\mathcal{G}$ der elastisch modellierten Mantelfläche des Hohlrades werden linear in x, aber nichtlinear in s angesetzt:

$$w := x\alpha(s); \qquad u := x\beta(s) \tag{2.128}$$

Für die Modellierung der Verformungswinkel α, β (vgl. Abb. 2.7) bieten sich bereichsweise definierte Splines an.

Separationsansatz. Für die Verformungswinkel α, β wird ein Separationsansatz gewählt. Als Ortsfunktionen dienen ausschließlich von s abhängige, bereichsweise definierte Splines. Die Vorgehensweise entspricht der Modellierung von elastischen Torsions- und Biegebalken sowie der azimutalen Ortsabhängigkeit der Ansatzfunktionen für die Berechnung der Druckverhältnisse in axialsymmetrischen Gleitlagern.

$$\alpha(t, s) := \boldsymbol{q}_\alpha^T(t)\boldsymbol{\alpha}(s); \qquad \beta(t, s) := \boldsymbol{q}_\beta^T(t)\boldsymbol{\beta}(s) \tag{2.129}$$

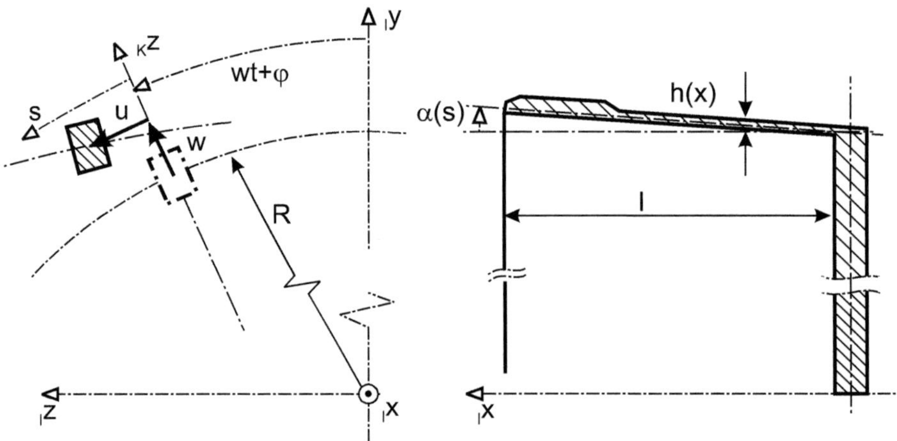

Abb. 2.7. Die Kinematik eines elastischen Hohlrades mit Innenverzahnung. Unter der Annahme, dass sich nur der äußere Mantel verformt, lässt sich ein kompakter Satz von typischerweise 16-32 Bewegungsdifferenzialgleichungen mit Hilfe eines Ritz-Ansatzes analytisch formulieren. Die Verformungskoordinaten sind dabei eine radiale Ausbeulung w und eine azimutale Scherbewegung u. Diese Bewegungsrichtungen entsprechen der Wirkrichtung der Zahnkräfte im Falle einer Innenverzahnung. Die Kontur $h(x)$ des Hohlrades ist beliebig, eine Modellierung der elastischen Verformungen im dargestellten Sinne ist jedoch nur sinnvoll wenn die Wandstärken in der Mantelfläche deutlich geringer als die der abschließenden Scheibe sind. Im gegenteiligen Fall entstehen Eigenformen mit geringeren Eigenfrequenzen, da das Hohlrad durch Ausbeulen der Scheibe weitere Elastizitäten erhält

Eine wesentliche Vereinfachung des Modellierungsaufwands wird durch Verwendung eines identischen Satzes von Ansatzfunktionen für die azimutale Scherung β und die radiale Ausbeulung α erreicht. Dieses bedeutet keinerlei Einschränkung der Unabhängigkeit beider Verformungsarten voneinander, da sie durch voneinander unabhängigen Zeitfunktionen q_α und q_β skaliert werden.

Ortsintegralmatrizen. Alle Ansatzfunktionen sind jeweils für sich auf den Betrag Eins normiert. Sie liegen ebenso wie die Geometrie des Hohlrades fest. Einer der wesentlichen Vorteile des Ritz-Ansatzes entsteht aus der Möglichkeit, die Ortsintegration über die Ansatzfunktionen im Voraus durchzuführen. So seien im Folgenden Ortsintegralmatrizen $\boldsymbol{\Pi}^{i,j}$ der Produkte verschiedener Ortsableitungen der Ansatzfunktionen und der Ortsintegralvektor $\boldsymbol{\Gamma}$ wie folgt definiert:

$$\boldsymbol{\alpha}(s) \overset{!}{:=} \boldsymbol{\beta}(s) \tag{2.130}$$

$$\int_0^{2\pi R} \boldsymbol{\alpha}(s)\,ds = \int_0^{2\pi R} \boldsymbol{\beta}(s)\,ds := \boldsymbol{\Gamma} \tag{2.131}$$

$$\int_0^{2\pi R} \boldsymbol{\alpha}(s)\boldsymbol{\alpha}^T(s)ds = \int_0^{2\pi R} \boldsymbol{\alpha}(s)\boldsymbol{\beta}^T(s)ds \tag{2.132}$$

$$= \int_0^{2\pi R} \boldsymbol{\beta}(s)\boldsymbol{\alpha}^T(s)ds \tag{2.133}$$

$$= \int_0^{2\pi R} \boldsymbol{\beta}(s)\boldsymbol{\beta}^T(s)ds := \boldsymbol{\Pi}^{0,0} \tag{2.134}$$

$$\int_0^{2\pi R} \boldsymbol{\alpha}'(s)\boldsymbol{\alpha}^T(s)ds := \boldsymbol{\Pi}^{1,0} \tag{2.135}$$

$$\int_0^{2\pi R} \boldsymbol{\beta}''(s)\boldsymbol{\beta}''^T(s)ds := \boldsymbol{\Pi}^{2,2} \tag{2.136}$$

Potenzielle Energie. Für die Normalspannung ε_{ss} in Umfangsrichtung gilt die Superposition der Normalspannungen durch Zug/Druck und durch Biegung. Normalspannungen durch Zug/Druck entstehen unter anderem bei einer gleichförmigen Aufweitung des Querschnittes durch die Wirkung der Zentrifugalkräfte bei hohen Drehzahlen. Anteile aus Biegung entstehen durch den Eingriff von Planetenverzahnungen an der Innenseite der Mantelflächen. Die Superposition lautet:

$$\varepsilon_{ss}(s,x,r) = \frac{w(s,x)}{R} + \frac{\partial u(s,x)}{\partial s} - w''(s,x)r \tag{2.137}$$

Durch tangentiale Scherung β des Hohlradtopfes entstehen Gleitungen $\gamma(s,x) = \beta(s)$ im Hohlradmantel. Für das elastische Potenzial V des Kontinuums gilt die Integralsumme über die dV im Volumen des Hohlradmantels.

$$V = \int dV = \int \int \int [\frac{E}{2}\varepsilon_{ss}^2 + \frac{G}{2}\gamma_{sr}^2]\, dr\, dx\, ds \tag{2.138}$$

$$= \int \int \int [\frac{E}{2}(\frac{\alpha x}{R} + \beta'x - x\alpha''r)^2 + \frac{G}{2}\beta^2 x^2]\, dr\, dx\, ds \tag{2.139}$$

$$= \int \int [\frac{E}{2}x^2(\frac{\alpha^2 h}{R^2} + \beta'^2 h + \frac{\alpha''^2 h^3}{12} + \frac{2h}{R}\alpha\beta') \tag{2.140}$$

$$+ \frac{G}{2}x^2 h\beta^2]\, dr\, dx\, ds \tag{2.141}$$

$$= \int [\frac{E}{2}(\frac{H_2}{R^2}\alpha^2 + H_2\beta'^2 + \frac{H_3}{12}\alpha''^2 + \frac{2H_2}{R}\alpha\beta') + \frac{G}{2}H_2\beta^2]ds \tag{2.142}$$

Die Integrale über x sind von $h(x)$ (vgl. Abb. 2.7) abhängig. Ist $h(x)$ näherungsweise bereichsweise durch konstante Wandstärken geprägt, vereinfachen sich die Integrale. Es sei der Fall des verwendeten Beispieles (Abb. 2.7) betrachtet. Hier wird $h(x)$ durch zwei Abschnitte mit $h = h_1$ für $0 < x < l_1$ und $h = h_2$ für $l_1 < x < l$ definiert. Die Integralanteile H_i vereinfachen sich somit zu:

$$H_1 := \int h(x)x\,dx = \frac{h_1 l_1^2}{2} + \frac{h_2}{2}(2l_1 l_2 + l_2^2) \tag{2.143}$$

$$H_2 := \int_0^l h x^2\,dx = \frac{h_1 l_1^3}{3} + \frac{h_2}{3}(3l_1^2 l_2 + 3l_1 l_2^2 + l_2^3) \tag{2.144}$$

$$H_3 := \int_0^l h^3 x^2\,dx = \frac{h_1^3 l_1^3}{3} + \frac{h_2^3}{3}(3l_1^2 l_2 + 3l_1 l_2^2 + l_2^3) \tag{2.145}$$

Mit den bereits definierten und bekannten Ortsintegralmatrizen ergibt sich die potenzielle Energie zu:

$$V = \frac{1}{2}[\boldsymbol{q}_\alpha^T, \boldsymbol{q}_\beta^T] \quad \boldsymbol{\Pi} \quad \begin{bmatrix} \boldsymbol{q}_\alpha \\ \boldsymbol{q}_\beta \end{bmatrix} \tag{2.146}$$

$$\boldsymbol{\Pi} := \begin{bmatrix} \frac{EH_2}{R^2}\boldsymbol{\Pi}^{0,0} + \frac{EH_3}{12}\boldsymbol{\Pi}^{2,2} & \frac{EH_2}{R}\boldsymbol{\Pi}^{0,1} \\ \frac{EH_2}{R}\boldsymbol{\Pi}^{1,0} & EH_2\boldsymbol{\Pi}^{1,1} + GH_2\boldsymbol{\Pi}^{0,0} \end{bmatrix} \tag{2.147}$$

Kinetische Energie. Die kinetische Energie folgt aus dem Integral über das Quadrat aller Elementgeschwindigkeiten. Die Umfangsgeschwindigkeit lautet mit der Führungsdrehung $\omega t + \varphi$:

$$v_{umfang} = (\omega + \dot{\varphi})(R + \alpha x) + \dot{\beta}x \tag{2.148}$$

Die Radialgeschwindigkeit ergibt sich zu

$$v_{radial} = \dot{\alpha}x \tag{2.149}$$

Für die kinetische Energie T folgt der Ausdruck

$$T = \int\int\int \frac{1}{2}\rho \dot{v}^2 dr\,dx\,ds \tag{2.150}$$

$$= \frac{\rho}{2}\int\int [((\omega + \dot{\varphi})(R + \alpha x) + \dot{\beta}x)^2 + (\dot{\alpha}x)^2]h(x)dx\,ds \tag{2.151}$$

Mit der Verwendung der bereits über die Koordinate x definierten Orts-integrale $H_1.H_2, H_3$ lässt sich der Ausdruck für die kinetische Energie weiter in eine Summe von Einzelintegralen entwickeln.

$$T = \frac{J_0\omega^2}{2} + \frac{\rho\omega^2 H_2}{2} \int \alpha^2 ds + \frac{J_0}{2}\dot{\varphi}^2 + \frac{\rho}{2}H_2 \int \dot{\beta}^2 ds \tag{2.152}$$

$$+ \rho R\omega^2 H_1 \int \alpha ds + J_0\omega\dot{\varphi} + 2\rho R\omega H_1\dot{\varphi} \int \alpha ds \tag{2.153}$$

$$+ \rho\omega R H_1 \int \dot{\beta} ds + \rho\omega H_2 \int \alpha\dot{\beta} ds \tag{2.154}$$

$$+ \rho R H_1\dot{\varphi} \int \dot{\beta} ds + \frac{\rho}{2}H_2 \int \dot{\alpha}^2 ds \tag{2.155}$$

Bewegungsgleichungen. Mit den oben definierten Ortsintegralmatrizen und den Lagrange'schen Gleichungen II. Art folgen in vollständiger Analogie zu den elastischen Wellen die Bewegungsdifferenzialgleichungen in der Form

$$\boldsymbol{q}^T := [\varphi, \boldsymbol{q}_\alpha^T, \boldsymbol{q}_\beta^T] \tag{2.156}$$

$$\boldsymbol{M}\ddot{\boldsymbol{q}} + \boldsymbol{G}\dot{\boldsymbol{q}} + \boldsymbol{K}\boldsymbol{q} = \boldsymbol{h} + \sum \boldsymbol{Q}_i \tag{2.157}$$

Die Einzelmatrizen lauten:

$$\boldsymbol{M} := \begin{bmatrix} J_0 & 0 & \rho R H_1 \boldsymbol{\Gamma}^T \\ 0 & \rho H_2 \boldsymbol{\Pi}^{0,0} & 0 \\ \rho R H_1 \boldsymbol{\Gamma} & 0 & \rho H_2 \boldsymbol{\Pi}^{0,0} \end{bmatrix} \tag{2.158}$$

$$\boldsymbol{G} := \begin{bmatrix} 0 & +2\rho R\omega H_1 \boldsymbol{\Gamma}^T & 0 \\ -2\rho R\omega H_1 \boldsymbol{\Gamma}^T & 0 & -\rho\omega H_2 \boldsymbol{\Pi}^{0,0} \\ 0 & +\rho\omega H_2 \boldsymbol{\Pi}^{0,0} & 0 \end{bmatrix} \tag{2.159}$$

$$\boldsymbol{K} := \begin{bmatrix} 0 & 0 & 0 \\ 0 & \boldsymbol{K}_{22} & \boldsymbol{K}_{23} \\ 0 & \boldsymbol{K}_{32} & \boldsymbol{K}_{33} \end{bmatrix} \tag{2.160}$$

$$\boldsymbol{K}_{22} := (\frac{EH_2}{R^2} - \rho\omega^2 H_2)\boldsymbol{\Pi}^{0,0} + \frac{EH_3}{12}\boldsymbol{\Pi}^{2,2} \tag{2.161}$$

$$\boldsymbol{K}_{23} := \frac{EH_2}{R}\boldsymbol{\Pi}^{0,1} \tag{2.162}$$

$$\boldsymbol{K}_{32} := \frac{EH_2}{R}\boldsymbol{\Pi}^{1,0} \tag{2.163}$$

$$\boldsymbol{K}_{33} := EH_2\boldsymbol{\Pi}^{1,1} + GH_2\boldsymbol{\Pi}^{0,0} \tag{2.164}$$

Der Vektor $\boldsymbol{h}$ der nichtlinearen Kräfte lautet:

$$\boldsymbol{h} := \begin{bmatrix} -J_0\dot{\omega} \\ +\rho R\omega^2 H_1\boldsymbol{\Gamma} \\ -\rho R\dot{\omega}H_1\boldsymbol{\Gamma} \end{bmatrix} \tag{2.165}$$

Die Kräfte wirken auf die elastischen Koordinaten und auf den Starrkörper- Drehwinkel φ im Sinne einer generalisierten Kraft $\boldsymbol{Q}$. Sind an einer definierten Stelle s_e die Umfangs- und die Radialkomponente einer Eingriffskraft und ihr resultierendes Moment M_x um die Hohlradlängsachse bekannt, gilt:

$$\boldsymbol{Q}_i := \begin{bmatrix} M_{x,i} \\ \boldsymbol{\alpha}(s_e)x_e F_{radial,i} \\ \boldsymbol{\beta}(s,e)x_e F_{umfang,i} \end{bmatrix} \tag{2.166}$$

Elastische Mehrkörpersysteme. Für ein System mit kinematisch gekoppelten elastischen Körpern geht die Bewegungsgleichung (2.42) von der Summe über die einzelnen Gleichungen für starre Körper in eine Summe über die differentiellen Massenelemente über.

$$\sum_{i=1}^{n} \int_{\text{Körper } i} \left\{ \begin{bmatrix} \frac{\partial \boldsymbol{v}_i}{\partial \boldsymbol{q}} \\ \frac{\partial \boldsymbol{\omega}_i}{\partial \boldsymbol{q}} \end{bmatrix}^T \begin{bmatrix} (d\dot{\boldsymbol{p}} + \tilde{\boldsymbol{\omega}}_{IK}d\boldsymbol{p} - d\boldsymbol{f}_e)_i \\ (d\dot{\boldsymbol{L}} + \tilde{\boldsymbol{\omega}}_{IK}d\boldsymbol{L} - d\boldsymbol{l}_e)_i \end{bmatrix} \right\} = 0 \tag{2.167}$$

Auf die Herleitung und die weiteren expliziten Darstellungen der Bewegungsgleichungen für elastische Mehrkörpersysteme sei hier verzichtet und statt dessen auf die umfangreiche Literatur hingewiesen [9], [10]. Im Falle elastischer Verformungen besitzen die Teilmassen eines Körpers verschiedene Geschwindigkeiten, es werden spezielle Ansätze für die elastischen Verformungen der Körper notwendig. Sind mehrere elastische Körper über Gelenke miteinander gekoppelt, so ist eine blockdiagonale Anordnung der in diesem Kapitel vorgestellten Bewegungsgleichungen der einzelnen Körper in einer Gesamtmatrixschreibweise nicht mehr möglich. Statt dessen treten neben den definierten nominalen Rotations- und Translationsbewegungen noch weitere, große Führungsbewegungen auf, welche eine wesentlich komplexere Form der Bewegungsgleichungen bedingen.

2.3 Bewegungsgleichungen für Räder und Wellen

Körper und Koppelelemente. Im Zuge einer nummerischen Simulation eines Antriebsstranges wird zwischen Körpern und Koppelelementen unterschieden. Im wesentlichen setzt sich ein typischer Antriebsstrang aus einer Reihe starrer oder elastischer Körper zusammen, auf welche äußere Kräfte und Momente wirken. Die massebehafteten Körper des Systems werden durch „Körper"-Elemente in der Simulation repräsentiert, die Wechselwirkungen zwischen den Körpern und auch die Wechselwirkungen zwischen Körpern und der Umgebung sind mit „Koppelelementen" realisiert. Auch komplexere Elemente des Antriebsstranges lassen sich mit hinreichend genauen Ergebnissen in Teilkörper und einzelne Kraftgesetze, „Koppelelemente", zerlegen. So wird das Übertragungsverhalten eines Stirnrad-Getriebes in guter Näherung durch Einzelkörper der Typen „Rad" und „Welle" und durch Kraftgesetze der Typen „Gleitlager" und „Verzahnung" zusammengesetzt. In diesem Kapitel wird die Vorgehensweise zur nummerischen Darstellung von realen technischen Körpern durch Modellierung mit den Typen „Rad", „Scheibe" und „Welle" analysiert. Für die genannten Körper existieren dabei starre und elastische Modelle sowie einige Sondertypen.

2.3.1 Räder

Unter dem Begriff „Rad" sollen im Folgenden alle Körper zusammengefasst werden, welche einerseits starr sind und andererseits nur einen rotatorischen Freiheitsgrad besitzen. Mit diesem einfachen Ersatzmodell lassen sich bereits eine Vielzahl der im Maschinenbau ausgeführten Läufer, Zahnräder o.ä. Bauteile modellieren. Im Zuge der nummerischen Simulation wird zur Integration des rotatorischen Freiheitsgrades φ um die Körperlängsachse lediglich (2.40) ausgewertet. Bevor jedoch mit dieser Gleichung die Beschleunigung $\ddot{\varphi}$ des Freiheitsgrades ermittelt wird, müssen alle Kraftgesetze ausgewertet sein, welche Momente auf einen Körper des Typs „Rad" ausüben können.

Es ist in vielen Anwendungen jedoch auch ein Axialversatz der betreffenden Räder von Bedeutung. So kann eine kugelgelagerte, kurze Welle (etwa ein Ritzel in Stirnradgetrieben) ohne weiteres starr modelliert werden, die wesentlichen Nachgiebigkeiten liegen in diesem Fall in der Lagerung. Hier müssen Verschiebungen der Lagerzapfen in die Rechnung einbezogen werden. Es bietet sich die Modellierung der kurzen, starren Welle mit dem Körpertyp „Scheibe" an. Neben den rotatorischen Freiheiten besitzt dieser Körpertyp translatorische Freiheitsgrade senkrecht zur Rotationsachse. Die Wirkung der Zahnkräfte im Beispiel der kurzen Welle verursacht ein Ausweichen der Welle in den Lagerungen. Dieser Effekt ist durch die Modellierung der kurzen Welle als „Scheibe" berücksichtigt. Allerdings besitzt die Scheibe nur ebene Freiheitsgrade. Ein „Nicken" bzw. ein „Gieren" der Wellenachse sowie ein Taumeln um die Idealachse sind durch die translatorischen Freiheitsgrade der

Scheibe nicht darstellbar. Sind die Zahnkräfte auf die kurze Welle im Hinblick auf die Lagerung stark außermittig, wird die Modellierung des Bauteiles als starre Torsionswelle empfohlen, zu den drei ebenen Freiheitsgraden der Scheibe treten somit zwei weitere rotatorische Freiheitsgrade, die Drehungen um die beiden Querachsen, hinzu.

2.3.2 Wellen

Kurbelwellen. Die Torsionsschwingungen von Kurbelwellen stellen ein zentrales Problem der Schwingungsdynamik von Verbrennungsmotoren dar. Mehrere Faktoren bewirken die in der Praxis mit hohen Amplituden in mehreren Ordnungen auftretenden Torsionsschwingungen:

- Die aus dem Druckverlauf in den Zylindern resultierenden Kolbenmomente auf die Kurbelwelle wirken stark ungleichförmig über eine Kurbelwellenumdrehung. Diese Periodizität zählt zu den wirkungsstärksten Ursachen der angeregten Torsionsschwingungen in Verbrennungsmotoren.
- In Mehrzylindermotoren wirken die hohen Torsionsmomente auf die Kurbelwelle in zeitlicher Reihenfolge an jeweils verschiedenen Stellen. Je nach Zündreihenfolge und Anlenkpunkt der Pleuel an die Kurbelwelle werden so verschiedene Torsionseigenformen angeregt.
- Die Geometrie der Kurbelwelle unterstützt durch die notwendige Wange- und Zapfenbauweise das Auftreten von Torsionsschwingungen. Aufgrund der Kröpfungen ist die Torsionssteifigkeit ausgeführter Kurbelwellen zumeist niedriger als diejenige von Hohlwellen gleicher Masse.
- Der Kolben und die Pleuelstange führen translatorische Bewegungen aus. Die Reduktion der auftretenden Massenkräfte auf die rotatorische Winkelkoordinate φ_i des betrachteten i-ten Abschnittes einer Kurbelwelle führt zu nicht vernachlässigbaren nichtlinearen Massenträgheitskräften sowie zu zeitvarianten Massenträgheiten des Gesamtsystems Kurbelwelle-Pleuel-Kolben. Diese Nichtlinearitäten beherbergen eine weitere Anregung von Torsionsschwingungen in der Kurbelwelle.
- Die Wangen der meisten ausgeführten Kurbelwellen sind mit Gegengewichten bestückt, welche die oszillierenden Massenkräfte von Pleuel und Kolben im Mittel auch im Hinblick auf die Biegung der Kurbelwelle ausgleichen sollen. Sie führen jedoch auch zu einer signifikanten Erhöhung des Massenträgheitsmomentes des betrachteten Kurbelwellenabschnittes, da sie in etwa auf dem Kurbelradius montiert werden müssen. Die resultierende Eigenfrequenz einer Torsionsschwingung sinkt bei gleicher Torsionssteifigkeit der Kurbelwellenkröpfung mit der Wurzel des Massenträgheitsmomentes. In ungünstigen Fällen sinken die Torsionseigenfrequenzen dadurch bis auf höhere Ordnungen der Zündfrequenz.

In der Literatur existieren eine Reihe von Veröffentlichungen, die sich fast ausschließlich diesem Problem widmen [38], [42], [37], [22], [89]. Eine heute übliche Vorgehensweise bei der Analyse von Torsionsschwingungen von

Kurbelwellen beinhaltet die Berechnung der resultierenden Torsionssteifigkeit eines Kurbelwellenabschnittes zwischen zwei Grundlagern. Diese Berechung kommt entweder mit empirischen Formeln, oder mit Hilfe einer 3D-Finite-Element-Methode zustande. Von der 3D-FEM-Analyse wird mit zunehmender Rechenleistung der verfügbaren Computer und mit zunehmenden Angebot der diesbezüglichen Software in steigendem Maße Gebrauch gemacht. Es existieren jedoch eine Reihe von empirischen Formeln, die sich zur Berechnung linearer Abschätzungen bewährt haben. Die effektivsten Formel dieser Art sind in [38] und in [70] zusammengestellt. Mit Hilfe der resultierenden Torsionssteifigkeit der Kurbelwellenabschnitte und der Massenträgheitsmomente können in linearen Abschätzungen die Systemantwort auf periodische Momentanregungen berechnet werden. Die starke Nichtlinearität und die Frequenzvielfalt der real bestehenden Anregungen erzwingt jedoch ein nummerisches Verfahren zur Analyse der auftretenden Frequenzen und Amplituden der Torsionsschwingungen in Kurbelwellen. Dazu sollen in den folgenden Unterkapiteln zunächst die empirischen Formeln zur Berechnung der Torsionssteifigkeiten der einzelnen Kurbelwellenabschnitte angegeben werden. Im folgenden Kapitel wird die nichtlineare Kopplung des Kolbens und der Pleuelstange an die Kurbelwelle beschrieben. Die Gaskräfte auf die Kolbenoberfläche werden im Rahmen der nummerischen Analyse eines Antriebsstranges als Koppelelement behandelt und dementsprechend im Abschnitt „Koppelelemente, Verbrennungskolben" eingehend behandelt.

Steifigkeit einer Kurbelwellenkröpfung. Die in [38] zusammengestellten empirischen Formeln zur Berechnung der Torsionssteifigkeit eines Kurbelwellenabschnittes zielen jeweils auf die Berechnung der Länge l_e einer Ersatzwelle mit konstantem Kreisquerschnitt des Außendurchmessers D_e, welche eine identische Torsionssteifigkeit aufweist wie der betrachtete Kurbelwellenabschnitt. Sie lassen sich auf die einheitliche Grundform

$$l_e = a_j \frac{I_e}{I_j} + a_c \frac{I_e}{I_c} + a_w \frac{I_e}{I_w} \tag{2.168}$$

reduzieren. Die Koeffizienten a_j, a_c und a_w besitzen die Dimension einer Länge und unterscheiden die jeweiligen Formeln untereinander, sie sind in Tabelle (2.1) angegeben. Die Größen I_e, I_j, I_c und I_w stellen polare Flächenträgheitsmomente der einzelnen Abschnitte einer Kurbelwellenkröpfung dar. Die Indizes stammen aus dem englischen Sprachraum und haben die folgende Bedeutung:

j	(journal)	Wellenzapfen
c	(crank)	Hubzapfen
w	(web)	Wange
e	(equivalent)	„äquivalent"

In [80] sind 20 verschiedene Formeln dieses Typs zusammengestellt, in [38] wurden die Koeffizienten derjenigen sieben Formeln übernommen, deren

Anwendung auf ausgeführte Kurbelwellen neueren Baudatums in mindestens der Hälfte der Fälle nur eine geringe Abweichung von gemessenen Steifigkeiten ergaben. Die polaren Flächenträgheitsmomente in (2.168) sind wie folgt definiert:

$$I_j = \frac{\pi}{32}(D_j^4 - d_j^4) \tag{2.169}$$

$$I_c = \frac{\pi}{32}(D_c^4 - d_c^4) \tag{2.170}$$

$$I_w = \frac{1}{12}L_W B_e^3 = \frac{1}{6}L_W \frac{B_{max}^3 \cdot B_{min}^3}{B_{max}^3 + B_{min}^3} \tag{2.171}$$

$$I_e = \frac{\pi}{32}D_e^4 \tag{2.172}$$

Die benutzten geometrischen Abmessungen der Kurbelwellenkröpfung sind in Abb. 2.8 dargestellt.

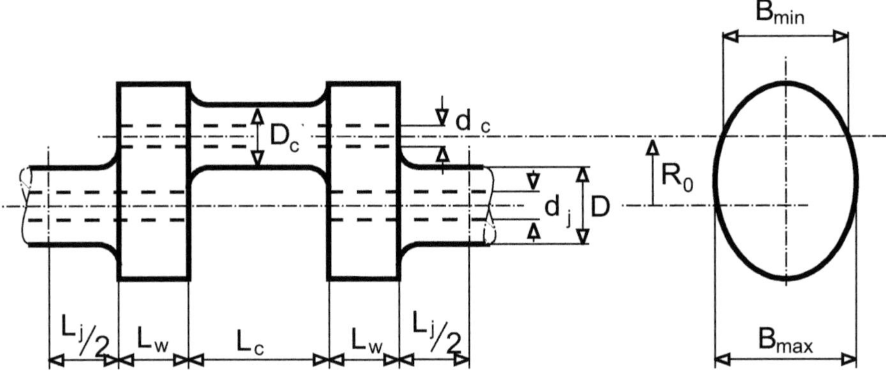

Abb. 2.8. Die Geometrie einer Kurbelwellenkröpfung

Die Tabelle 2.1 gibt die effizientesten Koeffizienten einiger Formeln des Typs (2.168) wieder, welche in [80] zusammengestellt und in [38] verglichen wurden.

Tabelle 2.1. Koeffizienten der Formeln aus (2.168)

Autor	a_j	a_c	a_w
CARTER	$L_j + 0,4L_w$	$0,75L_c + 0,4L_w$	$1,273R_0$
HELDT	$L_j + 0,4L_w$	$1,096L_c$	$1,09R_0$
KER WILSON	$L_j + 0,4D_j$	$L_c + 0,4D_c$	$0,849[R_0 - 0,2(D_j + D_c)]$
TIMOSHENKO	$L_j + 0,9L_w$	$L_c + 0,9L_w$	$0,79R_0$

Torsions- und Biegeverformungen in Kurbelwellen. Die oben zusammengestellten, bekannten Ersatzformeln dienen der Approximation der resultierenden Torsionssteifigkeit einzelner Abschnitte von Kurbelwellen. Die großen Beträge der wirkenden Pleuelkräfte führen jedoch zur Überlegung, zusätzlich zur Torsion der Kurbelwelle auch die Biegeverformungen sowie gegebenenfalls Zug- und Druckverformungen der Abschnitte zu berücksichtigen. Das Modell der Kurbelwelle entspricht dann einem komplexen Bauteil mit einer großen Zahl elastischer Verformungsfreiheitsgraden. Die ortsabhängigen Auslenkungen geeigneter Ansatzfunktionen lassen sich aus einer Modalanalyse mit Hilfe der Methode der Finiten Elemente und einer entsprechend detaillierten Modellierung berechnen.

Torsionselastische Wellen. Im Gegensatz zur speziellen Vorgehensweise im Falle einer Kurbelwelle soll der Typ „Torsionselastische Welle" einen allgemeinen, langgestreckten und rotationssymmetrischen Körper mit elastischen Torsionsnachgiebigkeiten spezifizieren. Eine lange Gelenkwelle stellt das klassische Anwendungsbeispiel für diesen Typ dar. Lang, schlank und mit hohen Momenten beaufschlagt, treten in ihrem Inneren hohe Schubspannungen und Verdrillungen auf. Die Normalspannungen und Biegeanteile spielen in diesem Anwendungsfall nur eine untergeordnete Rolle. Ein zweites Beispiel für eine torsionselastische Welle ist eine lange Nockenwelle in Reihen-Dieselmotoren. Die hohen äußeren Momente auf die verschiedenen Einspritznocken bewirken einen komplizierten Zeit- und Ortsverlauf des lokalen Verdrillwinkels φ.

Ansatzfunktionen. Für Torsionswellen werden die Bewegungsgleichungen gemäß Gl. (2.70) ausgewertet. Als Ansatzfunktionen für den Verdrillwinkel $\varphi(x)$ wird ein Satz bereichsweiser kubischer Splines (B-Splines) gemäß Gl. (2.216) herangezogen. Die Verteilung der Knoten und der verschiedenen Spline-Typen auf die Knoten sind im Kapitel „Spline-Ansatz für elastische Welle" detailliert erläutert. Wird der Vektor mit den Ansatzfunktionen $\varphi_i(x)$ mit $\boldsymbol{\varphi}_a(x)$ bezeichnet, folgt für die Massenmatrix aus (2.71):

$$\boldsymbol{\varphi}_a := [\varphi_1(x), \varphi_2(x), \ldots, \varphi_n(x)]^T \tag{2.173}$$

$$\boldsymbol{M}_a := \int_0^l \varrho I_p \boldsymbol{\varphi}_a(x) \boldsymbol{\varphi}_a^T(x) dx \in \mathbb{R}^{n,n} \tag{2.174}$$

$$= \varrho I_p \begin{bmatrix} m_{11} & m_{12} & \cdots & m_{1n} \\ m_{21} & m_{22} & \cdots & m_{2n} \\ \vdots & \vdots & & \vdots \\ m_{n1} & m_{n2} & \cdots & m_{nn} \end{bmatrix} \tag{2.175}$$

$$m_{ij} := \int \varphi_i(x)\varphi_j(x)dx \tag{2.176}$$

Die Definition der Steifigkeitsmatrix (2.72) geht über in:

$$\boldsymbol{K}_a := \int\limits_0^l GI_p \frac{\partial\boldsymbol{\varphi}_a(x)}{\partial x}\frac{\partial\boldsymbol{\varphi}_a^T(x)}{\partial x}dx \in \mathrm{I\!R}^{n,n} \tag{2.177}$$

$$= GI_p \begin{bmatrix} k_{11} & k_{12} & \ldots & k_{1n} \\ k_{21} & k_{22} & \ldots & k_{2n} \\ \vdots & \vdots & & \vdots \\ k_{n1} & k_{n2} & \ldots & k_{nn} \end{bmatrix} \tag{2.178}$$

$$k_{ij} := \int \varphi'_1(x)\varphi'_2(x)dx \tag{2.179}$$

Die Funktionen $\varphi_i(x)$ werden nun durch jeweils genau einen B-Spline $s_i(x)$ gemäß (2.216) unter Verwendung des Vergabeschemas (2.4.4) ersetzt. Die Auswertung der Integrale in den Komponenten der Systemmatrizen $\boldsymbol{M}_a, \boldsymbol{K}_a, \boldsymbol{h}_a$ und $\boldsymbol{W}_a$ ist bei Verwendung von B-Splines relativ einfach, da das Integral eines Produktes zweier B-Splines gemäß (2.216) analytisch ausformulierbar ist. Zwei B-Splines $s_i(x)$ und $s_j(x)$ sind jeweils nur auf höchstens vier Knotenabschnitten ungleich Null, die Berechnung des Integrals über das Produkt zweier Splines darf sich auf die maximal vier Bereiche beschränken, auf denen beide Splines eine Auslenkung besitzen. Die Menge der zu betrachtenden Bereiche k sei durch $\sum_k$ gegeben. Besitzt ein Bereich k die Ausdehnung h auf der x-Achse, kann man das Integral über das Produkt zweier Splines $s_i(x)$ und $s_j(x)$ in geschlossener Form angeben. In jedem Bereich $x_k \leq x \leq x_k + h$ gilt dabei die Koordinatentransformation $\xi := x - x_k$.

$$\begin{aligned} \int_0^l \varphi_i(x)\varphi_j(x)dx &= \sum_k \int_{x_k}^{x_k+h_k} s_i(x)s_j(x)dx \\ &= \sum_k \int_0^{h_k} s_i(\xi)s_j(\xi)d\xi \end{aligned} \tag{2.180}$$

$$s_i(\xi) := a_i + b_i\xi + c_i\xi^2 + d_i\xi^3 \quad 0 \leq \xi \leq h \tag{2.181}$$

$$s_j(\xi) := a_j + b_j\xi + c_j\xi^2 + d_j\xi^3 \quad 0 \leq \xi \leq h \tag{2.182}$$

$$\int_0^h s_i(\xi)s_j(\xi)d\xi = a_i a_j h + (a_i b_j + b_j a_i)\frac{h^2}{2}$$
$$+ (a_i c_j + b_i b_j + c_i a_j)\frac{h^3}{3}$$
$$+ (a_i d_j + b_i c_j + c_i b_j + d_i a_j)\frac{h^4}{4}$$
$$+ (b_i d_j + c_i c_j + d_i b_j)\frac{h^5}{5}$$
$$+ (c_i d_j + d_i c_j)\frac{h^6}{6} + d_i d_j \frac{h^7}{7} \tag{2.183}$$

Ebenso sind bei Verwendung kubischer B-Splines die Elemente der Systemmatrix $\boldsymbol{K}_a$ analytisch formulierbar.

$$\int_0^l \varphi'_i(x)\varphi'_j(x)dx = \sum_k \int_{x_k}^{x_k+h} \frac{\partial s_i(x)}{\partial x}\frac{\partial s_j(x)}{\partial x}dx$$
$$= \sum_k \int_0^h s'_i(\xi)s'_j(\xi)d\xi \tag{2.184}$$

$$\int_0^h s'_i(\xi)s'_j(\xi)d\xi = b_i b_j h + (b_i c_j + c_i b_j)h^2$$
$$+ (3b_i d_j + 4c_i c_j + 3d_i b_j)\frac{h^3}{3}$$
$$+ 6(c_i d_j + d_i c_j)\frac{h^4}{4} + 9d_i d_j \frac{h^5}{5} \tag{2.185}$$

Für den Koppelvektor $\boldsymbol{h}$ aus (2.73) ergibt sich die folgende Abhängigkeit seiner i-ten Komponente von den gewählten B-Splines zu:

$$\boldsymbol{h}_a = \varrho I_p \int_0^l \boldsymbol{\varphi}_a dx = \varrho I_p \int_0^l [\varphi_1(x), \varphi_2(x), \ldots, \varphi_n(x)]^T dx \tag{2.186}$$

$$\int_0^l \varphi_i(x)dx = \sum_k \int_0^{h_k} s_i(\xi)d\xi$$
$$= \sum_k (a_i h + b_i \frac{h^2}{2} + c_i \frac{h^3}{3} + d_i \frac{h^4}{4}) \tag{2.187}$$

Die Eingriffsmatrix $\boldsymbol{W}_a$ beinhaltet die Auslenkung der Ansatzfunktionen an den Momenteinleitungsstellen $x_{e,i}$. Die Dimension m bezeichnet dabei die Anzahl der äußeren Momente.

$$\boldsymbol{W}_a = \begin{bmatrix} \varphi_1(x_{e1}) & \varphi_1(x_{e2}) & \cdots & \varphi_1(x_{em}) \\ \varphi_2(x_{e1}) & \varphi_2(x_{e2}) & \cdots & \varphi_2(x_{em}) \\ \vdots & \vdots & & \vdots \\ \varphi_n(x_{e1}) & \varphi_n(x_{e2}) & \cdots & \varphi_n(x_{em}) \end{bmatrix} \in \mathbb{R}^{n,m} \qquad (2.188)$$

Nocken und Absätze. Das polare Flächenträgheitsmoment $I_p(x)$ einer Welle gibt die Torsionssteifigkeit nur dann korrekt wieder, wenn die Welle keine Absätze besitzt. In fast allen real ausgeführten Varianten von torsionselastischen Wellen besitzen jedoch Nocken, Absätze und Schultern einen entscheidenden Einfluss auf den tatsächlichen Verlauf $I_p(x)$ des für die Torsionssteifigkeit relevanten Flächenträgheitsmomentes. In Arbeiten von SAEHN [111] und VOCKE [138] wurde der Einfluss von Absätzen und Schultern in Wellen theoretisch und experimentell untersucht. Für viele Anwendungsfälle sind dort Formeln angegeben, mit denen die berechnete und gemessene Reduktion des Flächenträgheitsmomentes $I_p(x)$ durch einfache Längenänderungen der betroffenen Wellenabschnitte ersatzweise modelliert werden können.

Besitzt eine Welle an der Stelle eines Absatzes einen halben Innendurchmesser r_i und die halben Außendurchmesser r_1 und r_2 vor und nach dem Absatz, so wird in SAEHN [111] zur Modellierung der tatsächlichen Verdrehsteifigkeit der Welle vereinbart, dass das Flächenträgheitsmoment I_{p2} des Wellenabschnittes mit dem größeren Radius r_2 auf einer Länge Δx den kleineren Wert I_{p1} aus dem Abschnitt mit dem kleineren Radius beibehält.

Der Durchmessersprung von einem kleineren auf einen größeren Radius wird um das Maß Δl in den Abschnitt mit dem größeren Radius hineinverlegt. Eine so gestaltete Welle besitzt dann eine theoretische Verdrehsteifigkeit, die der realen Steifigkeit der abgesetzten Welle entspricht. In Abb. 2.9 ist eine lineare Näherung der in [111] exakt berechneten Abhängigkeit der Δl von den Radien r_i, r_1 und r_2 dargestellt.

Reduktion der Ansatzfunktionen. Eine typische Welle mit mehreren Abschnitten und demgemäß auch mehreren Schultern erhält nach dem Vergabeschema (2.4.4) in der Regel eine mindestens zweistellige bis dreistellige Anzahl von Knoten. Die Torsionsverformungen der Nockenwelle in Abb. 2.11 werden beispielsweise aus 129 B-Splines zusammengesetzt. Die hohe Zahl von B-Splines $\varphi_i(x)$ und zugeordneten Freiheitsgraden $q_i(t)$ beinhaltet andererseits große Nachteile bei der nummerischen Integration der Bewegungs-Differenzialgleichung (2.70). In der Regel wird man daher die Zahl der Ansatzfunktionen durch bestimmte Mischformen ersetzen. Zwei gängige Verfahren zur Reduktion der Ansatzfunktionen sind

a) die Wahl von Eigenfunktionen, und
b) die Verwendung von Attachement Modes.

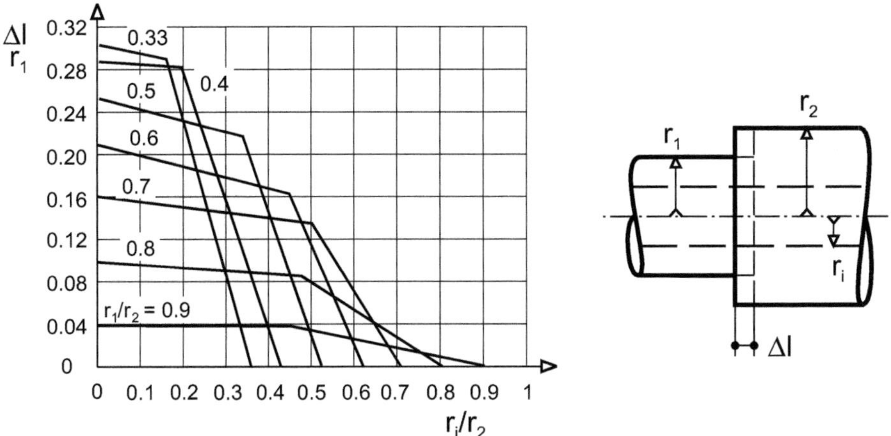

Abb. 2.9. In SAEHN [111] sind für eine Reihe von Anwendungsfällen die Zusatzlängen Δl berechnet und dargestellt, mit denen die real auftretenden Schubspannungsverläufe und die resultierenden Verdrehsteifigkeiten abgesetzter Wellen ersatzweise berechenbar sind. Der Graph zeigt eine stückweise lineare Approximation der Ergebnisse aus [111] für abgesetzte Hohlwellen. Wird der Durchmessersprung um das Maß Δl in den stärkeren Abschnitt der Welle verlegt, entspricht die so mit der linearen Theorie berechnete Verdrehsteifigkeit der Welle den durch den Absatz verminderten, realistischen Werten

Eigenfunktionen. Sind die Systemmatrizen bzgl. der gewählten Ansatzfunktionen $\boldsymbol{\varphi}_a$ aus den Gln. (2.175) und (2.178) bekannt und aufgestellt, lassen sich mittels einer Modalreduktion die Eigenfunktionen mit den niedrigsten Eigenfrequenzen bestimmen. Es wird dazu die homogene Bewegungsdifferenzialgleichung ohne innere Dämpfung und ohne äußere Momente betrachtet.

$$\boldsymbol{M}_a\ddot{\boldsymbol{q}}_a + \boldsymbol{K}_a\boldsymbol{q}_a = 0 \tag{2.189}$$

Aus einem allgemeinen Ansatz $\boldsymbol{q}_a = \boldsymbol{q}_i e^{\lambda_i t}$ folgen die Eigenlösungen der obigen homogenen Differenzialgleichungen. Für die Eigenfrequenzen λ_i gilt die charakteristische Gleichung

$$-\boldsymbol{M}_a\lambda_i^2\boldsymbol{q}_i + \boldsymbol{K}_a\boldsymbol{q}_i = (-\lambda_i^2\boldsymbol{M}_a + \boldsymbol{K}_a)\boldsymbol{q}_i = 0 \tag{2.190}$$

Diese Gleichung stellt das allgemeine Eigenwertproblem des Matrizenpaares $\boldsymbol{M}_a, \boldsymbol{K}_a$ dar. In der Regel existieren keine kompakten Lösungsverfahren für das allgemeine Eigenwertproblem, wohl aber zur Lösung des speziellen Eigenwertproblems $(\lambda\boldsymbol{E} - \boldsymbol{A})\boldsymbol{x} = 0$. Es bieten sich drei Lösungsvarianten zur Bestimmung der Eigenwerte und Eigenformen an, welche jeweils das dargestellte allgemeine Eigenwertproblem in ein spezielles Eigenwertproblem überführen:

- Spezielle Zwischentransformation für q ,
- Cholesky-Zerlegung der Massenmatrix,
- Übergang in den Zustandsraum.

Erster Lösungsweg: Zwischentransformation. In (2.189) ist kein Dämpfungsterm enthalten, der rein reelle Ansatz

$$q := q^* \sin(\omega t) \tag{2.191}$$

erfüllt somit die Differenzialgleichung (2.189). Die spezielle Transformation zwischen den noch unbekannten Vektoren q^* und q^{**},

$$q^* = K_a^{-\frac{1}{2}} q^{**} \frac{1}{\omega} \tag{2.192}$$

führt nach Vormultiplikation mit q^{*T} und Einsetzen der Transformation in (2.189) auf

$$q^{*,T}(-\omega^2 M_a + K_a)q^* = q^{**,T}(-K_a^{-\frac{1}{2}} M_a K_a^{-\frac{1}{2}} + \frac{1}{\omega^2} E)q^{**} \tag{2.193}$$

Über die spezielle Definition der Matrix A und dem Einsetzen dieser Definition entspricht diese Gleichung dann der Form eines lösbaren speziellen Eigenwertproblems. Der Nachteil dieses ersten Lösungsweges liegt in der notwendigen und oft aufwendigen nummerischen Auswertung der Matrixoperation $K_a^{-\frac{1}{2}}$.

$$A := K_a^{-\frac{1}{2}} M_a K_a^{-\frac{1}{2}} \quad ; \qquad \lambda = \frac{1}{\omega^2} \tag{2.194}$$

$$(\lambda E - A)q^{**} = 0 \tag{2.195}$$

Zweiter Lösungsweg: Cholesky-Transformation. Mit Hilfe einer CHOLESKY-Zerlegung der Massenmatrix geht (2.189) in ein spezielles Eigenwertproblem über.

$$M_a := LL^T \qquad L : \quad \text{Untere Dreiecksmatrix} \tag{2.196}$$

Es gilt dann:

$$K_a q = -\lambda_i^2 M_a q = -\lambda_i^2 LL^T q. \tag{2.197}$$

Durchmultiplikation der Gleichung mit L^{-1} von links liefert

$$L^{-1} K_a q = -\lambda^2 L^T q. \tag{2.198}$$

Mit einer Koordinatentransformation $y := L^T q$ und einer speziellen Matrix C folgt das spezielle Eigenwertproblem für die Matrix C.

$$L^{-1} K_a := C L^T \quad \rightarrow \quad C = L^{-1} K_a (L^T)^{-1} \tag{2.199}$$

$$C y = \alpha_i y \quad \text{mit} \quad y := L^T q; \quad \alpha_i := -\lambda_i^2 \tag{2.200}$$

Zur CHOLESKY-Zerlegung einer symmetrischen, positiv definiten Matrix M_a sei folgende Identität für die Zerlegte L angemerkt: Ist $L L^T = M_a$ und ist dementsprechend L eine untere Dreiecksmatrix, und M_a ist symmetrisch, und positiv definit, dann gilt für die Zerlegte L die Identität $(L^T)^{-1} = (L^{-1})^T$ zwischen der transformierten und invertierten Form.

Für obenstehendes spezielles Eigenwertproblem der Matrix C existieren eine Reihe von Lösungsalgorithmen. Ist ζ ein Eigenvektor der Matrix C mit dem zugehörigen Eigenwert α_i, so ist mittels Rücktransformation dann auch der Eigenvektor ξ des Matrizenpaares M_a, K_a bekannt.

$$\text{dann ist} \quad \begin{array}{l} \text{ist} \quad \zeta_i \quad \text{EV von } C \quad \rightarrow \\ \xi_i := (L^T)^{-1} \zeta_i \quad \text{EV von } M_a \ddot{q}_a + K_a q = 0 \end{array}$$

$$\text{und} \quad \lambda_i = \pm i \sqrt{\alpha_i} \tag{2.201}$$

Dritter Lösungsweg des Eigenwertproblems: Übergang in den Zustandsraum. Durch Definition der Zustandsmatrix A und des Zustandsvektors x mit

$$A = \begin{bmatrix} 0 & E \\ -M_a^{-1} K_a & 0 \end{bmatrix} \quad ; \quad x = \begin{bmatrix} q_a \\ \dot{q}_a \end{bmatrix} \tag{2.202}$$

entsteht über den Lösungsansatz

$$q_a = q^* e^{\lambda t} \quad ; \quad x^* = \begin{bmatrix} q^* \\ \lambda q^* \end{bmatrix} \tag{2.203}$$

das spezielle Eigenwertproblem für die Zustandsmatrix,

$$(\lambda E - A) x^* = 0 \tag{2.204}$$

Modalreduktion. Stellt man die ersten n_{ef} Eigenvektoren $\boldsymbol{\xi}_i$ mit den niedrigsten Eigenfrequenzen λ_i spaltenweise in einer Modalmatrix $\boldsymbol{X}$ zusammen, kann man die Bewegungsgleichung (2.70) mit den n_a Differenzialgleichungen auf ein entkoppeltes Problem der Dimension n_{ef} reduzieren. Aus der Bewegungsgleichung für die Ansatzfunktionen,

$$\boldsymbol{M}_a\ddot{\boldsymbol{q}}_a + \boldsymbol{D}_a\dot{\boldsymbol{q}}_a + \boldsymbol{K}_a\boldsymbol{q}_a = -\boldsymbol{h}_a\dot{\Omega} + \boldsymbol{W}_a\boldsymbol{M}_e, \tag{2.205}$$

wird mit einer Ähnlichkeitstransformation der „elastischen" Koordinaten $\boldsymbol{q}_{el}$ mit der Modalmatrix $\boldsymbol{q}_a := \boldsymbol{X}\boldsymbol{q}_{el}$ zunächst

$$\boldsymbol{M}_a\boldsymbol{X}\ddot{\boldsymbol{q}}_{el} + \boldsymbol{D}_a\dot{\boldsymbol{q}}_{el} + \boldsymbol{K}_a\boldsymbol{q}_{el} = -\boldsymbol{h}_a\dot{\Omega} + \boldsymbol{W}_a\boldsymbol{M}_e. \tag{2.206}$$

$$\text{mit}\quad \boldsymbol{X} := [\boldsymbol{\xi}_1, \boldsymbol{\xi}_2, \ldots, \boldsymbol{\xi}_{n_{ef}}] \in \mathbb{R}^{n_a, n_{ef}} \tag{2.207}$$

Um entkoppelte Systemmatrizen in Diagnalform zu erhalten, kann die Bewegungsgleichung von links mit $\boldsymbol{X}^T$ durchmultpliziert werden.

$$\begin{aligned}
\boldsymbol{X}^T\boldsymbol{M}_a\boldsymbol{X}\ddot{\boldsymbol{q}}_{el} + \boldsymbol{X}^T\boldsymbol{D}_a\boldsymbol{X}\dot{\boldsymbol{q}}_{el} + \boldsymbol{X}^T\boldsymbol{K}\boldsymbol{X}\boldsymbol{q}_{el} = \\
-\boldsymbol{X}^T\boldsymbol{h}_a\dot{\Omega} + \boldsymbol{X}^T\boldsymbol{W}_a\boldsymbol{M}_e
\end{aligned} \tag{2.208}$$

Es ergeben sich dann die reduzierten Systemmatrizen

$$\begin{aligned}
\boldsymbol{M}_{el} &:= \boldsymbol{X}^T\boldsymbol{M}_a\boldsymbol{X} \in \mathbb{R}^{n_{ef}, n_{ef}} \\
\boldsymbol{D}_{el} &:= \boldsymbol{X}^T\boldsymbol{D}_a\boldsymbol{X} \in \mathbb{R}^{n_{ef}, n_{ef}} \\
\boldsymbol{K}_{el} &:= \boldsymbol{X}^T\boldsymbol{K}_a\boldsymbol{X} \in \mathbb{R}^{n_{ef}, n_{ef}} \\
\boldsymbol{h}_{el} &:= \boldsymbol{X}^T\boldsymbol{h}_a \in \mathbb{R}^{n_{ef}} \\
\boldsymbol{W}_{el} &:= \boldsymbol{X}^T\boldsymbol{W}_a \in \mathbb{R}^{n_{ef}, m}
\end{aligned} \tag{2.209}$$

Die Abb. 2.11 zeigt eine real ausgeführte Nockenwelle eines Schiffsdieselmotors mit je sechs Einspritzventilen, sechs Einlassventilen und sechs Auslassventilen. In den Graphen d) bis f) der Abb. 2.11 sind die zweite bis vierte Eigenfunktion der Nockenwelle dargestellt. Die Durchmessersprünge der Welle ergeben Knicke in den Steigungen der Eigenfunktionen. Für viele Berechnungen ist es ausreichend und sinnvoll, mit einer geringen Zahl von vier bis acht Eigenfunktionen anstatt der 129 Ansatzfunktionen dieser Nockenwelle zu rechnen.

Ansatzfunktionen aus statischen Gleichgewichten. Die im obigen Abschnitt berechneten Eigenlösungen der einer Torsionswelle entsprechen den Schwingungsformen der homogenen Bewegungsgleichung ohne „rechte Seite", d.h. ohne äußere Anregung. Es ist in vielen Fällen durchaus angebracht und sinnvoll, spezielle Ansatzfunktionen zur Modellierung heranzuziehen, welche den Auslenkungen der Welle unter den gegebenen oder erwarteten Belastungen entsprechen.

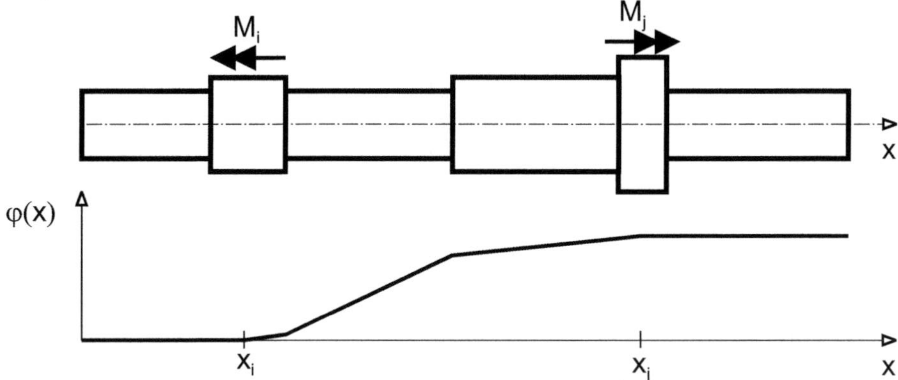

Abb. 2.10. Die Momente M_i und M_j halten die skizzierte Welle im statischen Gleichgewicht. Die Auslenkung $\varphi(x)$ unter dieser Belastung eignet sich neben den Eigenfunktionen als Ansatzfunktion für die Simulation des dynamischen Verhaltens einer durch Momente in den Punkten $x = x_i$ und $x = x_j$ belasteten Welle

Als Beispiel sei der Betrieb einer Nockenwelle genannt: Das rückwirkende Moment eines Stößels auf einen Einspritznocken wird die Welle gegenüber der Einspannung im Rädertrieb elastisch tordieren. Die Wahl dieser elastischen Verformung als Ansatzfunktion verbessert die Konvergenz der nummerischen Lösung. Zwischen der Einspannung (Verzahnung im Rädertrieb) und dem äußeren Moment (Moment auf Einspritznocken) herrscht dann ein in etwa konstantes, hohes inneres Torsionsschnittmoment, während diese äußere Belastung im Rest der Welle keine Schnittmomente hervorruft (siehe Abb. 2.10). Dieser Schnittmomentenverlauf gilt genaugenommen nur im statischen Gleichgewicht. Es ist aber trotzdem sinnvoll, den durch diese Belastung hervorgerufenen Torsionswinkelverlauf $\varphi(x)$ als Ansatzfunktion heranzuziehen.

CRAIG [12] bezeichnet solche elastische Verformungen unter der Wirkung einzelner oder mehrerer äußerer Kräfte und Momente als „Attachement Modes". Für sie gilt deshalb im Folgenden der Index „am".

Zur Berechnung einer solchen speziellen statischen Ansatzfunktion $\boldsymbol{q}_{am}$ gilt einerseits das statische Momentengleichgewicht an der Welle, andererseits eine frei wählbare Einspannbedingung für einen vorzugebenden Punkt x_i der Welle. Es sei vereinbart, dass ein äußeres normiertes Moment $M_j = 1 Nm$ auf die Welle an der Stelle $x = x_j$ wirkt. Der Punkt $x = x_i$ der Welle wird durch ein Gegenmoment M_i eingespannt. Das statische Momentengleichgewicht an der Welle lautet dann:

$$\boldsymbol{K}_a\boldsymbol{q}_a = \boldsymbol{W}_a\boldsymbol{M}_e = [\boldsymbol{\varphi}_1,\ldots,\boldsymbol{\varphi}_i,\ldots,\boldsymbol{\varphi}_j,\ldots,\boldsymbol{\varphi}_m] \begin{bmatrix} 0 \\ \ldots \\ M_i \\ \ldots \\ M_j \\ \ldots \\ 0 \end{bmatrix}$$

$$= \boldsymbol{\varphi}_i M_i + \boldsymbol{\varphi}_j M_j = \boldsymbol{\varphi}_i M_i + \boldsymbol{\varphi}_j \tag{2.210}$$

An der Einspannstelle der Welle muss die Auslenkung identisch Null (oder einem anderen, frei wählbaren aber konstanten Wert) sein.

$$\boldsymbol{\varphi}_i^T \boldsymbol{q}_{am} = 0 \tag{2.211}$$

Aus beiden Gleichungen folgt das lineare Gleichungssystem zur Bestimmung der Ansatzfunktion am_{ij} für ein Momentenpaar M_i, M_j.

$$\begin{bmatrix} \boldsymbol{K}_a & \boldsymbol{\varphi}_i \\ \boldsymbol{\varphi}_i^T & 0 \end{bmatrix} \begin{bmatrix} \boldsymbol{q}_{am,ij} \\ -M_i \end{bmatrix} = \begin{bmatrix} \boldsymbol{\varphi}_j \\ 0 \end{bmatrix} \tag{2.212}$$

Die Abb. 2.11 zeigt eine real ausgeführte, 1,74 m lange Nockenwelle eines Schiffsdieselmotors mit je sechs Einspritzventilen, Einlassventilen und Auslassventilen. In den Graphen g) und h) sind zwei als Ansatzfunktionen benutzte Torsionsauslenkungen der Welle dargestellt, welche sich im Falle einer Einspannung am linken Wellenende sowie einem auf den ersten und auf den fünften Einspritznocken einwirkenden Torsionsmoment im statischen Gleichgewicht einstellen.

Vollelastische Wellen. In vielen Anwendungsfällen mit langen Wellen spielen neben den Torsionsverformungen auch biegeelastische Verformungen eine nicht zu vernachlässigende Rolle. Im Fall der untersuchten Nockenwelle (vgl. Abb. 2.11) koppeln sich Biege- und Torsionsschwingungen derart, dass für beide Schwingungsformen ein in etwa ähnliches Frequenzspektrum entsteht, während bei einer Simulation der Welle mit reiner Torsionselastizität oder auch nur reiner Biegeelastizität hauptsächlich die jeweiligen Eigenfrequenzen dominieren.

In diesem Fall müssen alle elastischen Freiheitsgrade der Welle in der Rechnung berücksichtigt werden. Durch eine geeignete Wahl der Ansatzfunktionen kann der Rechenaufwand beträchtlich reduziert werden. Modelliert

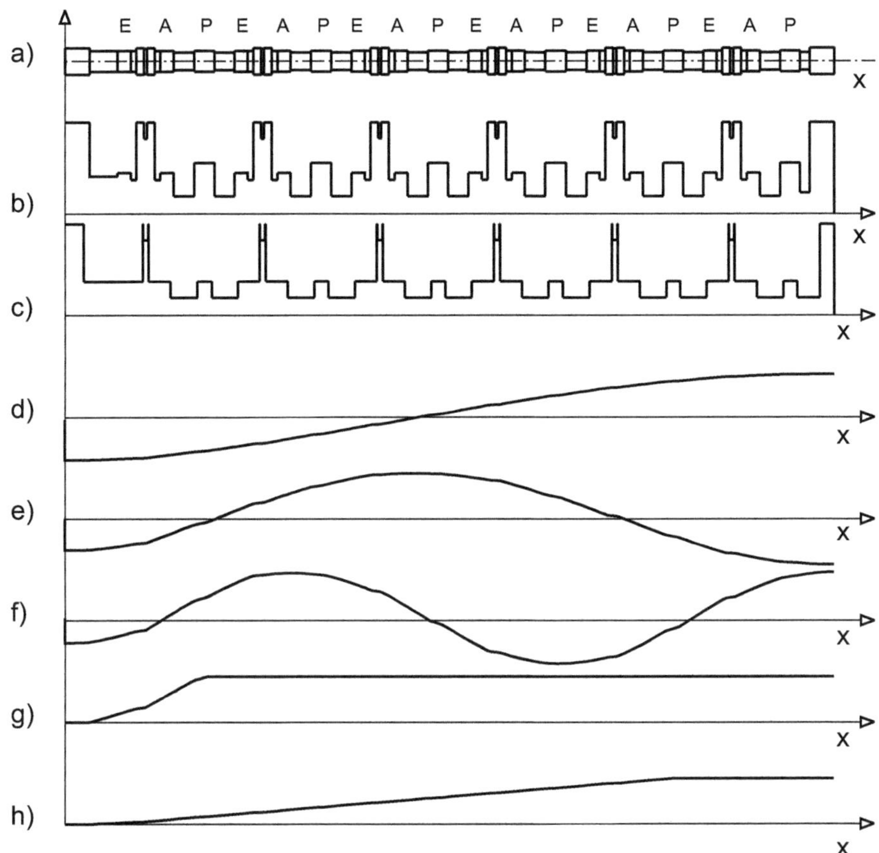

Abb. 2.11. Die reduzierten Ansatzfunktionen einer real ausgeführten, 1,74m langen Nockenwelle eines 12-Zylinder-Schiffsdieselmotors. Die in a) dargestellte Nockenwelle bedient die 6 Zylinder einer Bank. Die Symbole E, A und P markieren jeweils die Nocken für Ein- und Auslassventile (E,A) und Einspritzpumpen (P). Der Graph b) zeigt die normierte längenspezifische Rotationsträgheit $\partial J/\partial x$, Graph c) das korrigierte Flächenträgheitsmoment $I_p(x)$, Graph d)-f) die ersten drei Eigenfunktionen (ohne Starrkörper -EF) und die Graphen g) und h) zeigen zwei statische Ansatzfunktionen für eine Einspannung links und ein äußeres Moment auf den ersten (g)) und auf den fünften (h)) Einspritzpumpen- Nocken

man die Welle gemäß (2.2.3), so liegt den Verformungskoordinaten ein Separationsansatz gemäß (2.110) zugrunde. Mit einer Modellierung der Ortsfunktionen φ, v, w in (2.110) durch bereichsweise definierte Splines entstehen Hunderte von Freiheitsgraden. Die Methodik entspricht der Vorgehensweise von FE-Rechnungen. Ein Übergang zum Ritz'schen Verfahren [107] entsteht durch Reduktion der Ansatzfunktionen analog zur Vorgehensweise bei der Torsionswelle (s.o.). Neben der bekannten Reduktion auf die Eigenmodi mit

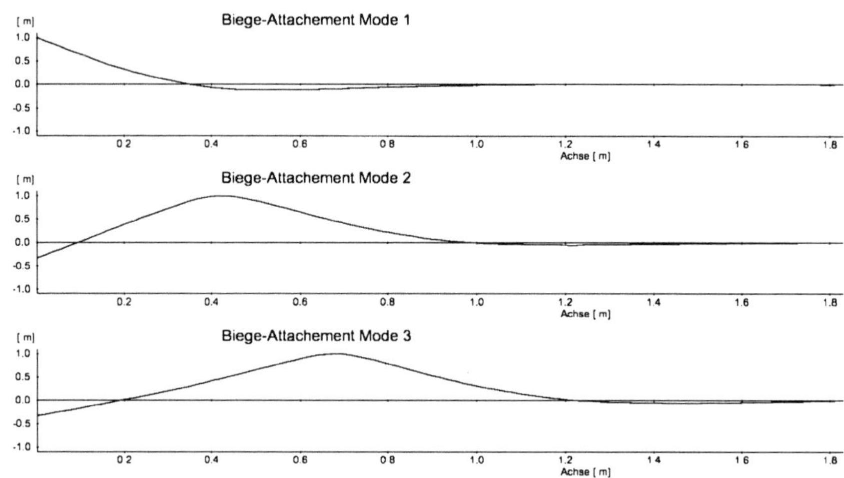

Abb. 2.12. Die speziellen Biege- Ansatzfunktionen der in Abb. 2.11 dargestellten 7-fach gelagerten Nockenwelle eines 12-Zylinder-Schiffsdieselmotors. Die hier gewählten Ansatzfunktionen für die nummerische Simulation des Schwingungsverhaltens sind keine Eigenformem der elastisch gelagerten Welle, vielmehr stellen sie die Auslenkungen der Welle unter Einzellasten dar. Die hier dargestellten Attachement-Modes zeigen die Verformung der Welle unter einzelnen Querkräften a) am linken Ende der Welle (Nockenwellenrad), und an dem ersten und zweiten Einspritz-Nocken. Die hier durchgeführte Untersuchung konzentrierte sich auf die Biege- und Torsionsschwingungen am linken Ende der Welle. Eine Analyse des Schwingverhaltens der gesamten Welle erforderte weitere Ansatzfunktionen. Die Ersatzsteifigkeiten der Lager beträgt in diesem Beispiel $10^8 N/m$. Derart hohe Steifigkeiten werden i. Allg. durch Gleitlager erreicht. Bei den extrem hohen Kräften auf die Einspritznocken spielen dann auch Verformungen des Gehäuses eine Rolle

den niedrigsten Frequenzen (bzw. den Frequenzen im Bereich der auftretenden Lasten) bietet sich insbesondere die Wahl von statischen Verformungen unter definierten äußeren Lasten an. Als „definierte äußere Lasten" sind sinnvollerweise Einzelkräfte (normiert) an den realen Lastangriffspunkten der betrachteten Welle zu wählen (vgl. Abb. 2.12). Ist K^* die Steifigkeitsmatrix der Welle aus (2.2.3), q_{AM} die zu berechnende Linearkombination der Ansatzfunktionen, die den gesuchten „Attachement Mode" ergibt, und W_e der Eingriffsvektor der Einzelkraft $F_e = 1N$ an der untersuchten Eingriffsstelle, gilt:

$$K^* q_{AM} = W_e F_e \qquad \rightarrow \qquad q_{AM} = K^{*-1} W_e \tag{2.213}$$

Das Gleichungssystem ist nur dann lösbar, wenn in K^* die Steifigkeiten der Wellenlagerung in linearer Näherung einbezogen sind (siehe (2.2.3) ff.). Die Welle muss statisch und kinematisch bestimmt gelagert sein. Ansonsten besäße die Matrix K Null- Eigenwerte (Starrkörper-Eigenformen), obiges Gleichungssystem wäre nicht lösbar. Die physikalische Deutung der Null-Eigenwerte ist die fehlende Lagerung, eine äußere Einzelkraft würde die Welle endlos verschieben. Nach erfolgter Berechnung der Eigenformen $q_{EF,i}$ und Attachement Modes $q_{AM,i}$ kann die Bewegungsgleichung (2.2.3) auf diese wenigen Freiheitsgrade durch Koordinatentransformation reduziert werden. Man erhält ein signifikant kleineres Gleichungssystem (einige wenige Freiheitsgrade statt mehrerer Hundert) mit kleineren Eigenfrequenzen, die nummerische Simulation ist dann effizient genug um die Dynamik des Gesamtsystems mit nichtlinearen und unstetigen Kraftkopplungen zu ermitteln. Ein Versuch, Letzteres mit modernen FE-Rechenprogrammen zu erhalten, scheitert im Allgemeinen am nummerischen Aufwand.

Elastische Hohlräder. Elastische Hohlräder spielen insbesondere in Planentengetrieben mit fliegend gelagertem Sonnenrad eine zentrale Rolle. Sie gleichen durch elastische Verformung die Kraftverteilung zwischen den Planeten aus. Allerdings erlauben die ausgeführten Bauformen eine Vielzahl elastischer Deformationen in den unterschiedlichsten Raumrichtungen. Eine Modellierung mit wenigen „Globalfreiheitsgraden" im Gebiet der elastischen Verformung, wie sie in vorangegangenen Kapiteln auf Torsionswellen angewandt wurde, fällt für diesen komplexeren Körpertyp schon recht aufwendig aus. Im Zuge einer Gesamtsimulation ist es oft schon ausreichend, die Verformungen des Hohlrades in der Ebene senkrecht zur Drehachse zu modellieren („in-plane-modes", siehe auch [65]). Das Frequenzspektrum der so erhaltenen Lösung weicht jedoch zum Teil erheblich von gemessenen Eigenfrequenzen ab, da wesentliche Verformungsmodi des Hohlrades nicht durch die gewählten Ansatzfunktionen erfasst sind. So bleibt es der jeweiligen Aufgabe und ihrer Anforderung an den Feinheitsgrad der Auflösung elastischer Verformungen des Hohlrades überlassen, eine der folgenden Optionen zu wählen:

- Modellierung des Hohlrades mit FE-Methoden. Man erhält nach einer feinmaschigen Netzgenerierung der Struktur und nach einer entsprechenden Eigenformanalyse die Eigenformen und -frequenzen des Hohlrades. Diese Eigenformen müsssen jedoch dann als Ansatzfunktionen in eine Gesamtsimulation implementiert werden, da die Wechselwirkung zwischen Hohlrad, Welle und Planeten nur im Rahmen einer Gesamtsimulation der Dynamik berücksichtigt wird. Die FE-Rechnung des Hohlrades liefert nicht die im Betrieb auftretenden Belastungen und Verformungen. Die Belastungen errechnen sich nur aus einer Gesamtsimulation unter Berücksichtigung aller auftretenden äußeren und inneren Schnittkräfte und -Momente. Die elastischen Verformungsmodi können durch eine Linearkombination der Eigenformen approximiert werden. Es bleibt die Kunst des Anwenders, diejenigen Eigenformen und die entsprechenden Eingriffsmatrizen zu verwenden, die dem Belastungsbild der Kombination gerecht wird.
- Modellierung der möglichen Verformungen des Hohlrades durch eine Linearkombination von Ansatzfunktionen für Torsionsverformungen und elliptischen Konturverformungen des Hohlradmantels. Im Rahmen dieser Arbeit

wurde die elastische Deformation eines real ausgeführten Hohlrades durch Ansatzfunktionen für beide oben erwähnten elastischen Deformationsklassen modelliert. Beide Deformationsklassen unterscheiden sich durch die Lage der Hauptrichtungen, in denen die jeweiligen Auslenkungen stattfinden. So steht im englischen Sprachgebrauch der Begriff „in-plane-modes" für Eigenformen elastischer Biegung des Hohlrades, in denen die Punkte auf der Stirnfläche des Hohlrades auch nur Verschiebungen in dieser Stirnebene erfahren. Im Gegensatz bezeichnet der englische Begriff „out-of-plane-modes" Eigenfunktionen, deren Charakteristik durch Verschiebungen senkrecht zur Stirnebene geprägt ist. Die Abbildungen 2.13, 2.14 und 2.15 dokumentieren das Rechenergebnis einer Modellierung des Hohlrades. Die ersten drei Eigenformen und Eigenfrequenzen sind zum Vergleich jeweils durch eine Linearkombination mit wenigen Ansatzfunktionen als auch durch eine FE-Rechnung ermittelt worden.

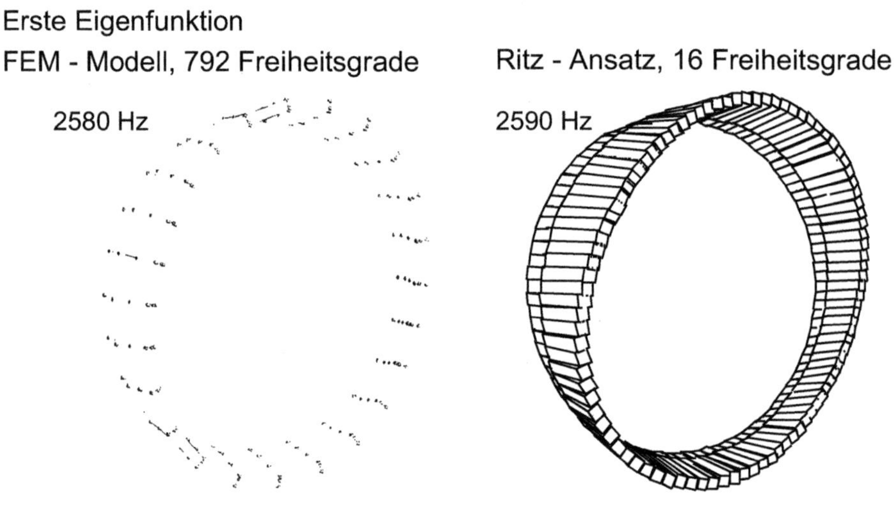

Erste Eigenfunktion

FEM - Modell, 792 Freiheitsgrade   **Ritz - Ansatz, 16 Freiheitsgrade**

2580 Hz   2590 Hz

Abb. 2.13. Die erste elastische Eigenform des Hohlrades eines Kompakt- Planetengetriebes. Es ist nur der äußere Ring dargestellt, die anschließende Scheibe wird als starr modelliert

Der Vergleich eines Ritz-Ansatzes mit einem aufwendigeren FEM- Modell zeigt die prinzipielle Brauchbarkeit analytischer Ansätze bei geometrisch einfachen Körpern. Die Differenz der Eigenfrequenzen zeigt aber, das aus Verformungsansätzen mit weniger Freiheitsgraden prinzipiell höhere Steifigkeiten resultieren. Das kompakte Modell mit dem Ritz- Ansatz ist zur Simulation des Gesamtsystems im unteren Frequenzbereich gut geeignet, sollte aber für eine genauere Betrachtung des Hohlrades durch modale Ansatzfunktionen

Zweite Eigenfunktion

FEM - Modell, 792 Freiheitsgrade
2610 Hz

Ritz - Ansatz, 16 Freiheitsgrade
2752 Hz

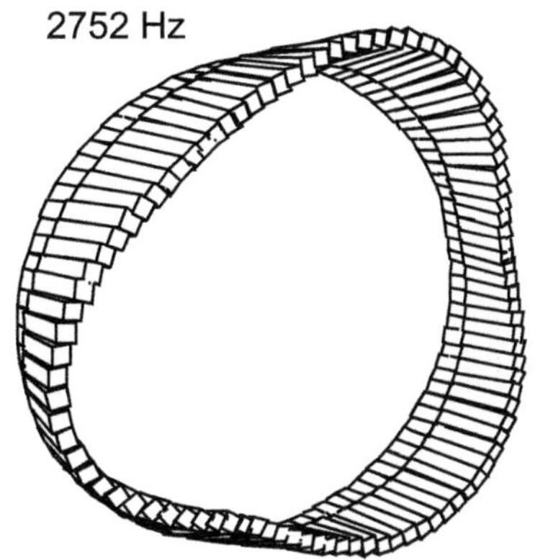

Abb. 2.14. Die zweite elastische Eigenform des Hohlrades. Ein Vergleich einer Finiten-Elemente-Modellierung mit den Ergebnissen des Ritz-Ansatzes

Dritte Eigenfunktion

FEM - Modell, 792 Freiheitsgrade
3423 Hz

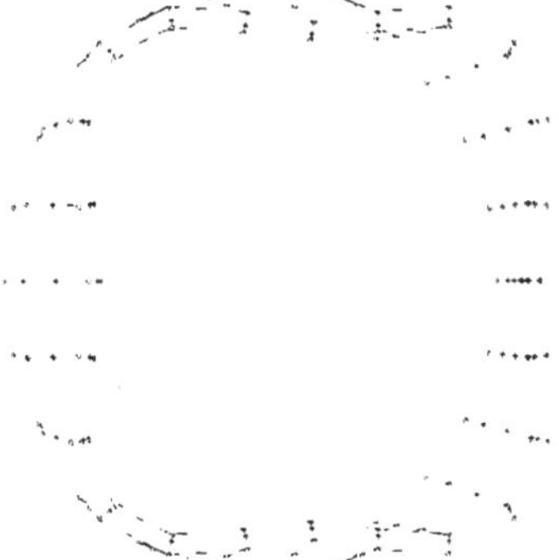

Ritz - Ansatz, 16 Freiheitsgrade
3528 Hz

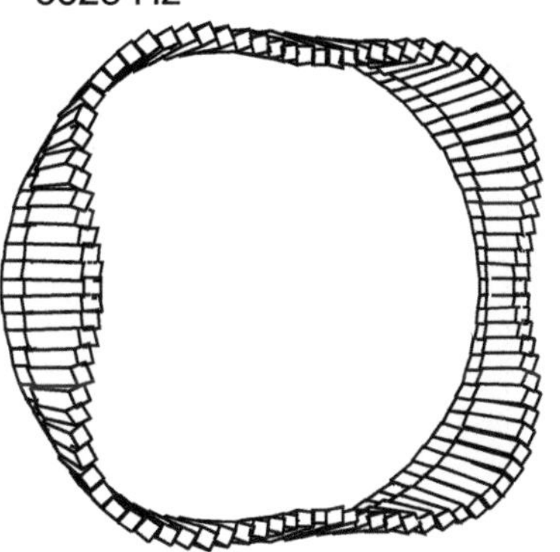

Abb. 2.15. Die dritte elastische Eigenform des Hohlrades im Vergleich Finiten-Elemente-Modellierung und Ritz-Ansatz

aus FEM-Rechnungen ersetzt werden. Wird der Topfboden ebenfalls elastisch modelliert, treten weitere Eigenformen mit geringeren Eigenfrequenzen auf. Während die Erweiterung um elastische Deformationen des Topfbodens in

FE-Modellen mit wenig Aufwand erreicht wird, muss für einen Ritz-Ansatz eine aufwendige Erweiterung der Ansatzfunktionen vorgenommen werden.

Beurteilung der Methoden. Zur Berücksichtigung der elastischen Verformungen eines Hohlrades muss eine Vielzahl von Verschiebungsfunktionen definiert werden, so dass die Linearkombination dieser Funktionen die im Betrieb auftretenden Verformungen in akzeptabler Näherung darstellen können. Durch die Vergleichsrechnung Ritz-Ansatz mit wenigen B-Spline-Verformungsfunktionen gegenüber einer FE-Rechnung mit vielen Hunderten von Knotenfreiheitsgraden wird deutlich, dass kompakte Ansätze mit sehr guter Näherung einsetzbar sind, solange die möglichen Verformungen klar definierbar sind. Zusammenfassend sind für die Modellierung elastischer Hohlräder und ähnlicher Komponenten im Antriebsstrang drei verschiedene Vorgehensweisen möglich:

- Finite-Elemente-Methode: Eine FE-Rechnung von elastischen Hohlrädern für sich liefert nicht die im Betrieb eintretenden Verformungen und Materialbelastungen, diese entstehen erst in der Wechselwirkung mit allen weiteren Körpern des Systems und unter Berücksichtigung aller äußeren Lasten und der Schnittlasten an den Schnittstellen des Systems. Trotzdem ist eine FE-Modellierung dieser Elemente immer sinnvoll, da diese mit Hilfe der Modalanalyse den vollständigen Satz von Eigenfunktionen mit großer Genauigkeit liefert. Moderne FE-Programme sind in der Lage, das dynamische Bewegungsverhalten elastischer Komponenten unter Einwirkung äußerer Lasten zu integrieren. Stehen die elastischen Verformungen des Hohlrades im Mittelpunkt des Interesses und sind die einwirkenden äußeren und inneren Lager- und Zahnkräfte bekannt bzw. liegen als erwartetes Lastspektrum vor, so ist die Wahl einer detaillierten FE-Modellierung sinnvoll.

- Kombination Finite-Elemente und spezielle Ansatzfunktionen: Eine sinnvolle Kombination von Finite-Elemente-Rechnungen und analytischen Ansätzen besteht in der Verwendung einer definierten Zahl durch FE-Modellierung und Modalanalyse bestimmter Eigenformen des Hohlrades als Ortsfunktionen in einem Ritz-Ansatz. Die Ortsfunktionen sind dann i. Allg. nicht analytisch durch Funktionen gegeben, sondern liegen nummerisch durch Angabe der einzelnen Knotenverformungen tabellarisch vor. Der Ritz-Ansatz lässt sich dann ebenfalls nummerisch auswerten. Eine Integration des Bewegungsverhaltens des Hohlrades unter Zusammenwirkung mit nichtlinearen Koppelelementen (Verzahnungen, Lagerungen, ...) wird durch die definierte, vergleichsweise geringe Zahl von Ansatzfunktionen mit praktikablem Aufand durchführbar und erreicht eine gute Approximation der realen Verformungen.

- Modellierung mit speziellen Ansatzfunktionen: Die Wahl bereichsweiser definerter Splines als zeitinvariante Ortsfunktionen eines Ritz-Ansatzes beinhaltet den Vorteil, die nummerische Integration eines komplexeren Antriebsstranges nicht programmtechnisch an FE-Modelle des Hohlrades koppeln zu müssen. Spline-basierte Ortsfunktionen sind analytisch effizient formuliert, ihre Auswertung und die Erstellung der Systemmatrizen des Hohlrades erfolgt ohne gesteigerten Aufwand. Im Falle des betrachteten Hohlrades bieten kompakte analytische Ansätze genügend Rechengenauigkeit, falls die Ausbeulungen der zur Drehachse normalen Hohlradscheibe gegenüber den Verformungen der elastischen Mantelfläche gering bleiben. Analytische Ansätze bieten dann gegenüber FE-Rechnungen den unschätzbaren Vorteil, dass sie in eine Gesamtsimulation zusammen mit weiteren Körpern und nichtlinearen oder unstetigen Kraftkopplungen integrierbar sind.

2.4 Spline-Ansatz für elastische Wellen

Die Schwingungsformen elastischer Bauteile werden durch Ansatzfunktionen beschrieben. Zu einer rein ortsabhängigen Funktion $\varphi(x)$ wird eine Zeitfunktion $q(t)$ als verallgemeinerte Koordinate zugeordnet. So lässt sich der Verdrillwinkel $\varphi(x,t)$ einer torsionselastischen Welle als Skalarprodukt des Vektors $\boldsymbol{\varphi}(x)$ der Ansatzfunktionen mit dem Vektor $\boldsymbol{q}(t)$ der Zeitfunktionen darstellen.

$$\varphi(x,t) = \boldsymbol{\varphi}^T(x) \cdot \boldsymbol{q}(t) \tag{2.214}$$

Dieser Separationsansatz wurde u.a. von WALTER RITZ [107] zur Berechnung der elastischen Schwingungen von Platten verwendet. Er gewährleistet eine Konvergenz gegen die wirkliche Lösung, wenn die Grundforderungen

- die Ansatzfunktionen erfüllen die geometrischen Randbedingungen, und
- die Ansatzfunktionen bilden ein vollständiges Funktionensystem

immer gewährleistet sind. Zur effektiven nummerischen Behandlung von Schwingungen elastischer Bauteile hat es sich als sinnvoll herausgestellt, bereichsweise definierte Splines (B-Splines) zu benutzen [129], [14], [106]. Zur Beschreibung elastischer Koordinaten ein- und zweidimensionaler Kontinua finden insbesondere rationale, polynomische Splines 3.Ordnung häufige Anwendung [4], [122], [54]. Zur Beschreibung des Druckverlaufes innerhalb des Schmierfilmes von instationär belasteten Gleitlagern finden in dieser Arbeit weiterhin symmetrische B-Splines zweiter Ordnung Verwendung.

2.4.1 B-Splines zweiter Ordnung

Sie sind, wie ihr Name bereits andeutet, nur bereichsweise definiert. Es wird in dieser Arbeit nur ein einziger Typ von Splines zweiter Ordnung verwendet. Er besitzt drei Teilstrecken von jeweils zweiter Ordnung, welche einfach stetig differenzierbar gekoppelt sind. Da als Forderung der linke und der rechte Rand des B-Splines sowohl in der Auslenkung als auch in der Steigung einen Wert identisch Null annehmen soll, ergibt sich eine symmetrische Form, dessen Auslenkung in der Mitte des mittleren Abschnittes den Wert Eins annehmen soll. Die Abschnittsintervallgroesse wird dazu für alle drei Abschnitte auf das gleiche Maß h gesetzt.

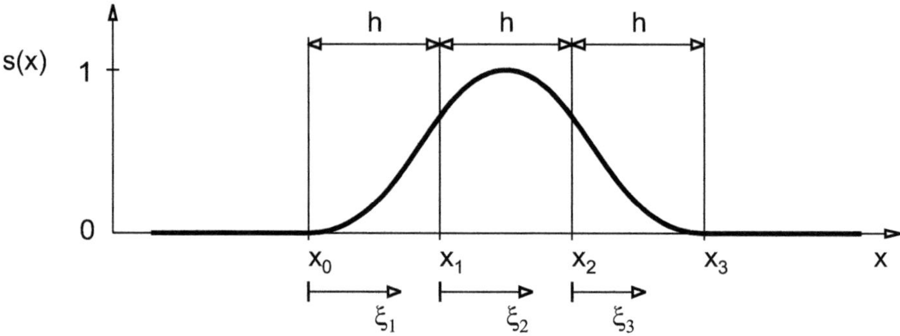

Abb. 2.16. Ein B-Spline zweiter Ordnung. Er besteht aus drei bereichsweise definierten Splines, die an den Übergangsstellen stetig und einfach stetig differentierbar gekoppelt sind. Aus der Forderung gleicher Intervallgrößen und den linken und rechten Randbedingungen resultiert dann zwangsweise eine symmetrische Form

Innerhalb der drei Intervalle besitzen die einzelnen Splines dann die Definition:

$$s_1(\xi_1) := \frac{2}{3h^2}\xi_1^2 \; ; \qquad s'_1(\xi_1) = \frac{4}{3h^2}\xi_1$$

$$s_2(\xi_2) := \frac{2}{3} + \frac{4}{3h}\xi_2 - \frac{4}{3h^2}\xi_2^2 \; ; \qquad s'_2(\xi_2) = \frac{4}{3h} - \frac{8}{3h^2}\xi_2$$

$$s_3(\xi_3) := \frac{2}{3} - \frac{4}{3h}\xi_3 + \frac{2}{3h^2}\xi_3^2 \; ; \qquad s'_3(\xi_3) = \frac{-4}{3h} + \frac{4}{3h^2}\xi_3 \qquad (2.215)$$

2.4.2 B-Splines dritter Ordnung

Zur automatischen Generierung eines Funktionensystems für die Deformation eines Kontinuums werden dazu Knoten über eine laufende Ortskoordinate x verteilt. Ein B-Spline in der hier verwendeten Form wird nun einem bestimmten Knoten zugeordnet. Er ist weiterhin in allen Knotenabschnitten, welche durch mindestens zwei Knoten vom Bezugsknoten getrennt sind, identisch Null. Ein B-Spline ist in der im Weiteren verwendeten Form nur in vier zusammenhängenden Knotenabschnitten ungleich Null. Er wird somit durch vier, jeweils in einem Knotenabschnitt definierten, kubischen Splines zusammengesetzt. Am linken und rechten Ende des Bereiches aus den vier Abschnitten sind sowohl die Funktionswerte als auch erste und zweite Ableitung der betreffenden Splines identisch Null (siehe Abb. 2.17). Die Intervallgrößen h_1 bis h_4 sind dabei beliebig, und somit nicht an eine äquidistante Knotenverteilung gebunden. Dies beinhaltet entscheidende Vorteile bei der automatischen nummerischen Verteilung spezieller Splines für eine Welle mit allgemeinen Abschnitten und mehreren Kraft- und Moment-Einleitungsstellen.

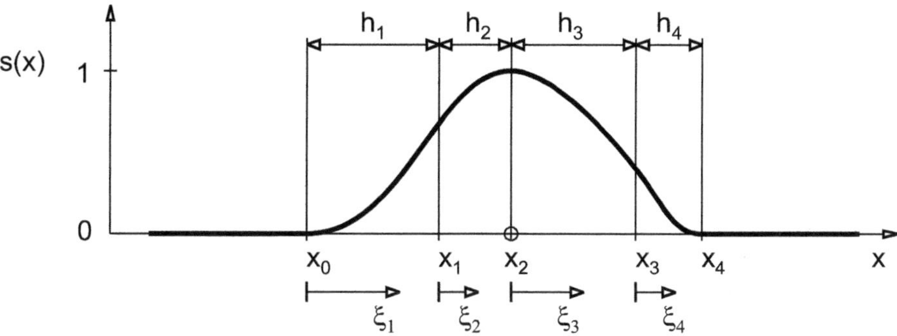

Abb. 2.17. Ein einfacher B-Spline. Er besteht aus vier bereichsweise definierten kubischen Splines, die mit Ausnahmefällen an den Übergangsstellen stetig und mindestens einfach stetig differentierbar gekoppelt sind

Für die nummerische Beschreibung gilt nun die folgende, bereichsweise Darstellung des Funktionswertes $s(x)$:

$$s(x) = \begin{cases} a_1 + b_1\xi_1 + c_1\xi_1^2 + d_1\xi_1^3 & x_0 <= x < x_1 \\ a_2 + b_2\xi_2 + c_2\xi_2^2 + d_2\xi_2^3 & x_1 <= x < x_2 \\ a_3 + b_3\xi_3 + c_3\xi_3^2 + d_3\xi_3^3 & x_2 <= x < x_3 \\ a_4 + b_4\xi_4 + c_4\xi_4^2 + d_4\xi_4^3 & x_3 <= x < x_4 \\ 0 & \text{sonst} \end{cases} \qquad (2.216)$$

2.4.3 Spezielle B-Splines

Die durch Biege- und Torsionsmomente entstehenden elastischen Verformungen von Wellen und Balken lassen sich eine endliche Zahl spezieller B-Splines zusammensetzen. In den Abb. 2.18 bis 2.25 sind die speziellen Splines mitsamt ihren Knotenpunktsbedingungen zusammengestellt, mit denen sich die typischen Lastfälle in Torsionswellen und Biegebalken behandeln lassen. Zur besseren Unterscheidung ist eine Bezeichnungsweise derart eingeführt, dass der dreiziffrige Namen eines Splines in etwa seine Anwendung charakterisiert. So steht der erste Buchstabe L,M oder R für den linken oder rechten Rand bzw. für eine mittlere Knotenposition, die folgende Zahl den Abstand in Knoten zum Rand bzw. zur Lagerstelle, und der abschließende Buchstabe F,G,P für ein freies, gelenkig gelagertes, eingespanntes oder parallel geführtes Balkenstück.

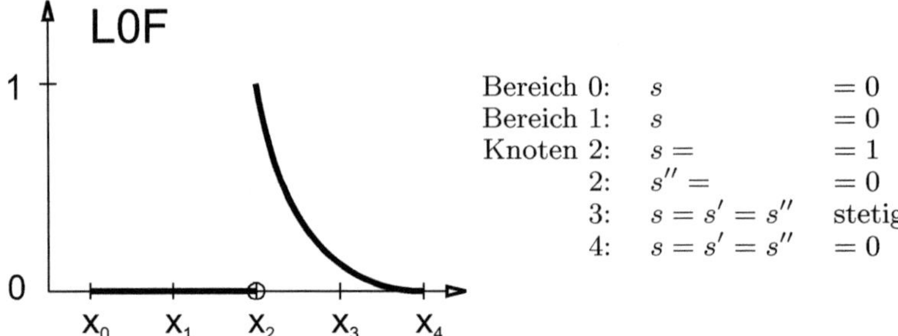

Abb. 2.18. B-Spline für freies linkes Ende. Da die Steigung rechts vom Zentralknoten (Knoten 2) ungleich Null ist, kann der Knoten nicht am momentenfreien Rand einer Torsionswelle sitzen. Dort würde ein B-Spline des Typs L0P Verwendung finden. Es sind nur zwei Bereiche von Null verschieden, die notwendigen acht Bedingungen für die Koeffizienten beider Polynome an den Knoten 2, 3 und 4 sind rechts zusammengestellt

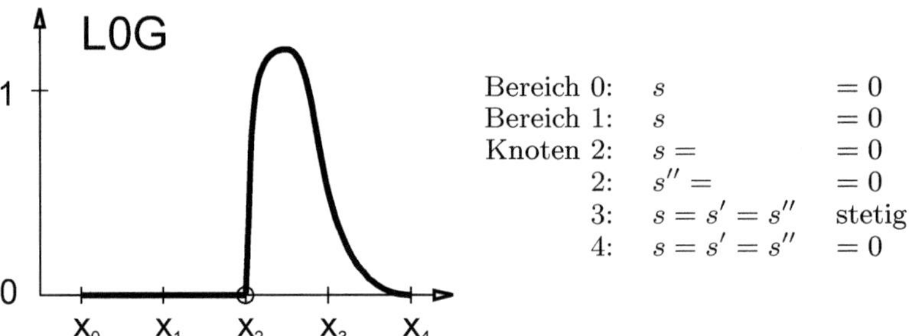

Abb. 2.19. B-Spline für ein gelenkig gelagertes linkes Ende

Linker Rand. Zur adäquaten Modellierung eines linken Wellenendes sind die speziellen B-Spline-Typen L0F,L0P und L0G definiert (Abb. 2.18, 2.20, 2.19). Sie modellieren fest eingespannte oder freie Enden von Torsions- und Biegewellen.

Rechter Rand. Die Behandlung rechter Balken- bzw. Wellenenden erfolgt in vollständiger Analogie zur Behandlung der linken Ränder. Es seien hierfür fünf spezielle B-Splines definiert, die spiegelsymmetrisch zu den korrespondierenden B-Splines am linken Rand sind. Die speziellen B-Splines

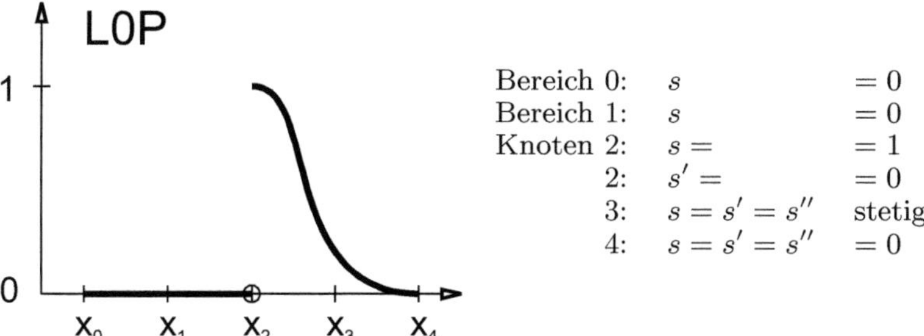

Abb. 2.20. B-Spline für ein parallel geführtes linkes Ende

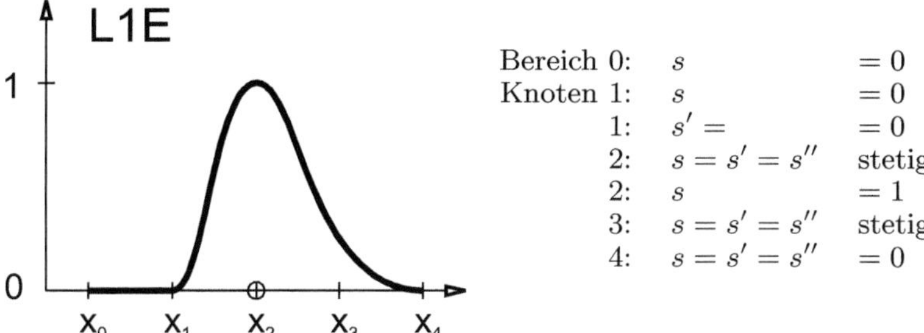

Abb. 2.21. B-Spline für einen Knoten neben einem linken Rand

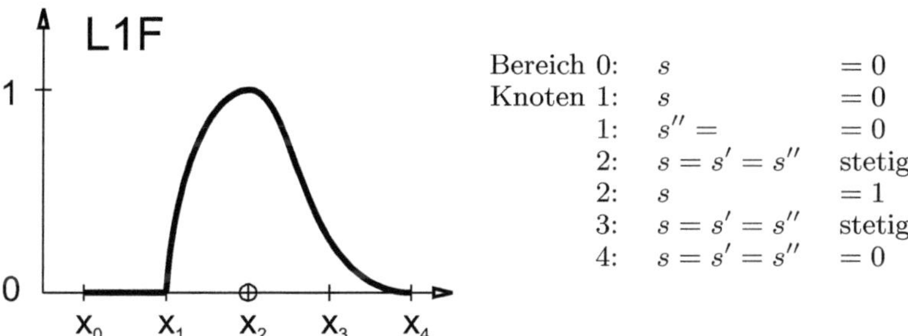

Abb. 2.22. B-Spline für einen Knoten direkt rechts neben einem linken Rand oder einer Übergangsstelle

ROF   ROG   ROP   R1F   R1E

sind damit (identische Intervallgrößen h_i einmal vorausgesetzt) spiegelsymmetrisch bzgl. der Geraden $x = x_2$ zu den oben aufgeführten B-Splines

LOF   LOG   LOP   L1F   L1E

Die entsprechenden Knotenbedingungen sind somit in Analogie aufzustellen.

Mittlere Elemente. Für „normale" Knoten in Wellenmitte und zur adäquaten Behandlung von Lagerstellen und gelenkigen Einspannungen in Wellenmitte sind die speziellen B-Splines MEL, UEL, G1L und G1R wie folgt definiert.

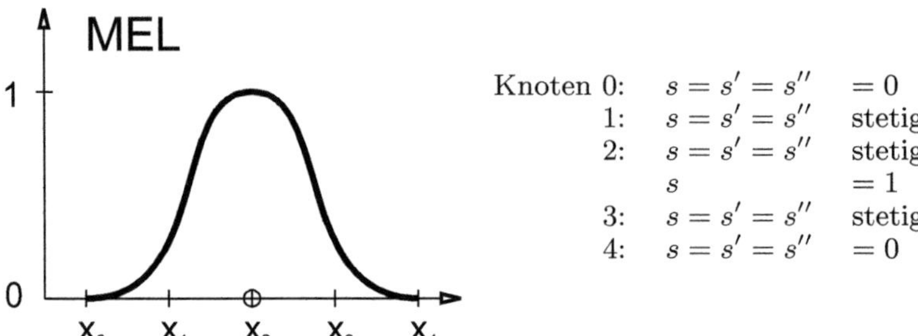

Abb. 2.23. B-Spline für einen mittleren Abschnitt. Alle vier Felder des Splines sind ungleich Null, es werden daher 16 Bedingungen zur Bestimmung der Koeffizienten benötigt

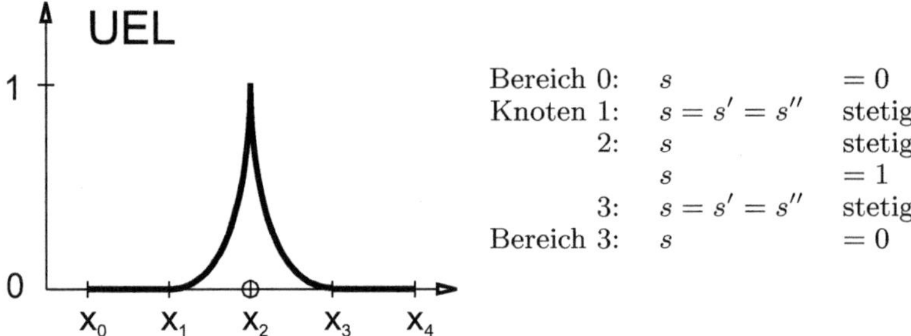

Abb. 2.24. B-Spline für Querschnittssprünge und Momenteneingriffe auf Torsionswellen. Dieser Spline besitzt einen Knick in der Steigung, um den theoretisch auftretenden Knick im Torsionswinkelverlauf zu modellieren

Der Spline-Typ G1R ist nicht weiter gezeigt, da er spiegelsymmetrisch zum Spline-Typ G1L aufgebaut ist.

2.4.4 Vergabesystematik

Torsionswellen. Für den Verdrillwinkel $\varphi(x, t)$ einer auf Torsion belasteten Welle mit dem Torsions-Schnittmoment $M_T(x)$ und dem polaren Flächenträgheitsmoment $I_T(x)$ gilt zunächst:

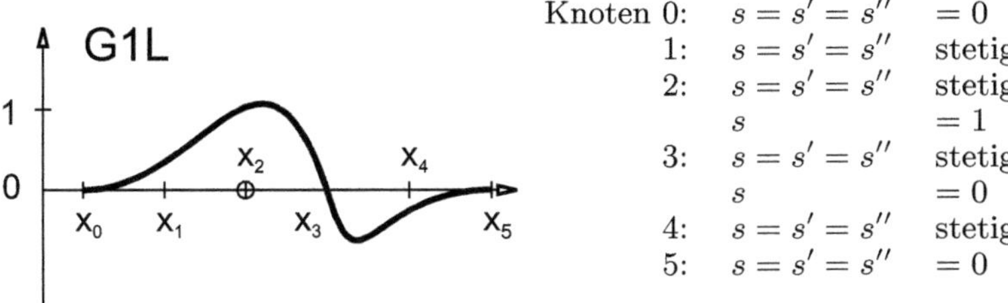

$$
\begin{array}{llll}
\text{Knoten 0:} & s = s' = s'' & = 0 \\
1: & s = s' = s'' & \text{stetig} \\
2: & s = s' = s'' & \text{stetig} \\
 & s & = 1 \\
3: & s = s' = s'' & \text{stetig} \\
 & s & = 0 \\
4: & s = s' = s'' & \text{stetig} \\
5: & s = s' = s'' & = 0
\end{array}
$$

Abb. 2.25. B-Spline für Lagerstellen in der Welle. Dieser B-Spline-Typ belegt fünf Felder und besitzt somit fünf Polynome dritter Ordnung. Die entsprechenden zwanzig Gleichungen für die unbekannten Koeffizienten sind die nebenstehenden Stetigkeits- und Auslenkungsbedingungen

$$
\frac{\partial \varphi}{\partial x} = \frac{M_T(x)}{GI_T(x)}. \tag{2.217}
$$

Für die Steigung der zu wählenden Ansatzfunktionen ergeben sich damit die speziellen Bedingungen, dass

- an freien Wellenenden ohne angreifende Torsionsmomente die Steigung identisch Null sein muss,
- und an Stellen mit Sprüngen im Schnittmomentenverlauf $M_T(x)$ bzw. mit Sprüngen im polaren Flächenträgheitsmoment $I_T(x)$ die Ansatzfunktionen „Knicke" aufweisen müssen. Die Steigungen mindestens einer Ansatzfunktion muss hier unstetig sein.

Zur nummerischen Behandlung torsionsbelasteter Wellen hat sich das Vergabeschema gemäß Abb. 2.26 zur Verteilung der speziellen Splines auf die Knotenpunkte bewährt. Somit wird jedem definierten Knotenpunkt auf der x-Achse einer Welle einer oder mehrere der oben vorgestellten speziellen Splines zugeordnet und damit die Vielfachheit und die „Knotentypen" für diesen Knoten festgelegt.

Biegewellen. Im Gegensatz zur Torsionswelle bestimmt der Momentenverlauf in der Biegewelle im Rahmen der linearen Theorie die zweite Ableitung der Biegelinie. Für die Durchsenkungen $v(x,t)$ und $w(x,t)$ in die y- und z-Richtungen einer auf Biegung belasteteten Welle mit den Biege-Schnittmomenten $M_y(x)$ und $M_z(x)$ gilt die Biegegleichung.

$$
v''(x,t) = \frac{M_z(x,t)}{EI_y(x)}; \qquad w''(x,t) = -\frac{M_y(x,t)}{EI_z(x)} \tag{2.218}
$$

Die Kraft- und Momenteneinleitung in real ausgeführten Wellen findet sehr selten an der Stirnfläche statt, vielmehr greifen Lagerungen, Verzahnungen, Gelenkbolzen in einem gewissen Abstand von der Stirnseite auf die Welle ein.

Torsionswelle mit m Abschnitten: Knotenvergabe- Systematik

Verteile *n>6* , *n* gerade Anzahl Knoten pro Abschnitt
Auf jedem Durchmessersprung und jeder Eingriffsstelle
muß dabei genau ein Knoten liegen

Die Vielfachheit jedes Knoten ist zunächst 1
Jeder Knoten ist zunächst des Typs MEL

Alle Knoten werden von *k=1* bis *k=n* durchnummeriert

Ist der linke Rand *k=1* fest eingespannt ?

ja	nein
Typ von k=1: L0G	Typ von k=1: L0P
Typ von k=2: L1F	Typ von k=2: L1E

Schleife über alle Knoten *k=2* bis *k=n-1*

> Findet am Knoten *k=i* ein Durchmessersprung
> oder ein Momenteneingriff statt ?
>
> | ja | nein |
> |---|---|
> | Vielfachheit von *i* auf 3 setzen | |
> | Typ von *k=i-1*: R1E | |
> | Typen von *k=i*: R0G   UEL   L0G | |
> | Typ von *k=i+1*: L1E | |

Ist der rechte Rand *k=n* fest eingespannt ?

ja	nein
Typ von *k=n*: R0G	Typ von *k=n*: R0P
Typ von *k=n-1*: R1F	Typ von *k=n-1*: R1E

Abb. 2.26. Das Vergabeschema für B-Splines auf die Knoten einer Torsionswelle. Bei Anwendung dieses Schemas auf eine langgestreckte Nockenwelle mit typischerweise 30 Durchmessersprüngen entstehen ohne weiteres mehr als 100 Knoten pro Welle. Die hohe Zahl von Ansatzfunktionen kann und sollte aber durch Eigenwertbetrachtung auf einige Eigenformen mit den niedrigsten Frequenzen reduziert werden

Aus diesem Grunde wird eine Systematik vorgeschlagen, welche die Knoten auf Biegewellen so verteilt, dass Lagerungen, Verzahnungen und weitere spezielle Abschnitte der Biegewelle durch eigene Abschnitte mit einem speziellen Satz von Splines modelliert werden.

Biegewelle mit *m* Abschnitten: Knotenvergabe- Systematik

Verteile *n>6* , *n* gerade Anzahl Knoten pro Abschnitt
Auf jedem Durchmessersprung und jeder Eingriffsstelle
muß dabei genau ein Knoten liegen

Die Vielfachheit jedes Knoten ist zunächst 1
Jeder Knoten ist zunächst des Typs MEL

Alle Knoten werden von *k=1* bis *k=n* durchnummeriert

Ist der linke Rand *k=1* fest eingespannt ?

ja	nein
Vielfachheit von *k=1*: Null Typ von *k=2*: L1E	Typ von *k=1*: L0F Typ von *k=2*: L1F

Schleife über alle Knoten *k=2* bis *k=n-1*

Ist am Knoten *k=i* eine Lagerung ?	
ja	nein
Vielfachheit von *k=i-1* auf 2 setzen Vielfachheit von *k=i* auf Null setzen Vielfachheit von *k=i+1* auf 2 setzen Typen von *k=i-1*: MEL G1L Typen von *k=i+1*: G1R MEL	

Ist der rechte Rand *k=n* fest eingespannt ?

ja	nein
Vielfachheit von *k=n*: Null Typ von *k=n-1*: R1E	Typ von *k=n*: R0F Typ von *k=n-1*: R1F

Abb. 2.27. Das Vergabeschema für B-Splines auf die Knoten einer Biegewelle. Durch die Unterteilung der in der Praxis vorkommenden Wellenschultern, Lagerstellen und Radsitze in eigene Abschnitte mit jeweils mindestens sechs Knoten resultiert eine hohe Knotendichte. Durch Verwendung von Ersatzlagersteifigkeiten bzw. durch Berechnung von Attachement Modes können dann die für die aktuelle Belastung relevanten Eigenformen herausgefiltert werden

Im Falle einer Lagerung besitzt neutrale Linie der Welle in Abschnittsmitte (in Lagermitte) und nicht am Abschnittsanfang die Auslenkung Null. Im Falle einer Verzahnung wirkt der resultierende Kraftwinder auf die Welle ebenfalls in der Mitte der Verzahnung und nicht am Abschnittsanfang. Die Wellenenden sind somit immer momentenfrei, wenn keine feste Einspannung

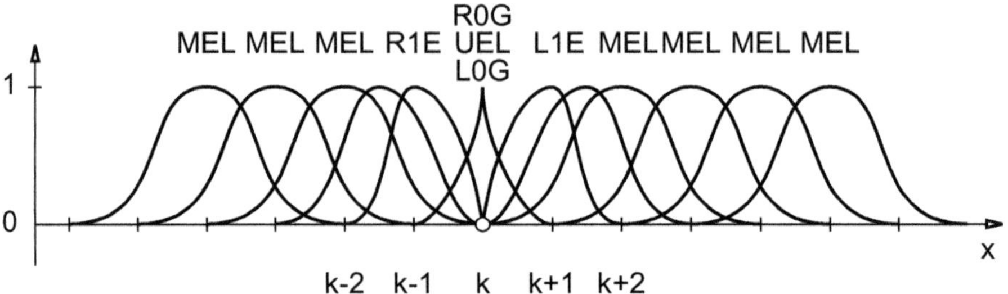

Abb. 2.28. Das Vergabeschema für B-Splines im Falle eines Durchmessersprunges oder eines Momenteneingriffes in Torsionswellen. Da das Element UEL symmetrisch ist, ist die zweite Ableitung des Torsionswinkelverlaufes im Gegensatz zur Steigung stetig

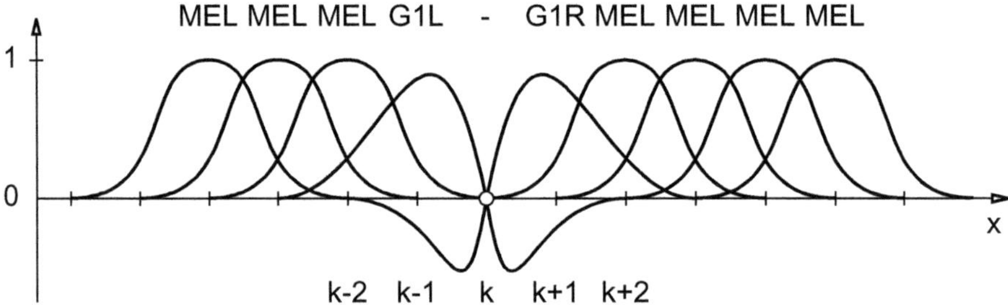

Abb. 2.29. Das Vergabeschema für B-Splines für eine gelenkige Einspannung am Knoten k auf einer Biegewelle. Da sich die beiden speziellen B-Spline-Typen G1L,G1R über jeweils fünf Abschnitte erstrecken und der Knoten k die Spline-Vielfachheit Null besitzt, überlagern sich in jedem Abschnitt jeweils drei B-Splines. Es können somit drei Bedingungen (Auslenkung, Steigung und zweite Ableitung) pro Abschnitt realisiert werden. Im Falle einer Unterbesetzung (zwei oder weniger B-Splines) wäre die Elastizität des Bauteiles ungenügend modelliert. Am Einspannpunkt k sind beliebige Steigungen und zweite Ableitungen denkbar, jedoch keine Auslenkungen. Dies wird durch die dargestellte Modellierung korrekt wiedergegeben

(Verschraubung an einen starren Flansch) vorliegt. Durch die hohe Dichte der resultierenden Knotenverteilung werden auch die Sprünge in den zweiten Ableitungen der Biegelinien hinreichend genau durch B-Splines der Typen „MEL" wiedergegeben.

Als „gelenkige Lagerung" wird des Weiteren eine gelenkige Einspannung in Wellenmitte und nicht ein Gelenk in der Welle verstanden. Ein Gelenk in der Welle kann keine Momente übertragen und entspricht einer Aufteilung der Welle in zwei Teilwellen. Der Typ „gelenkige Lagerung" ist dann zu wählen, wenn keine Lagerdynamik betrachtet werden soll. Wird hingegen die lokale Elastizität an der Stelle einer Gleit- oder Kugellagerung untersucht, bietet eine Modellierung der Biegelinie durch „normale" B-Splines des Typs „MEL" eine sehr gute Approximation der exakten Lösung. Die aus Auslenkung und Geschwindigkeit berechnete Lagerkraft wird auf den Knoten in der Mitte des Lagerabschnittes aufgeschaltet.

Die Abb. 2.27 zeigt die vom Autor vorgeschlagene Systematik zur Vergabe der Spline-Typen auf die Knoten einer Biegewelle.

2.5 Lagerungen für Rotoren

Zu den am meisten verbreiteten Methoden, drehende Rotoren gegenüber stehenden Maschinenbauteilen zu lagern, gehören

- Wälzlagerungen mit zylindrischen, sphärischen oder tonnenförmigen Wälzelementen,
- Gleitlagerungen, welche über entweder hydrostatische oder hydrodynamische Effekte einen Film aus speziellen Ölsorten zwischen dem Lagerzapfen des Rotors und den äußeren Lagerschalen herstellen, und
- Luftlagerungen, in denen die Druckdifferenzen in einem Luftfilm in Abhängigkeit der Rotorauslenkung eine Lagersteifigkeit der Anordnung bewirkt.

Alle drei aufgezählten Lagertypen zählen im Sinne der in dieser Arbeit gewählten Methodik zu den „Koppelelementen", im Vektor der Freiheitsgrade des gesamten Antriebssystems erhalten die vorgestellten Lagertypen keine eigenen Komponenten. Vorrangig ist somit die Kraft- und Momentenwirkung dieser Bauelemente auf die gelagerten Körper. Die eingeprägten Kräfte auf beschleunigte Massenanteile der Lagerungen selbst sind in den jeweils berechneten Lagerreaktionen enthalten.

2.5.1 Wälzlagerungen

Eine der wichtigsten technischen Lagerungen für rotatorische Freiheitsgrade geschieht durch die Abwälzbewegung rotationssymmetrischer Körper. Die technische Bedeutung der Wälzlagerungen entspricht der hohen Zahl von Veröffentlichungen, welche sich mit der Berechnung der Kraftverhältnisse und der Verformungsverhältnisse in Wälzlagerungen aller Art beschäftigen. Die Vielzahl denkbarer Bauformen, Baumaße, Bemessungen, Kennzeichen, sowie die Berechnung von Tragfähigkeiten und Lebensdauern sind in Herstellerschriften und in Standardwerken, etwa in [17] detailliert beschrieben. Im Rahmen der hier angestrebten Simulation des Gesamtverhaltens eines Antriebsstranges sind genauere Theorien und Untersuchungen von Verformungen in den Laufbahnen der Wälzlagerungen jedoch von untergeordneter Bedeutung. Es ist zur Beurteilung der Dynamik eines Gesamtsystems vollkommen ausreichend, eine Ersatzkennlinie für die Steifigkeiten dieser Lagertypen in die nummerische Simulation einzubeziehen. Die Steifigkeiten kann man Tabellen

der Hersteller entnehmen oder aus den Abmessungen der Lager überschlägig
berechnen, siehe [20] oder auch unten angegebene Formelzusammenstellung.
Schwieriger ist die Bestimmung von hinreichend genauen Abschätzungen der
Dämpfeigenschaften von Kugellagerungen. Diese sind in [60] experimentell
und theoretisch bestimmt.

Lagerspiel. Real ausgeführte Wälzlager besitzen je nach Bauform ein ge-
ringes Lagerspiel (wenige μm). Diese werden in die Klassen C1, C2 (geringe
Lagerluft), C3, C4, C5 (größere Lagerluft) sowie in die Baureihe mit „nor-
maler" Lagerluft eingeteilt [17]. Die Lagerluft eines bestimmten Lagertypes
muss den Herstellerangaben entnommen oder mit Hilfe einer speziellen Mes-
seinrichtung für das betrachtete Lager individuell gemessen werden.

Berechnung der Lagerreaktionen. Für einfachere Lagerbauformen ist es
durchaus möglich, eine Steifigkeitskennlinie anhand der Hertz'schen Formeln
zur Beanspruchungen bei Berührungen zweier Körper abzuschätzen.

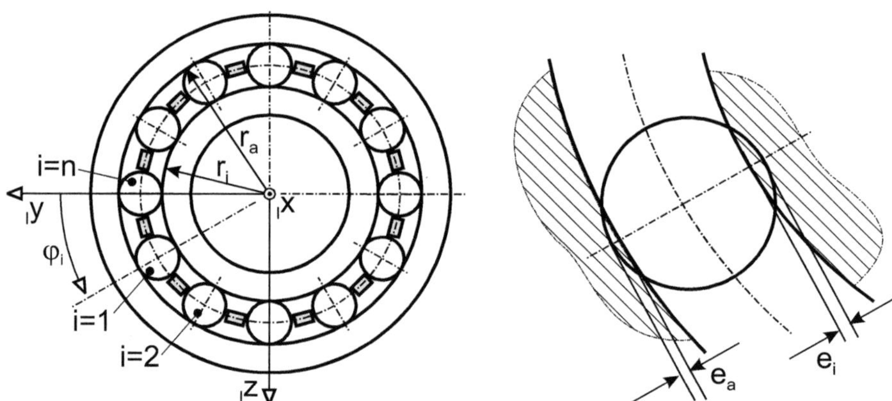

Abb. 2.30. Die klassische Bauform von Wälzlagern besitzt sphärische Wälzkörper, deren relative Lage auf dem Umfang zwischen Innen- und Außenring durch
entsprechende Käfige fixiert wird

Für den Kontakt zweier elastischer Körper, deren Deformationen an der
Kontaktstelle signifikant kleiner als die lokalen Krümmungsradien sind, for-
mulierte HERTZ [48] [49] mit den „Hertz'schen Gleichungen" die Verteilung
der Normalspannungen und die Annäherungen der Körper unter der Wirkung einer Normalkraft. Die Hertz'sche Theorie ist außer in [48], [49] in allen
Standardwerken zur linearen Elastizitätstheorie beschrieben, etwa in [130],
[87], [28]. Es seien im vorliegenden Rahmen nur die Gleichungen angeführt,
die der Abschätzung von Ersatzsteifigkeiten eines Kugelrollenlagers und ei-

nes Walzenrollenlagers dienen. Für allgemeine Körper mit den Krümmungen r_1, r_1' und r_2, r_2' gelten die Ersatzradien r, r' mit

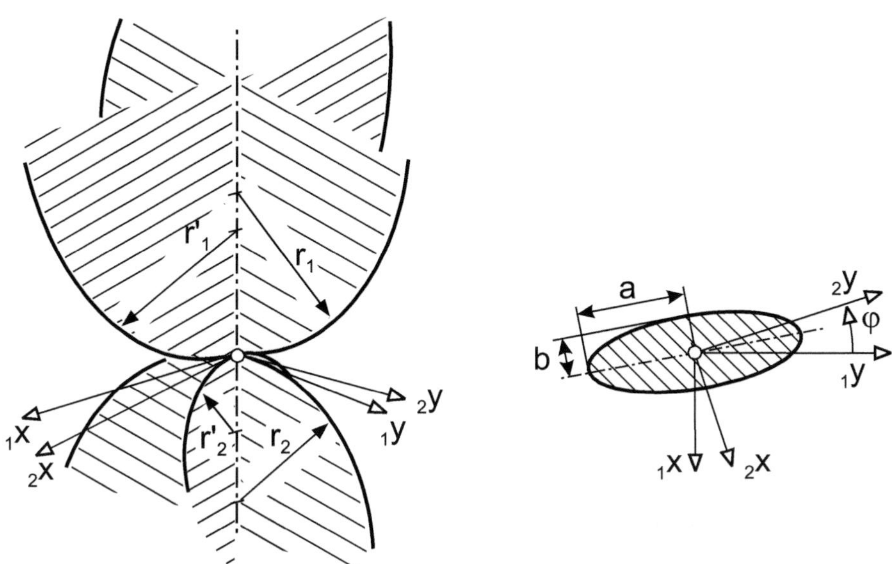

Abb. 2.31. Zur Berechnung der Kontaktkraft zweier aufeinander abwälzenden Körper wird die Geometrie an der Kontaktstelle durch die beiden lokalen Krümmungsradien r_1, r_1' und r_2, r_2' beschrieben. Es gilt die Konvention $r_1 > r_1'$, $r_2 > r_2'$. Die Ebenen der Hauptkrümmungsradien beider Kontaktkörper seien gegeneinander um den Winkel φ verdreht. Es entsteht ein Kontaktellipsoid mit den Beträgen a, b der Halbachsen

$$\frac{1}{r'} + \frac{1}{r} = \frac{1}{r_1} + \frac{1}{r_1'} + \frac{1}{r_2} + \frac{1}{r_2'} \tag{2.219}$$

$$\frac{1}{r'} - \frac{1}{r} = \sqrt{R_1 + R_2 + R_3} \tag{2.220}$$

$$R_1 = \left(\frac{1}{r_1'} - \frac{1}{r_1}\right)^2 \tag{2.221}$$

$$R_2 = \left(\frac{1}{r_2'} - \frac{1}{r_2}\right)^2 \tag{2.222}$$

$$R_3 = 2\left(\frac{1}{r_1'} - \frac{1}{r_1}\right)\left(\frac{1}{r_2'} - \frac{1}{r_2}\right)\cos 2\varphi \tag{2.223}$$

Es wird der Hilfswinkel θ eingeführt mit

$$\cos\theta = \frac{\frac{1}{r'} - \frac{1}{r}}{\frac{1}{r'} + \frac{1}{r}} \tag{2.224}$$

Der Winkel φ beschreibt den Zwischenwinkel der Ebenen mit den größeren Krümmungsradien r_1 und r_2. Zur Berechnung der Annäherung, der Kontaktkraft und der Kontaktfläche dienen die Hilfskoeffizienten ξ, η und ψ aus der Tabelle 2.2.

Tabelle 2.2. Die Hilfskoeffizienten ξ, η und ψ zur Berechnung der Kontaktellipse und der Annäherung durch Deformation elastischer Körper

$\theta[^o]$	90	80	70	60	50	40	30	20	10	0
ξ	1	1,128	1,284	1,486	1,754	2,136	2,731	3,778	6,612	∞
η	1	0,893	0,802	0,717	0,641	0,567	0,493	0,408	0,319	0
ψ	1	1,12	1,25	1,39	1,55	1,74	1,98	2,30	2,80	∞

Unter Zuhilfenahme dieser Koeffizienten gelten folgend aufgeführten Gleichungen für die Beträge a, b der großen und kleinen Halbachse der entstehenden Kontaktellipse und der Annäherung w der beiden Kontaktkörper unter einer Normalkraft F:

$$a = \left[\frac{3\xi^3(1-\nu^2)F}{E(\frac{1}{r'} + \frac{1}{r})}\right]^{\frac{1}{3}} \tag{2.225}$$

$$b = \left[\frac{3\eta^3(1-\nu^2)F}{E(\frac{1}{r'} + \frac{1}{r})}\right]^{\frac{1}{3}} \tag{2.226}$$

$$w = \frac{3\psi(1-\nu^2)F}{2Ea} \tag{2.227}$$

Die Elastizität der Materialien wird durch die Elastizitätsmoduln E_1, E_2 der Kontaktkörper berücksichtigt, für die Ersatzgröße E gilt die Bestimmungsgleichung

$$E = \frac{E_1 \cdot E_2}{E_1 + E_2} \tag{2.228}$$

Die Größe ν bezeichnet die Querkontraktionszahl der Materialien, für übliche Wälzlager mit Wälzkörpern aus Stahl gilt die Näherung $\nu \approx 0.26$.

Einsetzen des Radius a in die Gleichung für die Annäherung w führt auf die Darstellung

$$w = \frac{3^c \psi (1 - \nu^2) F^{\frac{2}{3}} \left(\frac{1}{r'} + \frac{1}{r} \right)^{\frac{1}{3}}}{2 \xi E^{\frac{2}{3}}} \tag{2.229}$$

In Umkehrung gilt für die Kontaktkraft in Abhängigkeit der Geometrien, Materialeigenschaften und der vorliegenden Annäherung durch elastische Deformation die Beziehung

$$F = \frac{\frac{2^{\frac{3}{2}}}{3} \left(\frac{\xi}{\psi} \right)^{\frac{3}{2}} E w^{\frac{3}{2}}}{(1 - \nu^2) \sqrt{\frac{1}{r'} + \frac{1}{r}}} \approx 0,943 \frac{\left(\frac{\xi}{\psi} \right)^{\frac{3}{2}} E w^{\frac{3}{2}}}{(1 - \nu^2) \sqrt{\frac{1}{r'} + \frac{1}{r}}} \tag{2.230}$$

Sonderfall: Kugel gegen identische Kugel. Es gelten die vorstehenden Gleichungen, alle Radien sind identisch zum Kugelradius r. Die Hilfsparameter ξ, ψ, η sind in diesem Fall identisch Eins. Die Kontaktkraft berechnet sich in Abhängigkeit der Annäherung w aus

$$F = 0,667 \frac{E \sqrt{r} w^{\frac{3}{2}}}{(1 - \nu^2)} \tag{2.231}$$

Kugelrollenlager. Dieser technisch besonders wichtige Fall wird ist in obigen Gleichungen bereits beschrieben, wenn die Radien gemäß Abb. 2.32 gesetzt werden. Der Radius r_2' beschreibt die Wälzbahn der Kugeln und bekommt ein negatives Vorzeichen, die Radien r_1 und r_1' sind zueinander identisch und beschreiben die Kugeln. Es entstehen vereinfachte Beziehungen für den Ersatzradius r, r':

$$\frac{1}{r'} + \frac{1}{r} = \frac{2}{r_1} - \frac{1}{r_2'} + \frac{1}{r_2} \tag{2.232}$$

$$\frac{1}{r'} - \frac{1}{r} = \frac{1}{r_2'} + \frac{1}{r_2} \tag{2.233}$$

$$\cos \theta = \frac{\frac{1}{r_2'} + \frac{1}{r_2}}{\frac{2}{r_1} - \frac{1}{r_2'} + \frac{1}{r_2}} \tag{2.234}$$

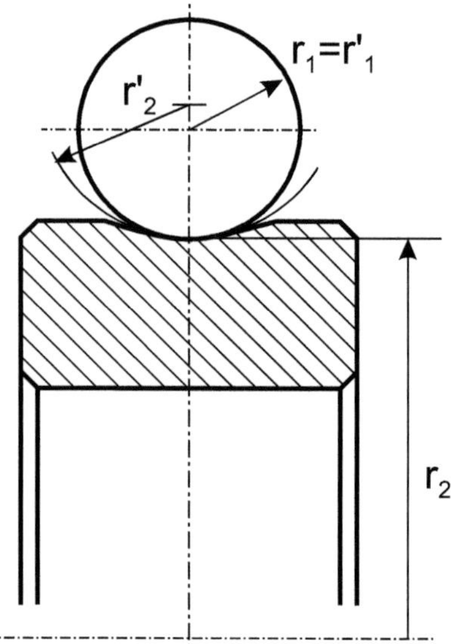

Abb. 2.32. Geometrie und Kontaktradien in Kugelrollenlagern. Der Radius r'_2 wird negativ in die Hertz'schen Gleichungen eingesetzt, die Radien r_1 und r'_1 sind identisch. Der Winkel φ zwischen den Ebenen der Hauptkrümmungsradien ist identisch Null. Während in nebenstehender Abbildung nur der Innenring dargestellt ist, wirkt in analoger Weise eine Reaktionskraft vom Außenring des Lagers auf die einzelnen Kugeln. Bei der Berechnung der Kräfte auf die jeweiligen Kugeln sind neben den Hertz'schen Pressungen auch die Zentrifugalkräfte durch die Bahnkrümmung der Schwerpunktsbewegungen zu berücksichtigen. Diese steigen proportional zum Quadrat der Umlaufgeschwindigkeit und begrenzen i. Allg. den Einsatzbereich dieses Lagertyps

Zahlenbeispiel. Gilt in Abb. 2.32 etwa ein Verhältnis der Radien gemäß $r'_2 = 1,5 r_1$ und $r_2 = 6 r_1$, wird $\theta = 30^o$ und $\xi = 2,2$; $\eta = 0,56$; $\psi = 1,75$. Für die Kontaktkraft F zwischen einer Kugel und der Rollbahn gilt dann

$$F = 1,08 \frac{E w^{\frac{3}{2}} \sqrt{r}}{(1 - \nu^2)} = C_K w^{\frac{3}{2}} \tag{2.235}$$

Zylinderrollenlager. Betrachtet werden zylindrische Walzen mit dem Radius r_1, der Länge (Breite des Lagers) b_L, welche auf einem Zylinder mit dem Radius r_2 abwälzen. Die Krümmung r'_2 wird ∞, es entstehen die Ersatzradien

$$\frac{1}{r'} + \frac{1}{r} = \frac{1}{r_1} + \frac{1}{r_2} \tag{2.236}$$

$$\frac{1}{r'} - \frac{1}{r} = \frac{1}{r'_2} + \frac{1}{r_2} \tag{2.237}$$

Die Kontaktfläche wird ein Rechteck mit der Breite b und der Länge b_L. Es liegt eine Linienberührung vor. Anstelle der bei Kugeln auftretenden Punktberührung ist für diesen Fall keine geschlossene Lösung für die Annäherung w gegeben. Durch Betrachtung der Verformung von zylindrischen Walzen zwischen ebenen Körpern nennt PALMGREN die Näherung:

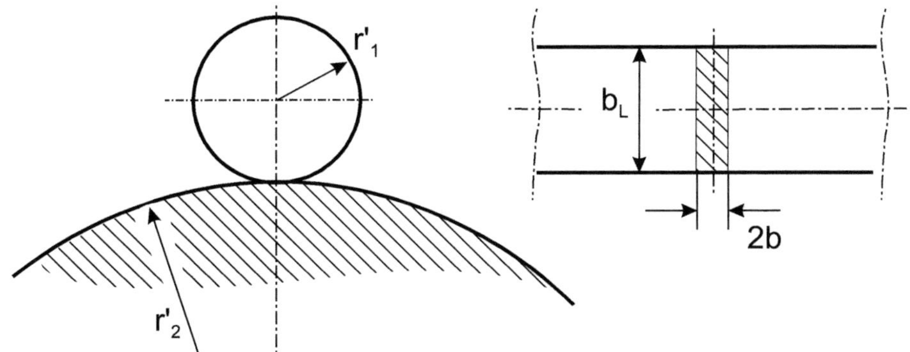

Abb. 2.33. Zur Berechnung der Steifigkeiten von Zylinderrollenlagern. Die Radien r_1 und r_2 gehen mit dem Wert ∞ in die Hertz'schen Gleichungen ein. Der zylindrische Wälzkörper mit der Länge b_L und dem Radius r_1' erzeugt eine rechteckige Kontaktfläche mit der Breite $2b$

$$w = \frac{3}{10^4} \frac{F^{0,9}}{b_L^{0,8}} \qquad w \text{ in } [mm]; \qquad F \text{ in } [kp] \tag{2.238}$$

Man beachte, dass der Durchmesser r_1 keinen Einfluss auf die gegenseitige Eindringung ausübt. Nach einer Konversion auf SI-Einheiten ergibt sich die Kontaktkraft zwischen der Walze und der Lagerfläche zu

$$F = C_Z \cdot b_L^{0,889} w^{1,111}; \qquad C_Z = 8,05 \cdot 10^{10} \, [N/m^2] \tag{2.239}$$

Zentrifugalkraft auf die Wälzkörper. Rotiert der Lagerzapfen (Durchmesser d_i) der Welle mit einer Winkelgeschwindigkeit ω, dann besitzt die Umlaufwinkelgeschwindigkeit ω_K der Wälzkörper mit dem Durchmesser d_K den Wert

$$\omega_K = \omega \frac{d_i}{2 \cdot (d_i + d_K)} \tag{2.240}$$

Die so errechnete Umlaufgeschwindigkeit gilt für reines Rollen ohne Gleiten der Wälzkörper auf den Lagerringen. Unter der Annahme, dass die transversalen Beschleunigungen der Lagerringe klein im Verhältnis zur Zentripedalbeschleunigung der Wälzkörper sind, erhält die auf die Schwerpunkte der Wälzkörper wirkende Zentripedalkraft den Betrag

$$F_Z = \frac{1}{2}\omega_K^2(d_i + d_K)m_K \tag{2.241}$$

für Lagerkugeln mit dem Durchmesser d_K und der Masse m_K. Für zylindrische Wälzkörper mit dem Durchmesser d_Z und der Masse m_Z gilt analog

$$F_Z = \frac{1}{2}\omega_K^2(d_i + d_Z)m_Z \tag{2.242}$$

Auslenkung des Lagerzapfens. Zur Berechnung der Lagerkraft muss die relative Auslenkung des Lagerzapfens und damit des Lagerinnenringes gegenüber dem Lageraußenring bekannt sein.

Starre Wellen. Die Koordinaten eines Körpers des Typs „Starre Welle" beinhalten die Kippwinkel $\beta_W(t)$, $\gamma_W(t)$ um inertialfeste y-,z-Achsen und die Auslenkungen $x_S(t)$, $y_S(t)$, $z_S(t)$ des Schwerpunktes (Ort $x = x_{CG}$, siehe Abb. 2.2 und (2.31)). Für die Auslenkung y_L, z_L des Lagerzapfens am Ort $x = x_L$ auf der Wellenmitte gilt daher die einfache Beziehung

$$_Iy_L = y_S + \gamma_W(x_L - x_{CG}); \quad _Iz_L = z_S - \beta_W(x_L - x_{CG}) \tag{2.243}$$

Elastische Wellen. Für die Auslenkungen und Drehwinkel von Lagerzapfen auf elastischen Wellen wird eine Beschreibung gemäß (2.110) gewählt. Mit den elastischen Verformungen $\varphi(x,t)$, $u(x,t)$, $v(x,t)$, $w(x,t)$ der Welle lauten die Verschiebung des Lagerzapfens dann:

$$\varphi_{abs} = \int \omega\, dt + \varphi(x_K,t) \tag{2.244}$$

$$_Iy_L = v(x_L,t)\cdot\cos\varphi_{abs} - w(x_L,t)\cdot\sin\varphi_{abs} \tag{2.245}$$

$$_Iz_L = v(x_L,t)\cdot\sin\varphi_{abs} + w(x_L,t)\cdot\cos\varphi_{abs} \tag{2.246}$$

Vorgespannte Wälzlager. Für Lagerungen mit besonderen Anforderungen an Präzision und Spielfreiheit verwendet man vorgespannte Lagerungen, in einzelnen ist ein Untermaß des radialen Laufspaltes zwischen Außen- und Innenlager oder ein Übermaß für die Wälzkörper definiert.

Die Differenz $d_a - d_i$ entspricht nicht dem Durchmesser $2d_K$ der Wälzkörper, sondern besitzt das Maß der Vorspannung w_V:

$$\frac{d_a - d_i}{2} = d_K - w_V \tag{2.247}$$

Lagerspiel. Der Regelfall ausgeführter Wälzlager ist eine Bauvariante mit Lagerspiel, dessen Größenordnung einige μm bis einige Hundertstel Millimeter beträgt. In diesem Fall entspricht die halbe Differenz der Durchmesser von Außen- und Innenring dem Durchmesser der Wälzkörper plus dem Lagerspiel w_S:

$$\frac{d_a - d_i}{2} = d_K + w_S \tag{2.248}$$

Resultierende Lagerreaktion. Auf jeden Wälzkörper wirkt neben der Gewichtskraft die eingeprägte Massenkraft durch Beschleunigung des Schwerpunktes sowie die Kontaktkräfte an Innen- und Außenringen. Die Führungskräfte durch den Lagerkäfig seien hier vernachlässigt. Die Massenkraft durch radiale Beschleunigung ist mit dem Betrag F_Z durch obenstehende Gleichungen bereits abgeschätzt.

Ein Impulssatz in den freigeschnittenen Wälzkörpern in radialer Richtung muss somit neben den Kontaktkräften nur die genäherte Zentripetalkraft F_Z berücksichtigen, da die weitere Kräfte wie Gewicht und Führung durch Lagerkäfige im Vergleich kleine Beträge besitzen. Es gilt dann für jeden Wälzkörper das Kräftegleichgewicht

$$F_i + F_a = F_Z \tag{2.249}$$

mit der Kontaktkraft F_i am Innenring und F_a am Außenring. Die Kontaktkräfte F_i, F_a folgen aus den oben detaillierten Hertz'schen Gleichungen, welche die nichtlineare Abhängigkeit dieser Kräfte von den Eindringungen w_i und w_a (vgl. Abb. 2.30) beschreiben. Mit den Abhängigkeiten

$$F_i = C_{Ki} w_i^{1,5} \qquad \text{und} \qquad F_a = C_{Ka} w_a^{1,5} \tag{2.250}$$

erhält der radiale Impulssatz die Gestalt

$$C_{Ki} w_i^{1,5} + C_{Ka} w_a^{1,5} - F_Z = 0 \tag{2.251}$$

An der Stelle φ_j der Lagerkugel j (oder des Lagerzylinders j) verändert sich der Lagerspalt durch die relative Auslenkung des Lagerzapfens gegenüber dem Außenring. Ist bei inertialfestem Außenring die relative Verlagerung y_L und z_L aus obigen Gleichungen bestimmt, gilt für die Verengung e_j des Lagerspaltes der Kugel j die Approximation

$$e_j = \sqrt{y_L^2 + z_L^2}\,\cos(\varphi_j - \varphi_e) \qquad \text{mit} \quad \tan\varphi_e = \frac{z_L}{y_L} \tag{2.252}$$

Der Umfangswinkel φ_e beschreibt die Stelle der größten Verengung im Lagerspalt. Für die Verengung e_j der Kugel mit dem Index j gilt die Summe aus Eindringungen am Innen- und Außenring, Lagerspiel und Vorspannung:

$$w_S - w_V + w_{i,j} + w_{a,j} = e_j \tag{2.253}$$

Die Gleichungen (2.251) und (2.253) bilden ein nichtlineares Gleichungssystem für die beiden unbekannten Eindringungen $w_{i,j}$ und $w_{a,j}$ der Kugel mit dem Index j. Im Falle von zylindrischen Wälzkörpern verändern sich die Exponenten und Koeffizienten in (2.251) gemäß der Approximation von

PALMGREN (2.239). Dieses nichtlineare Gleichungssystem wird in jedem Zeitschritt für jede Kugel $j = 1, \ldots, n$ gelöst. Aus den dann bekannten Eindringungen $w_{i,j}$ der Kugeln am Innenring folgen die Kontaktkräfte $F_{i,j}$. Die resultierende Kraft auf den Lagerzapfen entsteht durch vektorielle Addition der n Kontaktkräfte $F_{i,j}$.

2.5.2 Gleitlagerungen

Anwendung und Besonderheiten. Gleitlager stellen im Maschinenbau zusammen mit den Wälzlagerungen die wichtigste Bauform zur Lagerung drehender Maschinenteile dar. Gleitlager sind durch hohe Steifigkeiten und kompakte Bauweise charakterisiert. Die wichtigste Besonderheit hydrodynamischer Gleitlager liegt in der Asymmetrie der Lagersteifigkeiten und -Dämpfungen. Ein rotierender Lagerzapfen unter einer Last F verlagert sich relativ zum Lagermittelpunkt um das Maß e. Die Verlagerung geschieht dabei nicht in Richtung der äußeren Kraft F. Vielmehr ist sie von der Bauweise des Lagers, der Belastung, der Art des Schmierfilmes und der Geometrie der Lagerung abhängig. Die Asymmetrie von Gleitlagerungen kann zu selbsterregten Schwingungen führen. Nach einer zufälligen, kleinen Störung schwingt die Welle mit einer Eigenfrequenz des Systems Welle und Lagerung.

Berechnung der Lagerkraft. Die Theorie des Ölfilmes in Gleitlagerungen und die resultierenden Steifigkeiten und Dämpfungen ausgeführter technischer Lagerbauformen sind von vielen Autoren und Forschungsinstituten studiert und analysiert worden. In [32] sind für den Fall von konstanten oder quasistationären äußeren Lasten F_{ext} auf den Lagerzapfen die Steifigkeiten und die Dämpfungen in Kennlinien und Tabellen ausführlich zusammengestellt [32] .

Die äußere Last auf gleitgelagerte Wellen hängt jedoch von den Kraftkopplungen dieser Welle im Antriebsstrang ab und ist i. Allg. nicht konstant. Über die Lösung der Reynolds'schen Gleichung für den Schmierfilm im Lagerspalt soll im Folgenden die resultierende Kraft auf den Lagerzapfen in Abhängigkeit eines momentanen Verlagerungszustandes hergeleitet werden. Die entstehenden Formeln eignen sich dann dazu, über eine Integration des Bewegungsverhaltens des Antriebssystems instationäre Vorgänge und Lagerkräfte zu analysieren.

Exzentrizität. Der Durchmesser der betrachteten Lagereinheit sei D, ihr Radius $R = D/2$, die Verlagerung des Lagerzapfens werde durch die Winkel γ und das Maß e beschrieben (vgl. Abb. 2.34). Ein inertialfestes $_Iy$-, $_Iz$-Koordinatensystem markiert die Lage der Vertikalen. Je nach äußerer Belastung besitzt die Welle zum betrachteten Zeitpunkt die Mittelpunktskoordinaten $_Iy_S$,$_Iz_S$ im I-System. Aus ihnen folgt das Maß ε der Exzentrizität und der Verlagerungswinkel γ.

$$\varepsilon := \frac{e}{R} = \frac{\sqrt{_Iy_S^2 + {_I}z_S^2}}{R}; \qquad \gamma := \arctan \frac{_Iz_S}{_Iy_S} \tag{2.254}$$

Abb. 2.34. Die Koordinatensysteme am Lagerzapfen eines Gleitlagers. Mit s wird die Umfangsrichtung bezeichnet, r ist die radiale Richtung an der Stelle s. Das $_Rx$-, $_Ry$-, $_Rz$-System ist ein schleifendes Koordinatensystem, dessen x-Achse parallel zur Rotationsachse des gelagerten Körpers ist (von kleinen Nick- und Gierbewegungen der Welle wird zunächst einmal abgesehen). die Reaktionskraft F_x, F_y des Ölfilmes kann durch eine lineare Theorie auf der Grundlage der Eigenschaften eines NEWTON-Fluides berechnet werden

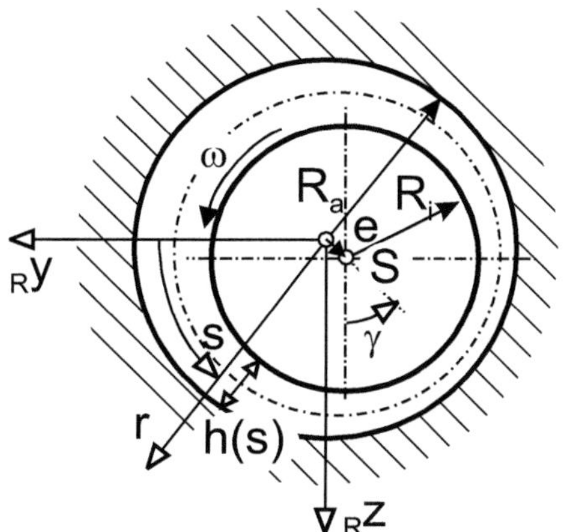

Sommerfeld-Zahl. Diese Maßzahl gibt den dimensionslosen Grad der Belastung an. Mit einem relativen Lagerspiel ψ, einer äußeren Last F, einer Lagergeometrie B, D, einer dynamischen Schmierfilmviskosität η und einer Winkelgeschwindigkeit ω der Welle gilt:

$$So := \frac{F\psi^2}{BD\eta\omega}. \tag{2.255}$$

Lösung für stationäre Belastung. Die Exzentrizität ε und die Verlagerung γ_0 einer gleitgelagerten Welle mit konstanter Last hängen von der Sommerfeld-Zahl ab. In Umkehrung lässt sich aus einem aktuellen Maß ε der Exzentrizität eine Sommerfeld-Zahl So berechnen, welche diejenige statische Belastung kennzeichnet, die zu einer konstanten Exzentrizität dieser Größe führt. In GLIENICKE ist die Abhängigkeit $\varepsilon = \varepsilon(So)$ für verschiedene Lagerbauformen wiedergegeben. Die normierten Steifigkeiten c' und Dämpfungen d' eines Gleitlagers sind in [32] berechnet und tabelliert. Für die Umrechnung dieser Parameter in einheitsbezogene Werte gelten die Normierungen

$$c_{ij} = \frac{2B\eta\omega}{\psi^3}c'_{ij} \quad \text{und} \quad d_{ij} = \frac{2B\eta}{\psi^3}d'_{ij}. \tag{2.256}$$

Schmierfilmtheorie für instationäre Belastung.

Spaltfunktion. In Abb. 2.34 ist mit s die Umfangsrichtung des Lagerspaltes bezeichnet. Im Folgenden soll gelten, dass mit $s = 0$ diejenige Stelle des Umfangs markiert sei, die mit der y-Achse zusammenfällt. Besitzt die Welle gegenüber der Lagerschale eine Auslenkung in y- oder z-Richtung, wird die radiale Lagerspaltdicke $h(s)$ eine nichtlineare Funktion der Umfangskoordinate s. Mit h_0 wird das Maß des Lagerspaltes bei mittigem Lagerzapfen $y = z = 0$ bezeichnet. Die Funktion $h(s, y, z)$ lautet dann nach einer Linearisierung:

$$h(s, y, z) = 1 - y_S \cos \frac{s}{R} - z_S \sin \frac{s}{R}$$

Der Radius R ist dabei das arithmetische Mittel zwischen dem inneren Radius R_i und dem Außenradius R_a.

Schubspannungen im Fluid. Die im Fluid herrschenden Drücke und Geschwindigkeitsverteilungen erzeugen an differentiell kleinen Volumenelementen Schub- und Druckspannungen gemäß Abb. 2.35. Sie müssen im Falle eines quasistationären Fluidzustandes miteinander im Gleichgewicht stehen. Die Bedingungen für Kräftegleichgewicht lauten:

$$\frac{\partial p}{\partial s} = -\frac{\partial \tau_{rs}}{\partial r} \quad \text{und} \quad \frac{\partial p}{\partial x} = -\frac{\partial \tau_{rx}}{\partial r} \tag{2.257}$$

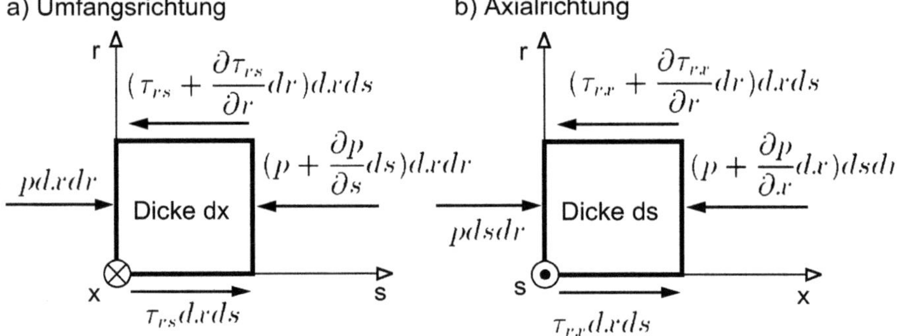

Abb. 2.35. Die Schub- und Druckspannungen im Gleitlagerfluid, welche auf ein differentiell kleines Volumenelement wirken, werden mit τ und mit p bezeichnet. Im Falle des quasistationären Zustands müssen sie an jedem betrachteten Volumenelement im miteinander im Gleichgewicht stehen. Es kann daher jeweils in einer r-,s-Ebene und in einer r-,x-Ebene ein eindimensionales Kräftegleichgewicht angesetzt werden. Die Lage der Koordinatensysteme ist so gewählt, dass die s-, x- und r-Achse des umfangsbegleitenden „Dreibeines" ein Rechtssystem ergeben. Die Bedingungen für die Kräftegleichgewichte am Fluidelement ergeben die Gln. (2.257). Die Annahme eines quasistationären Gleichgewichtszustandes ist dann gerechtfertigt, wenn die Verlagerungsgeschwindigkeit des Wellenzapfens deutlich unterhalb der Fortpflanzungsgeschwindigkeit von Druckwellen im Medium liegt. Diese Annahme kann jedoch für normale Anwendungen als erfüllt gelten

Stoffgesetz für das Fluid. Das Schmieröl im Lagerspalt lässt sich mit guter Näherung durch ein als „Newton-Fluid" bezeichnetes, lineares Modell beschreiben. Charakteristisch für dieses Stoffgesetz ist die lineare Beziehung zwischen der Schubspannung in einer betrachteten Ebene und dem normal zur Ebene stehenden Anteil des Gradienten der Strömungsgeschwindigkeit. Bezogen auf das in Abb. 2.35 betrachtete Volumenelement gilt dann

$$\tau_{rs} = -\eta\frac{\partial \dot{s}}{\partial r} \qquad \text{und} \qquad \tau_{rx} = -\eta\frac{\partial \dot{x}}{\partial r} \tag{2.258}$$

Die Größe η beschreibt die dynamische Viskosität des Schmiermittels. Setzt man die Gln. (2.257) in das Stoffgesetz (2.258) ein, ergeben sich die partiellen Differenzialgleichungen

$$\frac{\partial p}{\partial s} = \eta\frac{\partial^2 \dot{s}}{\partial r^2} \qquad \text{und} \qquad \frac{\partial p}{\partial x} = \eta\frac{\partial^2 \dot{s}}{\partial x^2} \tag{2.259}$$

Sie lassen sich umstellen und partiell über r zweifach integrieren. Man erhält

$$\dot{s} = \frac{1}{2\eta}\frac{\partial p}{\partial s}r^2 + a_1 r + b_1 \qquad \text{und} \tag{2.260}$$

$$\dot{x} = \frac{1}{2\eta}\frac{\partial p}{\partial x}r^2 + a_2 r + b_2 \tag{2.261}$$

mit zunächst unbekannten Koeffizienten a_i, b_i. Mit den Randbedingungen am Lagerzapfen und am Umfang der Lagerschale,

$$\begin{aligned} r = 0 \quad &\text{(Zapfen-Umfang): } \dot{s} = \omega R_i \;\; \dot{x} = 0, \\ r = h \quad &\text{(Lagerschale): } \quad \dot{s} = 0 \quad \dot{x} = 0, \end{aligned} \tag{2.262}$$

liegen diese Unbekannte jedoch fest. Die Gradienten der Strömungsgeschwindigkeit hängen somit nur noch von den Gradienten der Druckverteilung und der Koordinate r ab.

$$\dot{s} = \frac{1}{2\eta}\frac{\partial p}{\partial s}(r^2 - rh) - \omega R_i\frac{r}{h} + \omega R_i \tag{2.263}$$

$$\dot{x} = \frac{1}{2\eta}\frac{\partial p}{\partial x}(r^2 - rh) \tag{2.264}$$

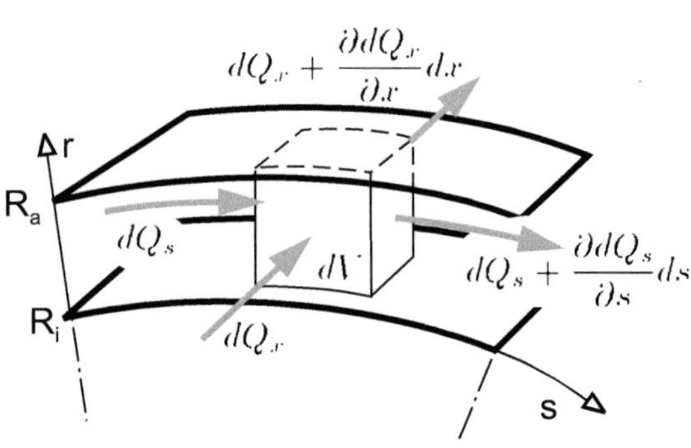

Abb. 2.36. Die Kontinuitätsbedingung für ein Kontrollvolumen zwischen den Oberflächen von Lagerzapfen und Lagerschale. Da das umlaufende Schmieröl nicht in diese Oberflächen eindringen kann, müssen nur die Volumenströme in Umfangsrichtung und die Volumenströme in axialer Richtung berücksichtigt werden. Wenn als Voraussetzung eine konstanten Dichte des Fluids angenommen wird, entspricht die Summe der Volumenströmung in das Kontrollvolumen der zeitlichen Änderung des Volumens selbst

Kontinuitätsgleichung. Die Kontinuitätsgleichung beinhaltet die Konstanz der Masse eines Kontrollvolumens unter der Voraussetzung einer konstanten Dichte des Fluids. Die Kompressibilität des Schmieröles ist so gering und die entsprechende Steifigkeit ist somit so hoch, dass die Fehler bei Vernachlässigung der Dichteschwankungen in kleinen Rahmen verbleiben. Für jedes Kontrollvolumen muss im Falle konstanter Dichte die Summe der Volumenströme der Volumenänderung entsprechen.

$$\sum dQ = \dot{V}. \tag{2.265}$$

In Abb. 2.36 ist ein gedachtes Kontrollvolumen zwischen den Oberflächen von Lagerzapfen und Lagerschale gezeichnet. Da kein Öl in die Oberflächen der Welle und der Lagerung eindringen soll, sind nur die Volumenströme in Umfangsrichtung und die Volumenströme in axialer Richtung zu berücksichtigen. Die Kontinuitätsbedingung ergibt dann für dieses Kontrollvolumen die Beziehung

$$\frac{\partial dQ_x}{\partial x}dx + \frac{\partial dQ_s}{\partial s}ds + \frac{\partial dV}{\partial t} = 0 \tag{2.266}$$

Die Volumenströme entsprechen den Flächenintegralen über die Geschwindigkeit an den Ein- und Austrittsflächen normal zur x- und s-Achse des Kontrollvolumens (Abb. 2.36). Für die Fluidgeschwindigkeiten wiederum können die Gln. (2.263) und (2.264) herangezogen werden.

$$dQ_x = ds \int_0^h \dot{x}\,dr \tag{2.267}$$

$$= ds \int_0^h \frac{1}{2\eta} \frac{\partial p}{\partial x}(r^2 - rh)dr = \frac{-h^3}{12\eta} \frac{\partial p}{\partial x} ds \tag{2.268}$$

$$dQ_s = dx \int_0^h \dot{s}\,dr \tag{2.269}$$

$$= dx \int_0^h \left[\frac{1}{2\eta} \frac{\partial p}{\partial s}(r^2 - rh) - \omega R_i \frac{r}{h} + \omega R_i \right] dr \tag{2.270}$$

$$= dx \left[\frac{-h^3}{12\eta} \frac{\partial p}{\partial s} + \frac{h}{2}\omega R_i \right] \tag{2.271}$$

$$dV = h\,ds\,dx \tag{2.272}$$

Reynold'sche Gleichung. Das Einsetzen obiger Terme für dQ_s, dQ_x und dV in (2.266) liefert nach Orden und Umstellen die Reynolds'sche Gleichung für das Fluid im Lagerspalt:

$$\frac{\partial}{\partial x}\left(\frac{h^3}{\eta}\frac{\partial p}{\partial x} \right) + \frac{\partial}{\partial s}\left(\frac{h^3}{\eta}\frac{\partial p}{\partial s} \right) = \frac{\partial h}{\partial s}6\omega R_i + 12\dot{h} \tag{2.273}$$

Durch Normierung aller vorkommenden Größen auf die in der folgenden Tabelle zusammengestellten neuen Variablen lässt sie sich in dimensionsloser Form angeben.

$L = 2\pi R_i$	Umfangslänge
$\bar{s} = \frac{2s}{L}$	Normierte Spaltkoordinate $-1 \le \bar{s} \le 1$
$\bar{x} = \frac{2x}{B}$	Normierte Axialkoordinate $-1 \le \bar{x} \le 1$
$\beta = \frac{B}{L}$	Breitenverhältnis
$\tau = \frac{t\omega R_i}{L}$	Normierte Zeit
$H = \frac{h}{h_0}$	Normierte Schmierspaltfunktion
$\Pi = \frac{ph_0^2}{\eta\omega R_i L}$	Normierter Schmierspaltdruck

Durch Transformation von (2.273) folgt die Reynolds'sche Gleichung in dimensionsloser, normierter Form:

$$\frac{\partial}{\partial s}(H^3 \frac{\partial \Pi}{\partial s}) + \frac{1}{\beta^2}\frac{\partial}{\partial x}(H^3 \frac{\partial \Pi}{\partial x}) = 3(\frac{\partial H}{\partial x} + \frac{\partial H}{\partial \tau}) \tag{2.274}$$

Ansatz für die Druckverteilung. Bevor jedoch eine spezielle Lösung der Reynolds'schen DGL für die Druckverteilung gefunden wird, ist die Formulierung des möglichen Lösungsraums durch die Definition eines Systems von Ansatzfunktionen für die Druckverteilung $\Pi(\bar{s}, \bar{x})$ vonnöten.

Die dynamischen Lagersteifigkeiten von Kippsegmentlagern berechnet LACHENMAYR [65] über eine Näherungslösung der Reynolds'schen Differenzialgleichung durch Tschebyscheff-Polynome höherer Ordnungen. SANTOS [112] erweitert diese Modellierung für aktive Kippsegmentlager. Tschebyscheff-Polynome sind für normierte Argumente x wir folgt definiert:

$$T_0(x) := 1 \quad , \tag{2.275}$$

$$T_1(x) := x \quad , \tag{2.276}$$

$$T_2(x) := 2x^2 - 1 \quad , \tag{2.277}$$

$$T_3(x) := 4x^3 - 3x \quad , \tag{2.278}$$

$$T_i(x) := \cos[x \arccos(x)], \quad i \in \{0, 1, \ldots\} \tag{2.279}$$

In dieser Arbeit wird der häufig vorkommende Fall von kreiszylindrischen Gleitlagern mit einer umlaufenden, mittigen Schmiermitteltasche weiter untersucht. Es ist aufgrund der speziellen Geometrie der zylindrischen Lager mit umlaufender Schmiermitteltasche sinnvoll, anstatt Tschebyscheff-Polynomen bereichsweise Splines und spezielle, der Taschengeometrie angepasste Ansatzfunktionen zu verwenden. Diese Lösungsvariante besitzt Allgemeingültigkeit, im Falle anderer Lagerbauformen wird gegebenenfalls nur die spezielle Form der Ansatzfunktionen angepasst.

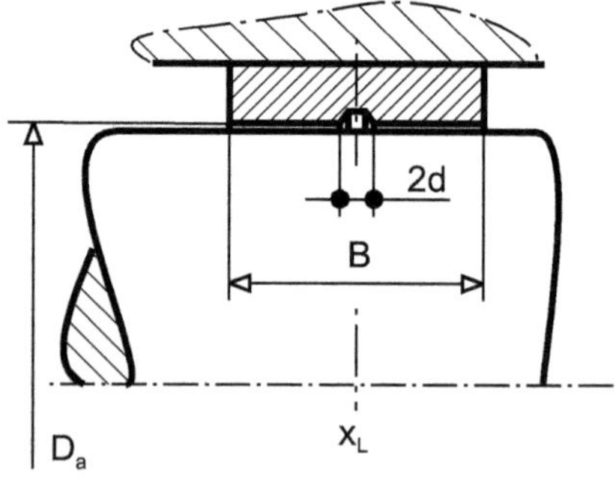

Abb. 2.37. Die wesentlichen Maße der Geometrie eines häufig anzutreffenden Gleitlagertyps. Das hier dargestellte Lager besitzt eine umlaufende Schmiermitteltasche der Breite $2d$. Für diesen häufig eingesetzten Lagertyp ist die Verwendung spezieller axialer Ansatzfunktionen gemäß Abb. 2.38 zur Modellierung des Schmierspaltdruckes sinnvoll. Das Schmiermittel wird der Tasche über radiale Bohrungen mit einem speziellen Versorgungsdruck zugeführt

Das untersuchte Lager wird durch einen Satz von axialen (Abb. 2.38) und tangentialen (Abb. 2.39) Ansatzfunktionen modelliert. Für den dimensionslosen Schmierspaltdruck Π gelte:

$$\Pi = \Pi_T f_1(x) + f_2(x) \cdot \sum_{i=1}^{n} a_i S_i(s) \tag{2.280}$$

Die Axialfunktionen $f_1(x)$ und $f_2(x)$ sind dabei wie folgt definiert:

$$f_1(x) := \begin{cases} x+1 & \text{für} & -1 \leq x \leq -\delta \\ 1 & \text{für} & -\delta \leq x \leq \delta \\ 1-x & \text{für} & \delta \leq x \leq 1 \end{cases} \tag{2.281}$$

$$f_2(x) := \begin{cases} 1 - \frac{4x^2 + x(\delta+1) + (\delta+1)^2}{(1-\delta)^2} & \text{für} & -1 \leq x \leq -\delta \\ 0 & \text{für} & -\delta \leq x \leq \delta \\ 1 - \frac{4x^2 + x(\delta+1) + (\delta+1)^2}{(1-\delta)^2} & \text{für} & \delta \leq x \leq 1 \end{cases} \tag{2.282}$$

Die Funktionen S_i sind bereichsweise definierte Splines (B-Splines) zweiter Ordnung. Je nach Feinheit der Modellierung nimmt n, die Anzahl der Splines am Umfang, sinnvollerweise Werte zwischen Sechs und Zwanzig an. Die Funktion $f_1(x)$ wird mit dem konstanten Faktor Π_T skaliert. Dieser Wert Π_T entspricht dem im realen System vorhandenen Taschendruck (Schmiermittelversorgung) umgerechnet in die dimensionslose Form.

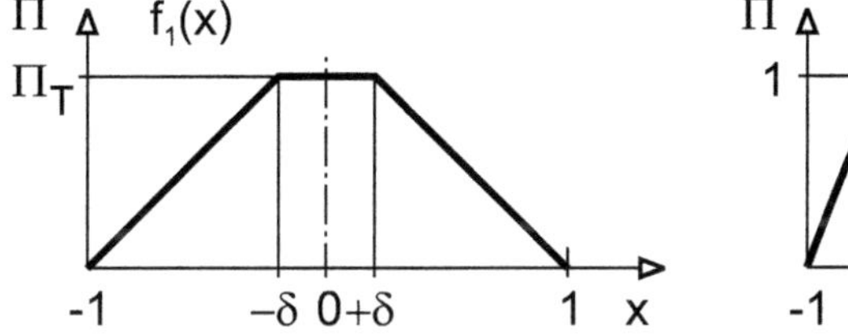

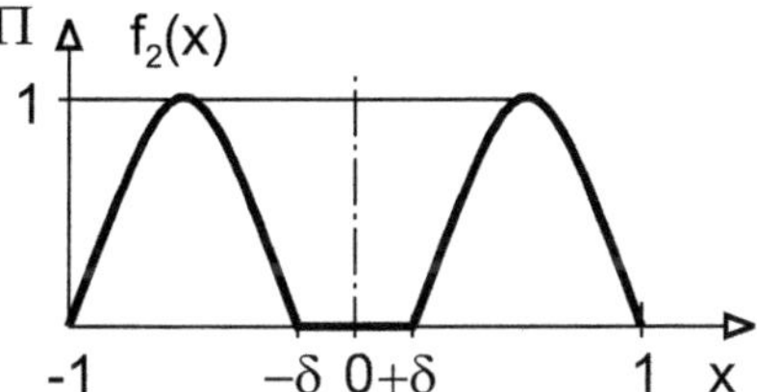

Abb. 2.38. Ansatzfunktionen für den axialen Druckverlauf in zylindrischen Gleitlagern mit umlaufender, zentraler Öltasche. Während die Funktion $f_1(x)$ mit dem konstanten Taschendruck Π_T multipliziert wird, dient die Funktion $f_2(x)$ als Axialfunktion für die bereichsweise definierten Splines $S_i(x)$. Die Axialfunktion $f_2(x)$ besitzt im Bereich der Schmiermitteltasche den Funktionswert 0, da dort in etwa der konstante Taschendruck Π_T herrscht

Dieser Druckverlauf entspricht einem axialen Abfließen des Schmiermittels mit konstanter Geschwindigkeit $\dot{x}$, er erzeugt keine axiale und auch keine radiale Kraft auf den Lagerzapfen. Ihm wird der dynamische Lagerdruck aus dem zweiten Term des Ansatzes überlagert. Dieser Anteil ist entsteht durch die Zwangsströmung des Schmiermittels bei Verlagerung des Lagerzapfens.

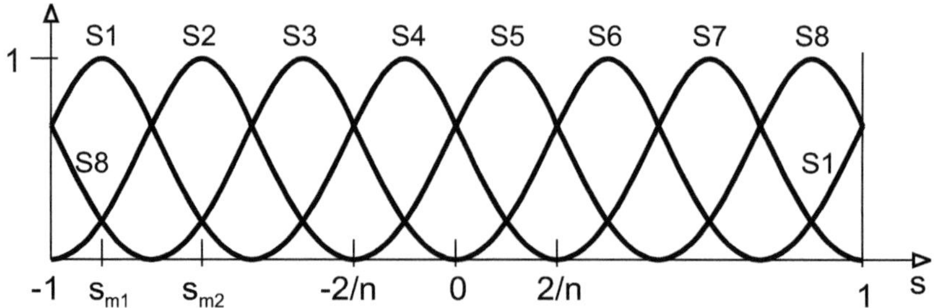

Abb. 2.39. Ansatzfunktionen für den Druckverlauf in Umfangsrichtung für zylindrische Gleitlager. Eine einzelner B-Spline besteht aus drei Teilkurven zweiter Ordnung. Ihre Definition (2.215) ist im Kapitel „Spline-Ansatz für elastische Welle" erläutert. Da im Gegensatz zu Ansatzfunktionen für Biegebalken nur Stetigkeit in der ersten Ableitung und nicht in der zweiten Ableitung gefordert wird, können auch bereichsweise Polynome zweiter statt dritter Ordnung Verwendung finden. Im dargestellten Beispiel finden $N = 8$ Polynome Verwendung

Zur axialen Skalierung der B-Splines wird die Funktion $f_2(x)$ verwendet. Ihr Funktionswert im Bereich der Schmiermitteltaschen ist Null. Die zugrundeliegende Annahme geht davon aus, dass der dynamisch erzeugte Druck nur im Bereich der kleinen Spalthöhen wirkt, während das vergleichsweise sehr große Volumen der Schmiermitteltaschen die kleinen Lagerzapfenbewegungen puffert und dort stets der Versorgungsdruck herrscht. Die Ordnung m der verwendeten Polynome für die eigentlichen Lagerbereiche ist $m = 2$. Diese Annahme geschieht vor dem Hintergrund zahlreicher Simulationen dynamisch belasteter Gleitlager mit variablem Parameter m, welche sehr oft Werte um $m = 2.1$ als Ergebnis besitzen.

Lösung der Reynolds'schen DGL. Aus der Variationsrechnung ist bekannt, dass die Euler'sche Differenzialgleichung diejenigen Kurven $y(x)$ definiert, welche Extremalen eines Integralfunktionals I sind.

$$\frac{\partial F}{\partial y} - \frac{d}{dx}\left(\frac{\partial F}{\partial y'}\right) = 0 \quad \rightarrow \quad I = \int F(x, y, y')\, dx = \text{stat.} \tag{2.283}$$

Analog definiert die Euler'sche DGL für eine Funktion F,

$$\frac{\partial F}{\partial \Pi} - \frac{d}{dx}\left(\frac{\partial F}{\partial \frac{\partial \Pi}{\partial x}}\right) - \frac{d}{ds}\left(\frac{\partial F}{\partial \frac{\partial \Pi}{\partial s}}\right) = 0 \tag{2.284}$$

$$\text{mit} \quad F = F(\Pi, \frac{\partial \Pi}{\partial x}, \frac{\partial \Pi}{\partial s}) \tag{2.285}$$

gerade diejenigen Flächen, welche Extremale des Funktionales I ergeben:

$$I = \int \int F(\Pi, \frac{\partial \Pi}{\partial x}, \frac{\partial \Pi}{\partial s}) \, ds \, dx \qquad (2.286)$$

Findet man nun eine spezielle Funktion F, auf welche die Anwendung der Eulerschen DGL wiederum die Reynolds'sche DGL ergibt, dann kennt man aus der Bedingung $I(F) = stat.$ auch die Menge der Lösungsfunktionen der Reynolds'schen DGL. Die spezielle Funktion F mit

$$F = H^3 \left(\frac{\partial \Pi}{\partial s}\right)^2 + \frac{1}{\beta^2} H^3 \left(\frac{\partial \Pi}{\partial x}\right)^2 + 6\Pi \left(\frac{\partial H}{\partial s} + \frac{\partial H}{\partial \tau}\right) \qquad (2.287)$$

erfüllt diese Anforderungen, denn die Anwendung von (2.284) auf diese spezielle Funktion F ergibt exakt die Reynolds'sche Gleichung (2.274). Die Argumente von F sind die Druckverteilung Π und ihre partiellen Ableitungen nach den Koordinaten $\bar{s}$ und $\bar{x}$. Die Druckverteilung Π selbst hängt bei einem Ansatz nach (2.280) von den Koeffizienten a_i ab. Damit das Funktional I stationär wird, müssen aus diesem Grunde alle partiellen Ableitungen des Funktionals nach allen Unbekannten identisch Null sein:

$$I = \int \int F ds dx \quad \rightarrow \quad \text{stationär} \quad \rightarrow \frac{\partial I}{\partial a_i} = 0 \quad i \in \{1, \ldots, n\} \quad (2.288)$$

Die n Auswertungen obiger Gleichung ergeben die n Gleichungen zur Bestimmung der unbekannten Koeffizienten a_i in Abhängigkeit des momentanen Zustands.

Nummerische Auswertung der Reynolds'schen DGL. Um das instationäre Verhalten des betrachteten Gleitlagers im Sinne einer nummerischen Integration formal zu beschreiben, wird (2.288) in Matrixnotation ausformuliert. Dazu werden zunächst Gruppen von Variablen in Vektoren zusammengefasst.

Im Vektor $\boldsymbol{Z}$ sind die momentanen Zustandskoordinaten $y_S, z_S, \dot{y}_S, \dot{z}_S$ angeordnet. Sie werden auf die mittlere Spalthöhe h_0 normiert. Des Weiteren sind in $\boldsymbol{Z}$ diejenigen linearen Kombinationen der Zustandsgrößen integriert, welche zur Berechnung der dritten Potenz der Spaltfunktion $H(\bar{s})$ notwendig sind.

$$\zeta := \frac{y_S}{h_0}; \qquad \xi := \frac{z_S}{h_0}; \qquad \dot{\zeta} := \frac{\dot{y}_S}{h_0}; \qquad \dot{\xi} := \frac{\dot{z}_S}{h_0} \qquad (2.289)$$

$$\boldsymbol{Z} := [1, \zeta, \xi, \zeta^2, \xi^2, \zeta\xi, \zeta^2\xi, \zeta\xi^2, \zeta^3, \xi^3, \dot{\zeta}, \dot{\xi}]^T \qquad (2.290)$$

Die Spaltfunktion $H(\bar{s})$ und ihre dritte Potenz sowie die partielle Ableitung der Spaltfunktion nach der Umlaufkoordinate und der normierten Zeit lauten unter Verwendung der normierten Koordinaten:

$$H(\bar{s}) = 1 - \zeta \cos(\pi\bar{s}) - \xi \sin(\pi\bar{s}) \tag{2.291}$$

$$\begin{aligned}
H^3(\bar{s}) = {}& 1 - 3\zeta \cos(\pi\bar{s}) - 3\xi \sin(\pi\bar{s}) + 3\zeta^2 \cos^2(\pi\bar{s}) + 3\xi^2 \sin^2(\pi\bar{s}) \\
& + 6\zeta\xi \cos(\pi\bar{s}) \sin(\pi\bar{s}) - 3\zeta^2\xi \cos^2(\pi\bar{s}) \sin(\pi\bar{s}) \\
& - 3\zeta\xi^2 \cos(\pi\bar{s}) \sin^2(\pi\bar{s}) - \zeta^3 \cos^3(\pi\bar{s}) - \xi^3 \sin^3(\pi\bar{s}) \tag{2.292} \\
= {}& \boldsymbol{H}_3^T \boldsymbol{Z} \tag{2.293}
\end{aligned}$$

$$\begin{aligned}
\frac{\partial H}{\partial \bar{s}} + \frac{\partial H}{\partial \tau} = {}& \pi\zeta \sin(\pi\bar{s}) - \pi\xi \cos(\pi\bar{s}) \\
& - \frac{2\pi}{\omega}(\dot{\zeta} \cos(\pi\bar{s}) + \dot{\xi} \sin(\pi\bar{s})) \\
= {}& \boldsymbol{H}_{st}^T \boldsymbol{Z} \tag{2.294}
\end{aligned}$$

Die speziellen Vektoren $\boldsymbol{H}_3$ und $\boldsymbol{H}_{st}$ beinhalten die transzendenten Funktionen über die Umlaufkoordinate $\bar{s}$ und besitzen den Aufbau:

$$\begin{aligned}
\boldsymbol{H}_3 := {}& [1,\, -3\cos(\pi\bar{s}),\, -3\sin(\pi\bar{s}),\, 3\cos^2(\pi\bar{s}), \\
& 3\sin^2(\pi\bar{s}),\, 6\cos(\pi\bar{s})\sin(\pi\bar{s}),\, -3\cos^2(\pi\bar{s})\sin(\pi\bar{s}), \\
& -3\cos(\pi\bar{s})\sin^2(\pi\bar{s}),\, -3\cos^3(\pi\bar{s}),\, -3\sin^3(\pi\bar{s}),\, 0,\, 0]^T \tag{2.295}
\end{aligned}$$

$$\begin{aligned}
\boldsymbol{H}_{st} := {}& [0, \pi\sin(\pi\bar{s}),\, \pi\cos(\pi\bar{s}), \tag{2.296} \\
& 0,0,0,0,0,0,0, \frac{-2\pi}{\omega}\cos(\pi\bar{s}),\, \frac{-2\pi}{\omega}\sin(\pi\bar{s})]^T \tag{2.297}
\end{aligned}$$

Die unbekannten Koeffizienten a_i aus dem Ansatz für die Druckverteilung (2.280) bilden den Vektor $\boldsymbol{A}$, welcher den gesuchten Lösungsvektor für einen speziellen Zustand darstellt.

$$\boldsymbol{A} = [1, a_1, a_2, \ldots, a_n]^T \tag{2.298}$$

Mit den solchermaßen in Vektoren geordneten Zustandsgrößen und Unbekannten lässt sich die Bedingung nach verschwindenden partiellen Ableitungen des speziellen Funktionals aus (2.288) in nummerisch geeigneter Weise ausformulieren. Es entsteht ein lineares Gleichungssystem, welches im Verlauf der nummerischen Integration eines speziellen Antriebssystems zu jedem Zeitpunkt in dieser Weise aufgestellt und gelöst werden muss. Die Matrizen $\boldsymbol{K}_i$ sind dabei konstant und nur von dem jeweiligen Lagertyp abhängig. Sie ergeben zusammen mit dem aktuellen Zustandsvektor $\boldsymbol{Z}$ die i-te Zeile des Gleichungssystems zur Bestimmung der Koeffizienten $\boldsymbol{A}$ der gesuchten Druckverteilung.

$$I \;=\; \frac{\partial}{\partial a_i} \int \int F \, ds \, dx \tag{2.299}$$

$$\frac{\partial I}{\partial a_i} \;=\; \int \int \left\{ 2H^3 (\frac{\partial \Pi}{\partial s}) \frac{\partial}{\partial a_i}(\frac{\partial \Pi}{\partial s}) + \frac{2H^3}{\beta^2}(\frac{\partial \Pi}{\partial x}) \frac{\partial}{\partial a_i}(\frac{\partial \Pi}{\partial x}) + \right.$$
$$\left. 6\frac{\partial}{\partial a_i}\Pi(\frac{\partial H}{\partial s} + \frac{\partial H}{\partial \tau}) \right\} ds \, dx \tag{2.300}$$

$$= \int \int \left\{ 2\boldsymbol{H}_3^T \boldsymbol{Z} \boldsymbol{P}_{is}^T \boldsymbol{A} + \frac{2}{\beta^2} \boldsymbol{H}_3^T \boldsymbol{Z} \boldsymbol{P}_{ix}^T \boldsymbol{A} + 6\boldsymbol{H}_{st}^T \boldsymbol{Z} \boldsymbol{P}_i^T \boldsymbol{A} \right\} ds \, dx$$

$$= \boldsymbol{Z}^T \boldsymbol{K}_i \boldsymbol{A} \stackrel{!}{=} 0 \tag{2.301}$$

$$\text{mit } \boldsymbol{K}_i = \int \int \left\{ 2\boldsymbol{H}_3 \boldsymbol{P}_{is}^T + \frac{2}{\beta^2} \boldsymbol{H}_3 \boldsymbol{P}_{ix}^T + 6\boldsymbol{H}_{st} \boldsymbol{P}_i^T \right\} ds \, dx \tag{2.302}$$

Die Vertauschung von Integration und Differentiation erlaubt das Zusammenfassen aller zustandsunabhängigen Terme zur konstanten Matrix $\boldsymbol{K}_i$. Ihre Zahlenwerte lassen sich beispielsweise durch nummerische Integration über die Lagerfläche $-1 \leq \bar{s} \leq 1$ und $-1 \leq \bar{x} \leq 1$ ermitteln. Bei Verwendung eines Ansatzes gemäß (2.288) ergeben sich mit der oben beschriebenen Notation die partiellen Ableitungen in Form von Spaltenvektoren. Ihre Definition sei der Vollständigkeit halber hier mit angegeben.

$$\left(\frac{\partial \Pi}{\partial s}\right) \frac{\partial}{\partial a_i} \frac{\partial \Pi}{\partial s} = \boldsymbol{P}_{is}^T \boldsymbol{A}; \qquad \left(\frac{\partial \Pi}{\partial x}\right) \frac{\partial}{\partial a_i} \frac{\partial \Pi}{\partial x} = \boldsymbol{P}_{ix}^T \boldsymbol{A} \tag{2.303}$$

$$\boldsymbol{P}_{is} = [0, f_2^2(x)S'_i(s)S'_1(s), f_2^2(x)S'_i(s)S'_2(s),$$
$$\ldots, f_2^2(x)S'_i(s)S'_n(s)]^T \tag{2.304}$$

$$\boldsymbol{P}_{ix} = [\Pi_T f'_1(x)f'_2(x)S_i(s)\,,\; f'^2_2(x)S_i(s)S'_1(s)\,,\; f'^2_2(x)S_i(s)S_2(s),$$
$$\ldots, f'^2_2(x)S_i(s)S_n(s)]^T \tag{2.305}$$

$$\left(\frac{\partial \Pi}{\partial a_i}\right) = \boldsymbol{P}_i^T \boldsymbol{A} \quad \text{mit} \quad \boldsymbol{P}_i = [f_2 S_i(s)\,,\; 0\,,\; \ldots, 0] \tag{2.306}$$

Aufreißen des Schmierfilmes. Der Lösungsvektor für die Druckverteilung enthält i. Allg. auch negative Terme. Da „negative" Drücke nicht existieren und das Schmiermittel nur für Drücke oberhalb des Siededruckes in flüssiger Form vorliegt, muss eine Lösung mit negativen Koeffizienten a_i weiter behandelt werden. Eine erste, wenn auch genaugenommen nicht korrekte Lösung ist eine nachträgliche untere Begrenzung des resultierenden Druckverlaufes auf den Siededruck des Schmiermittels. Diese Lösung ist praktikabel, da einfach realisierbar, sie entspricht jedoch nicht dem exakten Druckverlauf im Lagerspalt [32]. Da zur exakten Ermittlung des Druckverlaufes inklusive dem Phänomen des Aufreißens des Schmierfilmes eine sehr viel aufwendigere Finite-Elemente Anaylse notwendig ist, ist die vorgestellte Lösung mit der nachträglichen Korrektur der Unterdruckgebiete zur Analyse des Gleitlagerverhaltens sinnvoll. Es sei jedoch noch einmal darauf hingewiesen, dass dieser Lösungsalgorithmus darauf abzielt, hinreichend genau und nummerisch effektiv das Bewegungsverhalten einer gleitgelagerten Welle zu erfassen und nicht etwa ein exaktes Abbild des Strömungs- und Schmierfilmzustands zu erzielen. Letzteres ist nur mit sehr aufwendigen Finiten-Elemente-Analysen unter Berücksichtigung verschiedener Aggregatzustände möglich und sprengt den Rahmen einer globalen Betrachtung eines Antriebssystems.

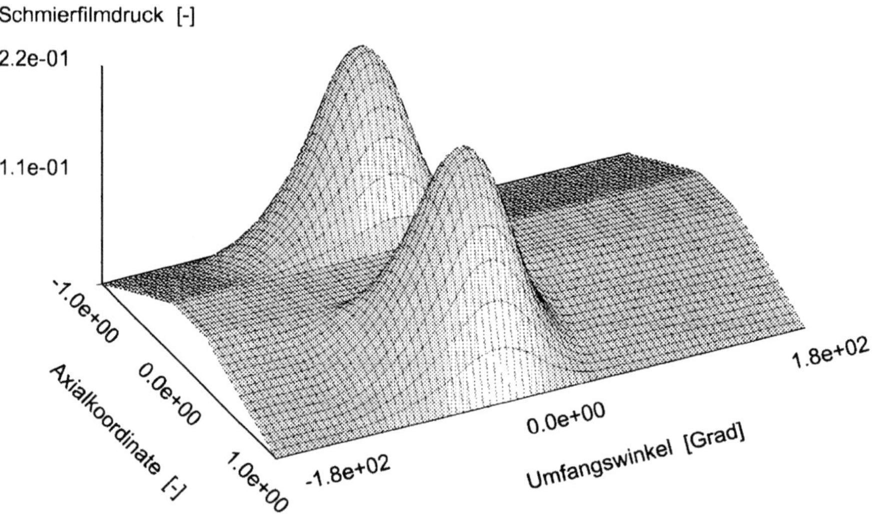

Abb. 2.40. Die spezielle Druckverteilung im Gleitlager eines Typs gemäß Abb. 2.37 mit $R = 65\,mm$, $\delta = 0.1\,B = 44\,mm$, $h_0 = 150\mu m$, $\omega = 95\,rad/s$ und dimensionslosen Auslenkungen $\zeta = 0.7$, $\xi = -0.3$, $\dot{\zeta} = 12$, $\dot{\xi} = -20$. Die Auslenkung erfolgt in etwa in Richtung der positiven $y - Achse$. Man erkennt anhand der Umfangskoordinate des Druckberges, dass das Schmiermittel vor der engsten Stelle des Spaltes (y-Richtung entspricht Umfangswinkel Null) den höchsten Druck besitzt und nach der Verengung aufreißt

Resultierende Kraft auf den Lagerzapfen. Eine Druckverteilung mit $a_i \neq 0$ erzeugt eine radiale Kraft auf den Rotor, wenn die a_i nicht symmetrisch am Umfang verteilt sind. Dies ist bei einer Verlagerung des Lagerzapfens i. Allg. der Fall. Zur Berechnung der resultierenden Kraft wird die Druckwirkung auf die einzelnen Flächenelemente dA_i des Zapfens der Breite B integriert. Für die Umrechnung des dimensionslosen Druckes Π gilt:

$$\Pi(\bar{s}, \bar{x}) = \frac{p h_0^2}{\omega \eta R_i L} \qquad \rightarrow \qquad p = \Pi \frac{2 \pi \omega \eta R_i^2}{h_0^2} \tag{2.307}$$

Für die Kräfte F_y, F_z auf den Lagerzapfen gelten im gegebenen Koordinatensystem (Abb. 2.34) die folgenden Flächenintegrale:

$$F_y = -\frac{2\pi\omega\eta R_i^2}{h_0^2} \int\limits_{-1}^{1} \int\limits_{-1}^{1} \Pi(\bar{s}, \bar{x}) \cos(\pi \bar{s}) \frac{\pi R_i B}{2} d\bar{s} d\bar{x} \tag{2.308}$$

$$F_z = -\frac{2\pi\omega\eta R_i^2}{h_0^2} \int\limits_{-1}^{1} \int\limits_{-1}^{1} \Pi(\bar{s}, \bar{x}) \sin(\pi \bar{s}) \frac{\pi R_i B}{2} d\bar{s} d\bar{x} \tag{2.309}$$

Mit der Druckverteilung gemäß (2.280) spielt der erste Term mit dem konstanten Taschendruck keine Rolle für die Lagerkraft, da er auf dem gesamten Umfang konstant wirkt. Für das Integral über die Axialfunktion $f_2(x)$ gilt:

$$\int\limits_{-1}^{1} f_2(x) = \frac{2}{3}(1 - \delta) \approx 0.6 \tag{2.310}$$

Die resultierende Lagerkraft ist die Summe der Druckwirkungen der einzelnen B-Spline-Ansatzfunktionen. Für die resultierende Kraft eines einzelnen B-Splines mit der Skalierung a_i gilt:

$$F_i = \frac{a_i \eta \omega B \pi^2 R_i^3}{h_0^2} \int\limits_{-1}^{1} f_2(x)\, dx \int\limits_{-1}^{1} S_i(s) \cos(\pi(s - s_{m,i}))\, ds \tag{2.311}$$

Die Umfangskoordinate $s_{m,i}$ markiert die Mitte des mit dem Faktor a_i skalierten $i - ten$ B-Splines (vgl. Abb. 2.39). Die resultierende Kraft F_i des $i - ten$ B-Splines wirkt aufgrund der Symmetrie der B-Splines exakt im Winkel $\pi s_{m,i}$ auf den Lagerzapfen.

$$s_{m,i} = -1 + \frac{2i - 1}{n} \tag{2.312}$$

Für das Umfangsintegral über einen B-Spline, skaliert mit dem Kosinus der Winkelabweichung von der Spline-Mitte $s_{m,i}$ existiert eine analytische Lösung. Sie ist sehr umfangreich, es wird jedoch nur ihr konstanter Zahlenwert benötigt. Die entsprechenden nummerischen Werte c_N für verschiedene Anzahlen N von Umfangsfunktionen $S_i(s)$ sind in Tabelle (2.3) zusammengestellt.

$$\int_{-1}^{1} S_i(s) \cos(\pi(s - s_{m,i}))\, ds = c_N(N) \tag{2.313}$$

Tabelle 2.3. Die Integralkoeffizienten aus (2.313) für spezielle Ansätze mit N B-Splines zweiter Ordnung in Umfangsrichtung

Anzahl Splines	$N = 6$	$N = 8$	$N = 12$	$N = 20$
Koeffizient c_N	$c_6 = 0,3870$	$c_8 = 0,3085$	$c_{12} = 0,2147$	$c_{20} = 0,1317$

Die resultierenden Kräfte auf den Lagerzapfen sind damit bekannt. Das Vorzeichen resultiert aus Kraftrichtung der Einzelkräfte F_i in Richtung Zapfenmitte unter dem Winkel $\pi s_{m,i}$.

$$F_y = -\frac{2c_N}{3}(1 - \delta)\frac{\pi^2 R_i^3 B \omega \eta}{h_0^2} \sum_{i=1}^{i=n} \cos(\pi s_{m,i})a_i \tag{2.314}$$

$$F_z = -\frac{2c_N}{3}(1 - \delta)\cdot\frac{\pi^2 R_i^3 B \omega \eta}{h_0^2} \sum_{i=1}^{i=n} \sin(\pi s_{m,i})a_i \tag{2.315}$$

Die Kräfte werden zu jedem Zeitpunkt der nummerischen Integration des Antriebssystems aus dem Zustandsvektor $\boldsymbol{Z}$ und den konstanten Lagermatrizen $\boldsymbol{K}_i$ mit Hilfe des zustandsabhängigen, i-dimensionalen linearen Gleichungssystems (2.301) für die Koeffizienten a_i bestimmt.

2.5.3 Luftlager

Aufgrund der minimalen Reibung und des kleinen Bauraumes spielen Luftlager im Maschinenbau eine wichtige Rolle. Für Lagerungen mit relativ kleinen flächenbezogenen Lagerdrücken und hohen Ansprüchen an möglichst geringen Reibungen bilden Luftlager eine interessante Alternative. So findet man Luftlager in hochdrehenden, radial und axial nur leicht belasteten Komponenten, aber auch in fahrerlosen Transportsystemen, in denen sie eine extrem reibungsarme Tragschicht zwischen Hallenboden und Unterplatte des Transportmodules bilden. Ein relativ junges Anwendungsfeld für aerodynamische Lager bilden Hochgeschwindigkeitsspindeln für die spanende Fertigung und für Präzisionsschleifmaschinen. Insbesondere im sehr hohen Drehzahlbereich (über 50.000 bis 150.000 Umdrehungen pro Minute) überzeugen aerodynamische Lagerungen durch geringste Reibung bei akzeptablen Tragzahlen.

Die erzeugte Zwangsströmung der Luft bildet eine meist laminar (Reynoldszahl $Re < 2300$) ausgebildete Schicht zwischen Lagerschale und Rotationskörper, während die Anströmung durch die Lagerdüsen bei üblichen Düsendurchmessern turbulente Strömungen ($Re > 2300$) ausbildet.

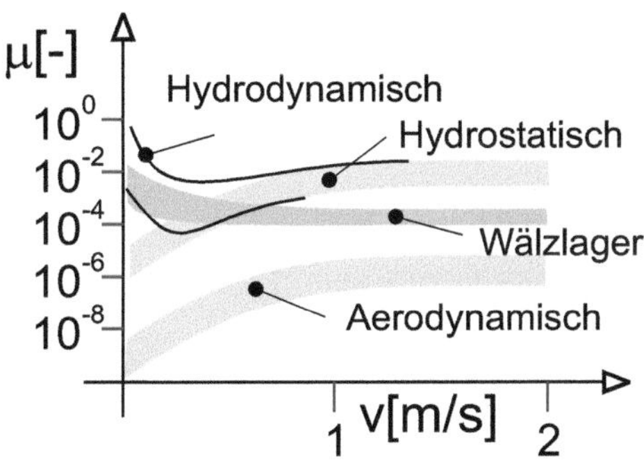

Abb. 2.41. Typische Reibungsbeiwerte in angewandten Radiallagern als Funktion der Umfangsgeschwindigkeit der Oberfläche der Lagerzapfen. Hydrodynamische und hydrostatische Gleitlagerungen unterscheiden sich nur in der Anlaufphase. Die aerodynamischen Lager weisen die geringsten Reibverluste auf, sie sind allerdings durch ihre begrenzte statische Traglast auf eine vergleichsweise geringe Zahl von Anwendungen beschränkt

In Abb. 2.41 sind typische Reibungsbeiwerte für angewandte Radiallager als Funktion der Umfangsgeschwindigkeiten der Lagerzapfen zusammengefasst. Aerodynamische Lagerungen besitzen den weitaus geringsten Reibungswiderstand, sie sind allerdings durch ihre vergleichsweise geringe flächenbezogene Tragzahl in der Anwendung beschränkt. Die Lagerspalte ausgeführter Lager für rotationssymmetrische Lagerzapfen besitzen meist mehrere Einzeldüsen in einer geschlossenen kreisförmigen Lagerschale. Die näherungsweise Berechnung der Ersatzsteifigkeiten als Funktion der lokalen Spaltdicke h kann noch mit den Gleichungen für die Einzeldüse geschehen. Je nach Geometrie der betrachteten Lager ist allerdings mit Hilfe von weiteren Annahmen die jeweilige Beschränkung für die Genauigkeit der Näherung fallweise zu untersuchen.

Modellierung der Kraftwirkung einer Einzeldüse. In Abb. 2.42 sind die Bezeichnungen und die Geometrie einer Einzeldüse dargestellt. Es gilt die vereinfachende Annahme, dass die Luft aus der Düse (Druck p_i in der Düse, Bohrungsdurchmesser r_i der Düse) radial abfließt und am Radius $r = r_a$ auf eine Rücklaufkammer mit dem konstanten Druck p_a trifft.

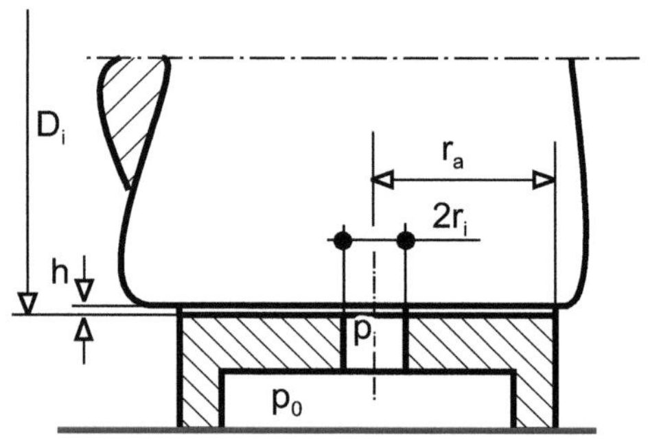

Abb. 2.42. Die Geometrie einer Einzeldüse eines Luftlagers. Aus einer Kammer mit dem Lagerluft-Vordruck p_0 strömt die Luft durch eine Bohrung mit dem Radius r_i in den Lagerspalt der Höhe h. Für die Verteilung der abfließenden Luft gelte ein Außenradius r_a, an dem die Lagerluft in die Abluftkammer mit dem konstanten Druck p_a tritt. Die Theorie für radialen Abfluss der Lagerluft gilt nur für Einzeldüsen in einer geschlossenen Lagerschale nur näherungsweise, da hier die Lagerluft nur an den Stirnseiten der Lagerschale austritt

Luftmassenstrom. Die Berechnung der Druck- und Kraftverteilung geschieht ausgehend von der analytischen Lösung nach HAGEN-POISEULLE für einen ebenen, rechteckigen Spalt mit paralleler, laminarer Strömung der Lagerluft [47]. Der Spalt besitze die Höhe $2h$, die Länge l in Flussrichtung der Luft und die Breite b. Für den Massenstrom $\dot{m}$ durch diesen Spalt gilt:

$$\dot{m} = -\frac{2}{3}\,\frac{\rho\,\Delta p\,b\,h^3}{l\eta} \qquad \text{(HAGEN-POISEULLE)} \qquad (2.316)$$

Die Größen η und ϱ bezeichnen die dynamische Viskosität und die Dichte der Lagerluft ($\eta = 1,85 \cdot 10^{-5}\ [Ns/m^2]$ und $\varrho = 1,28\ [kg/m^3]$ bei Umgebungstemperatur $T = 20\ [^oC]$ und Normaldruck $p = 10^5\ [Pa]$). Die Modellierung eines radialen Abflusses der Lagerluft geschieht durch die Anwendung des Durchflussgesetzes auf Teilradien dr, welche ebene Spalte der Breite $2\pi r$ und der Länge dr darstellen. Eine Einarbeitung der folgend genannten Übergänge in das Durchflussgesetz von HAGEN-POISEULLE ergibt die Summe des radialen Luftmassenstromes an der Stelle r.

$$b \rightarrow 2\pi r; \qquad l \rightarrow dr; \qquad 2h \rightarrow h; \qquad \Delta p \rightarrow dp \qquad (2.317)$$

$$\dot{m} = \frac{\varrho\,\pi\,r\,dp\,h^3}{6\,\eta\,dr} \qquad (2.318)$$

Sind weiterhin bei quasistationärer Strömung die Summen der Massenströme für alle Radien identisch, bildet obige Gleichung eine trennbare lineare Differenzialgleichung erster Ordnung.

$$6\dot{m}\eta\,\frac{dr}{r} = \varrho\,\pi\,dp\,h^3 \qquad (2.319)$$

Der Quotient $\varrho/\eta = 1/\nu$ der Luft im Lagerspalt ist näherungsweise konstant. Die Größe ν ist die dynamische Zähigkeit der Luft ($\nu = 15 \cdot 10^{-6}$ $[m^2/s]$ für $T = 273$ $[^\circ K]$, $p = 10^5$ $[Pa]$). Die Lösung der DGL erfolgt durch Integration zwischen den Rändern r_i, r_a bzw. p_i, p_a:

$$6\dot{m}\,\eta ln\frac{r}{r_i} = \varrho\,\pi\,h^3\,(p(r) - p_i) \tag{2.320}$$

$$\dot{m} = \frac{\pi h^3}{6\,\nu\,ln(r_a) - ln(r_i)} \tag{2.321}$$

Lagerkraft einer Einzeldüse. Ist das kreisförmige Einflussgebiet einer einzelnen Düse klein im Vergleich zum Durchmesser des Lagerzapfens, dann sind die resultierenden Druckkräfte aller Flächenelemente des Einflussgebietes näherungsweise parallel und lassen sich somit skalar aufaddieren. Diese Annahme gilt exakt für ebene Lagerspalte und in guter Näherung für Lagerschalen mit mehr als 5 Bohrungen in Umfangsrichtung. Für die Lagerkraft normal zum Lagerspalt gilt das Integral

$$F = (p_i - p_a)\pi r_i^2 + \int_{r_i}^{r_a} (p(r) - p_a)2\pi r dr \tag{2.322}$$

Aus (2.321) ergibt sich für die Druckdifferenz im Integral die Abhängigkeit

$$p_a - p(r) = (p_i - p_a)\frac{ln(r_a) - ln(r)}{ln(r_a) - ln(r_i)} \tag{2.323}$$

Einsetzen dieser Abhängigkeit und Auswertung des Kraftintegrales ergibt die Summenkraft einer Einzeldüse,

$$F = \pi(p_i - p_a)\frac{r_a^2 - r_i^2}{2ln\frac{r_a}{r_i}} \tag{2.324}$$

Es fällt bei Betrachtung der Gleichung für die Summenkraft auf, dass diese unabhängig von der Spalthöhe h ist und somit die Einzeldüse eine Steifigkeit $\partial F/\partial h$ identisch Null aufweist. Real ausgeführte Lager beweisen aber das Gegenteil. Der scheinbare Widerspruch wird durch die Abhängigkeit des Düsendrucks p_i von der Spalthöhe h gelöst.

Einzeldüse mit Vordrossel. In (2.324) tritt die Größe h des Lagerspaltes explizit nicht mehr auf, so dass eine Einzeldüse bei konstantem Düsendruck p_i die Steifigkeit Null besäße. Der Massenstrom $\dot{m}$ hängt von der dritten Potenz der Spalthöhe h ab (2.321), so dass der Luftmassenstrom bei größeren Spalthöhen auf das mehrfache ansteigt. Dann steigt auch der Druckverlust in der Düse der Lagerschale, da dieser von dem Quadrat der Strömungsgeschwindigkeit abhängt. Die Verteilung der Druckverluste $p_0 - p_i$ und $p_i - p_a$ ändert sich, nicht aber die Summe $p_0 - p_a$. Mit Abnahme der Differenz $p_i - p_a$ sinkt auch die Lagerkraft (2.324). Somit besitzt eine Einzeldüse mit Drosselwirkung eine resultierende Lagersteifigkeit $S := \partial F / \partial h$.

Berechnung des Düsendruckes p_i. Die Strömungsgeschwindigkeit v_i durch die Lagerdüse mit dem Radius r_i hängt von dem Massenstrom, der lokalen Dichte und dem Düsenquerschnitt ab:

$$v_i = \frac{\dot{m}}{\varrho_i \pi r_i^2} \tag{2.325}$$

Proportional zum Quadrat der Strömungsgeschwindigkeit steigt der Druckverlust $p_0 - p_i$. Es wird der Verlust durch Reibung in der Düse und der Verlust durch die Einströmverhältnisse in die Bohrung (s. Abb. 2.42) betrachtet. Es gilt:

$$p_0 - p_i = \frac{\varrho}{2}\lambda v_i^2 \frac{l_i}{2r_i} + \frac{\varrho}{2}v_i^2 \zeta_E \tag{2.326}$$

Die Rohrreibung wird durch die Rohrreibungszahl $\lambda = \lambda(Re)$ (Formeln von NIKURADSE , COLEBROOK [17]) charakterisiert. Für technisch glatte Rohre lässt sich in guter Näherung bei $Re = 1000\ldots10.000$ die Rohrreibungszahl $\lambda = 0.04\ldots0.03$ ansetzen. Die Länge der Bohrung habe das Maß l_i. Für den Einströmverlust gilt der Verlustfaktor $\zeta_B \approx 0.5$, falls die Bohrung nicht angefast ist [17]. Zusammengefasst ergibt sich der Druckverlust $p_0 - p_i$ zu

$$p_0 - p_i = v_i^2 \left(\frac{\varrho_0}{2}(\lambda\frac{l_i}{2r_i} + \zeta_B) \right) \tag{2.327}$$

$$= v_i^2 \frac{\varrho_0}{2} \zeta_{ges} \quad \text{mit} \quad \zeta_{ges} = \lambda\frac{l_i}{2r_i} + \zeta_B \tag{2.328}$$

Der Luftmassenstrom durch die Düsenbohrung ist identisch mit dem Luftmassenstrom durch den Lagerspalt. Aus dieser Bedingung ergibt sich die quadratische Bestimmungsgleichung für den Düseninnendruck in Abhängigkeit aller Geometrie- und Stoffkonstanten und der Spalthöhe h:

$$\dot{m} = \frac{pih^3(p_i - p_a)}{6\nu(ln(r_a) - ln(r_i))} \tag{2.329}$$

$$= \pi r_i^2 \sqrt{\frac{2\varrho_0(p_0 - p_i)}{\zeta_{ges}}} \tag{2.330}$$

$$\rightarrow \quad p_i^2 + \left[\frac{72\varrho_0 r_i^4 \nu^2(ln(r_a) - ln(r_i))^2}{h^6\zeta_{ges}} - 2p_a\right] p_i$$
$$+ \left[p_a^2 - p_0 \frac{72\varrho_0 r_i^4 \nu^2(ln(r_a) - ln(r_i))^2}{h^6\zeta_{ges}}\right] = 0 \tag{2.331}$$

Mit bekanntem Druck p_i ist nun auch die Abhängigkeit der resultierenden Lagerkraft F von der Spalthöhe h bekannt. Zur Bestimmung der Kraft F wird der errechnete Druck p_i in (2.324) eingesetzt.

Optimale Lagersteifigkeit. In Abhängigkeit des Lagerspaltes verändert sich gemäß den voranstehend genannten Gesetzmäßigkeiten der Massenstrom durch die Einzeldüse. Ebenso variieren der Innendruck an der Düse und damit auch die resultierende Lagerkraft. Ein Optimum hinsichtlich der Funktion als Traglager wird erreicht, wenn für die nominale Spalthöhe die maximale Lagersteifigkeit $\partial F/\partial h$ erreicht ist. Die maximale Lagerkraft F_0 wird für verschwindend geringe Spalthöhen erreicht. Es gilt für die Lagerkraft die folgende lineare Abhängigkeit von den Drücken, deren Differenzen proportional zu den verallgemeinerten Strömungswiderständen W_{SPALT} und $W_{DÜSE}$ sind:

$$\frac{F}{F_0} = \frac{p_i - p_a}{p_0 - p_a} = \frac{W_{SPALT}}{W_{DÜSE} + W_{SPALT}} = \frac{1}{\frac{W_{DÜSE}}{W_{SPALT}} + 1} . \tag{2.332}$$

Der Strömungswiderstand der Düse ist durch die konstante Geometrie zeitinvariant, der Strömungswiderstand des Spaltes umgekehrt proportional zur dritten Potenz der Spalthöhe h:

$$W_{SPALT} := \frac{k}{h^{-3}} = kh^3 := x^3 . \tag{2.333}$$

Die normierte Lagerkraft $y := F/F_0$ besitzt ihr Maximum bei $h \rightarrow 0$, dort wird $F \rightarrow F_0$ und $y = 1$. Für größere Spalte sinkt der Betrag der relativen Lagerkraft gemäß der Funktion

$$\rightarrow FF_0 := y = \frac{1}{kh^3 + 1} := \frac{1}{x^3 + 1} \tag{2.334}$$

Der Betrag der Lagerspalthöhe h mit der größten sich ergebenden Steifigkeit entspricht dem Funktionswert $x := kh^3$ mit der größten negativen

Steigung dy/dx in der normierten Darstellung. Dieses ist der Wendepunkt der Funktion $y(x)$ der normierten Lagerkraft, er besitzt die Koordinaten

$$x = k^{\frac{1}{3}} h = 0,7937; \qquad y = \frac{F}{F_0} = \frac{p_i - p_a}{p_0 - p_a} = \frac{2}{3} \tag{2.335}$$

Unabhängig von der jeweiligen Düsenform gilt, dass optimale Lagersteifigkeit erreicht wird wenn ein Drittel des gesamten Druckverlustes in der Düse und zwei Drittel im Lagerspalt anfallen. Aus dieser Bedingung ergibt sich wiederum die Abhängigkeit der nominalen Lagerspalthöhe h mit der optimalen Steifigkeit von der Lagergeometrie:

$$p_i - p_a = \frac{2}{3}(p_0 - p_a); \qquad p_0 - p_i = \frac{1}{3}(p_0 - p_a) \tag{2.336}$$

$$\rightarrow \quad h_{opt} = \left[\frac{54\varrho_0 \nu^2 r_i^4 (ln(r_a) - ln(r_i))^2}{\zeta_{ges}(p_0 - p_a)} \right]^{\frac{1}{6}} \tag{2.337}$$

Lagerbauformen mit mehreren Düsen. In analytisch geschlossener Form lässt sich die Lagerkraft einer ebenen, zylindrischen Einzeldüse wie dargestellt herleiten. Es ist aber nicht oder zumindest nicht mit vertretbarem Aufwand möglich, für allgemeine Anordnungen von Einzeldüsen den exakten Luftmassenfluss geschlossen zu bestimmen. Somit ist es zweckmäßig, für eine bestimmte Düsenanordnung eine Näherung auf Basis der Einzeldüsen-Gleichungen zu erzielen.

2.6 Koppelelemente in rotierenden Maschinen

Neben den Lagerungen rotierender Wellen und Achsen existiert eine Vielzahl von Bauelementen, welche der Energieübertragung in Antriebsstrangsystemen dienen. Während Lagerungen vorrangig zur kinematischen Fixierung einzelner Maschinenteile konstruiert sind, ist es die Aufgabe der in diesem Kapitel aufgeführten Elemente, Energie zwischen bewegten Körpern des Antriebsstranges zu übertragen.

Sowohl die Lagerungen als auch die hier aufgeführten Komponenten zählen zu den „Koppelelementen", da sie (mit gewissen Ausnahmen) im Vektor der Gesamtfreiheitsgrade des Systems keine eigenen Einträge besitzen. Eigene Freiheitsgrade sind aber dann durchaus möglich, falls elastische Verformungen und zugehörige Masseneffekte in Verzahnungen und Lagerungen Gegenstand der Studien sind. Die Entscheidung, ob für einzelne Koppelelemente eigene Freiheitsgrade zur korrekten Modellierung sinnvoll sind, hängt oft von der gewünschten Genauigkeit der betrachteten Approximation ab.

2.6.1 Verzahnungen

Verzahnungen stellen den Kraftfluss über ein festes Drehzahlverhältnis her. Das Konstruktionselement „Verzahnung" besitzt eine große Vielfalt und findet in Getrieben und Übersetzungen aller Art Verwendung. Obwohl die Zähne und die entsprechenden Grundkörper im Sinne einer Modellbildung natürlich massebehaftet sind und somit auch „Körper" darstellen, ordnet man zweckmäßigerweise diese Massen und Rotationsträgheiten Körpern der Typen „Rad" oder „Torsionswelle" zu und ersetzt die Kraftübertragung über die Zähne durch ein entsprechendes Koppelelement. Der nummerische Algorithmus für dieses Kraftgesetz „Verzahnung" wird im Folgenden vorgestellt.

Die Vielfalt der Literatur hinsichtlich der Details ausgeführter Verzahnungen ist so groß, dass an dieser Stelle nur der Verweis auf die Werke von NIEMANN [81], [82] erfolgen soll.

Im Maschinenbau wird fast ausschließlich eine Evolventenverzahnung mit einem geradflankigen Bezugsprofil nach DIN 867 Abb. 2.43 verwendet. Auf diesen Verzahnungstyp beschränkt sich auch die vorliegende Zusammenstellung der formelmäßigen Beschreibung von Geometrien und Kraftgesetze.

Indizierung. Alle Geometriegrößen besitzen in der Regel den Index 1 oder 2. Per Definition soll das „Ritzel" dasjenige Rad mit der kleineren Anzahl Zähne und dem Index 1 sein, während das „Rad" den Index 2 und mindestens so viele Zähne wie das „Ritzel" besitzt. Bei schrägverzahnten Rädern ($\beta \neq 0$) muss zwischen den Projektionen einzelner Geometriegrößen in eine Ebene senkrecht zur Radachse („Normalschnitt", Index n) und in eine um den Winkel β gedrehte Ebene („Stirnschnitt", Index t) unterschieden werden.

Eingangsgrößen. Die in Tab. 2.4 aufgelisteten Größen sind die Eingangsgrößen zur Berechnung von Geometrie und Steifigkeit der Zahnpaarung. Sie werden einmalig vor Beginn eines Simulationslaufes eingelesen.

Berechnungen.

1. Betriebseingriffswinkel α_w. Der Betriebseingriffswinkel α_w ist der Winkel zwischen der Tangente an die Wälzkreise durch den Punkt M und der tatsächlichen Eingriffslinie AE. Für eine nicht profilverschobene Geradverzahnung beträgt er $20°$ (DIN 867). Für einen Schrägungswinkel $\beta \neq 0$ wid der Eingriffswinkel α_t im Stirnschnitt etwas größer.

$$\tan \alpha_t = \frac{\tan \alpha_0}{\cos \beta}. \tag{2.338}$$

Wird eine Profilverschiebung $x_1 \neq 0$ oder $x_2 \neq 0$ verwendet, verändert sich auch der Betriebseingriffswinkel. Er muss dann über die Evolventenfunktion inv (α) bestimmt werden.

$$\text{inv } \alpha := \tan \alpha - \alpha; \qquad \frac{\partial \text{ inv } \alpha}{\partial \alpha} = \frac{1}{\cos^2 \alpha} - 1 \tag{2.339}$$

Tabelle 2.4. Die Eingangsgrößen in die Verzahnungsrechnung. Die Werte dieser Größen müssen für jedes Kraftelement des Typs „Verzahnung" bekannt sein

Symbol	Bedeutung
$\varphi_{EB1}, \varphi_{EB2}$	Einbaulage von Ritzel und Rad
m	Normalmodul
z_1, z_2	Zähnezahlen Ritzel, Rad
b	Zahnbreite
r_f	Auf Modul bezogener Fußradius
α_0	Normaleingriffswinkel
β	Schrägungswinkel
h_{a0}	Werkzeugkopfhöhe
c	Bezogenes Kopfspiel
x_1, x_2	Profilverschiebungen Ritzel, Rad
F_{spez}	Typische erwartete Zahnlast
s	Flankenspiel
d_D	Zahndämpfbeiwert

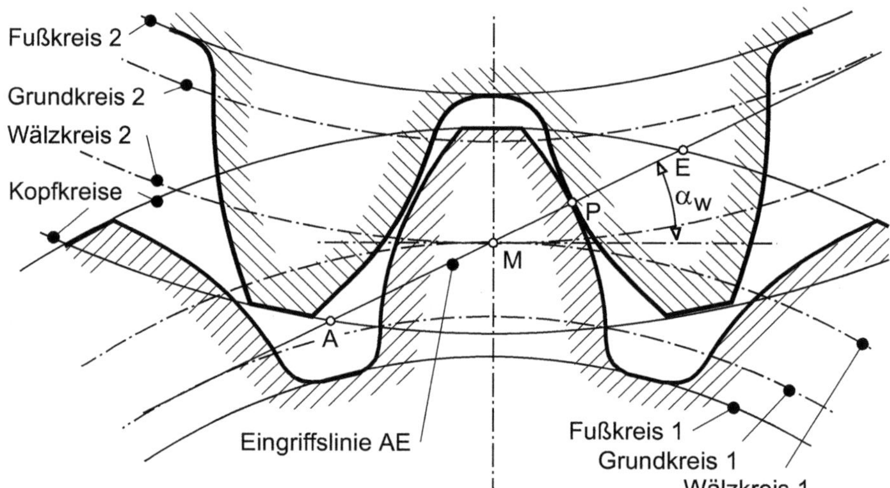

Abb. 2.43. Die Geometrie einer Evolventenverzahnung. Je nach Profilverschiebung nimmt der Betriebseingriffswinkel α_w zwischen der Eingriffslinie und der Tangente an die Wälzkreise im Berührpunkt verschiedenen Werte an. Die Länge der Eingriffslinie AE wird von den Kopfkreisen bestimmt

$$\operatorname{inv}\alpha_w = \operatorname{inv}\alpha_t + 2\frac{x_1 + x_2}{z_1 + z_2}\tan\alpha_0 \tag{2.340}$$

Obige Gleichung ist analytisch nicht lösbar und muss einmalig mit einem nummerischen Lösungsverfahren (etwa ein einfaches oder modifiziertes

NEWTON-Verfahren) aufgelöst werden. Für das Bezugsprofil nach DIN 867 gilt:

$$\alpha_0 = 20^o; \quad \mathrm{inv}\,\alpha_0 = 0,0149 \tag{2.341}$$

2. Null-Achsabstand a_d. Für eine Verzahnung ohne Profilverschiebung ist der Achsabstand durch den Modul und die Zähnezahlen definiert.

$$a_d := \frac{m}{2}(z_1 + z_2) \tag{2.342}$$

3. Achsabstand a. Der tatsächliche Achsabstand verändert sich gegenüber dem Null-Achsabstand bei Verwendung einer Profilverschiebung.

$$a := a_d \frac{\cos \alpha_t}{\cos \alpha_w} \tag{2.343}$$

4. Teilkreis- und Grundkreisdurchmesser d, d_b. Die Durchmesser sind mit dem Modul, der Zähnezahl und dem Eingriffswinkel α_t bekannt.

$$d_1 = mz_1; \qquad d_{b1} = d_1 \cos \alpha_t \tag{2.344}$$

$$d_2 = mz_2; \qquad d_{b2} = d_2 \cos \alpha_t \tag{2.345}$$

5. Teilung p und Eingriffsteilung p_{et}. Die Teilung ist das Umfangsmaß zwischen zwei Zahnflanken auf dem Teilkreis.

$$p_t := \frac{\pi m}{\cos \beta}; \qquad p_{et} := p_t \cos \alpha_t \tag{2.346}$$

6. Kopfhöhenänderung k. Bei der Ausführung einer Profilverschiebung wird eine Kopfhöhenrücknahme durchgeführt. Das Maß k gibt die bezogene Änderung der Kopfhöhe an. Es lässt sich rückwärts aus dem tatsächlichen Achsabstand und den Profilverschiebungen bestimmen.

$$k = \frac{a - a_d - m(x_1 + x_2)}{m} \tag{2.347}$$

7. Kopfhöhe h_a. Die Kopfhöhe ist das radial gemessene Maß zwischen Teilkreis- und Kopfkreisdurchmesser.

$$h_{a1} = m(2 + c - h_{a0} + x_1 + k); \quad h_{a2} = m(2 + c - h_{a0} + x_2 + k) \tag{2.348}$$

8. Fußhöhe h_f. Die Fußhöhe wird im weiteren Verlauf des Algorithmus nicht gebraucht, ihre formelmäßige Abhängigkeit sei der Vollständigkeit halber angegeben.

$$h_{f1} = m(h_{a0} - x_1); \qquad h_{f2} = m(h_{a0} - x_2) \tag{2.349}$$

9. Kopfkreisdurchmesser d_a. Die Werte der Kopfkreisdurchmesser sind insbesondere zur Ermittlung der Längen der Eingriffsstrecken interessant. Sie berechnen sich aus den Teilkreisdurchmessern und der Kopfhöhe.

$$d_{a1} = d_1 + h_{a1}; \qquad d_{a2} = d_2 + h_{a2} \tag{2.350}$$

10. Eingriffsstrecken g_a, g_f. Die Länge der Eingriffsstrecke entspricht der Summe aus Fußeingriffsstrecke g_f (Strecke AM in Abb. 2.43) und Kopfeingriffsstrecke g_a (Strecke ME in Abb. 2.43).

$$g_a := \frac{d_{b1}}{2}\left[\sqrt{\frac{d_{a1}^2}{d_{b1}^2} - 1} - \tan\alpha_w\right] \tag{2.351}$$

$$g_f := \frac{z_2 d_{b1}}{2z_1}\left[sgn(z_2)\sqrt{\frac{d_{a2}^2}{d_{b2}^2} - 1} - \tan\alpha_w\right] \tag{2.352}$$

$$g_s := g_a + g_f \tag{2.353}$$

Das negative Vorzeichen der Zähnezahl z_2 markiert eine Innenverzahnung des Rades, wie sie bei Hohlrädern von Planetensätzen auftritt.

11. Profilüberdeckung e_a. Moderne Verzahnungen sind so ausgelegt, dass die Zahl der gleichzeitig im Eingriff befindlichen Zähne so zwischen zwei verschiedenen Werten (1,2) oder auch (2,3) pendelt, damit die mittlere Anzahl der Zähne im Eingriff etwa 1,5 oder 2,5 beträgt. Die auftretenden Sprünge in der resultierenden Gesamtsteifigkeit der Radpaarung sind in diesem Fall in etwa äquidistant über die Zeit verteilt. Die Profilüberdeckung ist das Verhältnis der Eingriffsstrecke zur Eingriffsteilung.

$$e_a := \frac{g_s}{p_{et}} \tag{2.354}$$

12. Sprungüberdeckung e_b. Die Sprungüberdeckung e_b resultiert aus der Schrägverzahnung (Winkel β) und der Zahnbreite b. Mit wachsendem Schrägungswinkel β steigt die Zahl der gleichzeitig auftretenden Eingriffspaare und damit das Maß der Sprungüberdeckung.

$$e_b := \frac{b \sin \beta}{\pi m} \tag{2.355}$$

13. Gesamtüberdeckung e_g. Die Gesamtüberdeckung ist die Summe aus Sprung- und Profilüberdeckung.

$$e_g := e_a + e_b \tag{2.356}$$

14. Zahnsteifigkeiten c_{min}, c_{max}. Die Leistungsübertragung in einem Räderpaar geschieht durch den Formschluss der aufeinander abwälzenden Zahnflanken. Die Kontaktkraft F_N zwischen den Zahnflanken bewirkt eine Verformung der Oberflächen und eine Eindringung e. Der Zusammenhang zwischen Kontaktkraft und Eindringung, die resultierende Zahnsteifigkeit, ist Gegenstand vieler Untersuchungen und Forschungsvorhaben [25], [45], [61], [62], [149], [147].

14a. Zahnsteifigkeit nach ZIEGLER. In ZIEGLER [149] werden experimentell und theoretisch die minimalen und maximalen Steifigkeiten ermittelt, welche ein Zahnpaar zu Beginn und Ende eines Eingriffs (minimale Steifigkeit) und in der Mitte des Eingriffs (maximale Steifigkeit) besitzt. Sie werden durch eine einzige Formel ausgedrückt. Die zur Auswertung dieser Formel notwendigen Parameter sind in Tab. 2.5 zusammengestellt.

Tabelle 2.5. Die Eingangsgrößen in die Formel von ZIEGLER

Symbol	Bedeutung
c'_{max}	Maximale Zahnsteifigkeit, bezogen auf Zahnbreite
c'_{min}	Minimale Zahnsteifigkeit, bezogen auf Zahnbreite
z_{sum}	Summe der Zähnezahl
i	Übersetzung ($i = z_2/z_1 \geq 1$)
r_f	Fußausrundung
h_{wk}	Werkzeugkopfhöhe, bezogen auf Modul ($h_{wk} \approx 1.2$)
x_{sum}	Betrag der Summe der Profilverschiebungen ($|x_1 + x_2|$)
P_S	Spezifische Belastung pro Zahnbreite in kp/mm
F_S	Spezifische Belastung pro Zahnbreite in N/mm
b_R	Breite des schmäleren Radköpers
ξ	Verhältnis der Profilverschiebungen

Alle Längen sind im Folgenden in $[mm]$, alle Winkel in Grad, und die Flächenpressung P_S in der (inzwischen nicht mehr normgerechten) Einheit

$[kp/mm]$ angegeben. Die berechneten Zahnsteifigkeiten ergeben sich somit zunächst in $[kp/(mm \cdot \mu m)]$ und sind bezogen auf Zahnbreite. Für die Umrechnung auf SI-Einheiten und für das Verhältnis der Profilverschiebungen wird vereinbart:

$$F_S = 9.80665 P_S \tag{2.357}$$

$$\xi := \frac{x_2}{x_1} \quad \text{für} \quad x_1 \geq x_2; \qquad \xi := \frac{x_1}{x_2} \quad \text{sonst} \tag{2.358}$$

Die Formel von ZIEGLER lautet mit den genannten Konventionen:

$$\begin{aligned}
c'_{max} := {}& 0.188 \cdot (0.0467 x_{sum}(2.5 - i)(1 - \xi) + 1.3) \\
& \cdot \ (0.303 \ln z_{sum} - 0.07)(1.318 - 0.0183i) \\
& \cdot \ (0.25 r_f + 1.2) \cdot (0.000895 \alpha_0^2 + 0.942) \\
& \cdot \ (-0.000125 \beta^2 - 0.00975 \beta + 1.58)(2.502 - 1.03 h_{wk}) \\
& \cdot \ (1.0 - 0.02 x_{sum}^2) e^{0.25 x_{sum}} \\
& \cdot \ (0.946 + 0.003 P_S)(1.543 - 0.0342 \tfrac{b}{m})(1.0 - 0.12(\xi - 0.5)^2) \\
& \cdot \ (a^{0.0344}(0.855 + 0.2845 \tfrac{b}{b_R}))^{-1}
\end{aligned} \tag{2.359}$$

$$\begin{aligned}
c'_{min} := {}& 6250(0.0336 - 0.0000111 a) \\
& \cdot \ 0.02 x_{sum}(2.5 - i)(1 - \xi) + 0.335) \\
& \cdot \ (0.271 + 0.0007 z_{sum})(0.3433 - 0.0083i) \\
& \cdot \ (0.327 + 0.02 r_f)(0.285 + 0.0025 \alpha_0) \\
& \cdot \ (0.475 - 0.12 h_{wk}) e^{0.53 x_{sum}}(0.946 + 0.003 P_S) \\
& \cdot \ \left[(0.0483 \beta^{1.2} + 0.9)(0.942 + 0.1138 \tfrac{b}{b_R})(0.291 \tfrac{b}{m} + 0.933)\right]
\end{aligned} \tag{2.360}$$

Für die Umrechnung der bezogenen Steifigkeiten auf ein absolutes Maß in N/m muss der Faktor 9.80665 zwischen den Einheiten Kilopond kp und der SI-Einheit N und die Umrechnung von μm auf m einbezogen werden.

$$c_{max}[\tfrac{N}{m}] = 9.80665 \cdot 10^6 \cdot b \cdot c'_{max} \tag{2.361}$$

$$c_{min}[\tfrac{N}{m}] = 9.80665 \cdot 10^6 \cdot b \cdot c'_{min} \tag{2.362}$$

Aus der minimalen und maximalen Steifigkeit einer einzelnen Zahnpaarung wird i. Allg. der resultierende Steifigkeitsverlauf durch Approximation mittels quadratischer Polynome und durch Addition der Steifigkeitsverläufe aller momentan im Eingriff befindlichen Zahnpaarungen erzeugt (vgl. Abb. 2.44).

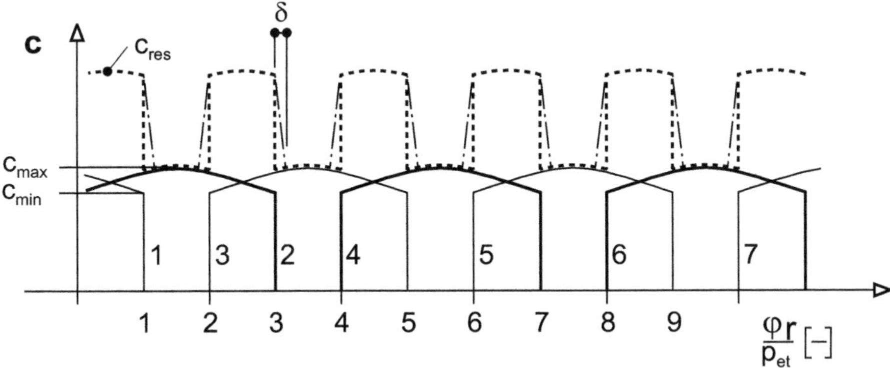

Abb. 2.44. Zur Konstruktion des resultierenden Zahnsteifigkeitsverlaufes. Normiert man den Drehwinkel eines Rades der betreffenden Zahnpaarung auf das Winkelmaß einer Eingriffsteilung p_{et}, dann treten jeweils im Abstand von einer solchen dimensionslosen Einheit Zahnpaare in Eingriff. Die Dauer des Eingriffs entspricht dem Gesamtüberdeckungsgrad e_g (Im Beispiel ist $e_g = 1.5$). Der Steifigkeitsverlauf einer einzelnen Zahnpaarung wird mittels Parabeln zwischen den berechneten minimalen und maximalen Werten interpoliert. (Durchgezogene Kurven 1 − 7). Die Steifigkeitsverläufe der einzelnen Zahnpaarungen addieren sich zur Gesamtsteifigkeit c_{res}. Die senkrechten Flanken dieser resultierenden Gesamtsteifigkeit können nach [71] um $\delta = 0.15$ Einheiten abgeschrägt werden, um der Vergrößerung des gesamten Überdeckungsgrades durch Verformungen aufgrund der Zahnbelastung Rechnung zu tragen

Kräfte und Momente. Für die Beschreibung der Wirkrichtungen und der Geometrien des Koppelelementes „Verzahnung" wird grundsätzlich folgende Vereinbarung getroffen: Alle miteinander kämmenden Räder drehen um die x-Achsen der jeweiligen Referenzsysteme. Sind die betreffenden Körper Räder mit nur einem rotatorischen Freiheitsgrad, so verbleibt die Lage des entsprechenden Referenzsystems intertialfest. Im Falle von Verzahnungen auf elastischen Wellen oder auf starren Wellen mit transversalen Lagerfreiheitsgraden verschiebt sich die Lage des jeweiligen, „schleifenden", Referenzsystems um die aktuelle Auslenkung der Wellenmitte am Ort der Verzahnung.

Alle Geometriegrößen des Ritzels bekommen den Index 1, die des Rades den Index 2. Die x-Achsen x_1 und x_2 müssen dabei nicht antiparallel zueinander sein, im Falle von Kegelrädern definiert ihr Zwischenwinkel den Kegelwinkel der Verzahnung. Für die Winkel und Kraftrichtungen gelten als Vereinbarung die Konventionen und Bezeichnungen gemäß der Abb. 2.45.

Die Summe der Zahnsteifigkeiten aller miteinander abwälzenden Zahnpaarungen ergibt sich aus der Lage P der ersten Zahnflanke auf der Eingriffsgeraden A_1E_1 in Abb. 2.45 und der Berechnung gemäß Abb. 2.44.

Durch die Lage der ersten treibenden Zahnflanke P auf der Eingriffsgeraden A_1, E_1 liegen die Lagen der weiteren Zahnflanken auf der Eingriffsgerade und damit die resultierende Gesamtsteifigkeit gemäß Abb. 2.44 fest.

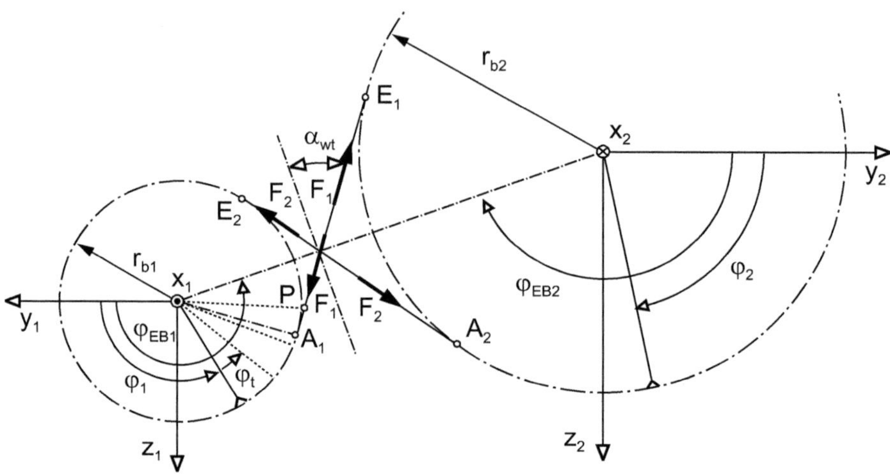

Abb. 2.45. Zur Geometrie eines Zahneingriffes. Die Einbaulage der Verzahnung gegenüber den Bezugssystemen $1, 2$ von Ritzel und Rad wird durch die Einbauwinkel $\varphi_{EB1}, \varphi_{EB2}$ festgelegt. Die Bezugssysteme besitzen i. Allg. keine inertialfeste Lage. Eine transversale Auslenkung der Wellenmitte durch elastische Verformung resultiert in einer entsprechenden Verschiebung der Bezugssysteme 1 und 2. Für Planetensätze ergibt sich die Einbaulage der einzelnen Verzahnungen aus den zeitabhängigen translatorischen und rotatorischen Koordinaten des Planetenträgers. Die Lage der Eingriffsgeraden $1, 2$ ist durch den Einbauwinkel, die Richtung des Kraftflusses und den Betriebs-Eingriffswinkel α_{wt} festgelegt. Treibt das Ritzel das Rad, wirken die Kräfte F_1 auf der Gerade E_1 - A_1, im umgekehrten Fall entstehen die Kräfte F_2 auf der Wirkungslinie E_2 - A_2. Die Reibkräfte sind normal zur Eingriffsgerade gerichtet. Ihr Vorzeichen richtet sich nach den Relativgeschwindigkeiten der Zahnpaarung senkrecht zur Eingriffsgerade und ist damit von der momentanen Translationsgeschwindigkeit der aufeinander abwälzenden Körper abhängig. Besitzen die betreffenden Körper der Verzahnung translatorische Freiheitsgrade, so hängt die relative Lage und Geschwindigkeit der Zahnflanken nicht nur von den Relativdrehwinkeln der verzahnten Körper sondern auch von der Projektion der Translationsauslenkung der Körper auf die Eingriffsgerade ab

Die Kräfte der Zahnflanken aufeinander hängen von der Eindringung der Flanken ineinander ab. Diese ist eine Funktion der Verschiebungen und Verdrehungen der miteinander verzahnten Körper. Ist die Verzahnung auf einen Abschnitt einer Welle aufgebracht, so ist zur Ermittlung der Zahnkräfte die Verschiebung und die Relativverdrehung an dieser Stelle zu betrachten. Die Relativverdrehungen $\varphi_{1,rel}, \varphi_{2,rel}$ und die Translationsbewegungen y_1, y_2, z_1, z_2 der verzahnten Körper sowie ihre zeitlichen Ableitungen sind zustandsabhängig und im Laufe der Simulation zum aktuellen Zeitpunkt bekannt. Die Eindringung der Zahnflanken verläuft in erster Näherung in Richtung der Eingriffsgeraden. Sie ist die Differenz der Projektionen der Translationsbewegungen der Körper auf die Eingriffsgerade und der Relativverdrehungen. Die Abweichungen e_1, e_2 der Zahnflanken von Ritzel und Rad in Richtung der Eingriffsgeraden gegenüber der Nominalbewegung lautet mit den Bezeichnungen gemäß Abb. 2.45:

$$e_1 = \varphi_{1,rel} r_{b1} + y_1 \sin(\varphi_{EB1} - \alpha_{wt}) + z_1 \cos(\varphi_{EB1} - \alpha_{wt}) \qquad (2.363)$$

$$e_2 = \varphi_{2,rel} r_{b2} + y_2 \sin(\varphi_{EB2} - \alpha_{wt}) + z_2 \cos(\varphi_{EB2} - \alpha_{wt}) \qquad (2.364)$$

Für die Relativverschiebung e folgt:

$$e := e_1 - e_2 \qquad (2.365)$$

Die Eindringung e_{ED} der Zahnflanken ineinander ergibt sich aus der Relativverschiebung und dem relativen Zahnflankenspiel sp:

$$e_{ED} := e - \frac{sp}{2} \mathrm{sgn}(e) \qquad (2.366)$$

Aus der Eindringung und ihrem Vorzeichen sowie ihrer zeitlichen Ableitung ergibt sich die Zahnkraft $F_{1,2}$:

$$F_{1,2} = |c_{ges} e_{ED} + d_{ges} \dot{e}_{ED}| \qquad (2.367)$$

Der Index 1 gilt für $e_{ED} > 0$, der Index 2 für $e_{ED} < 0$. Um in der Simulation unrealistisch hohe Kräfte aufgrund des Dämpfungsanteiles bei etwaigem Auftreffen der Zahnflanken aufeinander zu vermeiden, hat sich der folgende Ansatz bewährt:

$$F_{1,2} = |c_{ges} e_{ED} + d^*_{ges} |e_{ED}| \dot{e}_{ED}| \qquad (2.368)$$

Die Dämpfkonstante d^* wird linear abhängig von der Eindringung e_{ED}. Der Zahlenwert der Dämpfkonstante kann dann durch Integration eines einzelnen Zahnstoßes so iteriert werden, dass die Stoßzahl ε eines Zahnstoßes gemessenen Werten entspricht. Der Verlauf der Kontaktkräfte während des Stoßes besitzt dann einen realistischen Verlauf. Die Dämpfwirkung des vorhandenen Ölfilmes kann durch eine im Spielbereich exponentiell abklingende Dämpfkraft approximiert werden (PRESTL [102]).

2.6.2 Planetensätze

Übersicht. Umlaufgetriebe entstehen aus einfachen Übersetzungsgetrieben durch die drehbare Lagerung des Gehäuses oder Teilen des Gehäuses. Die Drehmomentübertragung in Umlaufgetrieben kann durch Reibung, hydrodynamische Strömungskräfte, Zugmittel und Gelenke oder durch Formschluss geschehen. Im Fall von verzahnten Rädern spricht man von Planetengetrieben, welche die am häufigsten vorkommende Bauform von Umlaufgetrieben darstellen.

Im Folgenden werden ausschließlich diejenigen Bauformen von Planetengetrieben betrachtet, dessen drehende Bauteile parallele Achsen besitzen. Die Bauteile lassen sich unterteilen in ein Sonnenrad bzw. eine Sonnenradwelle, einen oder mehrere Planeten, den Steg und das Hohlrad.

Mit „Steg" wird der drehende Gehäuseteil des Planetensatzes bezeichnet. Auf ihm sind in zunächst beliebiger Winkelteilung q Planeten drehend gelagert. Die Durchstoßpunkte der Planeten durch die Ebene des Stegs liegen dabei auf einem Kreis mit einem Radius, welcher der Summe der Teilkreisradien von Sonnenradverzahnung und Planetenverzahnung entspricht.

Ansatz. Mit dem Begriff „Planetensatz" wird in dieser Zusammenstellung ein Modul bezeichnet, welches die Zuordnung mehrerer Verzahnungen und rotierender Körper in der nummerischen Simulation des Bewegungsverhaltens koordiniert.

In der Dynamiksimulation ordnet das Element „Planetensatz" den einzelnen Verzahnungen des Planetensatzes die zustandsabhängigen Einbaulagen zu. Die Berechnung aller Lagerkräfte zwischen Planeten und Träger erfolgt durch eigenständige Koppelelemente. Diese können in Abhängigkeit des Modelles beispielsweise den Typ „Kugellager" besitzen. Die Planeten sind eigene Körper, etwa vom Typ „Scheibe" oder „Rad". Das Sonnenrad entspricht typischerweise einem Abschnitt einer Welle und das Hohlrad ist je nach Konstruktion des zu modellierenden Getriebes oftmals ein Körper des Typs „Elastisches Hohlrad" oder auch „Scheibe". Ebenso lässt sich das Hohlrad als ein Abschnitt einer vollelastischen Welle modellieren.

So ist beispielsweise der in Abb. 2.46 dargestellte Planetensatz aus sechs Körpern und mindestens neun Koppelelementen zusammengesetzt. Zu den Körpern zählen die drei Planeten, die Sonnenradwelle, das Hohlrad und der Planetenträger. Alle diese sechs Körper können starr oder elastisch sein und somit durch entsprechende Räder, Wellen oder Hohlräder repräsentiert werden.

Sechs Verzahnungen berücksichtigen die Wechselwirkung zwischen den Planeten, dem Hohlrad und der Sonne. Im Regelfall sind die Planeten sinnvollerweise durch starre Räder modellierbar und lokal kugelgelagert (Koppelelement „Kugellager"), während die Sonnenverzahnung typischerweise auf einer Welle angeordnet ist, deren Lagerungen nicht in der Ebene der Planetenverzahnungen sind.

Das zur Modellierung von Umlaufgetrieben definierte Koppelelement „Planetensatz" beinhaltet diese einzelnen Verzahnungen und Körper nicht, sondern berücksichtigt die speziellen Wechselwirkungen und kinematischen Abhängigkeiten, welche durch die Gruppierung der einzelnen Körper und Verzahnungen zu einem Umlaufgetriebe entstehen.

Der Grund für die Wahl dieser Definition liegt in der entstehenden Flexibilität des begleitenden Simulationsprogrammes. Unter der Einschränkung der geltenden Drehzahl-, Geometrie- und Zähnezahlbedingungen können somit alle denkbaren Variationen von Umlaufgetrieben, welche aus miteinandern verzahnten Rädern, Wellenabschnitten, Scheiben und elastischen Hohlrädern aufgebaut sind, durch die vorgestellten Körpertypen und das Koppelelement „Verzahnung" im Modell approximiert werden. Das Koppelelement „Planetensatz" beinhaltet dann die der jeweiligen Bauform zugeordneten speziellen kinematischen Abhängigkeiten.

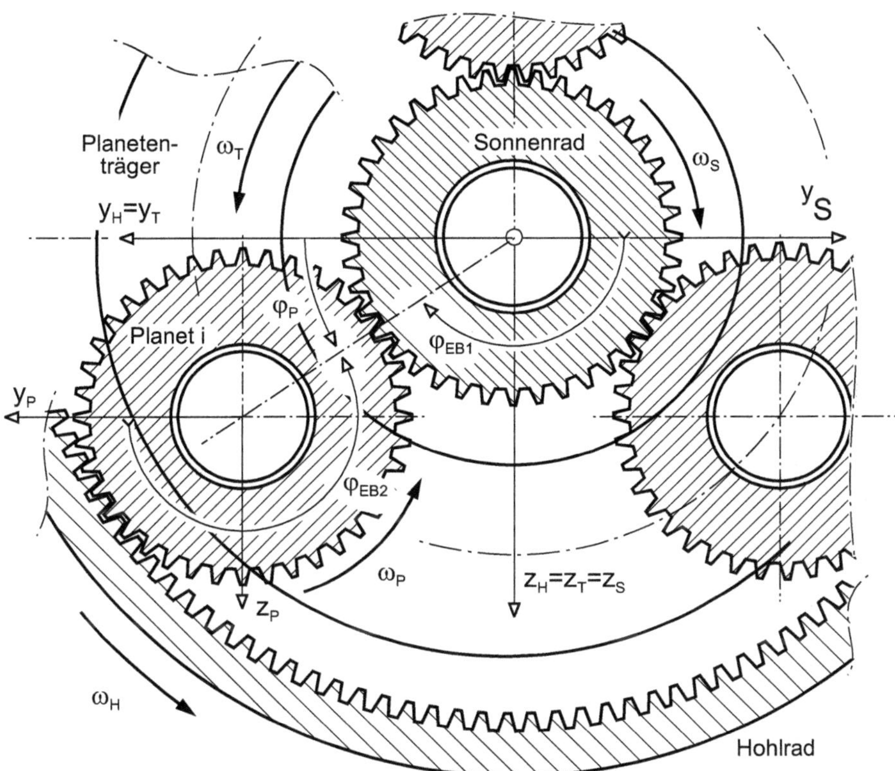

Abb. 2.46. Die Geometrie einer Planetensatz-Stufe. Dargestellt sind drei Planeten, die Systematik erlaubt jedoch die Berücksichtigung einer beliebigen Anzahl von Planeten. Das Koppelelement „Planetensatz" ist dabei kein eigenständiges Koppelelement im Sinne der Methodik dieser Arbeit, vielmehr würde die dargestellte Anordnung aus sechs Körpern und neun Koppelelementen bestehen. Das Koppelelement „Planetensatz" berücksichtigt die speziellen kinematischen Abhängigkeiten und Wechselwirkungen dieser zu einem Umlaufgetriebe kombinierten Körper und Verzahnungen

Abb. 2.46 zeigt den prinzipiellen Aufbau eines Planetensatzes im Sinne obiger Definition. Es ist die Aufgabe des Koppelelementes „Planetensatz", die sich zustandsabhängig ändernden Werte der einzelnen Einbauwinkel $\varphi_{EB,i}$ der einzelnen Verzahnungen in jedem Zeitschritt zu aktualisieren. Sämtliche Kraftwirkungen zwischen den Körpern werden durch die jeweiligen Verzahnungen und Lagerungen berechnet und auf die Körper aufgeschaltet.

Drehzahlplan. Für die Umfangsgeschwindigkeiten der Nominaldrehungen gilt die Bedingung, dass kein Schlupf auftreten darf. Aus dieser Bedingung ergibt sich der Drehzahlplan in Abhängigkeit von der Konfiguration des betrachteten Planetensatz. Generell sind drei verschiedene Typen denkbar:

- Ein Standgetriebe mit stehendem Planetenträger ($\omega_T = 0$). Für die Drehzahlen von Hohlrad, Planeten und Sonne gilt:

$$\omega_H z_H = \omega_P z_P = \omega_S z_S \tag{2.369}$$

- Eine Anordnung mit stehendem Hohlrad ($\omega_H = 0$). In diesem Fall lauten die notwendigen Bedingungen mit dem Wälzradius $r_{P,t}$ der Planeten und dem Montageradius r_T der Planeten auf dem Träger:

$$2\omega_P z_P = \omega_S z_S \tag{2.370}$$

$$\omega_P r_{P,t} = \omega_T r_T \tag{2.371}$$

- Eine Anordnung mit stehender Sonne ($\omega_S = 0$). Es gilt in diesem Fall:

$$\omega_T r_T = \omega_P r_{P,r} \tag{2.372}$$

$$2\omega_P z_P = \omega_H z_H \tag{2.373}$$

Phasenlagen. Die Phasenverschiebungen zwischen den Planeten und der Sonne und zwischen den Planeten und dem Hohlrad bestimmen sich ausschließlich aus den Zähnezahlen z_P, z_S, z_H der Planeten, der Sonne und des Hohlrades, aus der Anzahl n_P der Planeten und aus den Teilungen $p_{t,S}$ und $p_{t,H}$ des Hohlrades. Voraussetzung für die Anwendung dieser Formeln ist weiterhin eine äquidistante Verteilung der Planeteneingrife auf den Wälzkreisen. Für die Phasenverschiebung der Eingriffe der n_P Planeteneingriffe auf dem Wälzkreis des Hohlrades gilt dann:

$$p_H = \left(\frac{z_H}{n_P} - c_H\right)p_{t,H} \qquad \text{mit} \quad c_H \leq \frac{z_H}{n_P} \quad \text{und} \quad c_H \in \mathbb{N} \tag{2.374}$$

Die ganzzahlige Zahl c_H ist der größte ganzzahlige Wert kleiner oder gleich dem Quotienten aus z_H und n_P. Für die Verzahnung der Planeten mit dem

Sonnenrad existiert analog zur Hohlradverzahnung eine Drehwinkelphasenverschiebung p_S, mit welcher die einzelnen Zahnpaarungen auf dem Wälzkreis der Sonne in Eingriff treten:

$$p_S = (\frac{z_S}{n_P} - c_S)p_{t,S} \quad \text{mit} \quad c_S \leq \frac{z_S}{n_P} \quad \text{und} \quad c_S \in \mathbb{N} \tag{2.375}$$

Geometrie- und Zähnezahlbedingungen. Zu den elementaren Bedingungen für die Auslegung eines Umlaufgetriebes zählen:

- Die Module der Planeten, Sonne und des Hohlrades sind identisch.
- Die Zähnezahlen der Planeten sind identisch.
- Für die Zähnezahlen gilt:

$$z_S + 2 * z_P = z_H \tag{2.376}$$

- Montagebedingung: Die Nominallagen der Flanken auf der Eingriffsgerade (Punkte P in Abb. 2.45) müssen für alle sechs Verzahnungen jeweils für Ritzel und Rad übereinstimmen. Diese Bedingung ergibt ein nichtlineares Gleichungssystem, welches die Reihenfolge der Kontaktzeitpunkte der einzelnen Zahnpaarungen in den sechs Verzahnungen festlegt. Für ein existierende Auslegung mit n_P Planeten, welche jeweils an den Umfangswinkeln $\varphi_{P,i}$ auf einem Planetenträger montiert sind, wird festgelegt:
  - Die Zählung der Winkel $\varphi_{P,i}$ beginnt planetenträgerfest im Montageort des Planeten mit dem Index 1, so dass gilt: $\varphi_{P,1} := 0$.
  - Die Teilung (nicht Eingriffsteilung) des Sonnenwälzkreises ist $t_S := 2\pi/z_S$
  - Die Teilung des Hohlradwälzkreises ist $t_H := 2\pi/z_H$.
  - Für jeden Planeten i, $i = 1,\ldots,n_P$ muss gelten:

$$\frac{\varphi_{P,i}}{t_S} + \frac{\varphi_{P,i}}{t_H} = c \quad \text{mit} \quad c \in \mathbb{N} \tag{2.377}$$

Mit obenstehender Bedingung kann eine existierende Konfiguration überprüft werden. In umgekehrter Richtung lässt sich aus obigen Bedingungen und zusätzlichen Kriterien für Phasenlagen ein Satz von Zähnezahlen und Montagewinkeln errechnen.

Sonderbauformen. Aus den Elementen „Rad", „Scheibe", „Welle" und den Koppelelementen „Verzahnung", „Kugellager" und „Gleitlager" lassen sich prinzipiell alle gängigen Anordnungen von Planetengetrieben aufbauen. Alle Konfigurationen müssen dabei so zusammengestellt sein, dass die Zähnezahlbedingung, die Montagebedingung und der Drehzahlplan nicht verletzt werden bzw. gültig sind.

2.6.3 Riementriebe

Die Drehmomentübertragung durch Riementriebe besitzt eine lange Tradition im allgemeinen Maschinenbau. Besonders im Fahrzeugbau finden sie auch heute breite Anwendung, insbesondere zum Antrieb der Nebenaggregate. Auf Grund ihrer Robustheit und Flexibilität haben sich Riementriebe ein breites Anwendungsspektrum geschaffen. Der Keilrippenriemen nach DIN 7867 und ISO 9981 ist rückenlauffähig und erlaubt somit die Konstruktion von Serpentinentrieben. Sie zeichnen sich durch eine hohe Leistungsübertragung und durch hohe realisierbare Übersetzungsverhältnisse und Wartungsintervalle aus.

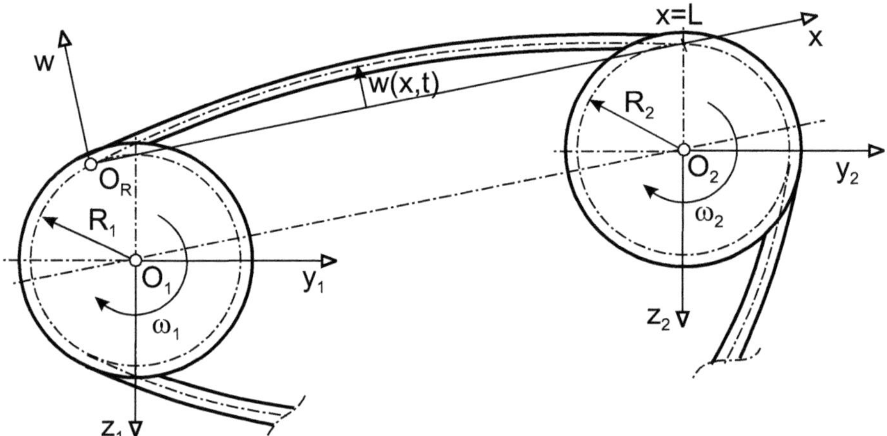

Abb. 2.47. Ein Trum eines Riementriebes zwischen den Rädern 1 und 2. Das lokale Koordinatensystem für den Riementrum besitzt seinen Ursprung im Kontaktpunkt auf dem Rad 1. Die x-Achse verläuft tangential an die Wälzkreise des Riemens

Abb. 2.47 zeigt einen Trum eines Riementriebes zwischen zwei Rädern 1 und 2 mit lokalem Koordinatensystem. Die Schwingungen des dargestellten Trums werden durch eine lineare homogene partielle Differenzialgleichung beschrieben [27], [2]:

$$EIw'''' - (F - \rho A v^2)w'' + \rho A\ddot{w} + 2\rho A v\dot{w}' = 0 \tag{2.378}$$

Die Biegesteifigkeit des Keilriemens wird durch das axiale Flächenträgheitsmoment I gekoppelt mit dem Elastizitätsmodul E berücksichtigt. Die Masseneffekte fließen durch die zwei Parametern Dichte ρ und die Querschnittsfläche A in die Rechnung ein. Die lokale Durchbiegung des Riemens wird durch die lokale Verformungskoordinate $w(x, t)$ des Riemens an der Stelle x angegeben. Die Umfangsgeschwindigkeit des Riemens in Richtung der x-Achse des Riementrums wird mit v bezeichnet. Die momentane Spannkraft des Riemens, welche als tangentiale Zugkraft an beide Scheiben übergeben wird, beträgt F.

Harmonische Lösung für Zwangserregung. Unter Vernachlässigung der Biegesteifigkeit EI des Riemens lässt sich unter der Annahme einer harmonischen Zwangserregung am Ende $x = L$ des freien Riementrums,

$$w(x = L, t) := w_0 \cos(\omega t) \tag{2.379}$$

für die Differenzialgleichung (2.378) die geschlossene Lösung

$$w(x, t) = w_0 \frac{sin(\omega x/\kappa)}{sin(\omega L/\kappa)} \cos\left[\omega(t - \frac{L - x}{(c^2 - v^2)/v})\right] \tag{2.380}$$

angeben. Die Parameter c und κ bezeichnen die Phasengeschwindigkeit einer fortlaufenden Welle im Riementrum:

$$\kappa := c - \frac{v^2}{c} \qquad \text{mit} \qquad c = \sqrt{\frac{F}{\rho A}} \tag{2.381}$$

Für transversale Riemenschwingungen entstehen die Resonanzfrequenzen für die Drehzahlen

$$\omega_n = \frac{n\pi\kappa}{L} \tag{2.382}$$

Die entsprechenden Frequenzen der transversalen Riemenschwingungen lauten somit

$$f_n = n\frac{1}{2L}\left(\sqrt{\frac{F}{\rho A}} - \frac{v^2}{\sqrt{\frac{F}{\rho A}}}\right), \qquad n = 1, 2, 3, \ldots \tag{2.383}$$

Bewegungsgleichungen nach dem GALERKIN-Verfahren. Mit guter Näherung darf angenommen werden, dass der Riemen an den Stellen $x = 0$ und $x = L$ gelenkig gelagert ist. Für eine allgemeine Lösung der Differenzialgleichung (2.378) entspricht diese Annahme den geometrischen und kinetischen Randbedingungen

$$w(0, t) = w(L, t) = 0; \qquad w''(0, t) = w''(L, t) = 0 \tag{2.384}$$

Für diese Randbedingungen lassen sich leicht eine Reihe von Ansatzfunktionen benennen, wie etwa die einfachen trigonometrischen Funktionen

$$\boldsymbol{w}(x) = \begin{bmatrix} w_1(x) \\ w_2(x) \end{bmatrix} = \begin{bmatrix} \sin(\frac{\pi x}{L}) \\ \sin(\frac{2\pi x}{L}) \end{bmatrix} \tag{2.385}$$

Unter Verwendung dieser Ansatzfunktionen fordert die Galerkin'sche Bedingung ein Verschwinden des über die Länge L des Riemenes integrierten Approximationsfehlers. Die Wichtungsfunktion sind dabei die Ansatzfunktionen selbst.

$$\int_0^L \boldsymbol{w}(x)[EIw'''' - (F - \rho Av^2)w'' + \rho A\ddot{w} + 2\rho Av\dot{w}'] \, dx = 0 \tag{2.386}$$

Für die Auslenkung w wird nun der Separationsansatz über Ort und Zeit, $w(x,t) := \boldsymbol{w}^T(x)\boldsymbol{q}$ mit oben genannten Ortsfunktionen $\boldsymbol{w}(x)$ eingesetzt:

$$\int_0^L \boldsymbol{w}(x)[EI\boldsymbol{w}''''\boldsymbol{q} - (F - \rho Av^2)\boldsymbol{w}''\boldsymbol{q}$$

$$+ \rho A\boldsymbol{w}\ddot{\boldsymbol{q}} + 2\rho Av\boldsymbol{w}'\dot{\boldsymbol{q}}] \, dx = 0 \tag{2.387}$$

Durch die Integration über x ist es erlaubt, die Zeitfunktionen $\boldsymbol{q}, \dot{\boldsymbol{q}}, \ddot{\boldsymbol{q}}$ aus dem Integral auszuklammern, es entstehen die Bewegungsgleichungen des Riemens:

$$\boldsymbol{M}\ddot{\boldsymbol{q}} + \boldsymbol{D}\dot{\boldsymbol{q}} + \boldsymbol{K}\boldsymbol{q} = 0$$

$$\text{mit} \quad \boldsymbol{M} = \rho A \int_0^L \boldsymbol{w}\boldsymbol{w}^T \, dx$$

$$\text{und} \quad \boldsymbol{D} = 2v\rho A \int_0^L \boldsymbol{w}\boldsymbol{w}'^T \, dx$$

$$\text{und} \quad \boldsymbol{K} = EI \int_0^L \boldsymbol{w}\boldsymbol{w}''''^T \, dx - (F - \rho Av^2) \int_0^L \boldsymbol{w}\boldsymbol{w}''^T \, dx \tag{2.388}$$

Nach explizitem Einsetzen der Ansatzfunktionen aus (2.385) vereinfachen sich die Matrizen der Bewegungsgleichungen zu

$$\boldsymbol{M} = \rho A \int_0^L \begin{bmatrix} \sin^2(\frac{\pi x}{L}) & \sin(\frac{\pi x}{L})\sin(\frac{2\pi x}{L}) \\ \sin(\frac{\pi x}{L})\sin(\frac{2\pi x}{L}) & \sin^2(\frac{\pi x}{L}) \end{bmatrix} \, dx$$

$$= \rho A \begin{bmatrix} \frac{L}{2} & 0 \\ 0 & \frac{L}{2} \end{bmatrix}$$

$$\boldsymbol{D} = 2v\rho A \int_0^L \begin{bmatrix} \frac{\pi}{L}\sin(\frac{\pi x}{L})\cos(\frac{\pi x}{L}) & 2\frac{\pi}{L}\sin(\frac{\pi x}{L})\cos(\frac{2\pi x}{L}) \\ \frac{\pi}{L}\sin(\frac{2\pi x}{L})\cos(\frac{\pi x}{L}) & 2\frac{\pi}{L}\sin(\frac{2\pi x}{L})\cos(\frac{2\pi x}{L}) \end{bmatrix} dx$$

$$= 2\rho A v \begin{bmatrix} 0 & -\frac{4}{3} \\ \frac{4}{3} & 0 \end{bmatrix}$$

$$\boldsymbol{K} = EI \int_0^L \begin{bmatrix} (\frac{\pi}{L})^4\sin^2(\frac{\pi x}{L}) & 16(\frac{\pi}{L})^4\sin(\frac{\pi x}{L})\sin(\frac{2\pi x}{L}) \\ (\frac{\pi}{L})^4\sin(\frac{2\pi x}{L})\sin(\frac{\pi x}{L}) & 16(\frac{\pi}{L})^4\sin^2(\frac{2\pi x}{L}) \end{bmatrix} dx$$

$$- (F - \rho A v^2) \begin{bmatrix} -(\frac{\pi}{L})^2\sin^2(\frac{\pi x}{L}) & -4(\frac{\pi}{L})^2\sin(\frac{\pi x}{L})\sin(\frac{2\pi x}{L}) \\ -(\frac{\pi}{L})^2\sin(\frac{2\pi x}{L})\sin(\frac{\pi x}{L}) & -4(\frac{\pi}{L})^2\sin^2(\frac{2\pi x}{L}) \end{bmatrix} dx$$

$$= EI(\frac{\pi}{L})^4 \begin{bmatrix} \frac{L}{2} & 0 \\ 0 & 8L \end{bmatrix} + (F - \rho A v^2)(\frac{\pi}{L})^2 \begin{bmatrix} \frac{L}{2} & 0 \\ 0 & 2L \end{bmatrix} \tag{2.389}$$

2.6.4 Schrumpfsitze

Die Energieübertragung zwischen Wellen und aufsitzenden Rädern geschieht über formschlüssige oder kraftschlüssige Verbindungen. Zu den kraftschlüssigen Verbindungen zählen die Schrumpfsitze, welche ein verbreitetes Koppelement darstellen. Anhand der folgenden Gleichungen wird das von BRAUN [7], [6] erarbeitete Modell für Schrumpfsitze vorgestellt und in die Systematik „Körper ↔ Koppelelemente" integriert. Die Formulierung der Kraftgesetze entspricht der Charakteristik eines „Koppelelementes" mit einer Ergänzung: Es sind für das Koppelement „Schrumpfsitz" prinzipiell drei Zustände denkbar: Gleiten in positive Drehrichtung, Haften und Gleiten in negative Drehrichtung. In der nummerischen Integration von Antriebssträngen mit Schrumpfsitzen wird daher die Lastgeschichte in der Presspassung berücksichtigt. Es sind dazu jedoch keine eigenen Koordinaten notwendig, vielmehr ist in der programmtechnischen Darstellung des Koppelelementes ein Zustand als digitaler Schalter enthalten.

Konstruktion des Koppelelementes. Im Rahmen einer nummerischen Simulation eines komplexeren Antriebssystems kann es nicht vorrangiges Ziel sein, die Vorgänge in der Fügefläche feinmaschig abzubilden. Vielmehr dient der im Folgenden vorgestellte Algorithmus einer effizienten Approximation des globalen Verhaltens des Schrumpfsitzes anhand von vier festen Parametern und einem Zustand. Die vier Parameter und der mögliche Zustand lauten:

- Das Torsionsmoment M_E, bei welchem in der Fügefläche erstmalig ein Übergang von Haften nach Gleiten eintritt,
- der M_E zugeordnete Relativwinkel φ_E,

- das Torsionsmoment M_R, bei welchem in der gesamten Fügefläche Gleiten auftritt (Versagen des Schrumpfsitzes), und
- der M_R zugeordnete Relativwinkel φ_R,
- der aktuelle Zustand, welcher einen der drei Werte „Haften", „Gleiten in negative Richtung", „Gleiten in positive Richtung" einnehmen kann.

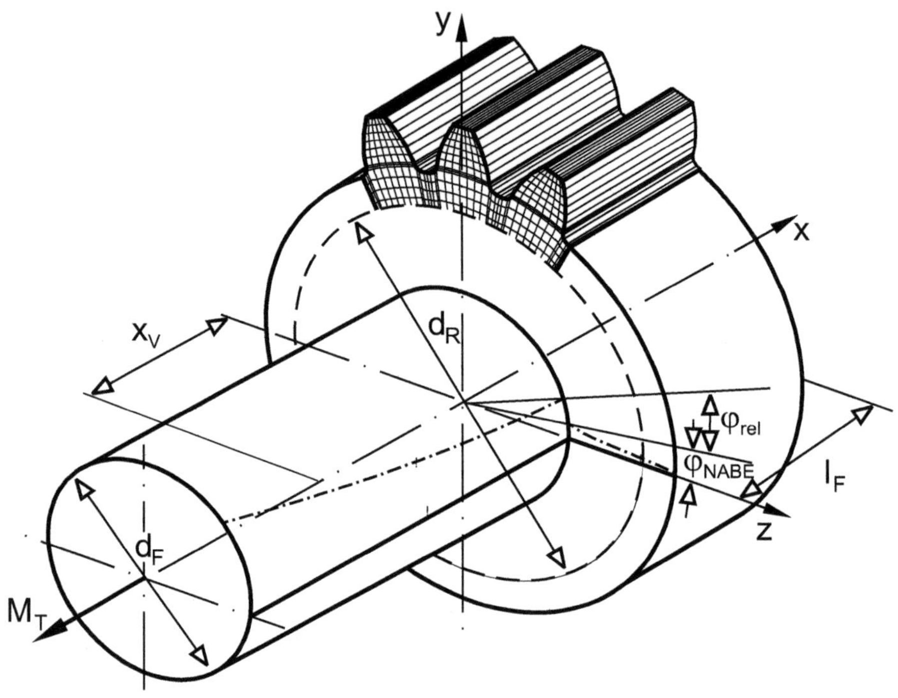

Abb. 2.48. Die Deformation eines Presssitzes. Die Nabe besitzt einen inneren Durchmesser d_R, welcher zur Berechnung des Torsionswinkels φ_{NABE} herangezogen wird. Innerhalb der Fügefläche entsteht durch teilweises Gleiten der Winkel φ_{rel}. Des Weiteren muss für die gesamte Torsionsverformung die Torsion eines Wellenstückes vor der Fügefläche berücksichtigt werden

Die vier Parameter sind zeitinvariant und werden in Abhängigkeit der vorliegenden Massengeometrie des Schrumpfsitzes einmalig zu Beginn der Simulation bestimmt. Der Zustand des Schrumpfsitzes wird als digitaler Schalter für jeden Schrumpfsitz in der Simulation mitgeführt.

Zur Ermittlung der vier aufgeführten Parameter sind verschiedene analytische und diskrete Ansätze denkbar und gebräuchlich [127], [7]. Im Falle analytischer Ansätze ist die Bestimmung des Normalspannungsverlaufes $\sigma_{rr}(x)$ in der Fügefläche Voraussetzung.

Normalspannung σ_{rr} zwischen Welle und Nabe. Die Normalspannung σ_{rr} entsteht im Fertigungs- und Montageprozess des Antriebsstranges durch eine konstruktive Auslegung der Welle mit Übermaß und ein Aufschrumpfen der Nabe auf die Welle unter thermischer Dehnung. Zur Berechnung der Normalspannung σ_{rr} wird entweder ein Ansatz aus der Elastizitätstheorie verwendet [81], [127], [58], oder komplexere analytische oder nummerische Methoden herangezogen [86] [146].

Bestimmung des Rutschmomentes M_R. Schrumpfsitze übertragen Torsionsmomente durch Reibung in der Kontaktfläche zwischen Welle und Nabe. Das übertragene Drehmoment um die Rotationsachse des Schrumpfsitzes entspricht dem Integral über den in Umfangsrichtung wirkenden Schubspannungen multipliziert mit dem differentiellen Flächenelement und dem wirksamen Radius um die Rotationsachse. Die Schubspannung $\tau_{r\varphi}$ ist dabei aufgrund des Coulomb'schen Reibgesetzes durch die radiale Normalspannung σ_{rr} und den Haftreibkoeffizient μ begrenzt:

$$\tau_{r\varphi} \leq \mu\,\sigma_{rr} \tag{2.390}$$

M_R ist dasjenige Torsionsmoment, bei welchem Gleiten in der gesamten Fügefläche auftritt. Die Übertragung eines Torsionsmomentes um die gemeinsame Rotationsachse von Welle und Nabe ist damit durch M_R begrenzt. Es errechnet sich auf Basis der approximierten Normalspannung σ_{rr} über eine Integration der Kontaktfläche zwischen Nabe und Welle. Die Länge der Welle-Nabe-Verbindung in axialer Richtung sei die Differenz zwischen den Stirnflächen $x = x_1$ und $x = x_2$ der Nabe. Der Durchmesser des Schrumpfsitzes sei mit d_F bezeichnet.

$$M_R = \frac{d_F^2}{2}\pi\mu \int\limits_{x=x_1}^{x=x_2} \sigma_{rr}(x)dz \tag{2.391}$$

Unter Annahme eines über der Fügefläche invarianten Schrumpfdruckes $\sigma_{rr} = const.$ vereinfacht sich das Integral dementsprechend zu

$$M_R = \frac{1}{2}d_F^2\pi\mu l_F\sigma_{rr} \tag{2.392}$$

Die Länge der Fügefläche wird mit l_F bezeichnet.

Bestimmung von φ_R. Den Relativwinkel φ_R, bei dem Rutschen auftritt, berechnet BRAUN [7] durch eine Summe,

$$\varphi_R = \varphi_W + \varphi_{FUGE} + \varphi_{NABE} \tag{2.393}$$

entsprechend den in Reihe wirkenden elastischen Verdrillungen

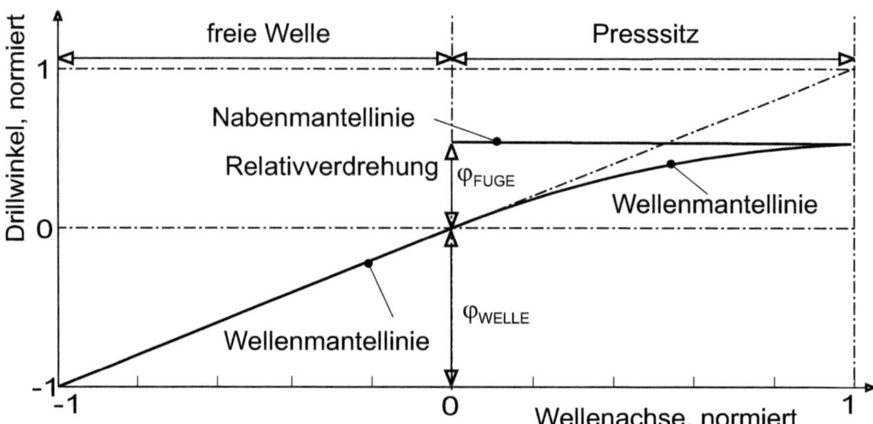

Abb. 2.49.   Die normierten Drillwinkel am Schrumpfsitz. Es wird ein Wellenstück vor der Fügefläche betrachtet, dessen Länge der Fügelänge entspricht. Der Schrumpfsitz wird durch das Rutschmoment M_R belastet. In diesem Fall entsteht eine Verdrillung der Welle unter der Fügefläche gemäß (2.399), welche den halben Betrag wie die Verdrillung des freien Wellenstückes der selben Länge beträgt

- φ_W, ein Torsionswinkel welcher einer elastischen Verdrillung eines Wellenstückes vor dem Schrumpfsitz entspricht. Die Länge x_W und der zugehörige Durchmesser d_W muss so gewählt werden, dass sie die in Realität auftretende elastische Verformung der Welle zwischen der Abstützung (Ort der Einleitung des Gegen- oder Antriebsmomentes) und dem Schrumpfsitz widerspiegelt.

$$\varphi_W = \frac{M_R x_W}{G_W I_{p,W}} \tag{2.394}$$

G_W beschreibt den Schubmodul des Werkstoffes der Welle, $I_{p,W}$ das polare Flächenträgheitsmoment dieses Wellenabschnittes. Für das Beispiel eines konstanten Wellendurchmessers $d = d_W$ ergibt sich die einfache Abhängigkeit

$$\varphi_W = \frac{32 M_R x_W}{G_W \pi d_V^4} \tag{2.395}$$

- φ_{FUGE}, ein Drillwinkel welcher der Verformung der Welle innerhalb der Fügefläche zur Nabe entspricht. Geht man auch hier wieder von der Annahme eines konstanten Schrumpfdruckes $\sigma_{rr} = const.$ aus, beträgt die in der Fügefläche wirkende Umfangsschubspannung

$$\tau_{r\varphi,R} = \mu \sigma_{rr} = const. \tag{2.396}$$

Für das Torsionsschnittmoment innerhalb der Fügelänge gilt die Bilanz

$$M_x(x) = M_R - \int_0^x \pi \frac{d_F^2}{2} \tau_{r\varphi,R} dx = \frac{\pi}{2} d_F^2 \mu \sigma_{rr}(l_F - x) \tag{2.397}$$

Die axiale Wellenkoordinate x durchläuft in obiger Gleichung den Wertebereich von 0 am Anfang der Fügefläche bis l_F, der Länge der Fügestelle. Auf dieser Länge herrscht in der Welle eine von der Längenkoordinate x unabhängige Schubspannung $\tau_{r\varphi}(r)$, welche am Umfang das oben angegebene Maß $\tau_{r\varphi,R}$ erreicht:

$$\tau_{r\varphi} = \mu \sigma_{rr} \left(\frac{2r}{d_F} \right)^2 \tag{2.398}$$

Diese führt zu einer über die gesamte Länge der Verbindung konstanten Verdrillung des Wellenquerschnittes, dessen resultierender Torsionswinkel in zweiter Ordnung mit der Längenkoordinate x innerhalb der Fügestelle wächst:

$$\varphi_x = \frac{16\mu \sigma_{rr}}{G d_F^2} \left(l_F x - \frac{x^2}{2} \right) \tag{2.399}$$

Der Vergleich mit der Verdrillung eines identischen freien Wellenstückes ergibt die halbe Verdrillung auf der Länge l_F. Abb. 2.49 zeigt die Verformung einer Mantellinie für ein Wellenstück vor dem Presssitz und für das Wellenstück innerhalb der Fügestelle. Es liegt das belastende Torionsmoment M_R an. Als Resultat stellt sich der maximale relative Winkel φ_{FUGE} ein, welcher am Anfang der Fügefläche sichtbar wird. Die Länge des Abschnittes und die relative Verdrillung sind normiert. Die Nabe erfährt unter den zugrundeliegenden Annahmen keine Verdrillung.

- φ_{NABE}, ein Winkel welcher die Torsion der Nabe darstellt. Die Nabe wird nicht als Funktion der Längenkoordinate verdrillt, wohl aber durch die innerhalb der Nabe wirkenden Umfangsschubspannungen als Funktion des Radius tordiert. Der Zahnkranz erfährt so einen Verdrehwinkel gegenüber der Innenfläche der Nabe an der Fügestelle. Dieser Verdrehwinkel φ_{NABE} unter dem Lastmoment M_R ist natürlich eine Funktion der Geometrie und der Materialdaten. Als Wert für φ_{NABE} kann eine Näherung für scheibenförmige Geometrien [81], [17], [39], [130] oder eine spezielle FE-Rechnung herangezogen werden. Für symmetrische Scheiben gilt die Näherung

$$\varphi_{NABE} = \frac{\mu \sigma_{rr}}{2G} \left(1 - \frac{d_F^2}{d_R^2} \right) \tag{2.400}$$

Bestimmung des elastischen Grenzmomentes M_E. Für dasjenige Grenzmoment, bei welchem in der Fuge gerade lokales Gleiten beginnt, nennt MÜLLER [77], [78] die Abhängigkeit

$$M_E = \frac{\pi \mu \sigma_{rr} d_F^3}{4 \left[\dfrac{1}{e^{\frac{4 l_F \sqrt{K}}{d_F}} - 1} + \dfrac{1}{1 - e^{-\frac{4 l_F \sqrt{K}}{d_F}}} \right] \sqrt{K}}$$

$$K := \frac{8}{\dfrac{G_W}{G_N} \left(1 - \dfrac{d_F^2}{d_R^2} \right)} \tag{2.401}$$

Bestimmung des M_E *zugeordneten elastischen Torsionswinkels* φ_E. Für Torsionsmomente, deren Betrag $M_T \leq M_E$ kleiner oder gleich dem elastischen Grenzmoment M_E ist, tritt in der Fuge kein Gleiten auf. Der resultierende Torsionswinkel setzt sich somit aus den Anteilen $\varphi_{WELLE}(M_E)$ und $\varphi_{NABE}(M_E)$ zusammen. Diese Anteile berechnen sich gemäß (2.394) und (2.400) zu

$$\varphi_E = \varphi_{WELLE} + \varphi_{NABE} \tag{2.402}$$

$$\varphi_{WELLE}(M_E) = \frac{M_E x_W}{G_{WELLE} I_{p,WELLE}} \tag{2.403}$$

$$\varphi_{NABE}(M_E) = \frac{2 M_E}{d_F^2 \pi l_F 2 G_{NABE}} \left(1 - \frac{d_F^2}{d_R^2} \right) \tag{2.404}$$

Verhalten des Koppelelementes. Abb. 2.50 zeigt a) das Ersatzschaltbild und b) die prinzipielle Charakteristik des Koppelelementes „Schrumpfsitz". Die Grafik zeigt den Zusammenhang zwischen der Belastungsgeschichte des Koppelelementes und der momentanen Relativverformung.

Für Lasten unterhalb des elastischen Grenzmomentes M_E verhält sich das Kraftelement wie ein Bauteil ohne Fuge. Überschreitet die Belastung des Kraftelementes das Grenzmoment M_E, tritt innerhalb der Fuge ein Übergang von Haften nach Gleiten auf. Es entsteht Mikroschlupf in einem Teilbereich der Fuge und die Steifigkeit der Verbindung, der Quotient $dM/d\varphi$, nimmt ab. Beim Erreichen des Rutschmomentes M_R gleitet die gesamte Fügefläche, der Schrumpfsitz versagt. Ein größeres Moment als das Rutschmoment M_R wird vom Schrumpfsitz auch für größere Relativverformungen nicht übertragen.

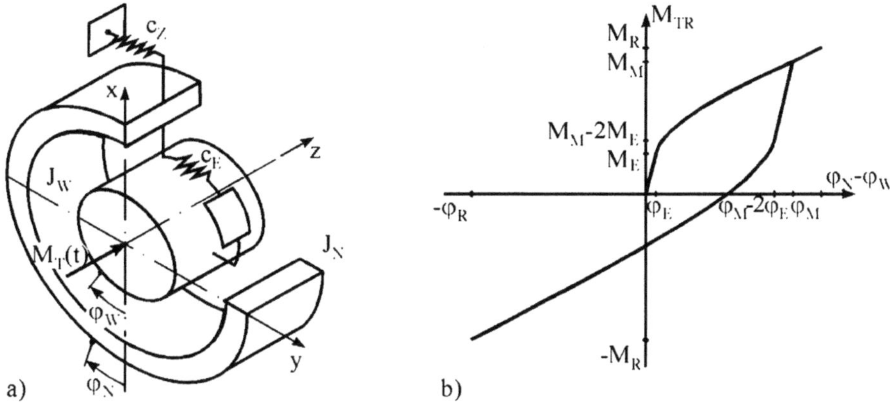

Abb. 2.50. Das Koppelelement „Schrumpfsitz". Das mechanische Ersatzmodell besteht aus einer Reihenschaltung einer linearen Feder und eines nichtlinearen Übertragungsglieds

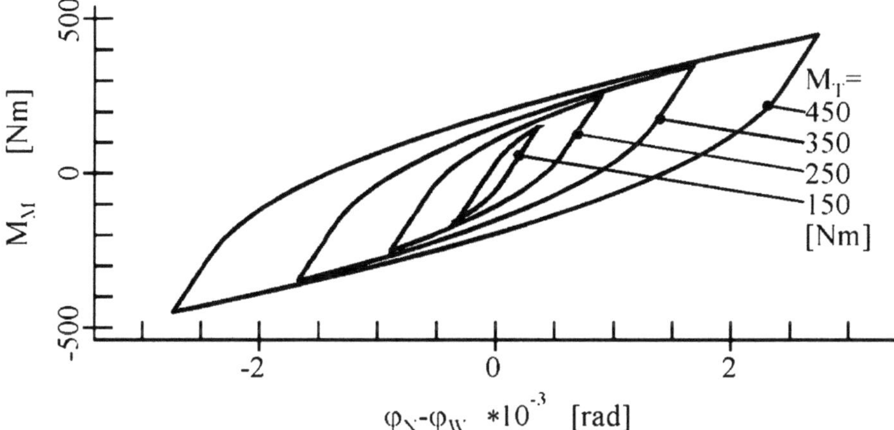

Abb. 2.51. Die Hysteresekurven der resultierenden Relativverformungen im Presssitz unter verschiedenen Lastamplituden

Während der nummerischen Integration der Differenzialgleichungen eines Antriebsstrangsystems ist in jedem Zeitschritt die Bestimmung der verallgemeinerten Beschleunigungen notwendig. Für Koppelelemente ist es notwendig, aus den aktuellen verallgemeinerten Koordinaten der gekoppelten Körper die momentane Schnittreaktion, welche das betrachtete Koppelelement auf diese Körper ausübt, zu bestimmen. Für die von BRAUN [7] erarbeitete Systematik des Koppelelementes „Schrumpfsitz" entspricht der Bestimmung der Schnittreaktion die Angabe eines zur aktuellen Relativverformung zugehörigen Schnittmomentes M gemäß der Grafik 2.50. Bei beginnender Belastung verhält sich das Kraftelement linearelastisch, für das Schnittmoment M gilt:

$$M(\varphi) = c_E \varphi \qquad \text{mit} \qquad c_E := \frac{M_E}{\varphi_E} \tag{2.405}$$

Steigt aufgrund des Verhaltens des gesamten Antriebssystems die Relativverformung über den Relativwinkel φ_E an, so wird das zugeordnete Moment M gemäß Grafik 2.50 durch eine Kennlinie bestimmt, welche als Wurzelfunktion über dem Relativwinkel φ so konstruiert wird, dass die Bedingungen

- $M(\varphi)$ verläuft durch den Punkt (φ_E, M_E),
- $M(\varphi)$ verläuft durch den Punkt (φ_R, M_R),
- $M(\varphi)$ besitzt im Punkt (φ_E, M_E) die Steigung $c_E := M_E/\varphi_E$

erfüllt sind. Bei steigender Relativverformung wird das Moment $M(\varphi)$ gemäß dieser Kennlinie ausgewertet. Nimmt zu einem Zeitpunkt etwa an der Stelle $\varphi = \varphi_M$ die Relativverformung aufgrund äußerer Kraft / Momenteinwirkungen auf die gekoppelten Körper ab, so tritt in der gesamten Fügefläche Haften ein. Ausgehend von dem momentan übertragenen Moment M_M wird in diesem Fall ein neuer Zweig der Kennlinie mit linearelastischem und nichtlinearem Teil gemäß Abb. 2.50 konstruiert. Der linearelastische Teil der Kennlinie verläuft ausgehend vom momentanen Zustand (φ_M, M_M) bis zu dem Zustand $(\varphi_M - 2\varphi_E, M_M - 2M_E)$. Ab diesem Endpunkt des linearelastischen Teiles der Kennlinie wird eine Wurzelfunktion einfach stetig differentiierbar angehängt, welche durch den Punkt $(-\varphi_R, -M_R)$ verläuft.

Für eine weitere Abnahme der Relativverformung besitzt nun der neue Zweig der Kennlinie Gültigkeit. Verlässt der Zustand des Kraftelementes den linearelastischen Teil des neuen Zweiges der Kennlinie nicht, so gilt im Falle eines wiederholten Anstieges der Relativverformung über den Wert φ_M hinaus der alte Zweig der Kennlinie bis zum Erreichen der positiven Grenzbelastung (φ_R, M_R).

Im Falle des Absinkens der Relativverformung bis auf den nichtlinearen Teil der Kennlinie und demgemäßen Auftretens von Mikroschlupf in negativer Richtung muss nach einem wiederholten Anstieg der Relativverformung ein weiterer Zweig der Kennlinie analog konstruiert werden.

Die zeitvariante Struktur der Äste der Kennlinie des Kraftelementes spiegelt das reale Verhalten von Schrumpfsitzen in sehr guter Näherung wieder, wie BRAUN in [7] anhand eines speziellen Prüfstandes und entsprechenden Vergleichsrechnungen zeigt.

Abb. 2.51 zeigt die real auftretende Hysteresecharakteristik dieser Konstruktionselemente exemplarisch für verschiedene Lastamplituden. Die Verbindungslinie der Spitzen der Hysteresekurven kann als Ersatzsteifigkeit interpretiert werden. Für steigende Lastamplituden sinkt diese Ersatzsteifigkeit, Ursache ist das steigende Maß des Anteiles der Gleitbewegungen zwischen Welle und Nabe. Die von der Hysteresekurve eingeschlossene Fläche ist ein Maß für die dissipierte Energie und somit für die Dämpfwirkung des Schrumpfsitzes.

2.6.5 Kupplungen

Generelle Aufgabe einer Kupplung ist die Verbindung zweier rotierender Körper. Die wohl bekannteste Anwendung ist die schaltbare Verbindung zwischen der Ausgangswelle eines Motors und der Eingangsseite eines Getriebes. Die Bezeichnung „Kupplungen" steht dabei im deutschen Sprachraum für zwei zunächst verschiedene technische Einrichtungen, für die in anderen Ländern sinngemäß auch verschiedene Begriffe benutzt werden. Nicht schaltbare Verbindungen zweier Wellen („Wellenkupplung") sind im Englischen durch den Begriff „coupling" definiert, während trennbare, schaltbare Kupplungen mit „clutch" bezeichnet werden.

Im Sinne der in dieser Arbeit vorgestellten Methodik stellen alle Kupplungen „Koppelelemente" dar, welche je nach Typ und Charakteristik ein bestimmtes Torsions- und Biegemoment zwischen zwei rotierenden „Körpern" übertragen. Die massebehafteten Konstruktionselemente der Kupplungen sind durch entsprechende Gestaltung der Massengeometrie der durch die Kupplung verbundenen „Körper" berücksichtigt. Es verbleibt das meist zustandsabhängige Biege- und Torsionsmoment, welches in der nummerischen Simulation für jeden Zeitpunkt ermittelt und auf die gekuppelten Körper als Schnittgröße eingetragen wird. Die folgende Aufzählung beschränkt sich auf die Einteilung und die prinzipiellen Charakteristiken und Drehmomentkennlinien der einzelnen Bauformen ausgeführter Kupplungen. Detaillierte Konstruktionen und eine Fülle weiterer Informationen findet sich unter anderem in [17]. Für die häufig anzutreffenden Bauformen

- Elastische, nicht schaltbare Kupplung mit Spiel und progressiver oder degressiver Kennlinie, und
- Schaltbare Lamellenkupplung,

sind die Gleichungen der entsprechend definierten Koppelelemente „nicht schaltbare Kupplung" und „Lamellenkupplung" gesondert angegeben.

Koppelelement „Nicht schaltbare Kupplung". Zur allgemeinen nummerischen Auswertung der einzelnen, nicht schaltbaren Kupplungsbauformen dient das im Folgenden vorgestellte Koppelelement „Nicht schaltbare Kupplung". Zwei Wellen mit koaxialer Rotationsachse seien durch eine Kupplung an der Stelle K_1 auf der Welle 1 und an der Stelle K_2 auf der Welle 2 miteinander verbunden (vgl. Abb. 2.52).

Diese Annahme bedeutet ferner, dass sich Kupplungen zwischen nicht parallelen oder versetzt parallelen Wellen, beispielsweise Gelenkwellen, mit den folgenden Gleichungen nicht oder nur unvollständig behandeln lassen. Für diese speziellen Ausnahmen sei auf die in [44] erarbeiteten Zusammenhänge verwiesen.

Es wirkt eine Schnittkraft $\boldsymbol{F}_K$ und ein Schnittmoment $\boldsymbol{M}_K$ auf die Wellen 1 und 2 an den Punkten K_1 mit $x = x_{K1}$ bzw. auf K_2 mit $x = x_{K2}$. Der momentane Bewegungszustand beider Wellen ist an diesen beiden Stellen durch die translatorischen Auslenkungen (Auslenkung aus den Nominallagen, vergleiche K_{10}, K_{20} in Abb. 2.52 und den Drehwinkeln gegeben.

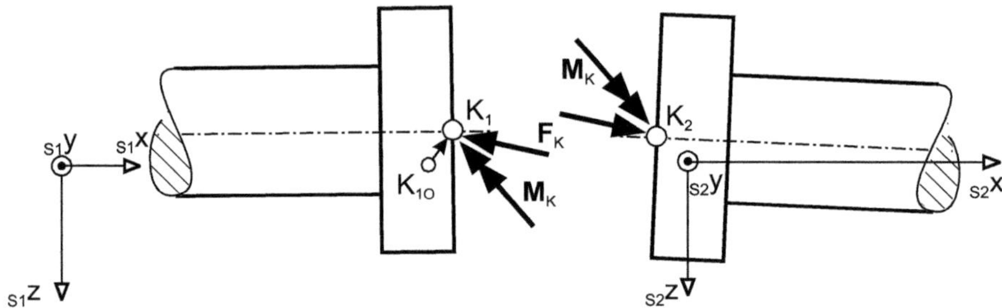

Abb. 2.52. Die Modellierung einer Kupplung. Die Allgemeinheit des Ansatzes beschränkt sich jedoch auf nicht schaltbare Kupplungen zwischen rotierenden Körpern mit koaxialen Rotationsachsen in den unverformten Lagen. Die elastischen Verformungen, die Kippwinkel β, γ der Wellenenden (Punkte K_1, K_2) um die Querachsen sowie die Auslenkungen x, y, z verbleiben klein. Die beschreibenden Koordinatensysteme $S1, S2$ stellen inertialfeste Systeme dar

Kinematik. Die in der Kupplung wirkenden Kräfte und Momenten hängen u.a. vom Bewegungszustand der beiden gekuppelten Wellendenden ab. Die Kinematik wird für beide Wellen jeweils durch die Auslenkung x_K, y_K, z_K zweier Bezugspunkte K_1 und K_2 (siehe Abb. 2.52) und durch die KARDAN-Winkel β_K, γ_K der Tangente in K an die jeweilige Rotationsachse der Welle beschrieben. Zusätzlich ist die Ermittelung der absoluten Drehwinkel φ_{abs} der Wellen um die körperfeste Rotationsachse an den Stellen K zur vollständigen Beschreibung der lokalen Kinematik notwendig. Diese Größen sind je nach Typ der gekuppelten Wellen durch einfache Beziehungen aus den beschreibenden Freiheitsgraden der Wellen zu ermitteln.

Kinematik der Kupplungspartner K bei starren Wellen. Die Koordinaten eines Körpers des Typs „Starre Welle" bestehen aus der relativen Verdrehung $\alpha_W(t)$ gegenüber der Nominaldrehung $\omega(t)$, den Kippwinkeln $\beta_W(t), \gamma_W(t)$ um inertialfeste y-,z-Achsen und den Auslenkungen $x_S(t), y_S(t), z_S(t)$ des Schwerpunktes (Ort $x = x_{CG}$ auf der Wellenachse, siehe Abb. 2.2 und Gl.(2.31)). Für die Auslenkung x_K, y_K, z_K des Punktes K auf der Wellenmitte und für die KARDAN-Winkel α_K des Wellenendes im Punkt K gilt daher die einfache Beziehung

$$\varphi_{abs} = \int \omega \, dt + \alpha$$

$$\beta_K = \beta_W$$
$$\gamma_K = \gamma_W$$
$$_I x_K = x_S$$
$$_I y_K = y_S + \gamma_W(x_K - x_{CG})$$
$$_I z_K = z_S - \beta_W(x_K - x_{CG}) \tag{2.406}$$

Kinematik für torsionselastische Wellen. Die Koordinaten eines Körpers des Typs „Torsionswelle" entsprechen denen der vorstehend behandelten starren Welle, die zusätzlich zur Nominaldrehung auftretende Rotation ist jetzt jedoch die verteilte Koordinate $\varphi(x,t)$ anstelle der skalaren Koordinate α (vgl. 2.58). Gegenüber der starren Welle ändert sich nur die Beschreibung des in der Kupplung vorliegenden Rotationswinkels φ_{abs}:

$$\varphi_{abs} = \int \omega\, dt + \varphi(x_K, t) \tag{2.407}$$

Elastische Wellen. Für die Auslenkungen und Drehwinkel von elastischen Wellen im Kupplungspunkt K wird eine Beschreibung gemäß (2.110) gewählt. Zusätzlich sei an dieser Stelle eine elastische Verformung $u(x,t)$ der Welle durch Dehnung in x-Richtung berücksichtigt. Mit den Freiheitsgraden der Welle, den elastischen Verformungen $\varphi(x,t), u(x,t), v(x,t), w(x,t)$ lautet die Kinematik des Kupplungspunktes K dann:

$$\varphi_{abs} = \int \omega\, dt + \varphi(x_K, t) \tag{2.408}$$
$$\beta_K = -w'(x_K, t)\cos\varphi_{abs} - v'(x_K, t)\sin\varphi_{abs} \tag{2.409}$$
$$\gamma_K = +v'(x_K, t)\cos\varphi_{abs} - w'(x_K, t)\sin\varphi_{abs} \tag{2.410}$$
$$_I x_K = {}_K x_S \tag{2.411}$$
$$_I y = v(x_K, t)\cdot\cos\varphi_{abs} - w(x_K, t)\cdot\sin\varphi_{abs} \tag{2.412}$$
$$_I z = v(x_K, t)\cdot\sin\varphi_{abs} + w(x_K, t)\cdot\cos\varphi_{abs} \tag{2.413}$$

Relativkinematik. Der Vektor $_I r_{K_1-K_2}$ verbindet die ausgelenkten Bezugspunkte K_1 und K_2. Im Idealfall ist er identisch Null, mit den oben definierten Größen gilt:

$$_I r_{K_1-K_2}^T = [x_{K2} - x_{K1},\quad y_{K2} - y_{K1},\quad z_{K2} - z_{K1}] \tag{2.414}$$

Die oben definierten relativen Dreh- und Biegewinkel in der Kupplung sind im Vektor φ_K zusammengefasst:

$$\varphi_K^T := [\varphi_{abs,2} - \varphi_{abs,1},\quad \beta_{K_2} - \beta_{K_1},\quad \gamma_{K_2} - \gamma_{K_1}] \tag{2.415}$$

Translatorisches und rotatorisches Spiel. Alle der sechs in $r_{K_1-K_2}$ und φ_K^T definierten relativen Auslenkungen und Verdrehungen können in real ausgeführten Kupplungen spielbehaftet sein. Das halbe Kupplungsspiel jeder einzelnen Koordinate wird zur Berücksichtigung der Spieleffekte in einem entsprechenden Vektor zusammengestellt:

$$s_K := [\Delta x, \Delta y, \Delta z]; \qquad \sigma_K := [\Delta\alpha, \Delta\beta, \Delta\gamma] \tag{2.416}$$

Die sechs Komponenten der Relativkinematikvektoren r_{K1-K2} und φ_K müssen nun einzeln um das Spiel reduziert oder zu Null gesetzt werden. Für die erste Komponente x in r_{K1-K2} lautet diese Transformation:

$$x := \begin{cases} x - \Delta x \cdot sgn(x) & \text{für} \quad |x| > |\Delta x| \\ 0 & sonst \end{cases} \tag{2.417}$$

Alle weiteren Koordinaten in $r_{K_1-K_2}$ und ebenfalls in φ_K werden in vollständiger Analogie um eventuelles Spiel bereinigt.

Nichtlineare Steifigkeiten und Dämpfungen. Zur Berücksichtigung progressiver und degressiver Kennlinien werden die Vektoren $r_{K_1-K_2}^*$ und φ_K^* gebildet. Ihre Komponenten entsprechen den Quadraten der zugeordneten Komponenten in $r_{K_1-K_2}$ und φ_K, besitzen jedoch das identische Vorzeichen wie die Ausgangsvektoren:

$$r_{K_1-K_2}^{*T} := \begin{bmatrix} sgn(x_{K2} - x_{K1}) \cdot (x_{K2} - x_{K1})^2 \\ sgn(y_{K2} - y_{K1}) \cdot (y_{K2} - y_{K1})^2 \\ sgn(z_{K2} - z_{K1}) \cdot (z_{K2} - z_{K1})^2 \end{bmatrix} \tag{2.418}$$

$$\varphi_K^{*T} := \begin{bmatrix} sgn(\varphi_{abs,2} - \varphi_{abs,1}) \cdot (\varphi_{abs,2} - \varphi_{abs,1})^2 \\ sgn(\beta_{K,2} - \beta_{K,1}) \cdot (\beta_{K,2} - \beta_{K,1})^2 \\ sgn(\gamma_{K,2} - \gamma_{K,1}) \cdot (\gamma_{K,2} - \gamma_{K,1})^2 \end{bmatrix} \tag{2.419}$$

Schnittkraft und Schnittmoment in der Kupplung. Sind aus den obigen Gleichungen die kinematischen Größen beider Wellenenden bestimmt, wird zur Modellierung einer Kupplung ein Superpositionsansatz mit Spiel, linearen und quadratischen Termen für die Abhängigkeit der Schnittreaktion von der Kinematik gewählt. Die unbekannten Komponenten in den Matrizen C_i, D_i sind Steifigkeits-, Reibungs- und Dämpfungsgrößen und hängen von Typ, Baugröße und Materialdaten der jeweiligen Kupplung ab. Die Übertragungscharakteristiken der einzelnen Bauformen der ausgeführten Kupplungen sind i. Allg. detailliert durch Herstellerangaben spezifiziert, so dass die Komponenten der Matrizen C_i, D_i im Einzelfall aus diesen Angaben berechenbar sind. Für die in der Kupplung wirkende Schnittkraft wird jetzt allgemein angesetzt:

$$\boldsymbol{F}_K := -\boldsymbol{C}_T \boldsymbol{r}_{K_1-K_2} - \boldsymbol{D}_T \dot{\boldsymbol{r}}_{K_1-K_2} - \boldsymbol{C}_{T2} \boldsymbol{r}^*_{K_1-K_2} - \boldsymbol{D}_{T2} \dot{\boldsymbol{r}}^*_{K_1-K_2} \quad (2.420)$$

Die Matrix $\boldsymbol{C}_T$ entspricht einer Steifigkeitsmatrix für linear proportionale Rückstellkräfte, während $\boldsymbol{C}_{T2}$ im Falle positiver Komponenten progessive Steifigkeiten hervorruft. Mit negativen Komponenten in $\boldsymbol{C}_{T2}$ werden degressive Effekte simuliert. In Analogie gilt ein entsprechender Ansatz für das Schnittmoment M_K:

$$\boldsymbol{M}_K := -\boldsymbol{C}_R \boldsymbol{\varphi}_K - \boldsymbol{D}_R \dot{\boldsymbol{\varphi}}_K - \boldsymbol{C}_{R2} \boldsymbol{\varphi}^*_K - \boldsymbol{D}_{R2} \dot{\boldsymbol{\varphi}}^*_K \qquad (2.421)$$

Beide Gleichungen beziehen sich auf Verformungen und Verdrehungen, deren Beträge im Inertialsystem ausgedrückt sind. Bestimmte nicht schaltbare Kupplungsbauformen weisen inhomogene, nicht rotationssymmetrische Kennlinien bzgl. der Biegesteifigkeiten auf. Die Steifigkeits- und Dämpfungsmatrizen in obigen Gleichungen behalten dann nur im Falle einer Transformation auf wellenfeste Koordinatensysteme zeitinvariante Komponenten. Für diese Fälle ist es sinnvoll, die Verformungen in den körperfesten Systemen direkt zur Auswertung der elastischen Rückstellkräfte und -Momente heranzuziehen und nicht, wie oben ausgeführt, zunächst in ein inertialfestes System zu transformieren. Die Vorgehensweise entspricht der Multiplikation obiger Gleichung mit der Transformationsmatrix $\boldsymbol{A}_{RI}$ zwischen körperfesten Referenzsystemen und dem Inertialsystem.

Übersicht: Nicht schaltbare Kupplungen. Die nicht schaltbaren Kupplungen unterscheidet man nach dem Grad der Elastizität bzgl. Biegung und Torsion. Jeder der beiden Verformungen kann entweder starr oder bewußt mit einer definierten Elastizität ausgeführt sein. Prinzipiell sind somit vier Kategorien denkbar. Biegesteife und torsionsweiche Kupplungen sind jedoch im allgemeinen Maschinenbau eher unüblich und seien hier nicht weiter diskutiert.

Biegesteife und torsionsstarre Kupplungen. Eine biege- und torsionsstarre Kupplung ist im eigentlichen Sinne keine Kupplung sondern vielmehr eine lösbare, starre Verbindung, etwa ein Wellenflansch. Da diese Art der Verbindung keinerlei Ausgleich in radialer oder axialer Richtung ermöglicht, ist bei ihrer Verwendung auf exakte Ausrichtung zu achten. Andernfalls muss mit einer Beschädigung der Welle, der Kupplung oder der Lagerungen gerechnet werden.

Modellbildung. Zur Simulation dieser Art von Kupplungen ist es hinreichend, die gekuppelten Körper als einen Gesamtkörper aufzufassen, da eine ideal starre Kupplung durch Kraftschluss und Formschluss Normalspannungen und Schubspannungen in allen Koordinatenrichtungen überträgt. Durch entsprechende Gestaltung der Querschnitte und E-Moduli des entsprechenden Abschnitts eines so modellierten Gesamtkörpers wird der zu erwartenden Biege- und Torsionssteifigkeit der starren Wellenverbindung Rechnung getragen.

Biegeelastische, torsionsstarre Kupplungen. Drehstarre aber biegeelastische Kupplungen verwendet man zur winkelsynchronen Übertragung einer Drehbewegung zwischen Körpern, für die eine winkelige, radiale oder auch axiale Verschiebung zugelassen wird.

Bauformen. Die Vielzahl der bekannten Bauformen sind in [17] aufgeführt. Hier kurz aufgezählt seien die

- *Klauenkupplung* mit axialen Mitnehmern, welche nur Axialversatz ausgleicht und als Schaltkupplung verwendbar ist, die
- *Kreuzscheibenkupplung* (auch *Oldham*-Kupplung genannt), welche für kurzbauende Kupplungen mit vergleichsweise kleinen übertragenen Drehmomenten und Winkelversätzen bis 3°, und kleinen, der Baugröße entsprechenden Achsversätzen bis 5*mm* eingesetzt wird,
- *Gelenkwellen* mit doppeltem Kreuzgelenk zum Ausgleich von Pulsationen für hohe Achsversätze je nach Länge der Zwischenwelle,
- *Gleichlaufgelenke* für hohe Ablenkwinkel mit homokinetischer Übertragung,
- *Doppelzahnkupplungen* zur Übertragung hoher Drehmomente bei gleichzeitig kleinen Winkelversätzen unter 1° und mittleren Achsversätzen,
- und die *Membrankupplungen* für kleinere Winkelversätze von 0.5° − 1.0° und Achsversätze von 1 . . . 5 mm.

Modellbildung. Während die Bezeichnung „torsionsstarr" im eigentlichen Sinne des Wortes keine relativen Verdrehwinkel zwischen zwei so gekuppelten Körpern erlaubt, treten in real ausgeführten Versionen dieser Bauelemente jedoch sehr wohl relative Verdrehwinkel auf. Diese sind allerdings vergleichsweise sehr klein (*mrad*-Bereich), da die koppelnden Torsionssteifigkeiten sehr hoch sind. Prinzipiell stehen dem Anwender drei Möglichkeiten zur nummerischen Analyse eines Antriebsstranges mit torsionsstarren, biegeelastischen Kupplungen zur Verfügung:

- In vielen Fällen wird ein der gewünschten Analyse entsprechend hinreichend genaues Ergebnis erzielt, wenn dieser Typ von Kupplungen im Modell ausschließlich durch eine entsprechend steife Torsionsfeder mit linearer oder sogar progressiver Kennlinie repräsentiert wird (Koppelelement „Torsionsfeder / Torsionsdämpfer"). Die Biegeelastizität der Kupplung ist in diesem Falle durch die fehlende Kraftkopplung zwischen den gekuppelten Körpern berücksichtigt. Durch diese Art Modellierung wirkt im Ersatzmodell eine quasi unendlich weiche Biegekopplung.
- Bei Verwendung des vorstehend definierten Koppelelementes „Kupplung" wird die Modellierung einer beliebigen Kombination von Biege- und Torsionssteifigkeiten möglich. Die Bestimmung der Parameter für den jeweiligen Typ der Kupplung muss aus Herstellerangaben erfolgen.
- Reduktion des torsionselastischen Freiheitsgrades durch Modellierung der so gekuppelten Körper durch einen Ersatzkörper ohne torsionselastische

Freiheitsgrade im Bereich der Kupplung. Die Biegeelastizität der Kupplung wird jetzt durch entsprechende Gestaltung der Geometrie des Ersatzkörpers an dem Ort der Kupplung approximiert. Der Vorteil dieser Vorgehensweise liegt in der Vermeidung hoher Systemeigenfrequenzen durch die hohen Verdrehsteifigkeiten der Kupplung. Als Nachteil muss berücksichtigt werden, dass durch die Elimination der relativen Verdrehfreiheitsgrade aus dem System die Torsionsschwingungen in diesem Frequenzbereich auch nicht mehr im Modell enthalten sind. Die entsprechenden Effekte fehlen in den Ergebnisdarstellungen, die Aussagen der Modellrechnungen beschränken sich auf Frequenzbereiche unterhalb der durch die Kupplung entstehenden Torsionsschwingungen des Systems.

Biege- und torsionselastische Kupplungen. Die letzte Gruppe der nicht schaltbaren Kupplungen besteht aus den biege- und torsionselastischen Baueinheiten, welche zusätzlich zu den radialen, axialen und winkeligen Wellenverlagerungen auch Differenzdrehwinkel zulassen und je nach Bauart Drehschwingungen wirksam dämpfen und Stöße elastisch auffangen. Demgemäß ist das wichtigste Einsatzgebiet dieser Kupplungen in Maschinen mit starken Drehmomentschwankungen wie etwa in Walzwerken und in Fördermaschinen zu finden. Je nach Material des elastischen, das Drehmoment übertragenden Verformungskörpers wird zwischen metallelastischen Kupplungen und Elastomerkupplungen unterschieden. Innerhalb dieser Gruppen existieren wiederum verschiedene konstruktive Gestaltungen der Federkörper.

Metallelastische Kupplungen. Unter den Kupplungen mit metallischen, elastischen Verformungskörpern unterscheidet man die im Folgenden genannten wesentlichen Bauformen:

- *Schlangenfederkupplungen* mit kleinen Relativdrehwinkeln bis 1° und progressiven Federkennlinien,
- *Schraubenfederkupplungen* (auch Cardeflex-Kupplungen), in denen tangential angeordnete Schraubenfedern Relativdrehwinkel bis ca. 5° durch Einfederung ermöglichen. Ihre Dämpfwirkung ist eher gering, im Gegensatz zur
- *Geislinger-Kupplungen* mit radial angeordneten Blattfederpaketen. Durch die Verdrängung des Öles aus den Blattfederkammern bei Relativverdrehungen der gekuppelten Wellen entsteht eine hohe, meist einstellbare Dämpfung. Weiterhin erhöht sich die Torsionssteifigkeit c_R der Kupplung durch die Verdrängung des Öles mit steigender Drehzahl. Der statische Wert $c_{R,stat}$ der Torsionssteifigkeit gilt für die Drehzahl Null. Für real ausgeführte Geislinger-Kupplung gilt

$$\omega < \omega_0 : \qquad c_R = c_{R,stat} \cdot \left(1 + 0,37\frac{\omega}{\omega_0}\right) \tag{2.422}$$

$$\omega >= \omega_0 : \qquad c_R = c_{R,stat} \cdot \left(1,1 + 0,27\frac{\omega}{\omega_0}\right) \tag{2.423}$$

Die Winkelgeschwindigkeit ω_0 und die statische Steifigkeit $c_{R,stat}$ sind invariante Kennzahlen jeder Bauform dieses Kupplungstypes. Die Winkelgeschwindigkeit ω kennzeichnet die Kreisfrequenz der größten auftretenden Schwingungsamplitude, welche je nach Art der Anregung und des Schwingungstypes von der Rotationsgeschwindigkeit der gekuppelten Körper abweichen kann. Die Dämpfungskonstante d ist ebenfalls drehzahlabhängig. Die Firma Geislinger gibt hierfür eine dimensionslose Zahl κ an.

$$d = \frac{c_R \cdot \kappa}{\omega} \qquad \text{mit} \tag{2.424}$$

$$\kappa = 0,7 \quad \text{für} \quad \omega > \omega_0; \qquad \kappa = 0,2 + 0,5\frac{\omega}{\omega_0} \quad \text{für} \quad \omega \leq \omega_0 \tag{2.425}$$

Es ergeben sich Lehr'sche Dämpfungen zwischen 0,3 für niederfrequente Schwingungen bis 0,1 für höherfrequente Phänomene. Die so ermittelten Parameter entsprechen den Komponenten $\boldsymbol{C}_R(1,1)$ und $\boldsymbol{D}_R(1,1)$ in (2.421) zur Ermittlung des übertragenen Drehmomentes.

Elastomerkupplungen. Der Verformungskörper zur Aufnahme von Torsions- und Biegeverformungen ist in der Regel ein natürliches oder synthetisiertes Gummi oder auch Polyurethane und Polyamide oder Fluor-Elastomere. Man unterscheidet

- *Bolzenkupplungen* für Winkelversätze bis 5°, bei denen axiale Verbindungsbolzen in elastischen Hülsen gelagert sind, und
- *Klauenkupplungen* mit Verformungskörpern zwischen den Klauen zur Aufnahme von Relativdrehungen bis 3°,
- *Wulstkupplungen* mit einem quergeschlitzten charakteristischem Wulst für hohe Torsionsverformungen bis 30° und
- *Zwischenringkupplungen* (Ortiflex-Kupplung) mit einem elastischen Zwischenring, an dem beide Wellenenden wechselseitig am Umfang angeflanscht sind.

Erste Torsionseigenfrequenz. Durch die zusätzliche Elastizität in Torsionsrichtung entsteht eine Systemeigenfrequenz in Abhängigkeit der beteiligten Rotationsträgheiten und der Torsionssteifigkeit der Kupplung im Betriebspunkt. Es muss bei der Auslegung einer Kupplung darauf geachtet werden, Betriebsdrehzahl und wesentliche prozessbedingte Anregungsfrequenzen von dem Bereich der Eigenfrequenz zu trennen. Sind c_T und d_T die Steifigkeits- und Dämpfungskennwerte der betrachteten torsionselastischen Kupplung, J_1 und J_2 die Rotationsträgheiten der frei gegeneinander schwingenden Körper, so gilt für die Eigenfrequenz f_0 bzw. ω_0 die Beziehung

$$f_0 = \frac{\omega_0}{2\pi} = \frac{1}{2\pi}\sqrt{\nu_0^2 - \delta^2} \quad \text{mit} \quad \nu_0^2 = \frac{c_T}{J'}; \quad \delta = \frac{d_T}{2J'} \qquad (2.426)$$

$$\text{und der Rotationsträgheit} \quad J' = \frac{J_1 \cdot J_2}{J_1 + J_2} \qquad (2.427)$$

$$\text{und der Lehr'schen Dämpfung} \quad D := \frac{\delta}{\nu} \qquad (2.428)$$

Aus der Messung des Abklingverhaltens einer freien Drehschwingung ist im umgekehrten Sinne die Berechnung von Steifigkeit und Dämpfung einer bestimmten Verbindung leicht möglich.

nummerische Simulation. Die oben aufgeführten elastischen Kupplungstypen sind nicht schaltbar und immer fest mit beiden Wellenenden verbunden. Die Gleichungen des vorstehend angeführten Koppelelementes „Kupplung" ermöglichen die Berücksichtigung der durch diese Kupplungstypen hervorgerufenen elastischen Kopplungen. Die Festlegung der einzelnen Steifigkeits- und Dämpfungsparameter kann nur aufgrund der jeweils vorliegenden Konstruktion bzw. von Herstellerangaben erfolgen.

Übersicht: Schaltkupplungen. Schaltkupplungen unterteilen sich in fremdgeschaltete und selbstschaltende Varianten. Zwischen den kurzen Übersichten über die fremd- bzw. selbstschaltenden Bauformen sind im Folgenden die Grundgleichungen zur Berechnung des übertragenen Drehmoments einer Lamellenkupplung gemäß den Ansätzen von HAJ-FRAJ [40], [41] zusammengestellt.

Fremdgeschaltete Kupplungen. Das den Schaltvorgang auslösende Signal wird entweder extern durch Regelsysteme oder durch Bedienpersonal erzeugt. Die Verbindung zwischen den drehenden Schnittufern der Kupplung erfolgt dann durch Reibschluss oder durch Formschluss.

- Reibschlüssige Kupplungen sind in der großen Mehrzahl durch Scheiben oder Lamellen mit aufgetragenen Belägen realisiert. Federn, pneumatische, elektromechanische, magnetische oder hydraulische Aktuatoren liefern eine axiale Anpresskraft F_A zur Betätigung der Kupplung. Eine weitere Klasse der fremdgeschalteten Kupplungen basiert auf hydrodynamischen Wandlern. Ein Pumpenrad und ein Turbinenrad sind in einem geschlossenen Gehäuse integriert. Je durch Füllung des Gehäuses mit entsprechenden Flüssigkeiten (Hydrauliköle oder ATF, „Automatic Transmission Fluid") wirkt in nichtlinearer Abhängigkeit vom Schlupf $\dot{\varphi}_{abs,2} - \dot{\varphi}_{abs,1}$ (siehe auch (2.419)) ein Drehmoment auf das Turbinenrad.
Modellierung: Die ausgeführten Reibkupplungen dienen zumeist ausschließlich der Drehmomentübertragung. Bestimmende Größen sind der wirkende Reibkoeffizient μ zwischen den Lamellen, deren Anzahl und Geometrie und die aufgeschaltete Normalkraft F_A.

- Lamellenkupplungen. Dieser Kupplungstyp wird im Automobilbau bevorzugt eingesetzt. Besitzt eine Kupplung n kreisringförmige Kontaktflächen zwischen Lamellen mit einem Innenradius r_i und einem Außenradius r_a, lässt sich das übertragene Drehmoment durch einfache Gleichungen approximieren. Je nach Anpresskraft zwischen den Lamellen wirkt viskose Reibung, deren Charakteristik von den Spaltgrößen und dem Ölzustand Druck und Viskosität geprägt ist, oder Mischreibung mit Coulomb'schen Anteilen. Für den Reibkoeffizient μ besteht ein komplexer und durch viele Arbeiten studierter Zusammenhang mit dem Schlupf $\dot{\varphi} = \dot{\varphi}_{abs,2} - \dot{\varphi}_{abs,1}$. Geläufig ist die Approximation von μ durch einen konstanten Gleitreibbeiwert μ_G für einen Schlupf $|\dot{\varphi}| > 0$. Im Bereich des Haftens kann das übertragene Drehmoment zwischen den Haftreibgrenzen variieren. Solange das wirkende Haftreibmoment zwischen den Haftreibgrenzen verbleibt, gilt $\dot{\varphi} = 0$. In diesem Fall verliert das System den rotatorischen Freiheitsgrad. Werden Systeme mit Haft-Gleit-Übergängen studiert, muss die Modellbildung die zeitvariante Topologie und die entstehenden komplementären Gleichungen berücksichtigen. Die Lösung dieser linearen komplementären Systeme erfordert einen besonderen Algorithmus, der in [33], [35], [118] diskutiert wird. In [40] und [41] wird ein detaillierteres Modell für Lamellenkupplungen entworfen, deren Grundlagen im folgenden Abschnitt im Rahmen des entsprechend definierten Koppelelementes „Lamellenkupplung" aufgeführt sind.
- Hydrodynamische Kupplungen. Das übertragene Drehmoment M_K hängt i. Allg. progressiv vom Drehzahlschlupf $\dot{\varphi}$ ab.
  Modellierung: Zur Simulation ausgeführter Varianten dieses Kupplungstyps lassen sich die jeweiligen Kennlinien in guter Näherung durch eine Kombination der linearen und quadratischen Anteile $\boldsymbol{D}_R\dot{\boldsymbol{\varphi}}_K$ und $\boldsymbol{D}_{R2}\dot{\boldsymbol{\varphi}}_K^*$ in (2.421) approximieren.

• Formschlüssige Kupplungen. Der Formschluss durch Klauen, Verzahnungen oder ähnliche, entsprechende konstruktive Gestaltung der Kupplungspartner kann fast immer nur im Stillstand oder durch vorhergehende Synchronisierung der Wellen durch Reibschluss erfolgen.
  Eine Modellierung des Schaltvorganges wird durch den extremen Sprung in den rotatorischen Verdrehsteifigkeiten immer dann schwierig, wenn ein nennenswerter Schlupf vorliegt. Im Falle geringen Schlupfes lassen sich in der nummerischen Simulation die „eingeschalteten" Kupplungsfunktionen durch einfaches Aktivieren entsprechender Steifigkeiten (etwa $\boldsymbol{C}_i$ in (2.420)) berücksichtigen.

Selbstschaltende Kupplungen. Die Aufgaben der Selbstschaltung lassen sich einteilen in die Freischaltung einer Drehrichtung (Freiläufe), in die Erzeugung einer bestimmten Übertragungscharakteristik für Anfahrvorgänge (Anlaufkupplungen), in die drehzahlabhängige Erzeugung des Schaltvorganges (Fliehkraftkupplungen), in die Begrenzung der übertragenenen Drehmomente (Überlastkupplungen), und in die selbsttätige Regelung zur Einhaltung bestimmter Drehzahlen (Stellkupplungen).

- Die Freiläufe schalten zumeist durch Reibschluss, welcher durch Klemmrollen oder nicht sphärische Klemmkörper in Abhängigkeit des Vorzeichens der relativen Drehzahldifferenz $\dot{\varphi} = \dot{\varphi}_{abs,2} - \dot{\varphi}_{abs,1}$ wirkt. Für eine gewählte Richtung des relativen Schlupfes sind die Rotationsbewegungen der beiden gekuppelten Wellenenden bis auf geringe Reibungsanteile vollständig entkoppelt, während die Klemmvorrichtung hohe Schnittmomente für Schlupf mit entgegengesetztem Vorzeichen hervorruft.
  Modellierung: Einen gleichwertigen Effekt erzielt man durch Multiplikation einer Heavyside-Funktion über den Schlupf mit den durch die Klemmung entstehenden Reibmomente und Verdrehsteifigkeiten. Für die Koeffizienten c_{ij} und d_{ij} in den Matrizen $\boldsymbol{C}_i, \boldsymbol{D}_i$ in den Gln. (2.420) und (2.421) folgt die Zuordnung:

$$c_{ij} := \begin{cases} c_{ij} & \text{für} \quad \dot{\varphi}_{abs,2} - \dot{\varphi}_{abs,1} > 0 \\ 0 & sonst \end{cases} \qquad (2.429)$$

$$d_{ij} := \begin{cases} d_{ij} & \text{für} \quad \dot{\varphi}_{abs,2} - \dot{\varphi}_{abs,1} > 0 \\ 0 & sonst \end{cases} \qquad (2.430)$$

Die Wahl der freigeschalteten Richtung legt in obiger Gleichung die Vorzeichen der $\varphi_{abs,i}$ fest, ein entgegengesetzter Freilauf vertauscht die Indizes $1, 2$ der φ_i.

- Anlaufkupplungen begrenzen das Drehmoment im Anlaufvorgang und ermöglichen (elektrischen) Antriebsmotoren, zunächst unter geringer Last einen gewissen Betriebsdrehzahlbereich zu erreichen, um danach unter optimalen Bedingungen das geforderte höhere Drehmoment aufzunehmen. Es existieren verschiedene elektrische, mechanische wie auch hydrodynamische Lösungen.
  Modellierung. Generell lässt sich die jeweilige Kennlinie durch die Angabe des Rutschmomentes M_G als Funktion der absoluten Drehzahl $\varphi_{abs,1}$ der angetriebenen Wellenseite spezifizieren: $M_G = M_G(\varphi_{abs,1})$. Durch die internen Haft-Reibübergänge entsteht bei Rutschkupplung generell eine zeitvariante Topologie. Wie oben bereits aufgeführt, können spezielle Lösungsansätze für das entstehende lineare komplementäre Problem eingesetzt werden. Für Anlaufkupplungen lässt sich alternativ eine einfache Ersatzkennlinie für das polare Schnittmoment M_K angeben, welche Haftphasen durch einen Schlupf kleiner einer Bezugsgröße $\dot{\varphi}_0$ approximiert:

$$M_K := -\frac{2M_G(\varphi_{abs,1})}{\pi} \cdot \arctan \frac{(\dot{\varphi}_{abs,2} - \dot{\varphi}_{abs,1})}{\dot{\varphi}_0} \qquad (2.431)$$

- Fliehkraftkupplungen besitzen Fliehkörper oder integriertes Füllgut mit internen radialen Freiheitsgraden, welche die Schaltfunktion dieser Kupplungen durch die eingeprägte Zentripetalkraft auslösen.
  Modellierung: Die Charakteristik dieser meist als Rutschkupplung ausgeführten Variante besitzt somit ein quadratisch mit der absoluten Drehzahl $\dot{\varphi}_{abs}$ des angetriebenen Wellenendes steigendes Rutschmoment $M_G = f(\varphi_{abs,1})$. Mit bekannter Charakteristik $M_G = f(\varphi_{abs,1})$ erfolgt die Modellierung in vollständiger Analogie zu den Anlaufkupplungen (2.431).
- Überlastkupplungen oder Drehmomentbegrenzungskupplungen existieren im Maschinenbau in einer Vielzahl von Bauformen. Unterschieden wird wiederum in mechanische und elektrische Bauformen. Im Prinzip zählen auch die Lamellenkupplungen mit definierter axialer Anpresskraft F_A (s.o.) zu den Überlastkupplungen, da für das übertragene Drehmoment das Rutschmoment als obere Schranke existiert.
  Modellierung: In der Bestimmungsgleichung des Schaltzustandes spielt für diese Bauformen das aktuelle Schnittmoment die zentrale Rolle. Überlastkupplungen können je nach Bauform in der nummerischen Simulation als nicht schaltbare Kupplung oder als geschaltete Rutschkupplung behandelt werden. Nach Erreichen des jeweiligen Überlastmomentes öffnet die Kupplung, die Beträge der Koeffizienten der $\boldsymbol{C}_i, \boldsymbol{D}_i$ und $\boldsymbol{M}_K$ in (2.420) und in (2.421) verringern sich signifikant oder verschwinden vollständig. Im Falle von Brechelementkupplungen ist dieser Vorgang so lange nicht reversibel, bis die entsprechenden Brechelemente ausgetauscht wurden.
- Stellkupplungen erzielen durch selbsttätige Veränderung der Übertragungscharakteristik einen definierten Schlupf. Je nach Aktuatorik unterscheidet man wiederum hydrodynamische, elektrische, magnetische und viskohydraulische Bauformen.
  Modellierung: Eine i. Allg. hinreichende Approximation der Übertragungscharakteristik erhält man durch den spezifischen „Einbau" der Modellgleichungen des lokalen, geschlossenen Regelkreises in der Kupplung in die Systemsimulation. Das übertragene Drehmoment M_K ist eine allgemeine Funktion der Regelgrößen, etwa $M_K = f(\dot{\varphi}_{abs,2} - \dot{\varphi}_{abs,1})$.

Koppelelement „Lamellenkupplung". Die im Automobilbau verwendete Lamellenkupplung basiert auf einer Drehmomentübertragung mittels Reibschluss. Die Abb. 2.53 skizziert die zur Momentübertragung wesentlichen Bauelemente dieser Kupplungen.

HAJ-FRAJ und PFEIFFER [40] [41] entwerfen ein detailliertes Modell der Lamellenkupplungen. Sie unterteilen das übertagene Drehmoment in die Anteile

- viskose Reibung und
- Mischreibung mit Haftzuständen oder Gleitzuständen.

Schaltphase 1: Viskose Reibung. Der Beginn des Schaltvorganges von offener zu geschlossener Kupplung wird durch Beaufschlagung der Kammer vor

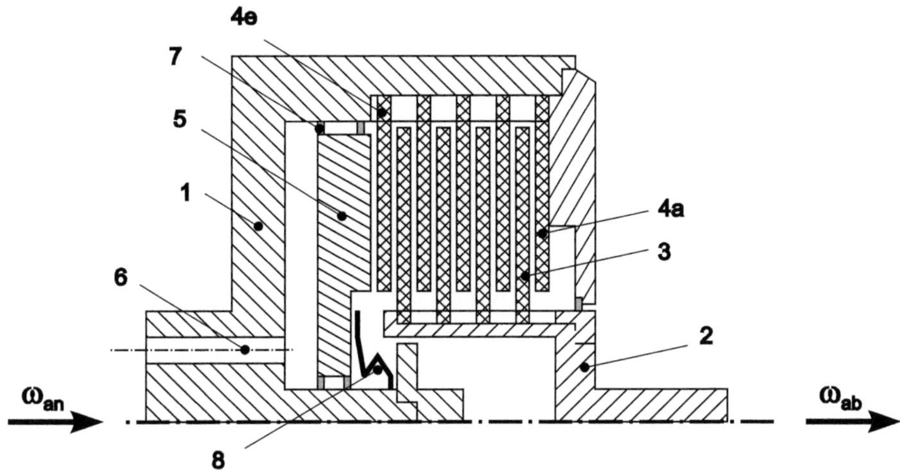

Abb. 2.53. Prinzipskizze einer Lamellenkupplung. Die Lamellenpakete 3,4 können sich in axialer Richtung auf dem Antriebskörper 1 und dem Abtriebskörper 2 verschieben. Sie sind jedoch über Nut und Feder mit dem Antriebskörper und dem Abtriebskörper so verbunden, dass das Lamellenpaket 3 fest gekoppelt mit dem Abtrieb 2 rotiert, während der rotatorische Freiheitsgrad des Lamellenpaketes 4 an den Antrieb 1 gekoppelt ist. Wird über eine Bohrung 6 das Öl in der linken Kupplungskammer mit dem Steuerungsdruck p_{st} beaufschlagt, bewegt sich der Anpresskörper 5 unter dem Einfluss der entstehenden Kraft F_{Kolben} nach rechts und presst das Lamellenpaket über die Lamelle 4e zusammen. Zwischen den Lamellenpaketen 3 und 4 wird das Kupplungsmoment M_K in Abhängigkeit der Drehzahldifferenz und der aufgrund der wirkenden Normalkraft zwischen den Lamellen übertragen. Die Ölkammer wird durch Dichtungen 7 abgeschlossen, eine Druckfeder 8 sorgt für das Entkoppeln nach der Rücknahme des Öldrucks p_{st}

dem Kupplungskolben (Körper Nr. 5 in Abb. 2.53) mit dem Steuerdruck p_{st} ausgelöst. Der Kolben wird aus der Ruhelage bewegt und presst in Folge die Lamellenpakete (3,4) zusammen. Während dieser Phase wird das Kühlöl zwischen den Lamellen verdrängt und es wirkt ein entsprechender Gegendruck auf den Kolben. Zwischen den Lamellen herrscht viskose Reibung durch die vom Fluid übertragene Schubspannung τ.

Schaltphase 2: Mischreibung. Diese erste Phase wird beendet, wenn die Lamellen bereichsweise metallischen Kontakt erfahren. Der Luftspalt zwischen den Lamellen ist jetzt sehr klein, so dass neben die viskose Reibung bereichsweise Coulomb'sche Reibung tritt. In dieser zweiten Phase kann die Dynamik des Schaltkolbens vernachlässigt werden, da dessen Bewegungen jetzt sehr klein sind und eine weitere Integration des Impulssatzes für den Kolben auf steife Differenzialgleichungen führt.

Kupplungsmoment in Schaltphase 1 (Viskose Reibung). Die Beschleunigung der absoluten Bewegung des Kupplungsgehäuses werde vernachlässigt, die

Masse des Kupplungskolbens sei m, seine translatorische Koordinate in axialer Richtung durch x bezeichnet. Am Kupplungskolben gilt der Impulssatz:

$$m\ddot{x} = \sum F = F_{\ddot{O}l} - F_R - F_T - F_L \tag{2.432}$$

Die rückstellende Kraft auf den Schaltkolben durch die Wirkung der Tellerfeder sei mit F_T bezeichnet, die Reibkraft der Dichtringe mit F_R. Die Kraft F_L ist die Kontaktkraft zwischen Kupplungskolben und den Lamellen, die resultierende Kraft des Öls in der Druckkammer auf den Kolben wird mit $F_{\ddot{O}l}$ zusammengefasst. Die einzelnen Kräfte berechnen sich wie folgt:

- Die resultierende Kraft $F_{\ddot{O}l}$ durch den Druck in der Ölkammer setzt sich aus dem Steuerdruck p_{st} und dem dynamischen Öldruck p_{dyn} zusammen. Der dynamische Öldruck resultiert aus der Rotation der Kupplungskammer. Es existieren verschiedene Konstruktionen, welche durch entsprechend angeordnete Druckleitungen unterschiedliche Drücke in der Druckkammer weitestgehend vermeiden und den dynamischen Anteil des Öldruckes auf ein Minimum reduzieren. Im allgemeinen Fall gilt jedoch das Integral über die Teilflächen dA der gesamten Kolbenfläche A_{Kolben} des Kupplungskolbens zur Berechnung der resultierenden Kraft. Aus dem dynamischen Druck durch Zentripetalkraft,

$$p_{dyn} = p_{dyn}(\omega, r) = \frac{1}{2}\rho_{\ddot{O}l}\omega_{\ddot{O}l}^2 r^2 \tag{2.433}$$

und der Fläche A_{Kolben} des Kupplungskolbens folgt sofort:

$$\begin{aligned} F_{\ddot{O}l} &= \int\limits_{A_{Kolben}} (p_{st} + p_{dyn}(\omega, r))\, dA_{Kolben} \\ &= (p_{st} + \frac{1}{4}\rho_{\ddot{O}l}\omega_{\ddot{O}l}^2(R_{Ka}^2 + R_{Ki}^2))A_{Kolben} \end{aligned} \tag{2.434}$$

- Die Reibkraft F_R resultiert aus dem Kontakt zwischen den Dichtringen am inneren und äußeren Umfang des Kupplungskolbens und bestimmt sich zu

$$F_R = \mu_D(F_{Di} + F_{Da}) \tag{2.435}$$

Der Koeffizient μ_D nimmt typischerweise Werte zwischen $0,1$ und $0,2$ an und ist gewöhnlich eine Funktion der Materialien, Oberflächenbeschaffenheiten, Relativgeschwindigkeiten und Schmierverhältnisse zwischen den Reibpartnern. Die Druckkräfte F_{Di} und F_{Da} sind konstruktionsspezifische Werte.

- Die Rückstellkraft F_T wird der Charakteristik der Tellerfeder entnommen. Die Tellerfeder dient zur Sicherstellung einer Kraftreserve zur Rückbewegung des Kupplungskolbens. Kennt man die Federkennlinie $c_T(x)$ der Tellerfeder, welche im typischerweise eine degressive Kennlinien aufweist, gilt mit der Vorspannkraft $F_{T,0}$ die Abhängigkeit

$$F_T = F_{T,0} + x c_T(x) \tag{2.436}$$

- Die Kraft F_L beschreibt die Resultierende der axialen Kontaktkraft zwischen der ersten Lamelle (Lamelle 4e in Abb. 2.53) und dem Kupplungskolben. Sie wird im wesentlichen durch den Druck p_L bestimmt, welcher im Kühlöl zwischen den Lamellen herrscht. Aufgrund der Relativbewegung der Lamellen wird das Öl verdrängt. Wird mit h der zeitvariante Spaltabstand der Lamellen bezeichnet, gilt die Reynolds'sche Gleichung im Öl in der Form

$$\frac{\partial^2 p_L}{\partial r^2} + \frac{1}{r}\frac{\partial p_L}{\partial r} = 12\frac{\eta}{h^3}\dot{h} \tag{2.437}$$

Die radiale Koordinate r und der Spaltabstand h beschreiben die Geometrie, während η die dynamische Viskosität des Kühlöls bezeichnet. An den Innen- und Außendurchmessern gelten die Randbedingungen

$$p_L(r = R_i, t) = p_L(r = R_a, t) = 0 \tag{2.438}$$

Für die Abhängigkeit des Öldruckes von Geometrie und Relativgeschwindigkeit der Lamellen folgt als Lösung der Reynolds'schen Gleichung und den Randbedingungen:

$$p_L = -\frac{3\eta\dot{h}}{h^3}\left[R_a^2 - r^2 - (R_a^2 - R_i^2)\frac{ln\frac{r}{R_a}}{ln\frac{R_i}{R_a}}\right] \tag{2.439}$$

Die Kraft F_L entspricht der integralen Summe des Öldruckes über alle Flächenelemente der Lamelle:

$$F_L = \int\limits_{0}^{2\pi}\int\limits_{R_i}^{R_a} p_L r\,dr\,d\varphi \tag{2.440}$$

Zu Beginn des Schaltvorganges sind die Lamellen entkoppelt. Die Viskosität des Kühlöls erzeugt ein Leerlaufmoment, welches zwischen An- und Abtrieb übertragen wird. Unter der Annahme eines Newton'schen Fluides ist das viskose Moment eine Funktion der Spalthöhe h und der relativen Umfangsgeschwindigkeit v_K der Lamellenoberflächen zueinander:

$$\tau = -\eta \frac{v_K}{h} \qquad \text{und} \tag{2.441}$$

$$M_{visk} = \int\limits_{0}^{2\pi} \int\limits_{R_i}^{R_a} \tau r^2 \, dr \, d\varphi \tag{2.442}$$

Die Relativgeschwindigkeiten der Lamellenoberflächen resultieren aus der Drehzahldifferenz von An- und Abtriebsseite:

$$v_K(r) = r(\omega_{ab} - \omega_{an}) = r\omega_K \tag{2.443}$$

Mit einer Anzahl von z_R Reibpaarungen liegt das von der Kupplung übertragene Drehmoment M_K in dieser Phase in Abhängigkeit des Drehzahlschlupfes, der Geometrie und der momentanen Spalthöhe fest.

$$\begin{aligned} M_K &= -\eta\omega_K \sum_{i=1}^{z_R} \int\limits_{0}^{2\pi} \int\limits_{R_i}^{R_a} \frac{r^3}{h} \, dr \, d\varphi \\ &= -\eta\omega_K \frac{\pi}{2h}(R_a^4 - R_i^4)z_R \end{aligned} \tag{2.444}$$

Mit bekanntem Zeitverlauf des momentanen Steuerdruckes und dem momentanen Zustandes $x, \dot{x}$ des Kupplungskolbens ist somit die Beschleunigung $\ddot{x}$ des Kolbens und das übertragene Moment M_K eine Funktion bekannter Größen.

Kupplungsmoment in Schaltphase 2: Mischreibung. Durch die Bewegung des Kupplungskolbens und die Verdrängung des Kühlöls zwischen den Lamellen kommt es zu einem zunächst teilweisen Kontakt der Lamellenoberflächen. Im Spalt herrscht dann keine viskose Reibung, sondern eine Mischreibung aus viskoser Reibung und Coulomb'scher Reibung vor. Die Berechnung des übertragenen Drehmomentes kann dann in guter Näherung nach den Coulomb'schen Gesetzen erfolgen. Die Kolbendynamik wird hier vernachlässigt, da der Kolben nur noch minimale Wege zurücklegt. Der Impulssatz am Kolben (2.432) vereinfacht sich zu

$$F_L = F_{\ddot{O}l} - F_T \tag{2.445}$$

Die Kräfte $F_{\ddot{O}l}$ und F_T durch Öldruck und Tellerfeder sind gemäß den oben angegebenen Gleichungen bekannt. Somit ist die Normalkraft zwischen den Lamellen berechenbar. In dieser Phase kann zwischen den Lamellen wechselweise der Zustand Haften oder Gleiten vorliegen.

- Findet zwischen den Lamellen Gleiten statt, berechnet sich das Kupplungsmoment M_K zu

$$|M_K| = \mu r_m F_K z_R \,. \tag{2.446}$$

Das Vorzeichen des Momentes hängt von der Drehzahldifferenz zwischen An- und Abtrieb ab, M_K wirkt entgegen der Relativdrehung des Kontaktpartners. Der Radius r_m ist der mittlere Reibradius der Kupplung.

$$r_m = \frac{2}{3} \frac{R_a^3 - R_i^3}{R_a^2 - R_i^2} \tag{2.447}$$

- Ein Vorzeichenwechsel der Relativgeschwindigkeit kennzeichnet einen Übergang in den Zustand des Haftens. In diesem Zustand verbleibt die Kupplung, bis das Grenzmoment

$$|M_K| = \mu_0 z_R r_m F_L \tag{2.448}$$

überschritten wird. Hier stellt μ_0 den Haftreibungskoeffizienten dar.

Die möglichen Übergänge der Kupplung von Haftzustände in Gleitzustände und umgekehrt entspricht einer zeitvarianten Topologie des Systems. Während der Haftphase sind die Winkelkoordinaten von An- und Abtrieb fest miteinander gekoppelt und stellen keine unabhängigen Freiheitsgrade dar. Die Simulation von Systemen mit zeitvarianten Topologien, Kontakten und Haft-Gleitübergängen beinhaltet die Lösung komplementärer Gleichungssysteme [88], [33], [99], [117].

Eine alternative Näherungslösung ist die gemeinsame Modellierung von Haft- und Gleitreibungskoeffizient μ und μ_0 durch eine Arkustangensfunktion über den Schlupf $\omega_K = \Delta\dot{\varphi}$:

$$\mu := \frac{2\mu_G}{\pi} \cdot \arctan \frac{\Delta\dot{\varphi}}{\dot{\varphi}_0} \tag{2.449}$$

Die Bezugsgeschwindigkeit $\dot{\varphi}_0$ wird sehr klein gewählt, sie entspricht der Geschwindigkeitsgenze zwischen Haften und beginnendem Gleiten. Der Vorteil einer solchen Modellierung liegt in ihrer Einfachheit. Die zeitvariante Topologie des Systems mit Haft-Gleitübergängen wird umgangen. Im Lösungsfluss von so approximierten Kupplungen treten keine echten Haftphasen mehr auf, diese gehen in Gleitphasen mit sehr kleinem Schlupf $|\dot{\varphi}| < \dot{\varphi}_0$ über. Diese Modellierung ist somit nur zulässig, falls die durch die Approximation der Haftphase entstehenden Fehler klein im Vergleich zu den absoluten Drehwinkeln verbleibt.

2.6.6 Arbeitszylinder in Hubkolbenmotoren

Hubkolbenmotoren stellen heutzutage den weitaus größten Anteil an Antriebsmotoren. Ihre millionenfache Verbreitung in Pkw- und Lkw- Motoren wird weltweit von aufwendigen Entwicklungs- und Forschungsarbeiten begleitet. Die thermodynamischen und chemischen Verbrennungsprozesse sind detailliert studiert und untersucht. Aufgrund der hohen, kurzzeitig wirkenden Gaskräfte im Zylinder und den nichtlinearen Beschleunigungen von Kolben und Pleuel stellen die Wechselwirkungen von Gaskräften, Kolben, Pleuel und Kurbelwelle die mit Abstand wichtigste Ursache von Torsionsschwingungen in den Abtriebssträngen von Fahrzeugen und Schiffen dar. Während die Berücksichtigung der Verformungen, Geometrie und Trägheiten der Kurbelwellen im Kapitel „Körper: Kurbelwellen" diskutiert wird, ist in den folgenden Abschnitten die Berechnung des Abtriebsmomentes eines Verbrennungskolbens und die nichtlinearen Massenkräfte aufgrund der Kolben- und Pleuelbeschleunigungen zusammengestellt.

Das Koppelelement „Arbeitszylinder" beinhaltet dabei keine eigenen Freiheitsgrade. Es stellt vielmehr die durch Gaskräfte und Massenkräfte von Kolben und Pleuel entstehenden Kräfte und Momente auf Kurbelwellen zusammen. Die Modellierung der Kurbelwelle mit Kröpfungen und elastischen Verformungen geschieht separat, i. Allg. durch Körper der Typen „Torsionswelle" oder „Biege- und torsionselastische Welle". Die Massenanteile von Kolben und Pleuel werden berechnet und wirken als zeitvariante, additive Massenträgheitsmomente auf die korrespondierenden Kurbelwellenabschnitte. Der Grund für diese Wahl der Definition liegt in der Flexibilität der begleitenden Simulationssoftware: Unabhängig von der Vielfalt der möglichen Modellierungsansätze für die Kurbelwelle sind alle Einflüsse eines Arbeitszylinders auf die Kurbelwelle in einem Koppelelement zusammengefasst.

Es spielt für die Auswertung des Koppelelementes „Arbeitszylinder" keine Rolle, ob die Kurbelwelle starr, torsionselastisch oder biegeelastisch modelliert wird. Die Wirkung des Koppelelementes „Arbeitszylinder" gemäß der folgenden Definition und Herleitung resultiert in einem Kraftwinder in einer freigeschnittenen Pleuellagerung und setzt sich aus den Gaskräften auf die Kolbenoberseite, den Reibkräften der Kolben an der Zylinderinnenwand und den Massenkräften zusammen.

Gaskräfte. Thermodynamische Kreisprozesse sind ein oft gebrauchtes und detailliert erforschtes Ersatzmodell für reale Verbrennungsabläufe in Hubkolbenmotoren. Interessant und notwendig zur nummerischen Simulation der Dynamik eines Antriebsstranges mit Hubkolbenmotoren sind zunächst die Druckverhältnisse im Zylinder. In erster Näherung wird der Druck auf die Kolbenoberseite ortsunabhängig modelliert. Die resultierende Gaskraft auf den Kolben entspricht so dem Produkt aus Druckdifferenz (zwischen Zylinder und Kolbenunterseite) und der Querschnittsfläche des Kolbens.

Zur Simulation der Systemdynamik ist es eine der gebräuchlichen Möglichkeiten, gemessene Druckverläufe der einzelnen Verbrennungsprozes-

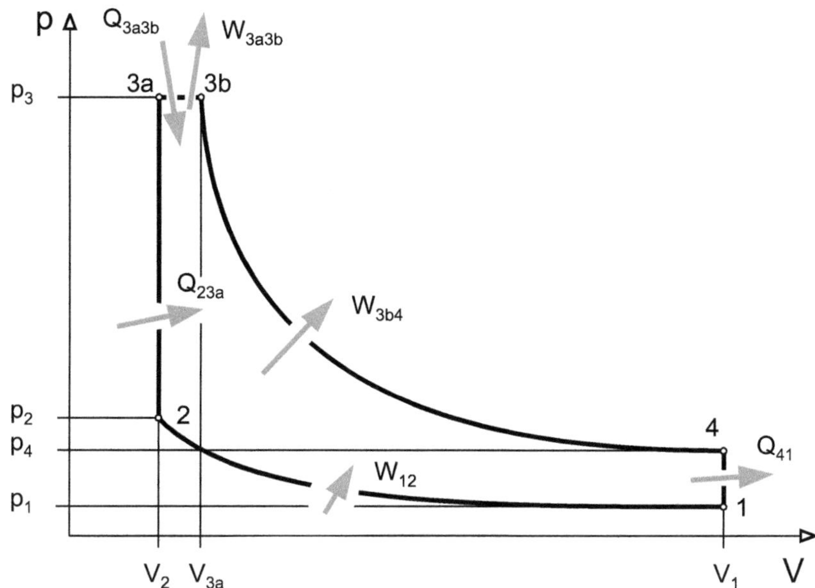

Abb. 2.54. Der angenommene thermodynamische Kreisprozess in einem Verbrennungskolben besteht aus einer adiabaten Verdichtung $1 \rightarrow 2$, einer isochoren Zündung $2 \rightarrow 3a$, einer isobaren Verbrennung $3a \rightarrow 3b$, einer adiabaten Ausdehnung $3b \rightarrow 4$ und einem isochoren Auslass $4 \rightarrow 1$. Über den Zünddruck p_3 und der während der Verbrennung zugeführten Wärmemenge Q_{3a3b} lässt sich das Verhältnis von isochorer Verdichtung und isobarer Verbrennung so gestalten, dass den unterschiedlichen Charakteristika von Diesel- und Benzinmotoren Rechnung getragen wird

Tabelle 2.6. Bezeichnungen und Abkürzungen für Arbeitszylinder

p	Momentaner Druck im Verbrennungskolben
V	Momentanes Volumen in Verbrennungskolben
V_1	Zylindervolumen im UT
V_2	Zylindervolumen im OT
ε	Verdichtung $(= V_2/V_1)$
R	Gaskonstante (Luft: $287 J/(kgK)$)
c_p	Spezifische isobare Wärmekapazität (Luft: $1005 J/(kgK)$)
c_v	Spezifische isochore Wärmekapazität (Luft: $717 J/(kgK)$)
κ	Adiabatenexponent ($= c_p/c_v$; Luft: $1,402$)
m_L	Masse der Luft im Zylinder
Q	Zu- bzw. abgeführte Wärme
W	Zu- bzw. abgegebene Arbeit
T	Temperatur des Gemisches im Zylinder

se in Tabellen zu speichern, und im Laufe der nummerischen Integration des Bewegungsverhaltens des Motors die Druckkräfte jeweils in Abhängigkeit der Kurbelwinkel den Tabellen wieder zu entnehmen.

Es sind jedoch oft gerade die dynamischen Wechselwirkungen zwischen den Abweichungen der Bewegungen der Kolben und der Kurbelwelle von der Nominalbewegung und den durch veränderte Steuerzeiten ebenfalls abweichenden Druckkräften im Mittelpunkt des Interesses. Eine Modellierung mit tabellarisch gespeicherten Druckkräften untersagt dabei das Studium der dynamischen Wechselwirkungen der Torsionsschwingungen und der Gaskräfte. Aus diesem Grunde wird im Folgenden der Verbrennungsprozess detailliert modelliert, damit sowohl die Gaskräfte als auch die Massenkräfte in Abhängigkeit von Zustandsgrößen berechenbar sind. Die Berechnung dieser Kräfte und Momente geschieht dann in jedem Einzelschritt einer Systemsimulation und ermöglicht das detaillierte Studium der Wechselwirkungen im komplexen System „Verbrennungsmotor".

Für den Druckverlauf wird im Folgenden ein Standard-Kreisprozess angenommen. Der Kreisprozess beschreibt zwei von vier Takten eines Viertaktzyklus. Die zwei fehlenden Takte beschreiben den Ladungswechsel, die dort herrschenden Drücke im Zylinder sind relativ gering und werden als konstant angenommen.

Nach dem Ladungswechsel befindet sich der Kolben im unteren Totpunkt UT. Dieser Zustand wird mit 1 nummeriert (vgl. Abb. 2.54). Es wird angenommen, dass sich in der angesaugten Luft eine Temperatur von $T_1 = 293° K$ und ein Druck von $p_1 = 10^5 Pa$ eingestellt hat. Für jeden Zeitpunkt während des Verbrennungsprozesses ist das Volumen V im Brennraum eine Funktion des Kolbenwinkels φ_K (siehe Abb. 2.55). Es gilt:

$$V = V_1 - A_K(x_K + l_1 - l_2) \qquad (2.450)$$

Die Koordinate des Kolbens x_K wird später aus (2.477) bestimmt. Die Konstanten in obiger Gleichung sind in der Tabelle 2.7 zusammengestellt.

Kreisprozess. Die Verdichtung $1 \rightarrow 2$ verläuft in erster Näherung adiabat.

$$p_{1\rightarrow 2}(V) = p_1 \left(\frac{V_1}{V}\right)^\kappa; \qquad T_{1\rightarrow 2}(V) = T_1 \left(\frac{V_1}{V}\right)^{(\kappa-1)} \qquad (2.451)$$

mit dem Adiabatenexponent κ für Luft. Ist im Rahmen einer exakteren Modellierung der Polytropenexponent n dieser Zustandsänderung bekannt, so kann obiger Gleichung der Adiabatenexponent κ durch n ersetzt werden. Im Zustand 2 (oberer Totpunkt OT) ist das Volumen $V = V_2$ über die Verdichtung ε bereits definiert.

$$p_2 = p_1\varepsilon^\kappa; \qquad V_2 = \frac{V_1}{\varepsilon}; \qquad T_2 = T_1\varepsilon^{(\kappa-1)} \qquad (2.452)$$

Während der Kompressionsphase $1 \rightarrow 2$ leistet der Kolben die Arbeit W_{12} am Gemisch.

$$W_{12} = c_v m_L (T_2 - T_1) \tag{2.453}$$

Im Zustand 2 findet die Zündung statt. Sie wird als impulsförmig zugeführte Wärmemenge Q_{23a} modelliert. Im Gemisch tritt somit ein isochorer Drucksprung ein.

$$
\begin{aligned}
T_{3a} &= T_2 + \frac{Q_{23a}}{c_v m_L} \\
p_{3a} &= p_2 \frac{T_{3a}}{T_2}; \\
V_{3a} &= V_2
\end{aligned}
\tag{2.454}
$$

Die zugeführte Wärmemenge Q_{3a3b} ist von der gesamten Einspritzmenge abhängig. Um die Arbeitsweise eines Drehzahlreglers zu modellieren, kann in der Simulation des Motors die Wärmemenge Q_{23a} so eingestellt werden, dass sich ein bestimmter (gemessener) maximaler Zünddruck p_{3a} einstellt. Weiterhin überlässt man den Betrag Q_{3a3b} der Auswertung eines Drehzahlreglers. Über die Länge der Isobare $3a \rightarrow 3b$ kann dieser dann die abgegebene Arbeit auf die Kurbelwelle modifizieren und eine vorgegebene Drehzahl (bzw. einen vorgegebenen Drehzahlverlauf) einhalten. In einer nummerischen Simulation wird dazu die Wärmemenge Q_{3a3b} als Stellgröße anhand des Modelles des vorliegenden Drehzahlreglers bestimmt. Der Zustand $3b$ bezeichnet das Ende des Verbrennungsvorganges, er folgt aus dem Betrag der Wärmemenge Q_{3a3b}.

$$
\begin{aligned}
V_{3b} &= V_{3a} \left(\frac{Q_{3a3b}}{c_p m_L T_{3a}} + 1 \right) \\
T_{3b} &= T_3 a + \frac{Q_{3a3b}}{c_p m_L} \\
p_{3b} &= p_{3a}
\end{aligned}
\tag{2.455}
$$

Während der isobaren Expansion gibt das Gemisch Arbeit auf die Kurbelwelle ab.

$$W_{3a3b} = m_L R (T_{3b} - T_{3a}) = p_{3a}(V_{3b} - V_{3a}) \tag{2.456}$$

In der Modellvorstellung expandiert das Gemisch nach dem Ende des Verbrennungsprozesses adiabat, also ohne Wärmeverluste. In der Phase $3b \rightarrow$

4 ist der Druck im Zylinder wieder eine Funktion des Volumens V und damit auch des Kurbelwinkels φ_K.

$$p_{3b \to 4}(V) = p_{3b} \left(\frac{V_{3b}}{V} \right)^{\kappa} ; \qquad T_{3b \to 4}(V) = T_{3b} \left(\frac{V_{3b}}{V} \right)^{(\kappa-1)} \tag{2.457}$$

Die gesamte abgegebene Arbeit auf die Kurbelwelle in dieser Phase ist dann

$$W_{3b4} = c_v m_L (T_4 - T_{3b}) \tag{2.458}$$

Am Ende der Expansion öffnet der Auslass und der Ladungswechsel beginnt. Die Effizienz dieses Kreisprozesses läßt sich anhand des Wirkungsgrades η_{therm} quantifizieren.

$$\eta_{therm} = \frac{W_{3a3b} + W_{3b4} - W_{12}}{Q_{23a} + Q_{3a3b}} \tag{2.459}$$

Anhand der oben gennannten Zusammenhänge ist der Druck p im Zylinder in jeder Phase des Kreisprozesses bekannt. Die resultierende Gaskraft auf den Kolben beträgt $(p - p_0)A_K$, falls im Kurbelwellengehäuse und damit an der Unterseite der Kolben ein konstanter Druck p_0 angenommen wird.

Energiebilanz. Im Hinblick auf die Untersuchung eines bestimmten Hubkolbenmotores wird im Normalfall die Massengeometrie der Zylinder, Pleuel und Kolben und die Abgabearbeit pro Zylinder und Kurbelwellenumdrehung im Arbeitshub bekannt oder gemessen sein. Liegt ferner eine Annahme oder eine Messung für den Spitzendruck $p_{3a} = p_{3b}$ des Kreisprozesses vor, kann man die noch unbekannten Zustände $3b$ und 4 sowie die notwendige Wärmemenge Q_{3a3b} bestimmen. Die Energiebilanz des Kreisprozesses lautet

$$Q_{23a} + Q_{3a3b} + W_{12} - Q_{41} - W_{3a3b} - W_{3b4} = 0 \tag{2.460}$$

Die Wärmemengen und Arbeitsbeträge in obiger Gleichung sind dabei stets größer Null. Die Arbeitsbilanz für die Kurbelwelle ist positiv, an ihr wird pro Zylinder und Kreisprozess die Arbeit

$$W_{ab} = W_{3a3b} + W_{3b4} - W_{12} \tag{2.461}$$

geleistet. Die Wärmemenge Q_{23a} folgt aus der Massengeometrie und dem vorgegebenen Drucksprung $p_{3a} - p_2$. Wird die Abgabearbeit W_{ab} vorgegeben (etwa durch die Annahme oder Messung einer bestimmten Motorleistung bei der betrachteten Drehzahl), so folgt für die Differenz der noch unbekannten Wärmemengen Q_{3a3b} und Q_{41}:

$$Q_{3a3b} - Q_{41} = W_{ab} - Q_{23} \quad \text{und} \tag{2.462}$$

$$c_p m(T_{3b} - T_{3a}) - c_v m(T_4 - T_1) = W_{ab} - Q_{23} \tag{2.463}$$

Für die adiabate Zustandsänderung $3b \rightarrow 4$ gilt weiterhin:

$$\frac{T_{3b}}{T_4} = \left(\frac{p_{3b}}{p_4}\right)^{\frac{\kappa}{\kappa-1}} \tag{2.464}$$

Der Auslass $4 \rightarrow 1$ geschieht in guter Näherung isochor:

$$\frac{T_4}{T_1} = \frac{p_4}{p_1} \tag{2.465}$$

Das Einsetzen von (2.465) in (2.464) liefert die gegenseitige Abhängigkeit der Temperaturen T_{3b} und T_4:

$$T_{3b} = K_0 T_4^{\frac{1}{\kappa}} \quad \text{mit} \quad K_0 := \left(\frac{p_{3b}T_1}{p_1}\right)^{\frac{\kappa-1}{\kappa}} \tag{2.466}$$

Die Substitution der Temperatur T_{3b} in Gleichung (2.463) liefert nun eine nichtlineare Gleichung zur Bestimmung der unbekannten Temperatur T_4 am Ende des Arbeitshubes:

$$c_p m T_4^{\frac{1}{\kappa}} - c_v m T_4 = W_{ab} - Q_{23a} + c_p m T_{3a} - c_v m T_1 \tag{2.467}$$

Zur Lösung obiger Gleichung wird ein einfaches NEWTON-Verfahren eingesetzt. Ausgehend von einer Schätzung, etwa $T_4 = T_1 + 0.2 * (T_{3a} - T_1)$, wird der exakte Wert der Temperatur T_4 iterativ bestimmt. In der Folge ist dann über (2.464) auch der Zustand $3b$ und die Wärmemenge Q_{3a3b} bekannt.

Massenkräfte. Neben der Gaskraft pA_K auf die Kolbenoberseite müssen bei einer verfeinerten Betrachtung der Systemdynamik auch die Massenkräfte von Kolben und Pleuel berücksichtigt werden. Die Bewegung dieser Bauteile ist durch den Kurbelwinkel φ_K des jeweiligen Hubzapfens eindeutig beschrieben (siehe Abb. 2.55). Die aus den translatorischen und rotatorischen Beschleunigungen resultierenden nichtlinearen Kraft- und Momentanteile müssen in die Bewegungsgleichung für den betrachteten Kurbelwellenabschnitt einbezogen werden. Zur Berechnung dieser Anteile wird zunächst die kinematische Abhängigkeit der Schwerpunktskoordinaten von Kolben und Pleuel von dem Kurbelwinkel φ_K benötigt, deren zeitliche Ableitungen in die Impuls- und Drallsätze an den Bauteilen eingehen. Die im Folgenden Abschnitt verwendeten Abkürzungen sind in der Tabelle 2.7 zusammengestellt.

Tabelle 2.7. Abkürzungen für die Massengeometrie eines Kolben-Pleuel-Systems

J	Momentanes Gesamt-Massenträgheitsmoment eines KW-Abschnittes
J_0	Konstantes Massenträgheitsmoment des Kurbelwellenabschnittes
ΔJ	Nichtlineare Massenträgheit durch Kolben und Pleuel
M	Resultierendes Moment auf KW-Abschnitt
m_K	Masse des Kolbens
m_P	Masse des Pleuels
J_P	Massenträgheitsmoment des Pleuels um Schwerpunkt S_P
l_1	Länge der Kurbel
l_2	Länge des Pleuels
φ_K	Kurbelwinkel
p	Druckdifferenz am Kolben
A_K	Effektive Kolbenquerschnittsfläche
μ	Gleitreibkoeffizient zwischen Kolben und Zylinderinnenwand

Kinematik. Für den Winkel β zwischen Pleuelachse und Kolbenbohrungsachse besteht eine direkte kinematische Abhängigkeit $\beta = \beta(\varphi_K)$:

$$l_2 \sin \beta = l_1 sin\varphi_K \tag{2.468}$$

$$\beta = \arcsin(\frac{l_1}{l_2} \sin \varphi_K) \tag{2.469}$$

$$\dot{\beta} \cos \beta = \frac{l_1}{l_2} \dot{\varphi}_K \cos \varphi_K \tag{2.470}$$

$$\ddot{\beta} \cos \beta - \dot{\beta}^2 \sin \beta = \frac{l_1}{l_2}(\ddot{\varphi}_K \cos \varphi_K - \dot{\varphi}_K^2 \sin \varphi_K) \tag{2.471}$$

$$\ddot{\beta} = \dot{\beta}^2 \tan \beta + \frac{l_1}{l_2}\ddot{\varphi}_K \frac{\cos \varphi_K}{\cos \beta} - \frac{l_1}{l_2}\dot{\varphi}_K^2 \frac{\sin \varphi_K}{\cos \beta} \tag{2.472}$$

$$\tag{2.473}$$

Zur Beschreibung der Kolbenbewegung werden die Zwischenvariablen $B1, B2$ eingeführt:

$$\ddot{\beta} = B1\ddot{\varphi}_K + B2 \tag{2.474}$$

$$B1(\varphi_K) = \frac{l_1 \cos \varphi_K}{l_2 \cos \beta} \tag{2.475}$$

$$B2(\varphi_K, \dot{\varphi}_K) = \dot{\beta}^2 \tan \beta - \frac{l_1}{l_2}\dot{\varphi}_K^2 \frac{\sin \varphi_K}{\cos \beta} \tag{2.476}$$

Die Abkürzungen $B1$ und $B2$ sind vom Kurbelwinkel φ_K und seiner zeitlichen Ableitung $\dot{\varphi}_K$ abhängige Skalare. Zu ihrer Berechnung wird zunächst

Abb. 2.55. Die zwischen Zylinderinnenwand, Kolben, Pleuel und Kurbel wirkenden Kräfte. In die Skizze der freigeschnittenen Elemente eines Verbrennungskolbens sind alle Schnittkräfte eingetragen. Es wird dabei davon ausgegangen, dass die Drehgelenke zwischen Kolben und Pleuel bzw. zwischen Pleuel und Hubzapfen keine Momente übertragen. Die Resultierende der Gaskräfte soll weiterhin eine Vertikale in der Kolbenachse ergeben, zwischen Zylinderinnenwand und Kolben gilt der konstante Gleitreibkoeffizient μ. Etwaige Stick-Slip-Übergänge zwischen Kolben und Zylinderinnenwand werden nicht betrachtet, da im OT und auch im UT die Normalkräfte F_N ausschließlich aus den Massenkräften des Pleuels resultieren und gegenüber der Gaskraft pA und der Kraft F_x aus der Rotationsträgheit des Kurbelwellenabschnittes vernachlässigbar sind. Das x-,y-,z-Koordinatensystem wird so gewählt, dass die z-Achse in der Kurbelwellenachse und die x-Achse in der Symmetrieachse der Kolbenbohrung liegt. Zur Berechnung des Abtriebsmomentes des Kolben-Pleuel-Systems auf die Kurbelwelle müssen nur die Kräfte in der dargestellten x-,y-Ebene betrachtet werden

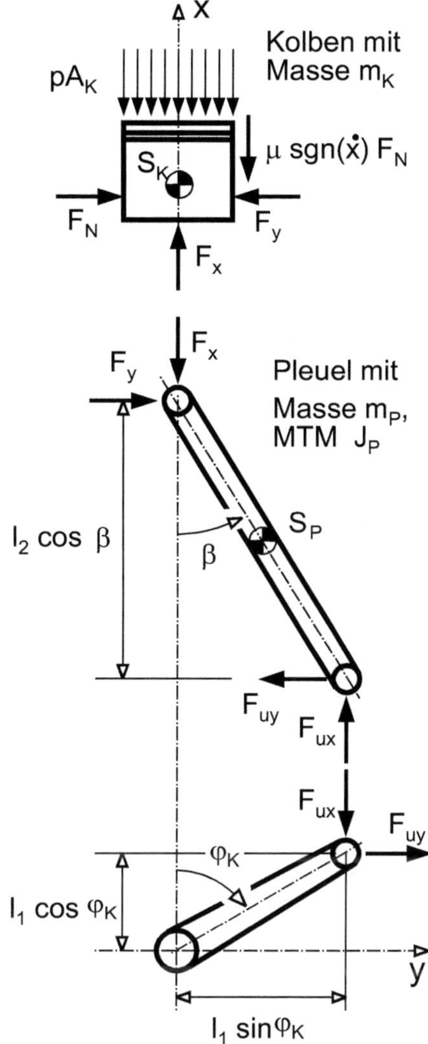

der Pleuelwinkel β und seine Ableitung $\dot\beta$ aus den obigen Gleichungen bestimmt.

Die kinematische Abhängigkeit der Koordinaten x_K und x_P, y_P der Schwerpunkte S_K und S_P von Kolben und Pleuel vom Kurbelwinkel φ_K wird in analoger Weise beschrieben.

$$x_K = l_1 \cos\varphi_K + l_2 \cos\beta \tag{2.477}$$

$$\dot x_K = -l_1 \dot\varphi_K \sin\varphi_K - l_2 \dot\beta \sin\beta \tag{2.478}$$

$$\ddot{x}_K = -l_1\ddot{\varphi}_K \sin\varphi_K - l_1\dot{\varphi}_K^2 \cos\varphi_K - l_2\ddot{\beta}\sin\beta - l_2\dot{\beta}^2\cos\beta \qquad (2.479)$$

Die Kinematik des Pleuelwinkels β ist mit (2.474) bekannt. Für die Beschleunigung $\ddot{x}_K(\varphi_K, \dot{\varphi}_K, \ddot{\varphi}_K)$ des Kolbenschwerpunktes ergibt sich dann eine analoge Struktur wie in (2.474). Aufgrund der übersichtlicheren Darstellung werden die Zwischenvariablen $K1, K2$ eingeführt.

$$\ddot{x}_K = K1\ddot{\varphi}_K + K2 \qquad (2.480)$$

$$K1(\varphi_K) = -l_1\sin\varphi_K - l_2 B1\sin\beta \qquad (2.481)$$

$$K2(\varphi_K, \dot{\varphi}_K) = -l_1\dot{\varphi}_K^2\cos\varphi - l_2\dot{\beta}^2\cos\beta - l_2 B2\sin\beta \qquad (2.482)$$

Der Schwerpunkt S_P des Pleuels besitzt die Koordinaten x_P, y_P (siehe Abb. 2.55). Seine translatorische Beschleunigung wird wie folgt berechnet.

$$x_P = l_1\cos\varphi_K + \frac{l_2}{2}\cos\beta \qquad (2.483)$$

$$\dot{x}_P = -l_1\dot{\varphi}_K\sin\varphi_K - \frac{l_2}{2}\dot{\beta}\sin\beta \qquad (2.484)$$

$$\ddot{x}_P = -l_1\ddot{\varphi}_K\sin\varphi_K - l_1\dot{\varphi}_K^2\cos\varphi_K - \frac{l_2}{2}\ddot{\beta}\sin\beta - \frac{l_2}{2}\dot{\beta}^2\cos\beta \qquad (2.485)$$

Für die Translationsbeschleunigung $\ddot{x}_P$ des Pleuels ist eine Darstellung mit Hilfe der Zwischenvariablen $P1, P2$ und $Y1, Y2$ in kompakter Form möglich.

$$\ddot{x}_P = P1\ddot{\varphi}_K + P2 \qquad (2.486)$$

$$P1(\varphi_K) = -l_1\sin\varphi_K - \frac{l_2}{2}B1\sin\beta \qquad (2.487)$$

$$P2(\varphi_K, \dot{\varphi}_K) = -l_1\dot{\varphi}_K^2\cos\varphi - \frac{l_2}{2}\dot{\beta}^2\cos\beta - \frac{l_2}{2}B2\sin\beta \qquad (2.488)$$

$$y_P = \frac{l_1}{2}\sin\varphi_K \qquad (2.489)$$

$$\dot{y}_P = \frac{l_1}{2}\dot{\varphi}_K\cos\varphi_K \qquad (2.490)$$

$$\ddot{y}_P = \frac{l_1}{2}\ddot{\varphi}_K\cos\varphi_K - \frac{l_1}{2}\dot{\varphi}_K^2\sin\varphi \qquad (2.491)$$

$$\ddot{y}_P = Y1\ddot{\varphi}_K + Y2 \qquad (2.492)$$

$$Y1(\varphi_K) = \frac{l_1}{2}\cos\varphi_K \tag{2.493}$$

$$Y2(\varphi_K, \dot{\varphi}_K) = -\frac{l_1}{2}\dot{\varphi}_K^2\sin\varphi \tag{2.494}$$

Kinetik. Im Rahmen der Berechnung der Bewegungsgleichungen des gesamten Antriebssystems liefert das hier vorgestellte Koppelelement „Zylinder eines Hubkolbenmotors" die Schnittgrößen in der Pleuellagerung auf der Kurbelwelle. Aufgrund der Geometrie von Kurbelwelle und Pleuel verändert sich weiterhin das auf die Kurbelwellenachse bezogene Massenträgheitsmoment J von Kolben und Pleuel in Abhängigkeit des Kurbelwinkels. Somit wird zur korrekten Wiedergabe des Einflusses eines Zylinders (hier: Kolben, Pleuel sowie Gaskräfte auf den Kolben) auf den betrachteten Kurbelwellenabschnitt nicht nur der berechnete Kraftwinder und das resultierende Moment um die Kurbelwellenachse berechnet, sondern auch die zeitvariante Massenträgheit von Pleuel und Kolben zum betrachteten Kurbelwellenabschnitt addiert.

Drallsatz. Am betrachteten Kurbelwellenabschnitt gilt der Drallsatz, auf ein freigeschnittenen Kurbelwellenabschnitt wirkt neben dem Antriebsmoment M_K durch das Kolben-Pleuel-System noch das Schnittmoment M_C, welches die Schnittreaktionen gegenüber dem Rest der Kurbelwelle zusammenfasst. In diesem Abschnitt wird nur das Antriebsmoment M_K durch das Kolben-Pleuel-System betrachtet.

$$J\ddot{\varphi}_K = M_K + M_C \tag{2.495}$$

$$J := J_0 + \Delta J(m_K, m_P, J_P, l_1, l_2, \varphi_K, \dot{\varphi}_K) \tag{2.496}$$

$$M_K := M_K(p, A_K, m_K, m_P, J_P, \mu, l_1, l_2, \varphi_K, \dot{\varphi}_K \tag{2.497}$$

Im Folgenden wird die Abhängigkeit der Größen ΔJ und M_K in den Gleichungen (2.496) und (2.497) vom momentanen Zustand bestimmt. Die Impulssätze am Kolben und am Pleuel lauten (siehe Abb. (2.55)):

$$m_K\ddot{x}_K = m_K[K1\,\ddot{\varphi}_K + K2] = F_x - \mu\mathrm{sgn}(\dot{x}_K)F_y - pA_K \tag{2.498}$$

$$m_P\ddot{x}_P = m_P[P1\,\ddot{\varphi}_K + P2] = F_{ux} - F_x \tag{2.499}$$

$$m_P\ddot{y}_P = m_P[Y1\,\ddot{\varphi}_K + Y2] = F_y - F_{uy} \tag{2.500}$$

$$J_P\ddot{\beta} = J_P[B1\,\ddot{\varphi}_K + B2] = +\frac{l_2}{2}\,[(F_x + F_{ux})\sin\beta$$

$$-(F_y + F_uy)\cos\beta] \tag{2.501}$$

Die Gln. (2.500) und (2.499) dienen der Elimination von F_x und F_y in (2.501):

$$D1\,\ddot{\varphi}_K + D2 = F_{ux}\sin\beta - F_{uy}\cos\beta \tag{2.502}$$

$$\text{mit}\qquad D1(\varphi_K) = \frac{J_P}{l_2}B1 + \frac{m_P}{2}(P1\sin\beta + Y1\cos\beta) \tag{2.503}$$

$$\text{und}\quad D2(\varphi_K,\dot{\varphi}_K) = \frac{J_P}{l_2}B2 + \frac{m_P}{2}(P2\sin\beta + Y2\cos\beta) \tag{2.504}$$

Ebenso kann man die Kräfte F_x und F_y aus Gleichung (2.498) mit Hilfe von (2.500) und (2.499) eliminieren.

$$E1\,\ddot{\varphi}_K + E2 = F_{ux} - \mu\mathrm{sgn}(dotx_K)F_{uy} \tag{2.505}$$

$$\text{mit}\quad E1(\varphi_K) = m_K K1 + m_P P1 + \mu\mathrm{sgn}(\dot{x}_K)m_P Y1 \tag{2.506}$$

$$E2(\varphi_K,\dot{\varphi}_K) = m_K K2 + m_P P2 + \mu\mathrm{sgn}(\dot{x}_K)m_P Y2 + pA_K \tag{2.507}$$

Aus diesen beiden obigen Gleichungen lassen sich die am Hubzapfen wirkenden Kräfte F_{ux}, F_{uy} durch Einsetzen isolieren.

$$G1\,\ddot{\varphi}_K + G2 = F_{ux} \tag{2.508}$$

$$\text{mit}\qquad G1(\varphi_K) = \left[\frac{E1 - \frac{\mu\mathrm{sgn}(\dot{x}_K)}{\cos\beta}D1}{1 - \mu\mathrm{sgn}(\dot{x}_K)\tan\beta}\right] \tag{2.509}$$

$$\text{und}\quad G2(\varphi_K,\dot{\varphi}_K) = \left[\frac{E2 - \frac{\mu\mathrm{sgn}(\dot{x}_K)}{\cos\beta}D2}{1 - \mu\mathrm{sgn}(\dot{x}_K)\tan\beta}\right] \tag{2.510}$$

$$H1\,\ddot{\varphi}_K + H2 = F_{uy} \tag{2.511}$$

$$\text{mit}\qquad H1(\varphi_K) = G1\tan\beta - \frac{D1}{\cos\beta} \tag{2.512}$$

$$\text{und}\quad H2(\varphi_K,\dot{\varphi}_K) = G2\tan\beta - \frac{D2}{\cos\beta} \tag{2.513}$$

Die Kräfte F_{ux} und F_{uy} wirken über die jeweiligen Hebelarme auf den betrachteten Kurbelwellenabschnitt mit dem Trägheitsmoment J_0. Es gilt der Drallsatz:

$$J_0\ddot{\varphi}_K = F_{ux}l_1\sin\varphi_K + F_{uy}l_1\cos\varphi_K + M_C \tag{2.514}$$

M_C fasst die innere Schnittreaktion in der Kurbelwelle auf den betrachteten Abschnitt zusammen. Setzt man die Kräfte F_{ux} und F_{uy} aus den Gln. (2.508) und (2.511) in diesen Drallsatz ein, so kann man die nichtlinearen Massenkräfte und die Gaskräfte auf eine Reduktion ΔJ des Massenträgheitsmomentes J und ein äußeres Moment M_K reduzieren.

$$[J_0 + \Delta J]\ddot{\varphi}_K = M_K + M_C \tag{2.515}$$

$$\text{mit} \quad \Delta J = -l_1 G1 \sin\varphi_K - l_1 H1 \cos\varphi_K \tag{2.516}$$

$$\text{und} \quad M_K = l_1 G2 \sin\varphi_K + l_1 H2 \cos\varphi_K \tag{2.517}$$

Ein typischer Verlauf eines Abtriebsmomentes gemessen über eine Kurbelwellenumdrehung ist in Abb. 2.56 wiedergegeben. Die Parameter dieses Beispieles eines realen 4-Takt-Schiffsdiesel-Zylinders sind in Tabelle 2.8 zusammengestellt. Die hohen Amplituden des Antriebsmomentes im Ausschiebe- und Ansaugtaktes des Zylinders resultieren ausschließlich aus der nichtlinearen Beschleunigung von Kolben und Pleuel. Sie liegen für dieses realistische Beispiel eines ausgeführten, modernen Zylinders in der gleichen Größenordnung wie das Antriebsmoment durch den hohen Zünddruck von $170bar$ im Verbrennungsraum und dürfen daher in einer nummerischen Simulation des Schwingungsverhaltens des Antriebssystems nicht vernachlässigt werden.

Tabelle 2.8. Massen und Trägheiten von Kolben und Pleuel eines 5,95l-Zylinders mit dem in Abb. 2.56 dargestellten Abtriebsmoment. Die Kurbelwellendrehzahl beträgt im Beispiel $n = 1900U/min$. Der Hub dieses Zylinders beträgt $0,21m$, der maximale Zünddruck im Beispiel $170bar$. Die Länge der Isobare mit $170bar$ in Abb. 2.56 entspricht einer zugeführten Wärmemenge $Q_{3a3b} = 11kJ$. Die Torsionsanregung durch die Kolbenmasse von $16kg$ darf in nummerischen Simulationen nicht vernachlässigt werden, die Abtriebsmomente durch Reibung im Zylinder und durch Quer- und Rotationsbewegung des Pleuels hingegen sind vergleichsweise gering

Linie	$m_K[kg]$	$m_P[kg]$	$J_P[kgm^2]$	μ
Durchgezogene dicke Linie	0	0	0	0
Gestrichelte Linie	16.0	0	0	0
Strichpunktierte Linie	16.0	5.0	0	0
Gepunktete Linie	16.0	5.0	0.2	0.3

2.6.7 Nockentriebe

Eine Besonderheit von Verbrennungsmotoren ist die Steuerung von Einlass- und Auslassventilen sowie die Steuerung von Einspritzaggregaten über spezielle Wellen und Wandlung von rotatorischer in translatorische Bewegungen

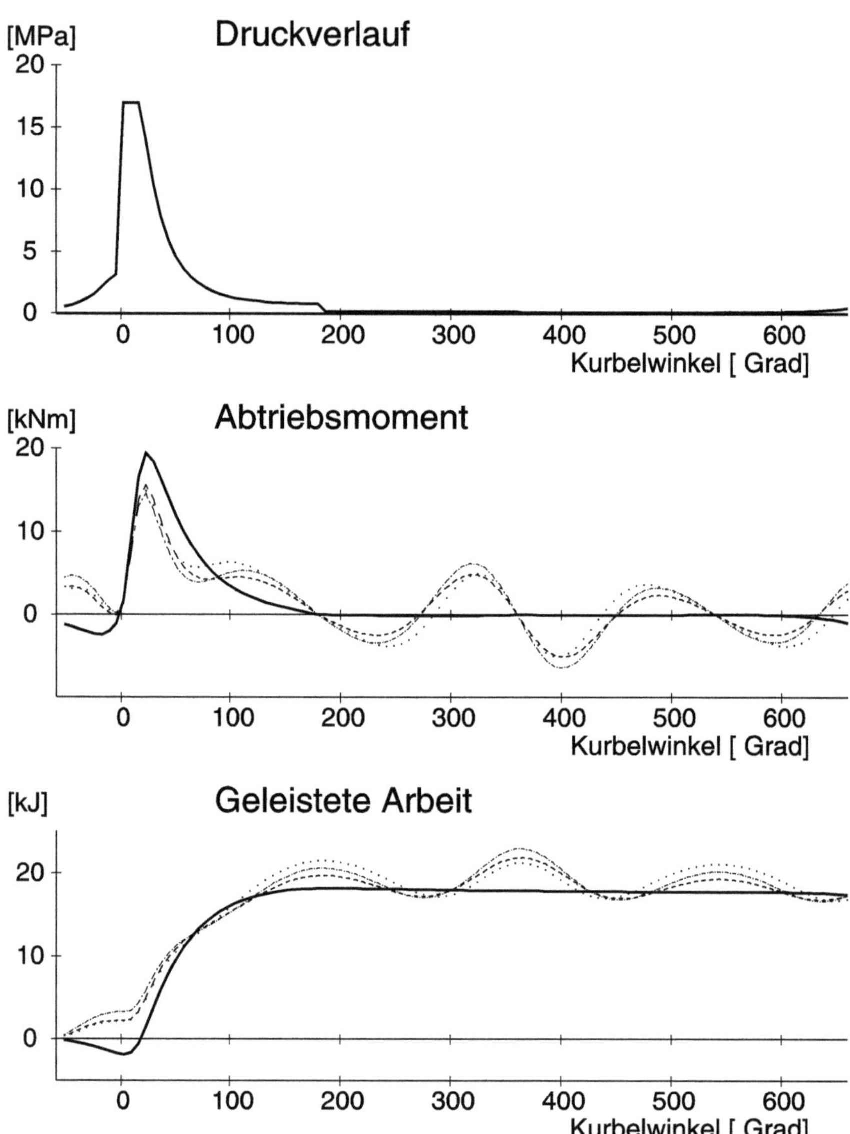

Abb. 2.56. Abtriebsmoment und Arbeit eines 5,95l-Zylinders. Beschreibung der Kurven siehe Tabelle 2.8

mittels Nocken und Stößel. Die Kontaktkraft der Stößel mit den Nocken erzeugt eine Biege- und eine Torsionsbelastung in den Nockenwellen. Je nach Modellierung der Nockenwelle kann diese Kopplung zwischen Stößel und Nockenwelle als äußere, winkelabhängige Schnittkraft und Schnittmoment dargestellt werden oder durch spezielle, ebenfalls zustandsabhängige Koppelelemente modelliert werden. Werden Einspritzpumpen über Nockentriebe angetrieben, entstehen besonders hohe Rückstellkräfte und Torsionsmomente auf die Nockenwelle. Dieser Fall rechtfertigt aufgrund weiterer Besonderheiten eine Modellierung durch ein gesondertes Koppelelement. Zur modelltechnischen Berücksichtigung von Ein- und Auslassventilen sind hingegen entsprechende, als drehwinkelabhängige Tabelle vorliegende Momentanregungen auf die Nockenwelle hinreichend.

Einspritz-Nockentriebe. Eine häufig anzutreffende Methode der Steuerung von Einspritzvorgängen in Verbrennungsmotoren bildet die mechanische Kopplung von Einspritzpumpe und Kurbelwellendrehung über Rädertriebe, Nockenwelle, Nocken und Stößel. Die hier auftretenden inneren Kräfte und Momente wirken auf die Nockenwelle und rückwirkend auf den Rädertrieb und sind vergleichsweise sehr hoch. Die hohen Beträge der Kräfte rechtfertigen eine nähere Untersuchung. Einspritznocken bilden aus diesem Grunde in der numerischen Analyse ein eigenständiges Koppelelement.

Wird mit r_N derjenige Radius des Nockens bezeichnet, welcher gerade unter der ortsfesten Geraden $\varphi = \varphi_{OT}$ hindurchläuft (siehe Abb. 2.57), so gilt mit hinreichender Genauigkeit die Beziehung

$$v_P = \dot{r}_N = \frac{\partial r_N}{\partial \varphi}\dot{\varphi} = \alpha(r_N + \Delta r)\dot{\varphi}. \tag{2.518}$$

Das Maß $\Delta r(\varphi)$ ist dabei der Nockenhub für den Winkel $\varphi - \gamma$ (siehe Abb. 2.57). Es ist für eine korrekte Simulation der zustandsabhängigen Kräfte und Momente auf einen solchen Einspritznocken notwendig, den Zusammenhang zwischen der Plungergeschwindigkeit v_P und der durch den Einspritzvorgang rückgekoppelten Längskraft F im Stößel zu kennen. Diese Kraft hängt jedoch in komplexer und nichtlinearer Weise von dem Einspritzvorgang selbst ab, welcher nicht mit einfachen Mitteln zu modellieren ist. In Abb. 2.58 ist die gerechnete Kinematik und die gemessene Rückwirkung auf den Einspritznocken eines real ausgeführten Dieselmotors dargestellt. Es ist in der Grafik erkennbar, das das rückwirkende Moment proportional einer zu der dritten Potenz der Plungergeschwindigkeit proportionalen Vergleichskurve angesetzt ist. Im Rahmen einer Gesamtsimulation ist dieser Ansatz mit einem kleinen und vertretbarem Fehler behaftet.

Kennt man aus der Nockengeometrie den Steigungswinkel $\alpha(\varphi)$ oder direkt die Plungergeschwindigkeit $v_P(\varphi)$, so lassen sich aus einer solchen Proportionalität $M = c_{EP}v_P^3$ das aktuelle Moment auf den Nocken und die entsprechende Kraft ermitteln. Es gilt allgemein:

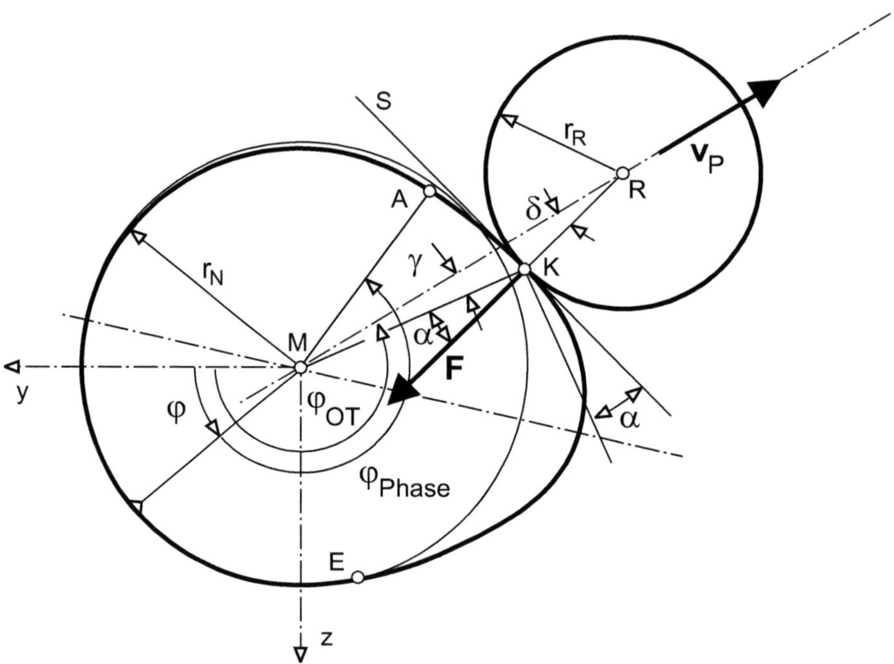

Abb. 2.57. Die Geometrie von Einspritznocken und -Stößel. Wird keine Rollrei-bung des Stößels berücksichtigt, steht die Kontaktkraft zwischen Stößel und Nocken senkrecht auf der Tangente an die Nockenkurve. Die Geometrie des Nockens be-stimmt den Winkel $\alpha(\varphi)$, welcher multipliziert mit dem momentanen Radius $r_m(\varphi)$ die Plungergeschwindigkeit v_P ergibt

$$F = \frac{-M}{(r_N + \Delta r)\sin\alpha} \approx \frac{-M}{(r_N + \Delta r)\alpha} = \frac{-M\dot\varphi}{v_P} \qquad (2.519)$$

Wirkt das Koppelelement „Einspritznocken" auf eine elastisch modellierte Welle, so muss die Koppelwirkung von Biegeschwingungen der Welle mit der Plungergeschwindigkeit einbezogen werden. Besitzt die Welle eine zustands-abhängige Abweichung $\dot q$ von der nominalen Winkelgeschwindigkeit $\omega = \dot\varphi$ sowie momentane translatorische Geschwindigkeiten $\dot y, \dot z$ am Ort des Ein-spritznockens aufgrund einer Biegeschwingung, gilt für die Plungergeschwin-digkeit die Beziehung

$$v_P(\varphi, \dot q, \dot y, \dot z) = v_{P,th}(\varphi)\frac{\omega + \dot q}{\omega} + \dot y\cos\varphi_{OT} + \dot z\sin\varphi_{OT}. \qquad (2.520)$$

Die Geschwindigkeit $v_{P,th}$ ist die nominale Plungergeschwindigkeit für die nominale Winkelgeschwindigkeit ω und den Verdrehwinkel φ des Nockens. Obige Gleichung gilt nur für Kontakt der Rolle mit dem Nocken, im Falle ei-nes Abhebens muss die Modellierung um die Feiflugphase von Kolben, Stößel

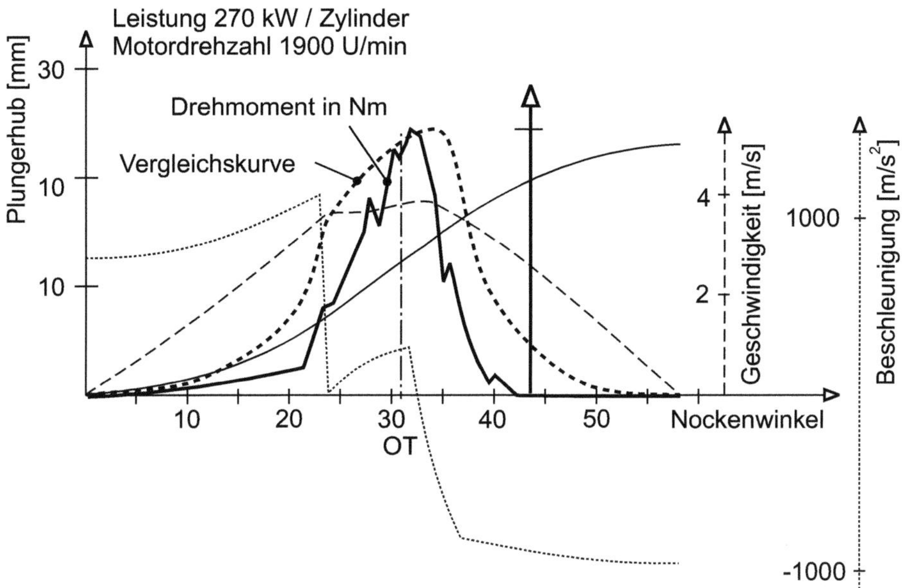

Abb. 2.58. Die berechnete Kinematik und die gemessene Rückwirkung eines Einspritzvorganges auf die Nockenwelle

und Rolle ergänzt werden. Aus der dritten Potenz der aktuellen Geschwindigkeit v_P des Plungers folgen mit der typabhängigen Proportionalitätskonstante c_{EP} die Beträge von rückdrehendem Moment M und Kontaktkraft F auf die Nockenwelle.

$$M \approx -c_{EP}v_P^3 \qquad \text{und} \qquad F \approx \frac{-M\dot{\varphi}}{v_P} \tag{2.521}$$

Die Kraft F besitzt dabei eine um den Winkel δ (vgl. Abb. 2.57) gegenüber der OT-Lage verdrehte Richtung im y-,z-Koordinatensystem. Der Winkel γ folgt aus der Geometrie der Nockenkurve.

$$\delta r_R \approx \gamma(r_N + \Delta r) \quad \rightarrow \quad \delta = \alpha\frac{1}{1 + \frac{r_R}{r_N + \Delta r}} \tag{2.522}$$

$$F_y = -F\cos(\varphi_{OT} + \delta); \qquad F_z = -F\sin(\varphi_{OT} + \delta) \tag{2.523}$$

Die dargestellte Modellierung beinhaltet in linearer Näherung die Rückwirkungen von Biege- und Torsionsschwingungen der Nockenwelle auf den Einspritzvorgang einerseits und die Rückwirkungen des Einspritzvorganges auf die Kontaktkraft und das rückdrehende Moment auf die Welle andererseits. Wie im Kapitel „Beispiele" anhand eines Schiffsdiesels gezeigt werden kann, spielt gerade die Koppelwirkung der sehr hohen Kräfte auf die Nockenwelle mit einer Biegeschwingung eine nicht zu vernachlässigende Rolle bei der Analyse von Zahnhämmern im Rädertrieb des Motors.

2.6.8 Modellierung von Randbedingungen

Bei der Modellierung eines Antriebsstrang- Systems wird zwangsweise die Systemgrenze zur Umgebung definiert und die Wechselwirkungen des Systems über diese Grenze hinaus durch entsprechende Mechanismen simuliert. Außer einer im Raum frei schwebenden Einheit existiert wohl kein System, dass nicht mit signifikanten Wechselwirkungen über die Systemgrenze hinweg behaftet ist. Im Falle von Antriebsstrangsystemen können die Systemgrenzen durch Lagerungen, Führungen oder auch Abtriebsräder definiert sein. Die Systemmodellierung erfordert ein „Freischneiden" des Systems an diesen Systemgrenzen. Alle Wechselwirkungen, die über die Systemgrenze wirken können, müssen in der Dynamiksimulation auch berücksichtigt werden. Im Falle von Lagerungen kann dies durch die eigens dafür definierten Koppelelemente geschehen, etwa durch Elemente des Typs „Kugellager" oder „Gleitlager". Wie aber modelliert man beispielsweise die Wechselwirkungen von Verdichterläufern mit dem zu verdichtenden Medium oder aber bestimmte kinematisch vorgegebene Bewegungsrandbedingungen? Eine Lösung in allgemeiner Form bietet die Definition von bestimmten Kraftgesetzen oder Weggesetzen, die an den Systemgrenzen Gültigkeit besitzen sollen. So mag man die Modellierung des oben erwähnten Verdichterläufers durch das Aufschalten eines drehzahlabhängigen Momentenverlaufes ergänzen, um die Wechselwirkung des Läufers mit dem Fluid zu berücksichtigen. Zur Verfeinerung der Modellierung und damit auch zur Verbesserung der Aussagegenauigkeit der Rechnung sollte dann auch die mit der Schaufelfrequenz behaftete periodische Unregelmäßigkeit im Momentenverlauf enthalten sein. Liegt eine Messung dieser Wechselwirkung vor, so ist es praktikabel, diese in Tabellenform (Angabe des Momentes in Abhängigkeit des Drehwinkels des betrachteten Körpers) oder auch durch Angabe der wesentlichen Frequenzanteile in die Rechnung einzubeziehen. Es ist allerdings von elementarer Bedeutung, nur solche äußeren Anregungen zu definieren und in der dargestellten Form auf das System wirken zu lassen, deren Charakteristik vollständig oder fast unabhängig von der Dynamik des Systems verbleibt. Kräfte und Momente an bestimmten Schnittstellen des Systems, deren Zeitverlauf wesentlich durch die Dynamik der Teilsysteme auf beiden Seiten der Schnittstelle abhängt, eignen sich nicht zur Modellierung durch eine vorgegebene äußere Anregung. Im Beispiel des Verdichterläufers hingegen läßt sich das Schnittmoment in der Verdichterwelle sehr wohl in guter Näherung unabhängig von der Systemdynamik der Antriebseinheit aus dem aktuellen Drehwinkel und insbesondere der Winkelgeschwindigkeit der Welle ermitteln. Die entsprechende Auswertung dieser Charakteristiken und das Aufschalten des berechneten Schnittmomentes auf die Antriebseinheit stellt eine Momentanregung dar und ersetzt eine Modellierung der Fluiddynamik im Verdichter.

Die Gesamtheit dieser Form von Kraft- und Momentenwirkungen über die Systemgrenzen hinweg soll in diesem Rahmen Arbeit als „Anregung" bezeichnet werden, je nach Typus der Randbedingung entweder als Weganregung, als Kraftanregung oder als Momentanregung.

Weganregung. In diese Gruppe fallen die Unterklassen Wegvorgabe und Drehwinkelvorgabe.

- Wegvorgabe: Die eigentliche Größe der Schnittkraft muss hier nicht als Zeitfunktion a priori vorliegen, vielmehr bedeutet die Vorgabe einer bestimmten Wegfunktion an einem bestimmten Ort eine Zwangsführung mit der vorgegebenen Kinematik. Die zur Realisierung dieser Bewegung notwendige Schnittkraft wird nur durch Betrachtung des Gesamtsystems sichtbar. Eine Vorgabe einer bestimmten Kinematik an einer bestimmten Eingriffsstelle eines Körpers des betrachteten Systems ist mit einer Reduktion der Anzahl der Freiheitsgrade verbunden, da die mathematische Beschreibung des vorzugebenden Weg-Zeit-Gesetzes Zwangsgleichungen für die verallgemeinerten Koordinaten dieses Körpers darstellt. Die Anwendung einer Wegvorgabe in einer nummerischen Simulation bietet sich für Systemgrenzen an, deren Kinetik nicht oder nur vernachlässigbar gering durch die im System enthaltenen Körper beeinflusst wird. Ein Beispiel für „Wegvorgaben" ist die Wechselwirkung eines abrollenden Rades auf einer unregelmäßigen, nicht elastisch modellierten Umgebung. Die Zuordnung der Höhenkoordinate des Kontaktpunktes durch Auswertung einer fest vorgegebenen Kontur entspricht einer Wegvorgabe im Sinne der hier gewählten Nomenklatur. Ein zweites Beispiel ist die Vorgabe von Vibrationen an bestimmten Lagerpunkten, falls etwa das betrachtete System ein kleineres Teilsystem in einem bewegten Gesamtsystem ist. So kann der Einfluss der Bewegung eines Fahrzeuges auf die Getriebedynamik durch Vorgabe der Koordinaten der Lagerpunkte am Fahrzeugrahmen studiert werden.
- Drehwinkelvorgabe: Sie entspricht der Wegvorgabe, bedeutet im Gegensatz zur Wegvorgabe die feste Zuordnung von Drehwinkeln statt Translationskoordinaten. Ein bekanntes Beispiel findet sich in der Berechnung der Dynamik von Nebenantrieben, deren Antriebsenergie von einer Hauptwelle mit deutlich größeren Massen und Trägheiten über Verzahnungen abgegriffen wird. Die Rotation und eventuell überlagerte Schwingungen der Hauptwelle sind oftmals bekannt und exakt vermessen. Bei vergleichsweise kleinen Massen und Trägheiten des Nebenantrieb wird sinnvollerweise an der gewählten Systemgrenze (im Beispiel die Verzahnung auf der Hauptwelle) das bekannte Bewegungsverhalten der Hauptwelle als Drehwinkelvorgabe aufgeschaltet.

Kraftanregung. An einer gegebenen Systemgrenze sei die Schnittkraft bekannt oder aus Versuchen gemessen, das Bewegungsverhalten des Körpers an

dieser Stelle jedoch unbekannt. Zur korrekten Modellierung dieser Systemgrenze wird die bekannte Schnittkraft auf das freigeschnittene System an
dieser Stelle aufgeschaltet. Es ist jedoch sicherzustellen, dass die gemessene
Schnittkraft Allgemeingültigkeit besitzt und nicht einem speziellen Bewe-
gungsmuster der Körper an dieser Systemgrenze entspricht. Die Schnittkraft
darf nicht aus der zu untersuchenden Bewegung des betrachteten Körpers
resultieren. Als Beispiel sei die Gaskraft auf die Kolben von Verbrennungsmotoren genannt. Diese sind in der Regel für einen gegebenen Kurbeltrieb
aus Messungen oder aus hermodynamischen Modellen in Abhängigkeit des
Kurbelwellenwinkels bekannt und tabellarisch erfasst. Eine näherungsweise
korrekte Modellierung der Schnittstelle des Kurbeltriebes zum Verbrennungsprozess geschieht in diesem Fall durch die Vorgabe der bekannten Gaskräfte
auf die einzelnen Kolben. Die Dynamik des Kurbeltriebes und torsionselastische Verformungen der Kurbelwelle verändern die Abhängigkeit der Gaskräfte vom Kurbelwinkel in erster Näherung nicht.

Momentanregung. Die Momentanregung entspricht analog zur Kraftanregung dem „Aufschalten" bekannter, in Tabellenform oder in entsprechenden
Spektren abgelegten Drehmomentverläufen auf bestimmte Eingriffsorte an
der Systemgrenze des modellierten Antriebsstranges. Beispiele für „Momentanregungen" in nummerischen Simulationen sind etwa

- Schnittstellen zu fluidmechanischen Prozessen in Strömungsmaschinen, etwa das Lastverhalten hydraulischer Bremsen oder das Antriebsmoment
  einer Beschaufelungsreihe in Turbogruppen. Der Verlauf dieser Drehmomente hängt unter anderem von Umdrehungsgeschwindigkeiten, Schaufel-
  geometrien und dem Strömungszustand der Fluide ab. Die Berechnung
  dieser Effekte ist komplex und erfordert aufwendige Modelle. Die Berücksichtigung der Schaufelkräfte in Strömungsmaschinen zur Berechnung der
  Dynamik dieser Antriebsstränge kann aber in wesentlich einfacherer Weise
  durch „Aufschalten" einmalig berechneter oder gemessener Momente auf
  die entsprechenden Eingriffsorte der Turbinenläufer geschehen.
- Drehmomentanregungen auf Nockenwellen durch Ventil- und Einspritznocken. Die Lastmomente auf die Nockenwelle kann man aus Tabellen in
  Abhängigkeit der lokalen Drehwinkel entnehmen und auf die Nockenwelle
  aufschalten. Es erübrigt sich dann eine Betrachtung der komplexen Subsys-
  teme, etwa die „Ventildynamik" oder die Dynamik von Einspritzpumpen
  und ihren Nockenabtrieben.

Alle Formen der Anregungen können dabei sowohl als zustandsabhängige
Größen in Tabellenform vordefiniert und während der Simulation aus dieser
Tabelle interpoliert werden als auch durch spezielle Gesetze (Fourier-Reihen)
zeit- oder zustandsabhängig auf die entsprechenden Systemgrenzen aufgeschaltet werden.

2.7 Nummerische Integration

2.7.1 Übersicht

In den vorangehenden Kapiteln wurde erläutert, wie aus über eine Modellbildung mit Hilfe der dargestellten mathematischen Ansätze die Dynamik einzelner Teilkörper und die Kraftkopplungen zwischen den Körpern in ein System von Differenzialgleichungen zweiter Ordnung übergeführt wird. Letztendlich interessiert den Anwender dieser Schemata aber das Zeit- und Frequenzverhalten des von ihm modellierten Systems. Im Falle von linearen Systemen können Aussagen über das resultierende Verhalten im Frequenzbereich getroffen werden, nachdem man das Eigenwertproblem für die geschlossene Darstellung der Bewegungsgleichungen im Zustandsraum gelöst hat. Im Allgemeinen liegen aber nichtlineare Kraftkopplungen vor, die eine nummerische Integration der Gleichungen von einem Anfangszustand $q_0 = q_{t=0}$ und $\dot{q}_0 = \dot{q}_{t=0}$ aus erfordern. Die einzelnen Teilkörper i besitzen die Bewegungsgleichung

$$M_i\ddot{q}_i + D_i\dot{q}_i + K_i q_i = h_i(t, q, \dot{q}) \tag{2.524}$$

Alle in h_i auf den i-ten Körper einwirkenden Kraftkopplungen hängen von den globalen Koordinaten $q, \dot{q}$ aller beteiligten Körper ab. Die Zustandsform obiger Bewegungsgleichungen lautet

$$\begin{bmatrix} \dot{q}_i \\ \ddot{q}_i \end{bmatrix} = \begin{bmatrix} 0 & E \\ -M_i^{-1}K_i & -M_i^{-1}D_i \end{bmatrix} \begin{bmatrix} q_i \\ \dot{q}_i \end{bmatrix} + \begin{bmatrix} 0 \\ M_i^{-1}h_i \end{bmatrix} \tag{2.525}$$

Sortiert man alle $q_i, \dot{q}_i$ aller Körper i in Vektoren $q, \dot{q}$, so wird aus dem Satz von n Bewegungsgleichungen zweiter Ordnung ein Satz von $2n$ Bewegungsgleichungen erster Ordnung:

$$\dot{y} = \begin{bmatrix} \dot{q} \\ \ddot{q} \end{bmatrix} = f(t, q, \dot{q}) = f(t, y) \tag{2.526}$$

Die Auswertung der einzelnen Bewegungsgleichungen ist in der Funktion f zusammengefasst. Das Ziel aller im Folgenden beschriebenen Methoden ist es, aus der bekannten Funktion $f(t, y)$ und einem Anfangszustand $y_0 = y_{t=0}$ den exakten Verlauf $y(t)$ möglichst genau und mit möglichst wenig Rechenaufwand zu approximieren.

Während die Grundlagen und Ansätze zur Formulierung der Bewegungsgleichungen für die einzelnen Teilkörper mechanischer Mehrkörpersysteme im Allgemeinen und Antriebsstrangsysteme im Speziellen noch vergleichsweise überschaubar sind, stellt die Vielfalt der vorhandenen nummerischen Methoden zur Integration der sich ergebenden Anfangswertprobleme den Anwender vor die Notwendigkeit der Wahl eines geeigneten Verfahrens. Zur speziellen

Wahl eines Integrationsverfahrens gibt es eine Vielzahl allgemein dienlicher Aussagen [83], [19], [11], [124].

Die speziellen Anforderungen für die hier vorliegenden Bewegungsgleichungen von Antriebsstrangsystemen mit den für sie typischen, stark nichtlinearen Kraftkopplungen erfordern jedoch eine detailliertere Einsicht in die Stärken und Schwächen der einzelnen Verfahren, um sie mit einer geeigneten Schrittweitensteuerung und Schaltpunktsuche zu koppeln.

In Betracht kommende Verfahren und ihre Eigenschaften sind aus diesem Grunde im Folgenden in kürzester Form aufgelistet.

2.7.2 Einteilung der Verfahren

Alle Verfahren berechnen Approximationen Y_i an diskreten Zeitpunkten t_i zur unbekannten, exakten Lösung $y(t)$. Die Verfahren zur Integration gewöhnlicher Differenzialgleichungen lassen sich generell nach vier Kriterien einteilen.

Kriterium 1: Direkt $\leftrightarrow$ Indirekt. Direkte Integrationsverfahren integrieren den vorliegenden Satz von Differenzialgleichungen, ohne vorher Veränderungen oder Transformationen auf neue Koordinaten oder auf einen neuen Satz von Basisvektoren durchzuführen. Dementsprechend nennt man ein Integrationsverfahren indirekt, wenn es die Differenzialgleichungen vor der eigentlichen Integration durch Transformation auf neue Koordinaten bezieht (zum Beispiel durch Modaltransformation und Reduktion auf interessierende Eigenformen). Genaugenommen ist so die Klassifizierung „Direkt - Indirekt" keine Beschreibung des Integrationsverfahrens sondern vielmehr ein Indikator für eine Transformation oder Reduktion des Satzes von Bewegungsgleichungen. Dieses Kriterium wird daher nicht weiter betrachtet.

Kriterium 2: Explizit $\leftrightarrow$ Implizit. Explizite Formeln beschreiben alle notwendigen Rechenschritte zur Bestimmung des nächsten Approximationspunktes Y_{n+1} „explizit", die notwendigen Schritte können direkt und sukzessiv durchgeführt werden. Implizite Verfahren beinhalten dagegen die Größen Y_{n+1} oder $\dot{Y}_{n+1}$ in einer impliziten Vorschrift zur Bestimmung von Y_{n+1}. Die Lage der internen Stützstellen im Intervall muss daher iterativ gelöst werden. Sind weiterhin die internen Stützpunkte $t_i + a_j h$ identisch mit den Stützstellen der Gauss'schen Quadraturformeln für das Intervall t_n, t_{n+1}, so lässt sich unter Verwendung von m Funktionsaufrufen maximal die lokale Fehlerordnung $q_l = 2m + 1$ erreichen, während explizite Verfahren mit einer konstanten und bekannten Verteilung der Stützstellen im aktuellen Integrationsintervall nur die lokale Fehlerordnung $q_l = m + 1$ erreichen. Der Nachteil der erhöhten Genauigkeit ist der Aufwand zur Iteration der Stützstellen [19], [31].

Kriterium 3: Einschritt- oder Mehrschrittverfahren. Die in der Literatur übliche Wortwahl „Einschritt" oder „Mehrschritt" hält der Autor für etwas irreführend, da auch bei einem Einschrittverfahren mehrere Rechenschritte durchzuführen sind. Die Klassifizierung „Einschritt-" oder „Mehrschritt-" richtet sich vielmehr nach der Anzahl der bereits bekannten Approximationspunkte Y_j, welche zur Berechnung eines gewünschten, neuen Punktes Y_{n+1} herangezogen werden. Wird „nur" der Zustandspunkt Y_n am Anfang des aktuellen Zeitintervalles betrachtet, so spricht man von einem Einschrittverfahren. Wird hingegen zur Berechnung von Y_{n+1} eine Reihe $Y_n, Y_{n-1}, Y_{n-2}, \ldots, Y_{n-j}$ herangezogen, fällt die Methode in die Kategorie „Mehrschrittverfahren". Nichtsdestoweniger fallen auch bei einem Einschrittverfahren i. Allg. mehrere Funktionsaufrufe im Intervall t_n, t_{n+1} an. So sind es beispielsweise vier Aufrufe beim „klassischen" RUNGE-KUTTA-Verfahren. Es ist trotzdem ein Einschrittverfahren, da es außer dem bekannten Punkt Y_n am Intervallanfang nur temporäre Zwischenpunkte im aktuellen Intervall, nicht aber weitere, bereits bekannte Zustandspunkte Y_{n-j} heranzieht.

Kriterium 4: Einstufige Verfahren $\leftrightarrow$ Mehrstufige Verfahren: Die Klassifizierung „einstufig"-„mehrstufig" ist in der Literatur nicht geläufig, nach Meinung des Autors aber sinnvoll um die bekannten Verfahren nach einer geschlossenen Logik einteilen zu können.

Einstufige Verfahren berechnen *eine* diskrete Approximation Y_{n+1} mit Hilfe eines Einschritt- oder Mehrschrittansatzes. Mehrstufige Verfahren berechnen *mehrere* Approximationen Y_{n+1}, von denen dann die jeweils letzte als gültige, „offizielle" Lösung zum Zeitpunkt t_{n+1} erklärt wird.

Prädiktor-Korrektor-Methoden. Bekannte Vertreter der Mehrstufen-Ansätze sind die Prädiktor-Korrektor-Methoden, welche eine erste Approximation Y_{n+1} etwa mit einem Mehrschrittverfahren berechnen, um dann die Information $\dot{Y}_{n+1} = f(t_{n+1}, Y_{n+1})$ zur Korrektur der ersten Approximation auf ein zweites Y_{n+1} zu benutzen. Wird der Prädiktor-Schritt mit P bezeichnet, die Auswertung von $f(t_{n+1}, Y_{n+1})$ mit E (Evaluation) und der Korrektor mit C, lassen sich die gängigen Prädiktor-Korrektor-Verfahren durch Buchstabenkombinationen untereinander einteilen. Das Kürzel $PECE$ steht für den einfachsten Fall und $P(EC)^m E$ für ein Verfahren mit m sukzessiven Korrekturen der jeweils erhaltenen Y_{n+1}.

Extrapolationsmethoden. Diese Ansätze benutzen in der Regel eine Folge von Einschrittverfahren, um in einem relativ großen Intervall t_n, t_{n+1} einen Endpunkt Y_{n+1} zu berechnen. Das Intervall wird dazu zunächst in zwei Unterintervalle geteilt. Das Verfahren wird wiederholt mit der Anwendung von beispielsweise vier Einschrittaufrufen bei einer Einteilung in vier Unterintervalle, danach mit einer Einteilung in sechs, acht Unterintervalle und so fort. Eine gängige Folge für die Anzahl k der Unterintervalle ist $2, 4, 6, 8, 12, 16, 24, \ldots$ mit $k_{n+1} = 2k_{n-2}$. Die jeweils erhaltenen Endwerte Y_{n+1} bilden eine Folge $^k Y_{n+1}$. Die Kunst der Extrapolationsverfahren besteht darin, aus dieser Folge einen Endwert ${}^k\boldsymbol{Y}_{n+1}$ für ein hypothetisches $k \to \infty$ abzuschätzen.

2.7.3 Stabilität

Explizite Verfahren sind i. Allg. nur bedingt stabil. Die Größe eines Zeitschrittes darf nicht über die Schwingungsperiode der höchsten Eingenfrequenz im System steigen. Diesen Nachteil heben implizite Verfahren auf. Die Größe ihrer zulässigen Zeitschritte kann um eine oder zwei Ordnungen über der Größe der Zeitschritte expliziter Verfahren liegen. Implizite Verfahren sind i. Allg. unbedingt stabil. Diesem Vorteil steht als Nachteil der Verlust an Genauigkeit bei höheren Schrittweiten und der erhöhte Rechenaufwand zur Iteration der Stützstellen entgegen. Die Wahl zwischen expliziten und impliziten Verfahren hängt daher von der Stabilitätsgrenze der expliziten Verfahren einerseits und von dem relativ höheren Aufwand der impliziten Verfahren andererseits ab. Im Allgemeinen benutzt man bei kleineren Systemen (weniger als hundert Freiheitsgrade) explizite Ansätze, während FEM-Rechnungen zur Dynamik von Strukturen mit vielen Freiheitsgraden (oft mehrere tausend) implizite Operatoren beinhalten.

2.7.4 Schrittweitensteuerung

Viele, durch mathematische Modellierungen und Messungen untersuchte reale Antriebssysteme zeichnen sich durch stark nichtlineare Kraftkopplungen aus. So ist die Berührung zweier Zahnflanken eines Getriebes eine einseitige Bindung, die durch eine Weg-Kraft-Kennlinie mit typischen Steigungen von $10^7\,N/m$ bis $10^9\,N/m$ simuliert wird. Ein Aufschlagen der Zahnflanken aufeinander entspricht somit einem Sprung der rückstellenden Steifigkeiten in den Bewegungsgleichungen um viele Zehnerpotenzen. Die Schrittweitensteuerung der Integrationsverfahren wird in diesem Fall vor eine harte Prüfung gestellt, es sind in der Regel viele Funktionsaufrufe $f(t, \boldsymbol{Y})$ (vgl. 2.526) notwendig, um den auftretenden „Knick" im Lösungsfluss entsprechend fein zu diskretisieren.

Es wird dann interessant, nicht etwa die auftretende Unstetigkeit in den Beschleunigungen bzw. den „Knick" in $\boldsymbol{Y}(t)$ hinreichend fein zu diskretisieren sondern statt dessen den Zeitpunkt t_S der Unstetigkeit durch die Überwachung geeigneter Indikatoren zu identifizieren, um die Intervallgrenzen des aktuellen Schrittes genau auf diesen Zeitpunkt zu verschieben. Diese Methode wird mit „Schaltpunktsuche" bezeichnet.

Der hohe nummerische Aufwand der mehrstufigen Verfahren erschwert die Verwendung dieser Verfahren in effizienten Algorithmen zur Schaltpunktsuche. In der folgenden Übersicht sind hingegen Verfahren zusammengestellt, die sich durch nummerische Effizienz auszeichnen und sich gut mit einem übergeordneten Algorithmus zur Realisierung einer Schaltpunktsuche kombinieren lassen.

Einschritt-Verfahren.

Explizite Runge-Kutta-Verfahren. Die expliziten Runge-Kutta-Verfahren stellen aufgrund ihrer einfachen Handhabbarkeit wohl die bekannteste Variante aller Verfahren dar. Sie lassen sich durch eine einzige Formel zusammenfassen:

$$\boldsymbol{Y}_{n+1} = \boldsymbol{Y}_n + h_n\phi(t_n, \boldsymbol{Y}_n, h_n) \tag{2.527}$$

Die Funktion ϕ ist die Verfahrensfunktion [19]. Alle expliziten Einschrittverfahren sind durch diese Verfahrensfunktion eindeutig festgelegt. Diese Funktion legt fest, an welchen Stützpunkten die zu integrierende Funktion $f(t, \boldsymbol{y})$ aufgerufen wird.

$$\phi := \sum_{j=1}^{m} A_j \boldsymbol{k}_j(t_n, \boldsymbol{Y}_n, h_n) \tag{2.528}$$

$$\boldsymbol{k}_1 = f(t_n, \boldsymbol{Y}_n) \tag{2.529}$$

$$\boldsymbol{k}_j = f(t_n + \zeta_j h_n, \boldsymbol{Y}_n + h_n \sum_{s=1}^{s=j-1} \kappa_{js} \boldsymbol{k}_s) \tag{2.530}$$

Für die Koeffizienten $A_j, \zeta_j, \kappa_{js}$ für $j = 1, \ldots, m$ eines Verfahrens der Ordnung m existieren bekannte Sätze. So gilt für das denkbar einfachste Integrationsverfahren, das Polygonzugverfahren von EULER-CAUCHY, $A_1 = 1$, $\zeta_1 = 0$ und κ ist nicht existent. In der Literatur existieren eine Fülle von Parametersätzen für die Runge-Kutta Verfahren, [46],[23],[16], die hier nicht alle aufgeführt sein können. Einige der bekanntesten Parameter zweiter bis fünfter Ordnung sind in Tabelle (2.9) zusammengestellt.

Eingebettete Runge-Kutta-Verfahren. Eingebettete Runge-Kutta-Verfahren sind explizite Runge-Kutta-Verfahren, deren Verfahrensfunktion mit einem weiteren Parametervektor $\hat{A}$ arbeiten. Über diesen Parametervektor $\hat{A}$ wird aus den berechneten m Zwischenwerten $\boldsymbol{k}_i$ (2.530) ein zweiter Approximationsvektor $\hat{\boldsymbol{Y}}_{n+1}$ für den Zeitpunkt t_{n+1} bestimmt. Die Koeffizienten der erweiterten Verfahrensfunktion sind dabei so berechnet, dass die Ordnung des zweiten Verfahrens um eins höher oder niedriger als die Lösungsapproximation $\boldsymbol{Y}_{n+1}$ ist. Die Differenz $\hat{\boldsymbol{Y}}_{n+1} - \boldsymbol{Y}_{n+1}$ liefert dann eine gute Abschätzung des Fehlers und damit zur notwendigen Schrittweitensteuerung.

Polynominterpolation. Oft liegen die Zeitpunkte, zu denen man Ergebnisse wünscht, nicht auf den von der Schrittweitensteuerung vorgegebenen Intervall-Endzeitpunkten. Die Idee der zur Polynominterpolation verwendeten „Runge-Kutta-Tripeln" [16] ist es, in die Verfahrensfunktion ϕ (2.530) einen weiteren Koeffizienten-Vektor aufzunehmen, der mit Hilfe der schon bekannten k_i zu jedem beliebigen Zeitpunkt t im Intervall $t_n \leq t \leq t_{n+1}$ eine

Approximation $\boldsymbol{Y}(t)$ interpoliert. Diese Verfahren werden in der vorliegenden Arbeit nicht benutzt, da die typischen Schrittweiten in der Simulation von Antriebskomponenten in aller Regel deutlich kleiner sind als die gewünschten Zeitinkremente im Protokoll der interessierenden Gößen. Zwischenwerte in Integrationsintervallen sind dann nur selten notwendig.

Verwendete Runge-Kutta-Verfahrensfunktionen. In Tabelle (2.9) sind aus der Vielzahl der in der Literatur vorhandenen Koeffizienten drei bekannte und erfolgreich in der Simulation angewandte Koeffizientengruppen zusammengestellt. Zur Kontrolle der Zahlenwerte kann für die Vielzahl der vorhandenen Gruppen folgende Bedingung geprüft werden:

$$\sum_{i=1}^{m} A_i = \sum_{i=1}^{m} \hat{A}_i = 1 \tag{2.531}$$

$$\zeta_i = \sum_{j=1}^{j=i-1} \kappa_{ij} \qquad (i = 1, \ldots, m) \tag{2.532}$$

Implizite Runge-Kutta-Verfahren vom Gauß-Typ. Implizite Verfahren sind aufgrund ihres erhöhten Rechenaufwandes zur Iteration der Stützstellen dann im Vorteil, wenn erhöhte Rechengenauigkeit bei gleichbleibender Ordnung erwünscht ist. Unter Verwendung von m Funktionswerten pro Runge-Kutta-Schritt lässt sich die Fehlerordnung $q = 2m + 1$ dann erreichen, wenn die Argumente $t_n + \zeta_i h$ mit den Stützstellen der Gauß'schen Quadraturformeln für das Intervall $[t_n, t_{n+1}]$ identisch sind.

In Tabelle (2.10) sind die Koeffizienten eines impliziten RK-Verfahrens vom Gauß-Typ zusammengestellt. Im Gegensatz zu den expliziten Algorithmen in Tabelle (2.9) ist bei impliziten Koeffizienten mindestens ein Element auf oder oberhalb der Diagonale im Matrixfeld der κ_{ij} ungleich Null. Dies bedeutet, dass die Gleichung zur Bestimmung der entsprechenden $\boldsymbol{k}_i$ nur implizit gegeben ist und somit iterativ gelöst werden muss.

Werden steife Systeme integriert, so muss bei Auftreten eines Schaltpunktes die Schrittweite eventuell drastisch reduziert werden. Da implizite Verfahren pro Schritt einen erhöhten Aufwand beinhalten, ist ihre Anwendung ab einer gewissen relativen Häufigkeit des Auftretens von Schaltpunkten weniger sinnvoll.

Modifizierte Einschrittverfahren mit nummerischer Dissipation. Insbesondere in FEM-Rechnungen mit einer sehr hohen Anzahl interner Freiheitsgrade steigt der Wunsch, die höchsten Eigenfrequenzen des Systems durch einen Tiefpaß auszufiltern. Ein bekanntes Verfahren ist der Operator von HILBER, HUGHES und TAYLOR (1978), der insbesondere in Finite-Elemente-Methode-Programmen [1] starke Verwendung findet. Er arbeitet im Konfigurationsraum und ersetzt die bekannte Bewegungsgleichung (2.524) durch eine gewichtete Summe der Kräfte am Anfang und Ende des Integrationsintervalles:

Tabelle 2.9. Einige bekannte Koeffizientengruppen expliziter Runge-Kutta-Verfahren (siehe auch 2.530)). Besonders die „eingebetteten" Koeffizienten eignen sich in hervorragender Weise zur Implementation einer effizienten Schrittweiten-Steuerung in den Integrations-Algorithmus. Im Einzelnen stellt A) Die „klassische" Runge-Kutta-Formel mit 4. Ordnung dar, B) ein effizientes eingebettetes Verfahren 2. bzw. 3. Ordnung, C) die Koeffizienten der sehr genauen Formel von Formel von DORMAND, PRINCE 4. und 5. Ordnung (siehe [16])

ζ_i	κ_{ij}						A_i	$\hat{A}_i$	
0							$\frac{1}{6}$	-	A
$\frac{1}{2}$	$\frac{1}{2}$						2	-	
$\frac{1}{2}$	0	$\frac{1}{2}$					2	-	
1	0	0	1				$\frac{1}{6}$	-	
0							$\frac{214}{891}$	$\frac{533}{2106}$	B
$\frac{1}{4}$	$\frac{1}{4}$						$\frac{1}{33}$	0	
$\frac{27}{40}$	$\frac{-189}{800}$	$\frac{729}{800}$					$\frac{650}{891}$	$\frac{800}{1053}$	
1	$\frac{214}{891}$	$\frac{1}{33}$	$\frac{650}{891}$				0	$\frac{-1}{78}$	
0							$\frac{35}{384}$	$\frac{5179}{57600}$	C
$\frac{1}{5}$	$\frac{1}{5}$						0	0	
$\frac{3}{10}$	$\frac{3}{40}$	$\frac{9}{40}$					$\frac{500}{1113}$	$\frac{7571}{16695}$	
$\frac{4}{5}$	$\frac{44}{45}$	$\frac{-56}{15}$	$\frac{32}{9}$				$\frac{125}{192}$	$\frac{393}{640}$	
$\frac{8}{9}$	$\frac{19372}{6561}$	$\frac{-25360}{2187}$	$\frac{64448}{6561}$	$\frac{-212}{729}$			$\frac{-2187}{6784}$	$\frac{-92097}{339200}$	
1	$\frac{9017}{3168}$	$\frac{-355}{33}$	$\frac{46732}{5247}$	$\frac{49}{176}$	$\frac{-5103}{18656}$		$\frac{11}{84}$	$\frac{187}{2100}$	
1	$\frac{35}{384}$		$\frac{500}{1113}$	$\frac{125}{192}$	$\frac{-2187}{6784}$	$\frac{11}{84}$	0	$\frac{1}{40}$	

Tabelle 2.10. Die Koeffizienten eines impliziten RK-Verfahrens 2. Ordnung (siehe auch (2.530)). Die Gleichungen zur Bestimmung der k_1, k_2 sind nichtlinear und müssen iterativ gelöst werden

ζ_i	κ_{ij}		A_i
$\frac{1}{2}(1 - \frac{1}{\sqrt{3}})$	$\frac{1}{4}$	$\frac{1}{2}(\frac{1}{2} - \frac{1}{\sqrt{3}})$	$\frac{1}{2}$
$\frac{1}{2}(1 + \frac{1}{\sqrt{3}})$	$\frac{1}{2}(1 + \frac{1}{\sqrt{3}})$	$\frac{1}{4}$	$\frac{1}{2}$

$$M\ddot{q}_{n+1} + (1+\alpha)\left\{D\dot{q}_{n+1} + Kq_{n+1} - h_{n+1}\right\}$$
$$-\alpha\left\{D\dot{q}_n + Kq_n - h_n\right\} = 0 \tag{2.533}$$

Der Parameter α wichtet die generalisierten Kräfte auf die Zustandskoordinaten zweier aufeinanderfolgender Stützstellen. Es wird so eine Tiefpaßfilterung der generalisierten Kräfte erreicht. Hiervon profitieren die Berechnungen von steifen Systemen mit hohen, im Lösungsfluss aber nur bedingt wichtigen Eigenfrequenzen. Für die Integration der Lage- und Geschwindigkeitskoordinaten gelten die NEWMARK-Formeln:

$$q_{n+1} = q_n + h\dot{q}_n + h^2\left[(\frac{1}{2} - \beta)\ddot{q}_n + \beta\ddot{q}_{n+1}\right] \tag{2.534}$$

$$\dot{q}_{n+1} = \dot{q}_n + h\left[(1 - \gamma)\ddot{q}_n + \gamma\ddot{q}_{n+1}\right] \tag{2.535}$$

$$\text{mit}\quad \beta = \frac{1}{4}(1 - \alpha)^2 \quad \text{und}\quad \gamma = \frac{1}{2} - \alpha \tag{2.536}$$

$$\text{Dämpfungsparameter:}\ -\frac{1}{3} \leq \alpha \leq 0 \tag{2.537}$$

Für $\alpha = 0$ arbeitet das Verfahren identisch zur Integration mittels der expliziten Trapezregel. Für $\alpha = -1/3$ wird maximale Dämpfung erreicht, als gute Wahl gilt $\alpha = -0.05$.

Mehrschritt-Verfahren. Mehrschrittverfahren verwenden zur Berechnung eines Näherungswertes Y_{n+1} für $y(t_{n+1})$ eine Anzahl von s mit $s > 1$ vorangegangene Werte $Y_{n-s+1}, Y_{n-s+2}, \ldots, Y_n$.

Die Zentrale-Differenzen-Methode. Eine sehr einfache, vor allem in Finite-Elemente-Berechnungen gewählte Form eines expliziten Mehrschritt-Ansatzes besteht in der Zentrale-Differenzen-Methode. Anders als bei den bisher vorgestellten Einschritt-Verfahren fußt die Entwicklung des Lösungsflusses auf einer speziellen Betrachtung des typischen MKS-Problems (2.524) im Konfigurationsraum [3]:

$$M\ddot{q}_n + D\dot{q}_n + Kq_n = h_n \tag{2.538}$$

$$\text{mit}\quad \ddot{q}_n := \frac{1}{2h^2}(q_{n-1} - 2q_n + q_{n+1}) \tag{2.539}$$

$$\text{und}\quad \dot{q}_n := \frac{1}{2h}(-q_{n-1} + q_{n+1}) \tag{2.540}$$

Einsetzen der Ansätze für $\ddot{q}$ und $\dot{q}$ in die Bewegungsgleichung liefert eine direkte (explizite) Vorschrift für die Lösung q_{n+1}:

$$q_{n+1} = \bar{M}^{-1}\left\{ h + (\frac{2M}{h^2} - K)q_n + (-\frac{M}{h^2} + \frac{D}{2h})q_{n-1}\right\} \quad (2.541)$$

$$\text{mit} \quad \bar{M} := \left[\frac{M}{h^2} + \frac{D}{2h}\right] \quad (2.542)$$

Die Geschwindigkeiten und Beschleunigungen folgen nach Abschluss der jeweiligen Integrationsschritte aus den Gleichungen (2.540). Das Verfahren besitzt insbesondere für FEM-Methoden mit diskreten Massen Vorteile. Falls $\bar{M}$ diagonal wird, vereinfacht sich die Auswertung von (2.542) entscheidend und kann auch auf Systeme mit Hunderten oder Tausenden von Elementfreiheitsgraden effizient angewandt werden.

Der entscheidende Nachteil des Verfahrens besteht in seiner starren Schrittweite und der nur bedingt gewährten Stabilität. Die Fehlerordnung beträgt h^2, die maximal zulässige Schrittweite h_{max} muss kleiner als T_{min}/π mit der kleinsten Eigenperiode T_{min} der Finite-Element-Gruppierung gewählt werden.

Das Verfahren eignet sich somit nur stark eingeschränkt zur Integration von MKS mit stark nichtlinearen Kraftkopplungen, welche zustandsabhängige Steifigkeiten beinhalten und sinnvollerweise nur mit flexiblen Schrittweitensteuerungen zu behandeln sind.

Das explizite Verfahren von ADAMS-BASHFORD. Die Funktion f in (2.526) wird durch ein lokales Interpolationspolynom $\Phi_s(t)$ ersetzt. Das Polynom Φ berechnet sich aus den letzten s bekannten Stützstellen $f(t_{n-i}, Y_{n-i}$ mit $0 < i < s$. Für den gesuchten Vektor Y_{n+1} gilt das Integral:

$$Y_{n+1} = Y_n + \int_{t_n}^{t_{n+1}} \Phi_s(t)dt \quad (2.543)$$

Für feste Zeitdifferenzen dt folgen die ADAMS-BASHFORD-Formeln mit lokaler Fehlerordnung $q = 5$:

$$Y_{n+1} := Y_n + \frac{h}{24}(55f_n - 59f_{n-1} + 37f_{n-2} - 9f_{n-3}) \quad (2.544)$$

Die ersten s Funktionswerte f müssen im vorab bekannt oder durch ein anderes Verfahren (RK-Verfahren) bestimmt werden. Dem Nachteil des erhöhten Aufwands für dieses „Anlaufstück" steht der Vorteil gegenüber, bei festen Schrittweiten nur einen einzigen Aufruf von f zu benötigen. Dieser Vorteil wird bei variablen Schrittweiten durch den Aufwand zur Bestimmung der Koeffizienten des Interpolationspolynomes Φ_s pro Schritt relativiert. Ein weiterer Nachteil ist der starke Anstieg des Fehlers dieses Interpolationspolynomes außerhalb der Grenzen $t_{n-s+1} \leq t \leq t_n$, der sich bei der Integration auf $\boldsymbol{Y}_{n+1}$ niederschlägt. Im Allgemeinen wird daher empfohlen, die Mehrschrittverfahren des ADAMS-Typs zusammen mit einer Korrektorformel zu einem Prädiktor-Korrektor-Verfahren zu kombinieren. Die bekannteste Variante dieser Art sind die Formeln von ADAMS-BASHFORD-MOULTON. Besonders hingewiesen sei an dieser Stelle auf die Arbeit von SHAMPINE und GORDON [119] hingewiesen, welches sich ausführlich mit der Klasse der ADAMS-Verfahren beschäftigt.

Für die in dieser Arbeit untersuchten Antriebssysteme mit stark nichtlinearen Kraftkopplungen ist jedoch der Aufwand der so kombinierten Verfahren angesichts des Grades der Steifheit der Systeme und der deshalb notwendigen Schaltpunktsuche zu hoch.

2.7.5 Schaltpunktsuche

Die durch die klassischen Verfahren möglichen Fehlerabschätzungen eignen sich zur Konstruktion einer Schrittweitensteuerung. Diese wird jedoch desto aufwendiger, je steifer das System von Differenzialgleichungen wird. Der anfangs schon diskutierte Fall eines Zahnflankenkontaktes etwa stellt in guter Näherung eine unendlich steife einseitige Bindung dar. Die oben diskutierten Integrationsverfahren sind nicht auf den Sonderfall von Systemen mit derartig unstetigen „rechten Seiten" ausgelegt. Hier sind spezielle Anpassungen vonnöten.

PRESTL und FRITZER [102], [26] geben einen kombinierten Algorithmus an, der nach jedem Mikroschritt des Integrators prüft, ob sich ein „kinematischer Indikator" des Systems geändert hat. Als kinematische Indikatoren dienen zum Beispiel die Relativabstände zweier Zahnflanken. Das Verfahren schachtelt im Falle einer Vorzeichenänderung eines solchen Indikators den letzten Mikroschritt so lange, bis der Zeitpunkt t_S des Umschaltens des Indikators (im Beispiel identisch mit dem Auftreffen der Zahnflanken aufeinander) mit genügend kleiner Fehlerschranke ε eingeschachtelt ist. Das entsprechende Koppelelement und die Systemzeit t werden dann auf den Schaltpunkt und den neuen Zustand (Eindringen der Flanken im Beispiel) gesetzt. Die Integration fährt ab dem Schaltpunkt fort.

Der Algorithmus ist im Detail optimiert und in [102] dokumentiert. Die Abb. 2.59 zeigt das Verfahren als Struktogramm. Es arbeitet zufriedenstellend, es treten jedoch unter bestimmten Umständen nummerische Probleme auf. Als Ursache wird vermutet [102], dass das Setzen der Koppelelemente im Schaltpunkt in der Wechselwirkung mit weiteren Koppelelementen weitere Schaltpunkte hervorruft, welche eine erneute Überprüfung des letzten Mikroschrittes zur Folge haben. Diese wiederum besitzen eine Rückkopplung auf das zuerst „umgesetzte" Koppelelement. Es besteht somit unter gewissen Sonderbedingungen die Möglichkeit einer unkontrollierten Wechselwirkungen

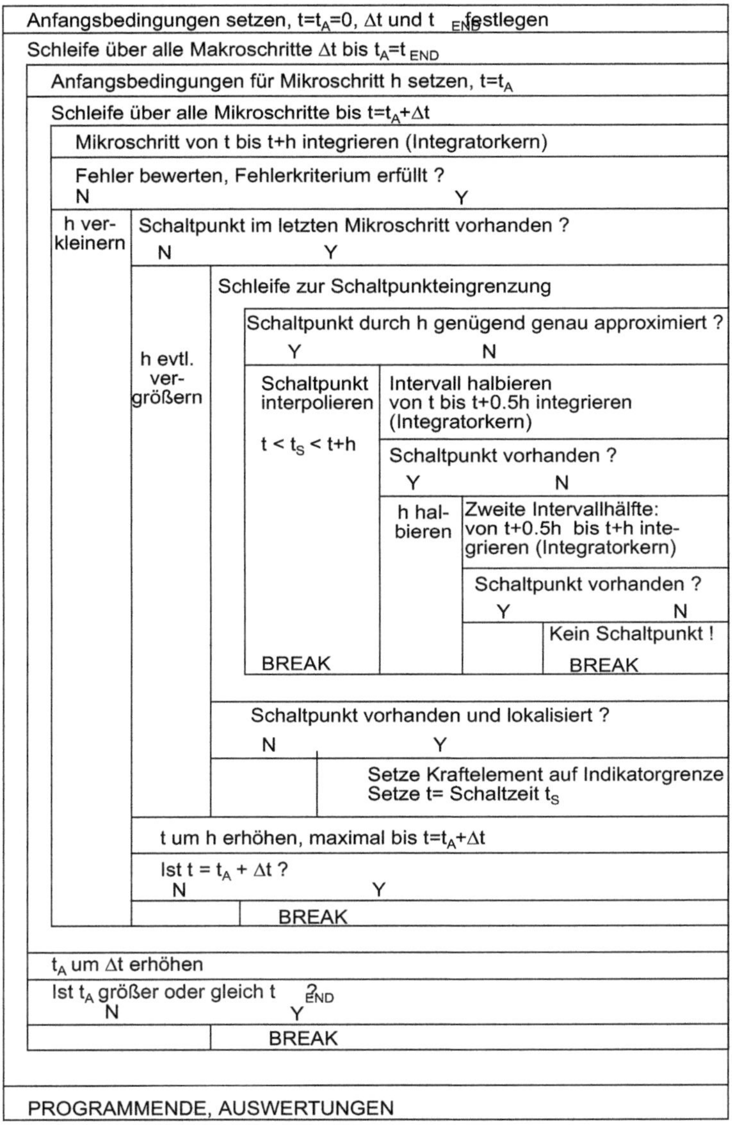

Anfangsbedingungen setzen, t=t$_A$=0, Δt und t$_{END}$ festlegen

Schleife über alle Makroschritte Δt bis t$_A$=t$_{END}$

Anfangsbedingungen für Mikroschritt h setzen, t=t$_A$

Schleife über alle Mikroschritte bis t=t$_A$+Δt

Mikroschritt von t bis t+h integrieren (Integratorkern)

Fehler bewerten, Fehlerkriterium erfüllt ?
N   Y

h verkleinern

Schaltpunkt im letzten Mikroschritt vorhanden ?
N   Y

h evtl. vergrößern

Schleife zur Schaltpunkteingrenzung

Schaltpunkt durch h genügend genau approximiert ?
Y   N

Schaltpunkt interpolieren

$t < t_S < t+h$

Intervall halbieren von t bis t+0.5h integrieren (Integratorkern)

Schaltpunkt vorhanden ?
Y   N

h halbieren

Zweite Intervallhälfte: von t+0.5h bis t+h integrieren (Integratorkern)

Schaltpunkt vorhanden ?
Y   N

Kein Schaltpunkt !

BREAK   BREAK

Schaltpunkt vorhanden und lokalisiert ?
N   Y

Setze Kraftelement auf Indikatorgrenze
Setze t= Schaltzeit t$_S$

t um h erhöhen, maximal bis t=t$_A$+Δt

Ist t = t$_A$ + Δt ?
N   Y

BREAK

t$_A$ um Δt erhöhen

Ist t$_A$ größer oder gleich t$_{END}$?
N   Y

BREAK

PROGRAMMENDE, AUSWERTUNGEN

Abb. 2.59. Ein Integrationsverfahren mit Schaltpunktsuche [102].

aufgrund nummerischer Ungenauigkeiten und dem skizzierten Mechanismus. Insbesondere bei komplizierten Systemen mit einer Vielzahl von stark unstetigen Koppelelementen (Verzahnungen) besteht die Gefahr, dass die nummerische Integration verstärkt mit solchen Problemen belastet wird.

Aus diesen Gründen wurde im Rahmen dieser Arbeit ein zweiter Algorithmus entwickelt, der in sehr ähnlicher Weise wie das oben beschriebene

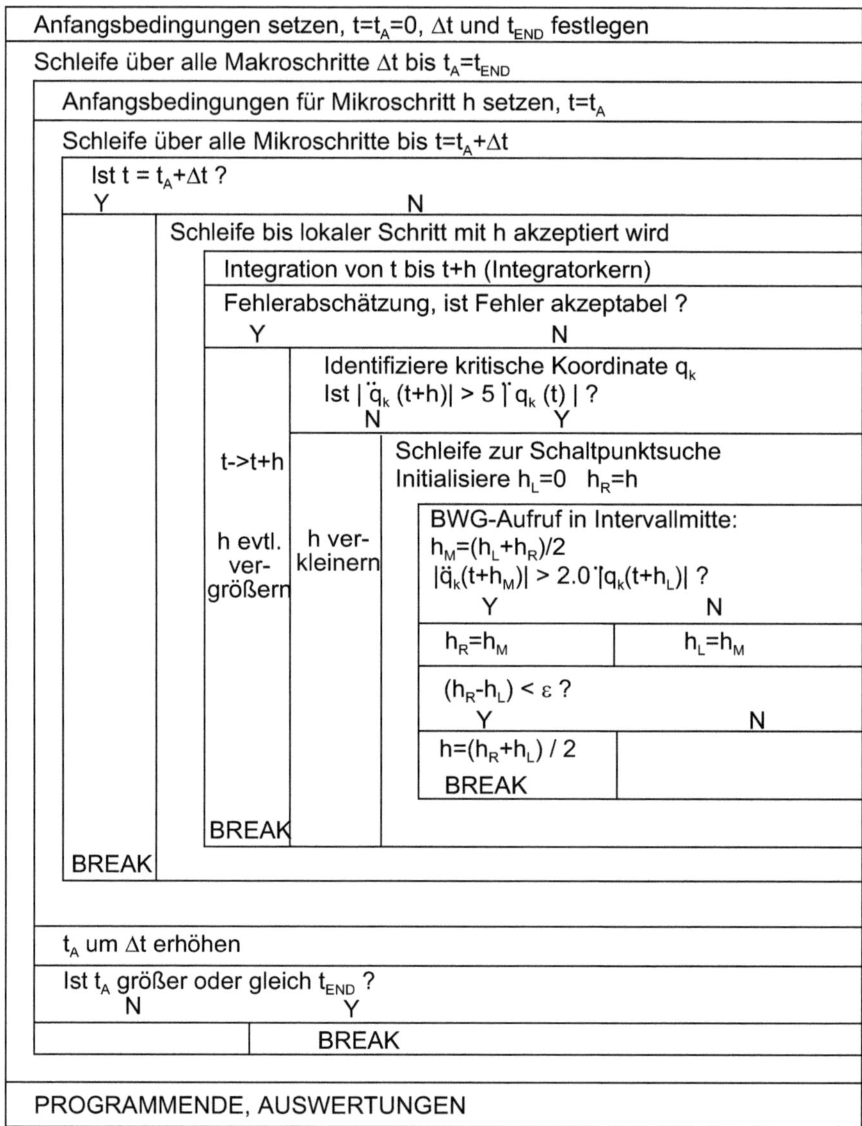

Abb. 2.60. Das modifizierte Verfahren zur Integration von Bewegungsdifferenzialgleichungen mit stark unstetigen „rechten Seiten". Die Vorteile dieses Verfahrens liegen in der Übersichtlichkeit des Algorithmus und in der Systemunabhängigkeit des Programmmodules.

Verfahren arbeitet. Um die nummerischen Probleme zu minimieren, besitzt er die folgenden Änderungen:

- Die Integrationsroutine ist vollständig vom System der Bewegungsdifferenzialgleichungen entkoppelt. Es werden keine systemtypischen Indikatoren mehr benutzt. Statt dessen behandelt der Integrator die Bewegungsgleichungen

$$\dot{\boldsymbol{y}} = \boldsymbol{f}(t, \boldsymbol{q}, \dot{\boldsymbol{q}}) \tag{2.545}$$

  als „Black Box" und konzentriert bei Auftreten von Unstetigkeiten die Schaltpunktsuche auf das Verhalten der Funktion f in obiger Gleichung. Die Routine mit dem um eine Schaltpunktsuche erweitertem Integrationsverfahren ist somit auch softwaretechnisch unabhängig von der Anwendung und bildet ein abgeschlossenes Modul, welches nicht verändert oder auf bestimmte Systeme abgestimmt wird.
- Ein Schaltpunkt wird ausschließlich aus dem Verhalten der rechten Seite, der Funktion $\boldsymbol{f}(t, \boldsymbol{q}, \dot{\boldsymbol{q}})$, indirekt identifiziert. Tritt beispielsweise ein Zahnkontakt auf, und untersucht der Integratorkern aufgrund eines Schrittes mit großer Schrittweite (typischerweise 0.01 - 1 ms) einen Zustand mit unrealistisch hoher Eindringung der Zahnflanken, treten in den entsprechenden Winkel- und Lagekoordinaten der betreffenden Körper stark überhöhte Beschleunigungen auf (ohne weiteres überhöht sich das Verhältnis der Winkelbeschleunigungen eines Zahnrades um das 10^5-fache). Die Koordinate des Vektors $\dot{\boldsymbol{q}}$ mit dem größten Sprung in den Beschleunigungen wird als „kritische" Koordinate markiert und zur Schaltpunktsuche herangezogen. Das Integrationsverfahren muss somit nicht die Eigenschaften und den Aufbau der zu integrierenden Gleichungen kennen. Das Intervall wird in Analogie zu dem oben beschriebenen Verfahren geschachtelt. Allerdings wird im modifizierten Verfahren nicht mehr der Vorzeichenwechsel eines kinematischen Indikators gesucht (es gibt keine Indikatoren mehr), vielmehr wird die Schrittweite so reduziert, bis die Beschleunigungen der „kritischen" Koordinate am Ende des Mikroschrittes ein definiertes Vielfaches der Beschleunigungen am Anfang des Mikroschrittes nicht übersteigen (Die Approximation durch ein Polynom vierter Ordnung im klassischen Runge-Kutta-Schritt ist genau genug, wenn das Beschleunigungsverhältnis den Wert von etwa zehn nicht überschreitet).
- Es wird keine interne Größe eines Koppelelement und keine Zeitkoordinate durch den Algorithmus sprunghaft verändert. Statt dessen ist ein Umschalten eines Koppelelementes in einem Mikroschritt bereits durch das Verhalten des Koppelelementes innerhalb der Mikroschritte bemerkbar. Die Schrittweiten werden durch die „normale" Schrittweitensteuerung und durch die indirekte Schaltpunktsuche dann so angepasst, dass am Ende eines Mikroschrittes immer alle Koppelelemente den aktuellen Zustand besitzen. Die Koppelelemente reagieren immer korrekt auf alle denkbaren Zustände: Beinhalten die momentanen Winkel- und Lagekoordinaten beispielsweise ein Eindringen zweier Zahnflanken, so wird auch ohne Um-

schalten irgendwelcher Indikatoren sofort die dementsprechende, extrem hohe Zahnkraft auf die verzahnten Körper eingeprägt.

- Zur Bisektion des Schaltpunktes sind jeweils nur einzelne Aufrufe der Bewegungsgleichungen in der Mitte des betrachteten Mikroschrittes notwendig. Es ist nicht mehr erforderlich, den gesamten Lösungsfluss über jeweils einen halben Mikroschritt zu integrieren. Statt dessen ist die Information über die Beschleunigungen an einem einzigen Punkt (der Intervallmitte) ausreichend. Das Verfahren arbeitet somit schneller.

Abb. 2.60 zeigt das modifizierte Verfahren, welches mit mehreren komplizierteren Antriebssystemen und Kontaktproblemen getestet wurde. Es traten dabei bisher noch keine nummerischen Instabilitäten auf.

2.8 Programmierung der Bewegungsgleichungen

2.8.1 Datenstrukturen

Es existiert eine Reihe guter Programme zur nummerischen Simulation der Dynamik von Mehrkörpersystemen. Es zeigt sich jedoch in der Praxis, dass es kein allgemein gültiges Programmsystem zur Berechnung von An- und Abtriebssträngen gibt, vielmehr besitzt jedes Programm seine eigenen Stärken und auch Schwächen.

Zu den Schwächen der meisten Programme zählt die Tatsache, dass alle Feinheiten und Besonderheiten spezieller Probleme nur selten berücksichtigt werden können.

Die heute üblichen Elemente zur Modellierung von Mehrkörpersystemen sind i. Allg. der Vielzahl der denkbaren Konfigurationen und speziellen Eigenschaften real ausgeführter Antriebssysteme nicht gewachsen.

In der Mehrzahl der Anwendungen von nummerischen Simulationen von Antriebsstrangsystemen interessiert neben dem allgemeinen Zustandsverlauf eines Systems jedoch vornehmlich das spezielle Verhalten einiger ganz bestimmter Komponenten unter speziellen Anregungen und Betriebsbedingungen. Ein durchgehender Einsatz eines allgemein gültigen Simulationsprogrammes für alle interessierenden Detailphänomene wird in der Regel nicht möglich sein. Nach Meinung des Autors verbleibt auch in Zukunft Anwendungsbedarf für modular aufgebaute und flexibel gestaltete nummerische Simulationsumgebungen, welche für spezielle Problemstellungen konfigurierbar und erweiterbar sind.

Mit dieser Zielvorstellung und zur Überprüfung der in dieser Arbeit zusammengestellten Theorien entstand am Lehrstuhl B für Mechanik der TU München in den Jahren 1990 bis 1995 das Programmsystem DYNAS,welches spezifisch auf die vorgestellten Körper und Koppelelemente zugeschnitten ist. Eine Erweiterung und Ergänzung um beliebige Modelltypen für Körper und Koppelelemente ist ohne Einschränkung möglich.

In diesem Kapitel wird in kurzer Form auf die dem Programm zugrunde-liegende Systematik eingegangen. Die Struktur des Rechenprogrammes besitzt folgende Grundmerkmale:

- Jeder Körper und jedes Koppelelement bildet einen eigenen Datentyp. Ein einzelner Körper ist eine „Instanz" dieses Datentypes und wird in der datentechnischen Abbildung als ein geschlossenes, nicht trennbares Objekt behandelt. Diese gemeinhin mit „objektorientiert" bezeichnete Philosophie besitzt den wichtigen Vorteil, dass dementsprechend auch jeder Körper und jedes Koppelelement durch eine einzige Variable (Name der „Instanz" des entsprechenden Datentyps) repräsentiert wird. Die Übergabe einzelner Körper oder Kraftelemente an Programm-Module, „functions", ist übersichtlich und unabhängig von der internen Datenstruktur der einzelnen Datentypen, der „Klassen" („classes"). Programm-Aufruflisten ändern sich nicht und das versehentliche Verwechseln von Unter-Variablen der einzelnen Körper entfällt.
- Eine Änderung oder Verfeinerung der Darstellung eines einzelnen Körpers oder eines einzelnen Kraftelementes bedingt keine Änderung und keine weiteren Arbeiten an den verbleibenden Moduln des Gesamtprogramms.
- Die notwendigen Hilfsmittel zur Realisierung einer solchen Datenstruktur liefert die moderne Programmiersprache „C++".
- Das gesamte Antriebsstrangsystem wird durch Vektoren der jeweiligen Körper bzw. Koppelelemente repräsentiert.
- Das Abarbeiten der Bewegungsgleichungen zerfällt in einfache Schleifen über alle Komponenten der Vektoren mit den Koppelelementen und der Vektoren mit den Körpern.

2.8.2 Körper und Koppelelemente

Die in dieser Arbeit getroffene Aufteilung aller Elemente der Antriebssysteme in „Körper" -typen einerseits und in „Koppelelemente" andererseits dient der nummerischen Behandlung der Algorithmen.

Für jede massebezogene Komponente der „Körper"-typen (wie etwa Rad, Scheibe, Welle) für und jedes Koppelelement (Gleitlager, Kugellager, Einspritznocken, weitere) ist ein spezieller, eigener Datentyp definiert, welcher einen eigenen Typnamen besitzt. Diese Typklasse („class") kann ihrerseits beliebig viele Variable beinhalten, welche geschlossen in einem speziellen Feld abgelegt sind. Das Datenfeld wird als Ganzes behandelt und an Routinen übergeben. Die Typklasse ist sozusagen ein Container für die enthaltene Ansammlung von Daten. Diese modulare Struktur ist eine der Grundvoraussetzungen für eine transparente und skalierbare Implementierung des Konzeptes.

Als Beispiel ist im Folgenden die Definition des Datentyps „Rad" wiedergegeben, welcher Körper mit nur einem rotatorischen Freiheitsgrad mit allen notwendigen Größen und Konstanten repräsentiert.

```
class rad
{
        char    name[20];       // Bezeichnung
        int     nummer;         // 1: erstes Rad.
        int     zeile;          // Zeile im Vektor q aller FG
        float   omega;          // in rad/s;
        float   J_0;            // Massentraegheitsmoment
        float   J;              // ev. zugeschaltete Kolbenmassen
        float   moment;
        float   drehwinkel;     // Absoluter Drehwinkel in rad
        float   drehwinkelgeschwindigkeit;
        float   drehwinkelbeschleunigung;
        int     wvorgabe;       // 1: freier Winkel 0: Vorgegebener Drehwinkel
public:
        // Module
        rad ();
        rad (readlist& lein);
        friend void   rad_bwg(rad& rd,float zeit, float*, float*, float*);
        friend void   rad_reset(rad &rd);
        friend void   rad_moment(rad &rd, float m);
        friend void   rad_delta_J(rad &rd, float delta_J);
        friend float  rad_summenmoment(rad &rd);
        friend float  rad_phi_abs(rad &rd, float zeit,float* q);
        friend float  rad_phip_abs(rad& rd, float zeit, float* qp);
        friend float  rad_phi_rel(rad &rd, float zeit,float* q);
        friend float  rad_phip_rel(rad &rd, float zeit,float* qp);
        friend void   rad_zuv_plot(rad &rd);
};
```

Zu den im Container „Rad" enthaltenen Daten zählen die im oberen Teil aufgezählten Variablen „name" bis „wvorgabe". Diese Variablen sind aber nicht frei zugänglich, statt dessen wird auf die einzelnen „Instanzen" des Types „Rad" über exakt definierte Funktionen („public-functions", im unteren Teil der Definition von „Rad") zugegriffen. Die Funktionen sind die Schnittstellen zu den einzelnen Datenfeldern der Räder. Einer der besonderen Vorteile dieser Konventionen liegt in der Tatsache begründet, dass Änderungen und Erweiterungen der Struktur oder des Datenumfanges der einzelnen Klassentypen keinen Einfluss auf die restliche Software besitzen.

Bewegungsgleichungen.

Bewegungsgleichungen eines Einzelkörpers. Für den einfachen Datentyp „Rad" nimmt die Bewegungsgleichung (2.40) in der nummerischen Auswertung eine ebenso einfache Gestalt an. Wirkt auf das betrachtete Rad (Element rd) eine Koppelelement „Drehwinkelvorgabe", dann sind die Freiheitsgrade des Gesamtsystems beschränkt, das Rad wird zwangsgeführt. Auf den Drehwinkel q, auf die Drehwinkelgeschwindigkeit qp und die entsprechende Beschleunigung qpp werden die entsprechenden Größen der „Drehwinkelvorgabe" eingetragen. Im unten angegebenen Quelltext des auswertenden Programmes sind dieses die drei Programmzeilen nach der if-Abfrage, welche zwischen einem durch eine Vorgabe zwangsgeführten Rad und einem echten Freiheitsgrad unterscheidet. Im Falle eines echten Freiheitsgrades für den Drehwinkel des Rades resultiert Gleichung (2.40) in einer einzigen Programmzeile, der letzten Zeile des im Folgenden beispielhaft angegebenen Programm-Modules.

```
void rad_bwg(rad &rd, float zeit, float* q, float* qp, float* qpp)
{
    int zeile = rd.zeile;
    if( rd.wvorgabe)
    {
          q[zeile] = rd.drehwinkel-rd.omega*zeit;
         qp[zeile] = rd.drehwinkelgeschwindigkeit-rd.omega;
        qpp[zeile] = rd.drehwinkelbeschleunigung;
    }
    else
    {
        qpp[zeile] = rd.moment / rd.J - rd.drehwinkelbeschleunigung;
    }
}
```

Bewegungsgleichungen des Gesamtsystems. Der Vorteil der gewählten Methodik besteht in dem resultierenden hohen Grad an Übersichtlichkeit und Modularität sowie in der konsequenten einfachen Umsetzung der Bewegungsgleichungen in entsprechende Programmzeilen. Im Folgenden ist zur Veranschaulichung dieser Übersichtlichkeit das Programmmodul „BWG" (für „Bewegungsgleichungen") zur Steuerung der Auswertung der Bewegungsgleichungen vollständig wiedergegeben. Dieses Modul wird von der Integrationsroutine aufgerufen, um aus dem mitgelieferten Zustandsvektor $\boldsymbol{Y}$ zu einem Zeitpunkt t die entstehende Ableitung $\dot{\boldsymbol{Y}}$ zu erhalten und diese an den Integrator zurückzugeben. Das Modul „BWG" wiederum ruft sukzessive und komponentenweise die Kraftgesetze und Bewegungsgleichungen aller Koppelelemente auf, welche die zwischen den Körpern wirkenden Kräfte und Momente bestimmen. Die Koppelelemente tragen die Kräfte und Momente in die entsprechenden Summenvektoren der Körper ein. Sind in dem durch die Koppelelemente freigeschnittenen System alle Schnittkräfte bekannt, lassen sich die Bewegungsgleichungen an jedem Körper oder elastischen Kontinuum entkoppelt auswerten. Letzteres geschieht wiederum komponentenweise, da jeder Körper in einem Vektor des entsprechenden Körpertyps angeordnet ist. Die resultierende Formulierung der Bewegungsgleichungen in „C++" wird dadurch transparent, kompakt und übersichtlich gestaltet. Die berechneten verallgemeinerten Beschleunigungen der Einzelkörper sind im Vektor $\ddot{\boldsymbol{q}}$ zusammengefasst und werden abschließend in die zeitliche Ableitung des Zustandsvektors $\dot{\boldsymbol{Y}}$ eingetragen. Aus der Ableitung $\dot{\boldsymbol{Y}}$ kann die Integrationsroutine wiederum den gewünschten Zustandsverlauf $\boldsymbol{Y}(t)$ integrieren.

```
void bwg(float zeit, float* y, float* yp)
```

```cpp
{
    // PROGRAMMSYSTEM DYNAS
    // AUSWERTUNG DER BEWEGUNGSGLEICHUNGEN
    // HANS-J. WEIDEMANN, 1993-1998

    int d,e,i,k,r,t,v,w,m,p,s;
    // Anzahl Aufrufe
    anz_aufrufe_bwg++;
    set(2,32,5); show_l(anz_aufrufe_bwg);

    // Y IST DER ZUSTANDSVEKTOR [q^T,qp^T]^T, VERTEILEN AUF q,qp
    for(i=1;i<=DOF;i++) {q[i]=y[i]; qp[i]=y[DOF+i];}

    // 1) NULLSETZEN ALLER AUSSEREN KRAEFTE AUF DIE KOMPONENTEN
    for(i=1; i<=anz_starrkoerper;  i++) stk_reset     (*vstk[i]);
    for(i=1; i<=anz_raeder;  i++) rad_reset     (*raeder[i]);
    for(i=1; i<=anz_scheiben;i++) scheibe_reset(*scheiben[i]);
    for(i=1; i<=anz_twellen; i++) twelle_reset (*twellen[i],zeit,q,qp);
    for(i=1; i<=anz_elwellen;i++) elwelle_reset(*elwellen[i]);
    for(i=1; i<=anz_hraeder; i++) hrad_reset    (*hraeder[i],zeit);

    // AUSWERTEN ALLER KOPPELEMENTE
    //  2. Winkelvorgaben
    for(w=1; w<=anz_winkelvorgaben; w++)
       winkelvorgabe_bwg(*winkelvorgaben[w],zeit);
    //  3. Induktiven Winkelmessungen
    for(w=1; w<=anz_indwmessungen; w++)
indwmessung_bwg(*vindwmessung[w],zeit,q,qp);
    //  4.: Planetensaetze
    for(p=1;p<=anz_psaetze;p++)
psatz_bwg(*psaetze[p],zeit,q,qp);
    //  5. Momenterregungen
    for(m=1; m<=anz_momenterregungen; m++)
       momenterregung_bwg(*momenterregungen[m],zeit,q,qp);
    //  6. Krafterregungen
    for(k=1; k<=anz_krafterregungen; k++)
       krafterregung_bwg(*krafterregungen[k],zeit,q,qp);
    //  7. EP-Nocken
    for(e=1; e<=anz_epnocken; e++)
epnocken_bwg(*vepnocken[e],zeit,q,qp);
    //  8. Drehzahlregler
    for(d=1; d<=anz_dregler; d++)
dregler_bwg(*vdregler[d],zeit,q,qp);
    //  9. Gleitlager
    for(i=1; i<=anz_glager; i++)
glager_bwg(*vglager[i],zeit,q,qp);
    // 10. Kugellager
    for(i=1; i<=anz_klager; i++)
klager_bwg(*vklager[i],zeit,q,qp);
    // 11. Luftllager
    for(i=1; i<=anz_llager; i++)
llager_bwg(*vllager[i],zeit,q,qp);
    // 12. Verzahnungen
```

```
    for(v=1; v<=anz_verzahnungen; v++)
       verzahnung_bwg(*verzahnungen[v],zeit,q,qp);
    // 13. Torsionsfeder, -daempfer
    for(t=1; t<=anz_tfdd; t++)
tfdd_bwg(*vtfdd[t],zeit,q,qp);
    // 14. Verbrennungskolben
    for(k=1; k<=anz_kolben; k++)
kolben_bwg(*vkolben[k],zeit,q,qp);
    // 15. Kontaktgesetze
    for(k=1; k<=anz_kontakte_ke; k++)
kt_ke_bwg(*vkt_ke[k],zeit,q,qp);


    // AUSWERTEN ALLER BEWEGUNGSDIFFERENZIALGLEICHUNGEN
    // 16.: BWG Starrk"orper
    for(s=1; s<=anz_starrkoerper; s++)
stk_bwg(*vstk[s],zeit,q,qp,qpp);
    // 17.: BWG Raeder
    for(r=1; r<=anz_raeder; r++)
rad_bwg(*raeder[r],zeit,q,qp,qpp);
    // 18.: BWG Scheiben
    for(i=1; i<=anz_scheiben; i++)
scheibe_bwg(*scheiben[i],zeit,q,qp,qpp);
    // 19.: BWG Torsionswellen
    for(t=1; t<=anz_twellen; t++)
twelle_bwg(*twellen[t],zeit,q,qp,qpp);
    // 20.: BWG Elastische Wellen
    for(e=1; e<=anz_elwellen; e++)
elwelle_bwg(*elwellen[e],zeit,q,qp,qpp);
    // 21.: BWG Hohlraeder
    for(r=1; r<=anz_hraeder; r++)
hrad_bwg(*hraeder[r],zeit,q,qp,qpp);

    // SETZE DEN VEKTOR YP AUS qp UND qpp ZUSAMMEN
    for(i=1;i<=DOF;i++)
{y[i] = q[i]; yp[i] = qp[i]; yp[DOF+i]=qpp[i];}

    // FERTIG
    int_ok = 0;
    return;
}
```

Das obenstehende Modul „Bewegungsgleichungen des Gesamtsystems"
ist vollständig und zusammen mit den einzelnen Moduln zur Auswertung
der Bewegungsgleichungen der Einzelkörper und der Kraftgesetze der Koppelelemente ausreichend, um mit Hilfe einer Integrationsroutine das Bewegungsverhalten komplexer Antriebssysteme zu studieren. So wurden die
im Kapitel „Beispiele" illustrierten Rechnungen der gekoppelten Torsions-
und Biegeschwingungen von Nocken- und Kurbelwellen eines 12-Zylinder-
Schiffsdieselmotores, der Kleinturbine und des Kompaktplanetengetriebes
mit exakt diesen Routinen berechnet.

3. Überwachung von Schwingungen

3.1 Entstehung von Schwingungen

Rotierende Wellen und Räder stellen Maschinenkomponenten dar, bei denen dynamische Probleme eine wichtige Rolle spielen. Im Falle hoher Winkelgeschwindigkeiten sind betragsmäßig hohe kinetische Energien gespeichert. Elastische Schwingungen sind durch einen zyklischen Wechsel von kinetischen Energien und elastischen Formänderungsarbeiten charakterisiert. Gerade in Rotorsystemen sind hohe Beträge dieser Energien im Spiel, welche durchaus gefährlich sind und zu Havarien und Schäden führen können. Für Rotorsysteme und Antriebsstränge existieren eine Reihe von Mechanismen und Anregungen, welche Schwingungen hervorrufen. Klassifizierungen der wesentlichen Anregungsmechanismen sind unter anderem in [132] für Turbomaschinen und in [59] für Zahnradgetriebe erarbeitet. Die folgende Zusammenstellung dient einer Übersicht und erreicht keine Vollständigkeit.

3.1.1 Klassifizierung der Mechanismen

Schwingungen in Antriebssträngen lassen sich nach verschiedenen Merkmalen in Hauptgruppen klassifizieren. Die Einteilung der Schwingungen kann anhand der Form der Schwingungsdifferenzialgleichung geschehen und wird in ausführlicher Weise in [73], [97] diskutiert. Für den einfachsten Fall eines Einmassenschwingers gilt die bekannte Differenzialgleichung zweiter Ordnung:

$$m\ddot{x} + d\dot{x} + cx = f(x, \dot{x}, t) \tag{3.1}$$

Anhand der Charakteristika der rechten Seite f unterscheidet man die wesentlichen Klassen [97]:

Freie Schwingungen. Ein ungestörtes, nicht zwangserregtes schwingungsfähiges System wird je nach Anfangsbedingung in einer Linearkombination der Eigenformen und der zugeordneten Eigenfrequenzen ausschwingen. Eine freie Schwingung ist dadurch charakterisiert, dass die rechte Seite $f(x, \dot{x}, t)$ während des betrachteten Zeitintervalles kleine Werte annimmt oder vollständig verschwindet. Das System schwingt „frei" aus.

Zwangserregte Schwingungen. Im Gegensatz zur freien Schwingung wird die rechte Seite der Schwingungsdifferenzialgleichung von nicht zustandsabhängigen Termen dominiert: $f = f(t)$. Stellt die Anregung f eine periodische Zwangserregung einer bestimmten Frequenz dar, wird nach Abklingen homogener Anteile eine Systemschwingung mit der Anregungsfrequenz und einer Phasenverschiebung zur Anregung auftreten. Resonanzerscheinungen treten auf, wenn die in f enthaltenen Frequenzen mit den Frequenzen oder ganzen Vielfachen der freien Eigenschwingungen übereinstimmen. Diese Übereinstimmungen besitzen ein hohes Schädigungspotenzial und lassen sich nicht immer vermeiden. Hochlaufvorgänge von Turbosätzen und Antriebssystemen durchlaufen zwangsweise auch Eigenfrequenzen der Anlage. Spezielle Lastcharakteristiken von Abtriebsmomenten rufen entsprechende erzwungene Schwingungen in den Antriebselementen hervor. Beispiele sind

- erzwungene Torsionsschwingungen in Nockenwellen durch Nockenmomente und
- erzwungene Torsionsschwingungen in Kurbelwellen durch Pleuelmomente.

Selbsterregte Schwingungen. Selbsterregte Schwingungen beruhen auf Mechanismen, welche Schwingungsauslenkungen und Anregung dieser Auslenkungen koppeln. Die rechte Seite f der Schwingungsdifferenzialgleichung enthält zustandsabhängige Terme, welche einer Zufuhr von Energie in die Schwingungsformen entsprechen, $f = f(x, \dot{x})$. Beispiele hierfür sind

- Drehschwingungsanregung in Kolbenverdichtern: Durch die Kopplung des Fluidkreislaufes mit der Arbeitsmaschine kommt es besonders bei Drehzahl- oder Laständerungen zu erhöhten Anregungen der Gassäulenschwingung, welche je nach Arbeitspunkt durchaus mit Harmonischen des Systems übereinstimmen können [134],
- Brummerschwingungen in Walzwerken, welche im wesentlichen Eigenschwingungen der Arbeitswalzen sind,
- Ratterschwingungen in der zerspanenden Fertigung durch Wechselwirkung des Zerspanprozesses mit Torsionsschwingungen des Werkzeuges,
- Unwuchtschwingungen in Wellen,
- Torsionsanregungen in Fluidmaschinen durch Wechselwirkung mit dem Fluid in der Schaufeldurchgangsfrequenz.

Parametererregte Schwingungen. Eine bekannte Klasse von Anregungsmechanismen ist durch die periodische Schwankung signifikanter Parameter gekennzeichnet. In der rechten Seite f der Differenzialgleichungen sind Mischterme für die Schwingung verantwortlich, welche zeit- und zustandsabhängig Energie in die Schwingungsform transferieren, $f = f(x, \dot{x}, t)$. In f sind dabei Produkte oder andere nichtlineare Kombinationen von x und t oder von $\dot{x}$ und t vorhanden. Eine weit verbreitete Klasse der Anregungsmechanismen sind periodische Parameteränderungen, welche

Schwingungsformen mit synchroner Frequenz erzeugen. Zu den bekannten Beispielen zählen

- Zahnteilungsfehler in Getrieben,
- die über den Eingriffsweg in Abhängigkeit des Überdeckungsgrades periodisch schwankende Zahnsteifigkeit in Verzahnungen,
- die synchron zur Überrollfrequenz der Wälzelemente schwankende Lagersteifigkeit in Wälzlagern,
- die mit dem Kolbenwinkel variierende Rotationsträgheit der Kurbelwelle,
- Winkelabhängige Übersetzungen in Kurvengetrieben,
- Umlaufsynchron schwankende Übersetzung in Gelenkkupplungen.

Fremderregte Schwingungen. Die externe Erregung einer Schwingung in einer Maschinenkomponente wird oft als „Fremderregung" bezeichnet. Für die Schwingungsdifferenzialgleichungen des betrachteten Systems sind die externen Anregungen aufgrund von Energie- und Massenverhältnissen unabhängig von den internen Freiheitsgraden: $f = f(t)$. Fremderregte Schwingungen entsprechen daher zwangserregten Schwingungen, deren Anregung außerhalb der betrachteten Komponente liegt. Bekannte Beispiele für diese Anregungsklasse sind

- Torsionsanregungen durch periodische Anteile der Spaltmomente in elektrischen Antrieben,
- Fundamentschwingungen, welche Weganregungen der Wellenlagerungen darstellen,
- Übertragung von Schwingungsenergie durch Rohrleitungen,
- Anregungen von Schwingungen durch periodische Schwankungen des Energienetzes.

Zeitvariante Charakteristiken. Schwingungsphänomene unterliegen zeitlichen Veränderungen, deren Messung und Erfassung wichtige Aufschlüsse über den aktuellen Maschinenzustand ermöglichen. Zu den erkennbaren Ursachen zählen:

- Veränderungen der Wirkgeometrie. Als Beispiel sei die Entstehung von Zahnfehlern durch drehzahlbezogene Schwingungen im System genannt, welche wiederum einen entsprechenden umfangsbezogenen Abrieb der Zahnflanken erzeugen. In mittleren und größeren Getrieben ist ein Abrieb von einigen Mikrometern auf den Zahnflanken durchaus keine Seltenheit. Im Falle eines Betriebes in der Nähe von Resonanzfrequenzen kann dieser Abrieb innerhalb von Monaten entstehen.
- Änderungen der Ausrichtung. Durch thermische Verformungen, Kriechen von belasteten Lagerbauteilen oder auch durch Lösen von Bolzen und anderen Komponenten kann eine Verschiebung der Lagergeometrie entstehen. Diese Verschiebung entspricht einer Verlagerung der Wellenachsen in den einzelnen Lagerstellen mit einer resultierenden Änderung des Schwingungsverhaltens.

- Änderungen des Auswuchtzustandes durch Verformung, Materialauftrag durch Betriebsflüssigkeiten oder durch Abrasion und Verschleiß stellen ein häufig auftretendes Phänomen dar und sind an dem Anwachsen der drehzahlbezogenen Amplitude erkennbar.
- Entstehung von Schäden: Änderungen der Schwingungscharakteristik durch Wellenrisse stellen insbesondere in Anlagen mit hohen Leistungen und gespeicherten rotatorischen Energien ein wichtiges Indiz zur Vermeidung von Ausfällen oder kritischen Schäden dar.
- Inhomogenitäten in Arbeitsmedien verursachen entsprechende Veränderungen der Anlagenschwingungen.
- Veränderungen der Prozesse in vor- und nachgeschalteten Arbeitsmaschinen wirken sich aufgrund der Kopplungen des Systems auf den Arbeitspunkt und das stationäre Schwingungsverhalten aus.

Durch entsprechende Zuordnung von Ursachen und Wirkungen lassen sich für die Mehrzahl der Erscheinungen und Störungen Merkmale bestimmen, welche aus dem gemessenen Schwingungsverhalten identifizierbar sind. Die Zuordnung der Ursachen zu den gemessenen Phänomenen stellt einen eigenen Zweig der angewandten Forschung auf dem Gebiet der Schwingungsdiagnostik dar und erfährt eine ständig wachsende Bedeutung. Für den sicherheitstechnisch wichtigen Fall der Überwachung von Turbinen in Luftfahrts-Triebwerken stellt BAUER [5] die heute verfügbaren Methoden und Algorithmen zur Schwingungsdiagnostik zusammen. Für eine Vielzahl von Anlagen mit rotierenden Maschinenkomponenten stellt die kontinuierliche (permanente) und die intermittierende Überwachung der Schwingungspegel und -Phasenlagen heute ein unverzichtbares Werkzeug dar.

3.1.2 Anregungsmechanismen in rotierenden Maschinen

In allen rotierenden Mechanismen können Torsions- und Biegeschwingungen durch eine Reihe von Anregungsmechanismen entstehen. Zu den bekannten und verbreitet auftretenden Mechanismen gehören:

- Mechanische Unwucht durch Fertigungsfehler. Liegt der Schwerpunkt einer rotierenden Maschinenkomponente nicht auf der Rotationsachse, entsteht eine radial wirkende, drehzahlsynchron umlaufende Unwuchtkraft.
- Mechanische Unwucht durch Fremdkörper. Durch Adhäsionseffekte oder Einlagerung von Fremdkörpern in Hohlräumen kann ebenfalls eine Massenverteilung mit signifikanter Abweichung des Schwerpunktes von der Rotationsachse entstehen, ebenso gehören Polymerisationseffekte und Aufbeschichtungen von Laufschaufeln in diese Gruppe.
- Unwucht durch Verschleiß. Die mechanische Belastung von Verzahnungen, Lagerkörpern und Lagerlaufbahnen führt zu Verschleiß oder Ausbrüchen und damit zu einer anwachsenden Abweichung der Wirkgeometrien. Diese geometrischen Abweichungen führen zu drehzahlsynchronen Inhomoge-

nitäten in Lager- und Zahnkräften und somit zu einer direkten Anregung entsprechender Schwingungsformen.

- Anstreifen durch thermische Ausdehnungen. Insbesondere in Gas- und Dampfturbinen entstehen durch die hohen Temperaturbereiche der Arbeitsfluide thermische Ausdehnungen und somit longitudinale Dehnungen der Schaufeln. Ein Anstreifen der Schaufeln, „rubbing", ist möglich und stellt eine der bedeutendsten Schadensursache in dieser Maschinengruppe dar.
- Eine Rotorkrümmung durch thermische Ausdehung beziehungsweise durch inhomogenen Wärmefluss im Rotor bedingt eine asymmetrische Massengeometrie, welche eine drehzahlsynchrone Unwucht darstellt.
- Anregung durch Materialinhomogenitäten und Risse. Tritt eine kontinuierliche Biegebelastung eines Läufers im Zusammenhang mit inhomogen verteilten Materialeigenschaften auf, so entsprechen den resultierenden Schub- und Normalspannungen unterschiedliche Dehnungen. Es entsteht eine drehzahlsynchrone Anregung von Biegeschwingungen. Insbesondere in größeren Turbogruppen stellen Wellenrisse und ihr kontinuierliches Wachstum eine besonders gefährliche Situation dar. Die progressive Änderung der Wellenschwingungen bis zum Versagen des Läufers kann einen Zeitraum von mehreren Tagen bis zu einigen Wochen in Anspruch nehmen.
- Ein Anlaufen eines Wellenabschnittes im Gehäuse kann zu einer Abrollbewegung des Wellenzapfens in der Gehäusebohrung führen. Die entstehende Gegenlaufpräzession besitzt eine hohe Frequenz, welche durch die Drehzahl und die Abrollgeometrie bestimmt ist.
- Anregung durch inhomogene Lagersteifigkeiten. Durch die Koppelwirkung zwischen Rückstellwirkung und Auslenkungen in den beiden Querachsen von Gleitlagern entstehen selbsterregte Schwingungen mit der Form einer Gleichlaufpräzession („oil whip"). Die wirksamen Frequenzen liegen typischerweise in der Größenordnung der halben Drehfrequenz des Rotors.
- Anregungen durch Ausrichtfehler, etwa Höhen-, Seiten,- oder Winkelversatz der Achslagen in Lagerungen und Verzahnungen oder ein „Kupplungsklaffen".
- Periodische Anregungen durch Kupplungseigenschaften, etwa die erzwungene Drehungleichförmigkeit in Kardanwellen.
- Anregungen durch Haft-Gleitübergänge in Kupplungen (stick-slip).
- Anregungen von Torsionsschwingungen durch periodisch variierende Antriebs- oder Abtriebsmomente in den Spalten von Asynchronmaschinen und Generatoren.

Schwingungsanregungen in Zahnradgetrieben. Torsions- und Biegeschwingungen der rotierenden Komponenten in Zahnradgetrieben besitzen ein hohes Gefährdungspotenzial für eine Beschädigung der Verzahnungen. Eine Einteilung der Ursachen geschieht in innere und äußere Effekte. Zu den Effekten, die außerhalb der Getriebe lokalisiert sind (fremderregte Schwingungen), gehören

- Schwingungen des übertragenen Lastmomentes aufgrund variabler Antriebs- oder Abtriebsmomente,
- axiale oder radiale Schwingungen der An- oder Abtriebswellen aufgrund äußerer Anregungsquellen. Als Beispiel sei das Abreißen der Strömung in Turboverdichtern genannt.

Innerhalb der Zahngetriebe können folgende Ursachen Schwingungen hervorrufen:

- Zahnfehler durch Verzahnungsursachen. Zu den Zahnfehlern gehören die Teilungsfehler auf dem Wälzkreis und die Formabweichungen der Zahngeometrie. Beide Ursachen resultieren aus Fehlern und unzulässig hohen Toleranzen in der Fertigung der Getriebe.
- Variable Zahnsteifigkeiten durch den mit der Abwälzbewegung variierenden Überdeckungsgrad. Je nach Lage von Beginn und Ende der einzelnen Eingriffe in den Zahnpaarungen entsteht eine zeitvariante, periodisch variierende Steifigkeit der Paarung, s. Abb. 2.44.
- Reibkraftumkehr der Zahnpaarung im Wälzpunkt. Während des Durchlaufes der Eingriffsgeraden entstehen in einer Zahnpaarung Gleitgeschwindigkeiten an der Zahnoberfläche, welche besonders bei hohen Zahnkräften radiale Kräfte auf die miteinander kämmenden Räder erzeugen. Im Wälzpunkt kehrt sich der Vektor der Relativgeschwindigkeit zwischen den Flanken um, ebenso wechselt die entstehende Radialkraft ihr Vorzeichen. Durch diesen Effekt entsteht eine Parameteranregung einer Biegeschwingung einer verzahnten Welle oder die Anregung einer Translationsschwingung eines Zahnrades.
- Anregungen durch periodische Variation der Steifigkeiten von Wälzlagern. Durch die Abwälzbewegung variiert die Zahl der in Belastungsrichtung resultierenden tragenden Wälzkörper. Die resultierende Steifigkeit des betrachteten Lagers erfährt somit eine Modulation mit einer zur Drehzahl im konstanten Verhältnis stehenden Frequenz. Die variierende Steifigkeit stellt eine Parametererregung für Biegeschwingungen dar.
- Anregungen durch Formfehler in Lagerungen, welche drehzahlsynchron umlaufende Radialkräfte bedingen und Biege- und Translationsschwingungen anregen.
- Anregungen durch Unwuchten an rotierenden Teilen. Eine unzureichende Fertigung und Auswuchtung von rotierenden Maschinenkomponenten stellt eine besonders häufig anzutreffende Ursache von Biegeschwingungen elastischer Wellen dar.

Anregungseffekte in Strömungsmaschinen. Das Arbeitsprinzip von Strömungsmaschinen besteht in der Umsetzung von mechanischer Antriebsleistung in fluidische Energie, im wesentlichen in kinetische, thermische und potenzielle Energieformen. An den Schaufeln der Turbinen- und Pumpenräder wird die Wechselwirkung des Fluids mit der mechanischen Einheit wirksam. Aufgrund von

- Kavitationseffekten,
- unvollständiger Entlüftung von Pumpen,
- geometrischen Schaufelfehlern,
- inhomogenen Einlaufströmungen,
- der Wirkung der Gravitation auf die Fluide,
- periodischen Ablösewirbelvorgängen

und weiteren Effekten kommt es in der Mehrzahl von Strömungsmaschinen zu signifikanten Anregungen der Torsions- und Biegeschwingungen der Schaufelwellen. Die Anregungs- und Schwingungsfrequenzen sind dabei drehzahlsynchron oder identisch der Schaufelfrequenz. Zu den Besonderheiten der Strömungsmaschinen gehört des Weiteren die Gefährdung der Maschine durch

- Laufschaufelbrüche,
- Wellenanrisse,
- Anstreifen der Wellendichtungen,
- Erosion der Beschaufelung,
- Beläge auf der Beschaufelung,
- gestörte Ölzuflüsse zu den Lagern,
- inhomogene Lagerspiele.

Die oben genannten Effekte führen jeweils zu charakteristischen Schwingungen. Der Laufschaufelbruch führt zu einer sofortigen Beschädigung der weiteren Schaufelreihen und bedingt einen sofortigen Betriebsabbruch.

Schwingungen in Hubkolbenmotoren. Zu den besonders signifikanten und hervorstehenden Anregungsmechanismen von Biege- und Torsionsschwingungen in Hubkolbenmotoren zählen

- in erster Linie die periodisch auftretenden Gas- und Massenkräfte auf die oszillierenden Kolben der Arbeitszylinder und ihre Einwirkung auf Torsions- und Biegeschwingung der Kolbenwelle, und
- in zweiter Linie die periodisch oszillierenden Lastmomente der Nebenaggregate auf die Nockenwellen (Einspritzpumpen, Ventile)

Beide Anregungsmechanismen sind in die Klasse der Parametererregungen einzuordnen.

Anregungseffekte in elektrischen Arbeitsmaschinen. Die Charakteristik der Anregungen in Generatoren und elektrischen Antriebsmaschinen ist durch die drehzahlsynchronen Schwingungen der Spaltmomente durch Feldeffekte geprägt. Die Polpaarzahl stellt einen konstanten Faktor zwischen der Drehzahl und der Grundfrequenz der anregenden Momente dar. Durch die Induktivitäten in Stator und Rotor und die Charakteristik der erzeugten Magnetfelder treten des Weiteren eine Vielzahl von höherharmonischen Anregungen im Spalt auf.

3.2 Methodik der Schwingungsdiagnose

3.2.1 Überwachungsgrößen

Einteilung. Informationen über das Schwingungsverhalten von Maschinen lassen sich prinzipiell aus der Messung von

- Schwingwegen,
- Schwinggeschwindigkeiten,
- und Schwingbeschleunigungen

erhalten. Eine weitere Einteilung der überwachten Größen geschieht in die Gruppen

- Lagergehäuseschwingungen,
- relative Wellenschwingung und
- absolute Wellenschwingung.

Die Angabe der Messrichtung stellt eine weitere Unterteilung dar. In der Regel werden einachsige Aufnehmer verwendet, in jüngster Zeit finden auch dreiachsige Beschleunigungsaufnehmer auf Halbleiterbasis Verbreitung. Üblicherweise wird entweder in

- axialer Richtung parallel zur Wellenachse,
- in horizontaler radialer Richtung,
- und in vertikaler radialer Richtung

gemessen. Natürlich erlauben die Messaufnehmer eine beliebige Wahl von räumlichen Achsrichtungen zur Schwingungsmessung.

Lagergehäuseschwingungen. Oberflächenvibrationen in stehenden Teilen der Lagerung von Wellen sind Lagergehäuseschwingungen. Sie geben Hinweise auf die qualitativen Laufeigenschaften der Welle, enthalten jedoch in der Regel auch alle Effekte, welche von Umgebung über die Lagerung auf die Welle einwirken.

Man verwendet die Messung von Lagergehäuseschwingungen im wesentlichen aus zwei Gründen:

- Die Steifigkeit der Welle ist wesentlich größer als die Steifigkeit der Lagerung. Zur Anwendung kommt dann entweder die direkte Messung der Schwinggeschwindigkeit mit elektrodynamisch arbeitenden Sensoren oder die Messung von Beschleunigungen mit Hilfe von Piezo-Sensoren oder Sensoren auf Halbleiterbasis.
- Messung der Lagergehäuseschwingungen zur Überwachung von Wälzlagerungen. Zur Anwendung kommen oft piezoelektrische Beschleunigungsaufnehmer.

Tabelle 3.1. Bezeichnungen für Schwingungsgrößen. Die Indizes $_{pp}$ und $_{0p}$ stehen für „peak to peak" und „mean to peak", der Index $_{rms}$ steht für „root of mean square" und stammt aus der Rechenvorschrift zur Berechnung des Effektivwertes

Bezeichner	Messgröße	Übliche Einheit
s	Schwingweg	μm
s_{pp}	Spitze-Spitze-Wert des Schwingweges	μm
s_{0p}	Amplitude des Schwingweges	μm
s_{max}	Maximalamplitude des Schwingweges	μm
v	Schwinggeschwindigkeit	mm/s
v_{eff}	Effektivwert der Schwinggeschwindigkeit	mm/s
v_{rms}	Effektivwert der Schwinggeschwindigkeit	mm/s
a	Schwingbeschleunigung	m/s^2
f	Frequenz	Hz
ω	Kreisfrequenz	rad/s

Beziehungen zwischen den Überwachungsgrößen. Für die Bezeichnung der Schwingungsgrößen haben sich die Bezeichnungen nach Tabelle 3.1 eingebürgert und sind durch die DIN ISO 10816 normiert.

Aus der Betrachtung von Ähnlichkeitsgesetzen stammt die universelle Verwendung der Schwinggeschwindigkeit als charakterisierendes Maß für die Stärke von Maschinenschwingungen. Zur Grenzwertbildung dient oft der Effektivwert der Schwinggeschwindigkeit. Ist aus einer Messung der Zeitverlauf $v(t)$ einer Schwinggeschwindigkeit bekannt, so gilt für den Effektivwert die Wurzel aus dem mittleren Quadrat des gemessenen Wertes (Root Mean Square, RMS):

$$v_{eff} = \sqrt{\frac{1}{T} \int_0^T v^2(t)\, dt} \tag{3.2}$$

Die Messdauer T sollte dabei die Periodenzeit der langsamsten Schwingungsform der Maschine um ein Vielfaches übersteigen. In Maschinen mit Schwingungsformen, deren Zeitverlauf durch umlaufende Massen mit Unwucht und durch harmonische Eigenschwingungen geprägt ist, wird das Maß der Schwinggeschwindigkeit typischerweise durch einen Satz von harmonischen, sich überlagernden Schwingungen geprägt. Eine einzelne Schingungsform der Amplitude s_{0p} und der Kreisfrequenz $\omega = 2\pi f$ ist durch den einfachen Gleichungssatz

$$s(t) = s_{0p} \sin(\omega t)$$
$$v(t) = s_{0p}\omega \cos(\omega t)$$
$$a(t) = -s_{0p}\,\omega^2 \sin(\omega t)$$
$$v_{eff} = \omega\, s_{0p}/\sqrt{2}$$

$$a_{eff} = \omega^2 \, s_{0p} / \sqrt{2} \, v_{eff} \qquad\qquad (3.3)$$

bestimmt. Ist eine aktuelle Schwingung im wesentlichen durch Überlagerungen von harmonischen Anteilen geprägt, so können obige Gleichungen für jeden Anteil getrennt ausgewertet werden. Die Addition der Schwinggeschwindigkeiten ist vektoriell vorzunehmen. Ist die Information über die Phasenlage der Anteile nicht vorhanden, sollte als untere Abschätzung für die Schwinggeschwindigkeit der größte einzelne Betragswert verwendet werden.

3.2.2 Standards und Normierungen

Die Normierung der Schwingungstechnik und der Diagnose von Schwingungen in rotierenden Maschinen begann in den sechziger Jahren im VDI. In den letzten Jahrzehnten erarbeiteten die Gremien von DIN, VDI, ISO, IEC, CENELEC u.a. eine Vielzahl heute gültiger Normen und Richtlinien. Einen umfassenden Überblick über die Entwicklung, Trends und heute gültiger Normen im Themenbereich gibt SCHWIRZER in [116].

Beurteilung von Schwingungen.

VDI-Richtlinie 2056. Mit der ersten Auflage der Richtlinie VDI 2056 im Jahre 1960 wurden Vorschriften und Maßstäbe für die Messung und Auswertung von Maschinenschwingungen festgelegt. Die zweite Ausgabe besitzt das Erscheinungsdatum Oktober 1964. Auf dieser Ausgabe basieren die Standards ISO 2372, ISO 3945 bzw. DIN ISO 3945, IEC 34-14 (DIN VDE 0530) und CENELEC HD 53.14 S1. Die VDI-Richtlinie 2056 ist heute nicht mehr gültig.

Die zitierten Standards betreffen die induzierten Schwingungen an stationären Teilen (Lager, Gehäuse) von rotierenden Maschinen. Eine überarbeitete Richtlinienserie VDI 2059 beurteilt die Wellenschwingungen von Maschinen in Gefährdungsklassen A,B,C und D. Die Gefährdungsklassen richten sich nach der Amplitude s der Schwingungen (Maximalamplitude gemessen in μm in Abhängigkeit der Drehzahl n, gemessen in $1/min$.

- Gefährdungsklasse A, „gut", liegt vor, wenn der Maximalausschlag s der am relevanten Schwingungsort auftretenden relativen Wellenschwingung das Maß s_A unterschreitet. Es gilt:

$$s_A := \frac{3300}{\sqrt{n}} \qquad s \text{ in } [\mu m]; \qquad n \text{ in } [\frac{U}{min}] \qquad (3.4)$$

- Gefährdungsklasse B, „brauchbar", wird diagnostiziert für eine Amplitude s der relativen Wellenschwingung mit $s_A < s \le s_B$ und

$$s_B := \frac{5500}{\sqrt{n}} \,; \qquad\qquad (3.5)$$

- Gefährdungsklasse C, „noch zulässig", liegt vor für $s_B < s \leq s_C$ mit

$$s_C := \frac{8000}{\sqrt{n}} \; ; \tag{3.6}$$

- und die Gefährdungsklasse D, „unzulässig" wird für $s > s_C$ diagnostiziert.

Die erarbeiteten Normen sind Grundlage zweier aktueller Serien von ISO Standards, denen zentrale Bedeutung zukommt. Es handelt sich um die

- ISO 7919, „Mechanical vibration of non-reciprocating machines - measurements on rotating shafts and evaluation", welche ähnlich zu der VDI-Richtlinie aufgebaut ist und die Erfassung und Beurteilung der Wellenschwingungen behandelt, und die
- ISO 10816, „Mechanical vibration - evaluation of machine vibration by measurements of non-rotating parts", welche die älteren Standards für die Lagerschwingungen ersetzt.

Die genannten Normen geben durch die Einteilung in Gefährdungsklassen Anhaltswerte für die Beurteilung aktueller Schwingungsamplituden. Ergänzend sind in den ISO-Normen Hinweise zur Beurteilung von Veränderungen des aktuellen Schwingungszustands gegeben. So sind Kriterien für die sinnvolle Auslösung von Alarmen und Abschaltungen anhand der Veränderungen der Amplituden aufgeführt. Die neuen ISO Standards 7919 und 10816 weichen zum Teil deutlich bei den Angaben zulässiger Grenzwerte für Schwingungsamplituden von den vorangehenden Normen (VDI Richtlinien 2056, 2059 bzw. ISO Standards 2372 und 3945) ab. Diese werden durch die neuen Standards abgelöst.

DIN ISO 10816. Die ISO 10816 besteht aus sechs Teilen, welche alle die gemeinsame Überschrift „Mechanische Schwingungen - Bewertung der Schwingungen von Maschinen durch Messungen an nicht- rotierenden Teilen" tragen:

- Teil 1: Allgemeine Anleitungen,
- Teil 2: Große stationäre Dampfturbinen-Generatorsätze mit Leistungen über 50 MW,
- Teil 3: Industrielle Maschinen mit Nennleistungen über 15kW und Nenndrehzahlen zwischen $120\,min^{-1}$ und $15000\,min^{-1}$ bei Messungen am Aufstellungsort
- Teil 4: Maschinensätze mit Antrieb durch Gasturbinen mit Ausnahme von Flug-Triebwerken
- Teil 5: Maschinensätze in Wasserkraft- und Pumpanlagen
- Teil 6: Hubkolbenmaschinen mit Leistungen über 100kW

In Anhang B dieser ISO sind „vorläufige Kriterien für die breitbandig gemessene Schwingung bei speziellen Klassen von Maschinen" gegeben. Diese Kriterien sind eingeschränkt gültig, bis weitere, speziellere Werte in zu erscheinenden Teilen dieser ISO für bestimmte Maschinen veröffentlicht sind.

Die angegebenen Werte sind obere Grenzen für bestimmte Gefährdungszonen, die Bezeichnungen A bis D dieser Zonen entsprechen der VDI-Richtlinie VDI 2059.

- Zone A: Geringe Schwingungen. Die Schwingungen von neu in Betrieb gesetzten Maschinen liegen gewöhnlicherweise in dieser Zone.
- Zone B: Maschinen, deren Schwingungen in dieser Zone liegen, werden üblicherweise als geeignet angesehen, ohne Einschränkungen im Dauerbetrieb zu laufen.
- Zone C: Gefährdeter Bereich. Maschinen mit Schwingungswerten in diesem Bereich sollten nicht im Dauerbetrieb laufen. Im Allgemeinen darf die Maschine aber solange betrieben werden, bis sich eine günstige Gelegenheit für Abhilfemaßnahmen (beispielsweise der nächste Anlagenstillstand) ergibt.
- Zone D: Schwingungswerte innerhalb dieser Zone sind üblicherweise schädigend.

Der Anhang B der ISO 10816 gibt des Weiteren eine Einteilung der Maschinen in vier Klassen vor:

- Klasse I: Bauteile von Motoren und Maschinen, die mit der kompletten Maschine unter ihren üblichen Betriebsbedingungen starr verbunden sind. Typische Vertreter dieser Klasse sind elektrische Antriebsmotore mit einer Leistung bis 15 kW.
- Klasse II: Mittelgroße Maschinen ohne spezielle Fundamente (Elektromotoren von 15 kW bis 75 kW), und starr aufgestellte Maschinen bis 300 kW, die auf spezielle Fundamenten aufgestellt sind.
- Klasse III: Große Antriebsmaschinen und andere große Maschinen mit umlaufenden Massen, aufgestellt auf starren und schweren Fundamenten, die in Richtung der gemessenen Schwingungen relativ steif sind.
- Klasse IV: Große Antriebsmaschinen und andere große Maschinen mit umlaufenden Massen, aufgestellt auf Fundamenten, die in Richtung der gemessenen Schwingungen relativ nachgiebig sind (als Beispiel dienen Turbo- Generatorsätze und Gasturbinen mit einer Leistung über 10 MW)

Die Tabelle 3.2 zeigt die in der ISO 10816-1 Anhang B definierten Grenzwerte für die effektive Schwinggeschwindigkeit. In den Maschinenklassen I bis IV sind jeweils die Gefährdungszonen A bis D markiert.

Schwingungsüberwachung. Die schwingungstechnische Überwachung ist bei größeren Turbosätzen innerhalb der letzten Jahrzehnte zur Standardausrüstung geworden. Nachdem inzwischen sogar Versicherungsbeiträge für Industrieanlagen vom Grad des Umfanges und Einsatzes von Schwingungsdiagnosesystemen abhängen, besitzt jeder namhafte Hersteller größerer Gas- bzw. Dampfturbinenanlagen ein demgemäßes System im Verkaufsprogramm oder lässt dieses von Zulieferern in den Installationen nachrüsten. Mit der

Tabelle 3.2. Schwingungsgrenzwerte nach DIN ISO 10816-1 Anhang B. Angegeben sind die Grenzwerte für die Schwinggeschwindigkeiten in mm/s für die Gefährdungszonen der oben angegebenen Maschinenklassen

Effektivwert der Schwinggeschwindigkeit [mm/s]	Klasse I	Klasse II	Klasse III	Klasse IV
0.28				
0.45	A	A		
0.71			A	
1.12				A
1.8	B			
2.8		B		
4.5	C		B	
7.1		C		B
11.2			C	
18	D	D		C
28			D	
45				D

VDI Richtlinie 3841, „Schwingungsüberwachung von Maschinen mit rotierenden Massen - erforderliche Messungen" ist erstmalig eine Richtlinie mit einer Übersicht über die gebräuchlichen Messverfahren, die zugeordneten Messgrößen, die verwendeten Sensoren mit den jeweiligen Einsatzbereichen und Grenzen gegeben.

Als Kriterien für die Notwendigkeit von Überwachungssystemen gelten in der Richtlinie

- das Gefährdungspotenzial,
- der Maschinenwert,
- die Schadensfolgekosten,
- spezielle Betriebsbedingungen.

3.2.3 Messverfahren und -größen

Die Vielzahl der gängigen Messverfahren ist durch die Vielzahl der vorhandenen Maschinentypen mit rotierenden Massen bedingt. Prinzipiell lassen sich die Verfahren je nach Messort und Messprinzip in relative und absolute Schwingungsmessungen einteilen:

- Messungen der stehenden Maschinenteile. Im wesentlichen konzentriert man sich auf Lagergehäuseschwingungen an der Maschinenoberfläche. Sie geben Aufschluss und qualitative Hinweise über die von den rotierenden, gelagerten Massen ausgehenden Schwingungen. Die Messgrößen sind absolute Schwingungsgrößen der Lagergehäuse, in der Regel Wege und Beschleunigungen.

- Messung der Bewegung zwischen den stehenden Maschinenteilen und den rotierenden Elementen. Zur Erfassung der Belastung und damit zur Beurteilung der Standzeit der Lagerungen dient die Messung der relativen Bewegung zwischen der Welle und dem Lager.
- Messung der absoluten Wellenbewegung. Die Erfassung der absoluten Bewegung der Wellenoberfläche ist insbesondere bei Verwendung einer Anordnung mit mehreren Messstellen das geeignete Verfahren zur Analyse der Biege- und Torsionsschwingungen der Welle.

Als Liste der interessierenden Messgrößen resultiert damit:

- Transversale Schwingungen der Lagergehäuse und Fundamente,
- relative Schwingungen der Wellenzapfen in den Lagern,
- absolute transversale Starrkörperschwingungen der Welle,
- elastische Biegeschwingungen der Wellen,
- Dreh-Ungleichförmigkeiten (Starrkörperanteil) der Wellen,
- elastische Torsionsschwingungen der Wellen.

In der Norm VDI 3841 sind für die industriellen Anwendungsbereiche

- Kraftwerksturbosätze,
- Industrieturbosätze,
- Verdichteranlagen,
- Wasserkraftanlagen,
- Kreiselpumpen,
- elektrische Maschinen,
- Druckmaschinen,
- Ventilatoren,
- Zentrifugen,
- Getriebe.

Empfehlungen für die Wahl der Messgrößen, der Messintervalle und für die Ausrüstung zur Erfassung der Schwingpegel zusammengestellt.

3.2.4 Sensorik für Schwingungsanalysen

Die Sensortechnik erfährt im Maschinen- und Anlagenbau eine ständig steigende Bedeutung. Nicht zuletzt durch die steigende Leistungsfähigkeit und den steigenden Einsatzgrad von Digitalrechnern kommt einer erweiterten Sensorik zur Zustandsbeobachtung von Maschinen mit hohem Anlagenwert oder hohem Schadensrisiko eine zentrale Bedeutung zu. Eine sehr große Vielzahl von Büchern, Übersichten, Herstellerangaben und wissenschaftlichen Arbeiten bietet dem interessierten Leser eine Fülle von Detailinformationen. Die folgende Zusammenstellung dient ausschließlich einer kurzen Übersicht der zur Überwachung von Maschinen mit rotierenden Massen eingesetzten Sensortypen.

Messung von transversalen Beschleunigungen. Die Messung von Beschleunigungen besitzt gegenüber Geschwindigkeits- und Abstandsmessung den Vorteil, eine Aussage über absolute Bewegungen der betreffenden Komponente zu liefern.

Piezoelektrische Aufnehmer. Stand der Technik und bevorzugte Aufnehmertypen arbeiten nach dem Piezoelektrischen Prinzip. Eine piezoelektrische Scheibe befindet sich zwischen einer seismischen Masse und dem Aufnehmergehäuse. Wird das Aufnehmergehäuse, welches starr mit der zu vermessenden Komponente gekoppelt ist, beschleunigt, so bewirkt die Trägheitskraft der bewegten Masse einen beschleunigungsproportionalen Ladungszuwachs im Piezoelement. Der Ladungszuwachs wird über Ladungsverstärker in ein Spannungssignal umgewandelt. Durch die hohe Steifigkeit der piezoelektrischen Scheiben besitzt die seismische Masse eine relativ hohe Eigenfrequenz, der Sensor wird im allgemeinen weit unterhalb der Eigenfrequenz betrieben.

Typischer Einsatzbereich:	
Eigenfrequenz	10 kHz bis 100 kHz
Arbeitsfrequenzbereich	5 Hz bis 30 kHz
Messbereich	0 bis 100 m/s^2
Temperaturbereich	-50 bis 120 $^\circ C$
	bis 600 C mit externem Ladungsverstärker

Aufnehmer auf Halbleiterbasis. Durch Fortschritte in der Halbleitertechnik gewinnen zunehmend Beschleunigungssensoren auf Halbleitertechnik an Bedeutung. Gegenüber Aufnehmern auf piezoelektrischer Basis besitzen sie einen deutlich geringeren Preis (typischerweise einige Hundert an Stelle einiger Tausend EUR) und den weiteren Vorteil, ohne eine spezielle Ladungsverstärkerschaltung auszukommen. Die Bauform dieser Sensoren entspricht oft einer integrierten Schaltung in einem Standard DIP-Gehäuse. Der Sensor kann somit elegant in elektronische Schaltungen integriert werden und findet zunehmend verbreiteten Einsatz (als Beispiel seien die Auslöser für „air bags" in Kraftfahrzeugen genannt).

Typischer Einsatzbereich:	
Eigenfrequenz	10 kHz bis 100 kHz
Arbeitsfrequenzbereich	5 Hz bis 30 kHz
Messbereich	0 bis 500 m/s^2 entsprechend 0g bis 50g
typ. Messrauschen	5 mg
Temperaturbereich	bis 70 $^\circ C$

Messung von transversalen Geschwindigkeiten. Der Einsatz von Geschwindigkeitsaufnehmern findet im Maschinenbau vorwiegend zur Detektion der Bewegung von Lagergehäusen in Industrieturbosätzen statt. Sie sind besonders geeignet zur Messung niederfrequenter Schwingungen. Zu beachten ist der gravitationsbedingte Durchhang bei vertikalen Anteilen der Messrichtung sowie die sehr niedrige Eigenfrequenz des Systems, unterhalb derer keine

Messung vorgenommen werden darf. Typischerweise sind zwei identische Spulen in einem Sensor integriert, um eine Kompensation magnetisch induzierter Störspannungen vornehmen zu können. Gegenüber Sensoren auf Halbleiterbasis sind somit die sehr gute Temperatur- und Magnetfeldunabhängigkeit als Vorteile zu nennen.

Elektrodynamisch arbeitende Sensoren. Gemessen wird die induzierte Spannung einer Spule, deren Kern als Permanentmagnet ausgeführt ist. Die Spule ist fest mit dem Sensorgehäuse gekoppelt, während der Permanentmagnet nur durch eine schwache Feder und eine leichte Dämpfung axial in Spulenmitte fixiert wird. Genügend weit oberhalb der Eigenfrequenz dieser Anordnung entspricht die Relativbewegung des Kernes zur Spule der absoluten Schwinggeschwindigkeit des Gehäuses. Die induzierte Spannung ist geschwindigkeitsproportional. Ein zweites Funktionsprinzip vertauscht die Lagerung und Fixierung von Spule und Magnet.

    Typischer Einsatzbereich:
    Eigenfrequenz   unter 20 Hz
    Arbeitsfrequenzbereich   5 Hz bis 2 kHz
    Temperaturbereich   -50 bis 200 $^{\circ}C$

Abstandssensoren. Man unterscheidet zwischen berührenden und berührungsfreien Abstandssensoren. Die Vorteile berührungsfreier Sensoren liegen in der absoluten Verschleißfreiheit und in dem großen Frequenzbereich. In modernen Maschinen finden aus diesem Grund fast nur noch berührungsfreie Sensoren Anwendung in der Schwingungssensorik, berührende Abtastsensoren verwendet man zur Detektion statischer Gehäusedehnungen.

Wirbelstrommessprinzip. Als Basiselement eines Wirbelstromsensors dient eine Spule, welche von einem hochfrequenten Wechselstrom durchflossen wird. Als Folge wird ein dynamisches synchrones Magnetfeld erzeugt. Nähern sich metallische Körper der Spule, werden Wirbelfelder in diesen Körpern induziert und die Energiedichte der Magnetfelder verändert sich. Ein Umsetzer im Versorgungskreis der Spule registriert die Veränderung und liefert ein Spannungssignal, welches über eine Kennlinie in den Abstand des metallischen Körpers umgerechnet wird. Als Besonderheiten beim Einsatz dieser Sensoren gilt die Empfindlichkeit der Messung gegenüber metallischen Ablagerungen auf der Welle oder dem Sensor. Ebenso erzeugen Inhomogenitäten im Material der Welle eine Dynamik des Signals, welche keiner Abstandsänderung entspricht elektrischer „run-out").

    Typischer Einsatzbereich:
    Eigenfrequenz   keine
    Arbeitsfrequenzbereich   0 bis 10 kHz
    Abstandsbereich   0.1 bis 10 mm
    Auflösung   im nm-Bereich je nach A/D Wandlung
    Temperaturbereich   -50 bis 120 $^{\circ}C$
                                    bis 500 $^{\circ}C$ mit dezentralem Umsetzer

Induktives Messprinzip. Der Aufnehmer entspricht einer Halbbrücke aus zwei Induktivitäten. Oftmals sind beide Spulen in einem einschraubbaren Sensorkopf mit Außengewinde (M4 bis ca. M30) integriert. Einer Spule ist im Sensorinneren ein definierter Metallkörper vorgeschaltet, während der stirnseitigen Spule über den Messspalt die Oberfläche der zu vermessenden Maschinenkomponente gegenübersteht. Eine Veränderung des Luftspaltes entspricht einer Verstimmung der Halbbrücke. Die entstehende Spannungsdifferenz wird verstärkt und entspricht über eine nichtlineare, sigmoide Kennlinie dem Betrag des Messspaltes bzw. dem zu vermessenden Abstand. Als besondere Vorteile dieser Sensoren gilt die Einfachheit der Auswerteelektronik und das niedrige Kostenniveau sowie die mögliche Entfernung zwischen Sensoren und Auswertung von bis zu 300m bei Verwendung entsprechend geschirmter Kabel.

Typischer Einsatzbereich:

Eigenfrequenz	keine
Arbeitsfrequenzbereich	0 bis 20 kHz
Abstandsbereich	0.1 bis 5 mm
Auflösung	im nm-Bereich je nach A/D Wandlung
Temperaturbereich	-50 bis 200 $^{\circ}C$

Winkelgeschwindigkeitssensoren. Maschinen mit rotierenden Massen, wie Turbosätze, Antriebsstränge in Kraftfahrzeugen und Getriebe dienen vorrangig der Übertragung von rotatorischen Energien. Dementsprechend hoch ist die Bedeutung einer Diagnostik absoluter und elastischer Torsionsschwingungen. Die Messung von Drehungleichförmigkeiten an rotationssymmetrischen Maschinenkomponenten gestaltet sich in der Regel recht aufwendig, da im Gegensatz zu Abstandsmessungen zwischen in erster Linearisierung parallelen Flächen keinerlei direkte Messflächen vorhanden sind. Als Abhilfe dieses Umstandes dient in der Regel ein Messrad mit einer speziellen rechteckigen Verzahnung. Normal zur Rotationsebene des Messrades wird ein induktiver Abstandssensor im Radiusbereich der Messverzahnung montiert. Der Durchgang eines Zahnes durch die Messachse erzeugt einen rechteckigen Signalimpuls. Die zeitliche Folge der Signalpegel wird gegenüber einer äquidistant verteilten Impulsfolge verglichen. Eine zeitliche Abweichung zwischen einer Signalflanke und dem Referenzpuls entspricht bei korrekter Referenzpulsfolge einer Torsionsabweichung des Messrades.

Im Gegensatz zu Messungen von transversalen Größen ist bei Anwendung dieses Messprinzips zu beachten, dass Biegeschwingungen des Systems die Messung der Winkelgeschwindigkeit verfälschen. In Abb. 3.1 ist die Anordnung zur Messung der Winkelgeschwindigkeit schematisch dargestellt. Ein Sensor auf induktiver Basis oder auf Basis des Wirbelstromprinzips registriert die durchgehenden Flanken des Messrades. Die Welle besitzt die translatorischen Geschwindigkeiten $\boldsymbol{v}_y, \boldsymbol{v}_z$, welche sich zusammen mit der eigentlichen Umfangsgeschwindigkeit ω_R zur gemessenen scheinbaren Umfangsgeschwindigkeit $\omega_{R,Messung}$ addieren. Der Messfehler kann je nach Stärke der Bie-

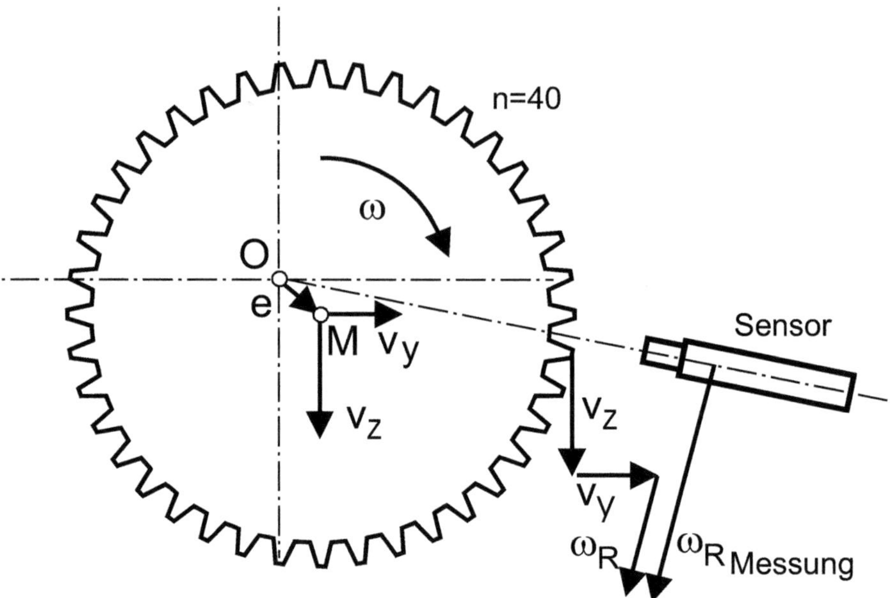

Abb. 3.1. Induktive Winkelgeschwindigkeitsmessung. Das Messrad besitzt zum Beispiel die dargestellten 40 Zähne und rotiert mit der Winkelgeschwindigkeit ω. Zur Messung dieser Geschwindigkeit wird die Flankendurchgangsgeschwindigkeit des Messrades mit Hilfe eines induktiven Sensors registriert. Im Falle vorhandener Biegeschwingungen der Welle am Ort des Messrades überlagern sich translatorische und rotatorische Geschwindigkeiten und verfälschen die Messung

geschwingung die Größenordnung der zu messenden Winkelgeschwindigkeit erreichen.

Eine wirksame Abhilfe bietet die Kompensation der Biegeanteile durch zwei gegenüberliegende Sensoren und der Vergleich beider Messsignale bzw. die Weiterverarbeitung eines gekoppelten Signales.

Drehmomentmesswellen. Eine effiziente Art und Weise, Torsionsschwingungen und die zugehörigen internen Momente zu diagnostizieren, besteht in der Anwendung spezieller Drehmomentmesswellen, welche in den Antriebsstrang geschaltet werden. Das übertragene Drehmoment wird mittels Dehnmessstreifen auf der Messwelle aufgenommen und über Schleifringe oder berührungslos über Infrarotübertragung an die Auswerteeinheit übermittelt. Es ist zu beachten, dass einerseits die Elastizität der Messwelle natürlich auch die Abstimmung des Antriebsstranges verstimmt, andererseits natürlich die Auswertung der Torsionsmomente erfolgt und die kinematischen Schwingungsamplituden nicht direkt aus dem Verlauf der Torsionsmomente ableitbar sind.

3.2.5 Überwachungsmethoden

Besonders in Kraftwerksanlagen gehört die kontinuierliche Schwingungsüberwachung inzwischen zur Grundausrüstung der Leittechnik. Im Bereich dieser Maschinendiagnostik haben sich eine Reihe von Methoden zur permanenten Überwachung von Anlagen mit rotierenden Massen bewährt. In der Klassifikation der Methoden unterscheidet man prinzipiell zwischen der Überwachung im Zeitbereich und im Frequenzbereich. Die effiziente Reduktion der Daten durch Transformation in den Frequenzbereich führt zu den bekanntesten Überwachungsmethoden, der Zeigerüberwachung und der Resonanzüberwachung.

Zeigerüberwachung. Eine effiziente Methode, Trends in dem aktuellen Schwingungszustand zu erkennen, besteht in der Zeigerüberwachung, die auch als Ordnungsanalyse bezeichnet wird. Wesentliche Anteile der Biegeschwingungen in größeren Turbogruppen erfolgt mit der Rotordrehzahl, ihrer Hälfte, der doppelten Drehzahl, oder der drei- und vierfachen Rotordrehzahl. Die Reduktion der entsprechenden Peaks in der Fourier-Transformation auf je einen Wert für die Amplitude und die Phasenlage für diese fünf Drehzahlen, den Hauptordnungen, entspricht einer Datenmenge von 10 skalaren Werten. Für jeden dieser fünf Schwingungsanteile legen die Werte für Amplitude und Phase einen Ortspunkt in der komplexen Ebene fest. Die Bereiche, in denen sich diese fünf Zeiger bzw. Ortspunkte bewegen dürfen, hängen von der momentanen Drehzahl und wesentlichen Betriebsparametern ab, beispielsweise Frischdampfzustand und Generatorlast im Falle eines Dampfturbinen-Turbosatzes. Für typische Lastzustände beschränkt sich dann die Zeigerüberwachung auf die Überprüfung, ob sich die Schwingungszeiger der fünf Hauptanteile jeweils in den zulässigen Bereichen befinden. Ein Überschreiten der zulässigen Bereichsgrenzen deutet auf einen untypischen Anlagenzustand hin und kann automatisiert Alarme oder Stops auslösen. Die Ordnungsanalyse wird heutzutage rechnergesteuert in typischen Zyklen von drei bis zehn Sekunden durchgeführt.

Resonanzüberwachung. Im Gegensatz zur Ordnungsanalyse dient die Resonanzüberwachung dazu, Phänomene zu detektieren, deren Frequenzverhalten nicht fest an die momentane Drehzahl gebunden ist. Die Biegeeigenfrequenzen der Wellen sind mit Ausnahme der Effekte 2. Ordnung unabhängig von der Drehzahl, ebenso beginnen eine Reihe von Anlagenschäden wie etwa Wellenanrisse mit Schwingungseffekten in nicht vorhersagbaren Frequenzbereichen. Entsprechend verfährt die Methode der Resonanzüberwachung, welche für eine bestimmte Anlage für jede Drehzahl die bekannten Anteile der Spektralanalyse der Biegeschwingungsmesssignale tabelliert und mit den aktuellen Werten vergleicht. Das Auftauchen und Anwachsen eines nicht tabellierten „Peaks" deutet auf einen untypischen Anlagenzustand hin und wird dementsprechend einen Alarm auslösen. In heutigen Kraftwerksanlagen führt man die Resonanzüberwachung automatisiert in Zyklen von typischerweise 30 Sekunden bis fünf Minuten durch.

Diagnoseziele. Zu den speziell auf Turbosätze ausgerichteten Diagnosezielen, die vorwiegend im Zeitbereich überwacht werden, gehören

- Laufschaufelverluste,
- Wellenverlagerungen,
- Kupplungsversatze,
- Mechanische Läuferunwuchten,
- Thermische Läuferunwuchten,
- temporäre Anstreifvorgänge,
- Anstreifvorgänge durch Verkrümmungen.

Zu den Schadens- und Schwingungsformen, welche man durch kombinierte Ordnungsanalyse und Resonanzüberwachung detektiert, zählen unter anderen die

- Wellenanrisse,
- Resonanzüberhöhungen,
- Ölfilminstabilitäten,
- Schrumpfsitzlockerungen,
- Gleitlagerfehler.

Durch Überwachung der Resonanzen hingegen detektiert man

- Resonanzverschiebungen,
- Lageranomalien,
- Lösen von Wellenkupplungen,
- veränderte Fundamentsteifigkeiten
- und Schwingungen durch Gehäuseresonanzen.

3.2.6 Darstellungsmethoden

Durch Messungen der absoluten Beschleunigungen, Geschwindigkeiten, relativen Oberflächenabständen und Torsionswinkeln erhält die Überwachungsanlage einen kontinuierlichen Datenstrom mit typischerweise einigen Tausend Messwerten pro Sekunde. Es existieren ausgefeilte Strategien der Datenreduktion und Auswertung dieser Datenmengen. Zur Begutachtung durch menschliche Experten ist es jedoch weiterhin notwendig, die Zeitreihen in spezieller Weise graphisch aufzuarbeiten, um Trends, Frequenzen und Drifts für die menschliche Wahrnehmung sichtbar zu gestalten. Zu den bekanntesten Darstellungsformen der Datenmengen gehören die

- Zeitreihendarstellung,
- FOURIER-Transformierte der Zeitreihe,
- Wellen-Orbits an verschiedenen Messpunkten,
- „Corbits" während des Hochlaufes,
- Zeigerdarstellung oder Ordnungsanalyse,
- Drehzahl / Frequenzdiagramme (Campbelldiagramm),
- Hüllkurvenanalyse einer Zeitreihe.

Zeitreihendarstellung. Die einfachste und direkteste Form der grafischen Darstellung der Messdaten ist die Zeitreihendarstellung. Abb. 3.2 zeigt als Beispiel die transversale Biegeschwingung während des Hochlauf einer luftgelagerten Kleinturbine.

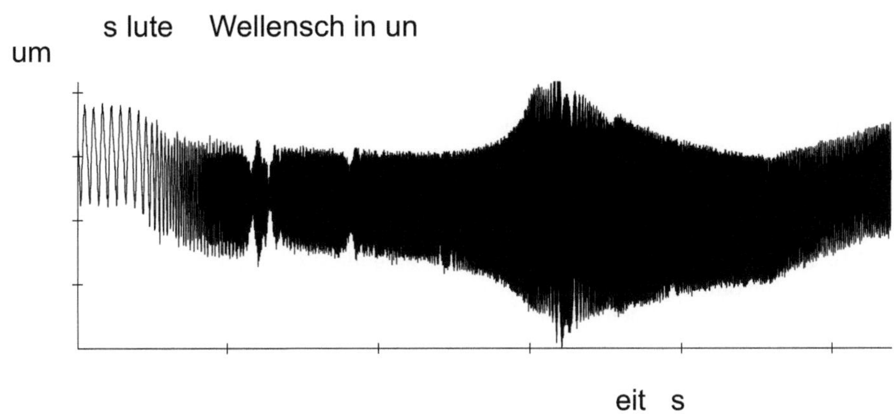

Abb. 3.2. Die Zeitreihendarstellung eines Hochlaufes einer Kleinturbine. Innerhalb von fünf Sekunden wird ein Geschwindigkeitsbereich von 30.000 U/min erreicht. Es sind einige Resonanzen sichtbar, aus der Zeitreihendarstellung kann jedoch nicht die zugeordnete Drehzahl oder die Frequenz der Schwingung abgelesen werden

Spektrum der Zeitreihe. Ein standardisiertes, bekanntes und verbreitet verwendetes Verfahren ist die Transformation eines Abschnittes einer Zeitreihe in den Frequenzbereich. Die mathematischen Vorschriften sind in breiter Basis bekannt und beschrieben [11]. Abb. 3.3 zeigt zwei Spektren aus dem Hochlauf in Abb. 3.2.

Wellenorbit. Während die Spektralanalyse und die Zeitreihendarstellung Amplituden, Frequenzen und Abstände vermitteln, lässt sich anhand der räumlichen Bahn eines Punktes auf der Wellenachse die Schwingungsform visualisieren. Durch Auftragen der vertikalen relativen oder absoluten Wellenabstände über den horizontalen Werten entsteht die Wellenbahn in ebener Darstellung. Abb. 3.4 zeigt die y-,z-Darstellung der Translationsschwingung des Sonnenrades eines Kompaktplanetengetriebes (vgl. Abb. 4.12).

Corbits. Ein „Corbit" (Combined Orbit) ist die räumliche Darstellung von Wellenorbits gem. Abb. 3.4, als dritter Darstellungsparameter wird die Drehzahl verwendet. Es entsteht ein räumliches Diagramm, in welchem bei geeigneter Perspektive Resonanzen und räumliche Orientierungen der Orbits während des Hochlaufes sichtbar sind.

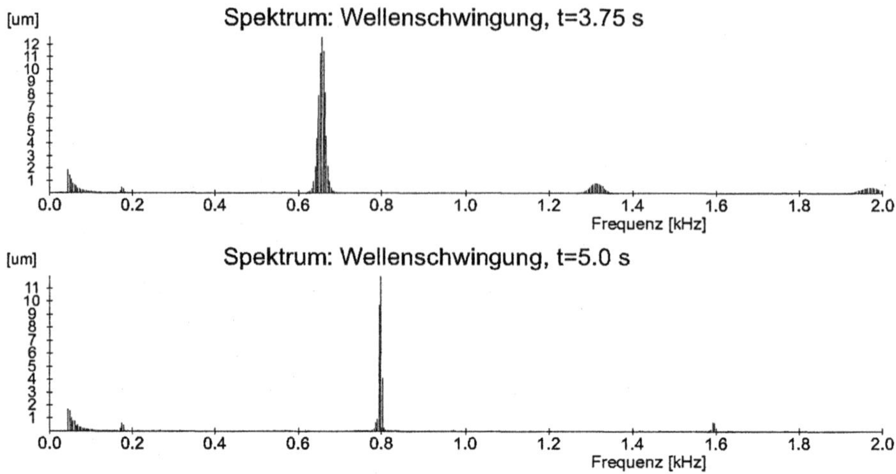

Abb. 3.3. Die Spektralanalysen der Zeitreihendarstellung aus Abb. 3.2 für zwei selektive Zeitpunkte, $t = 3.75s$ und $t = 5.0s$. In der ersten Analyse erkennt man Schwingungsanteile in den ersten drei Ordnungen, deren Frequenzen sich drehzahlsynchron erhöhen

Abb. 3.4. Der Orbit des Sonnenrades eines Kompaktplanetengetriebes. Aufgrund der Form der Bahnkurve des Sonnenrades können bei Abweichung von der Kreisform Zahnfehler und Fluchtungsfehler des Getriebes erkannt werden

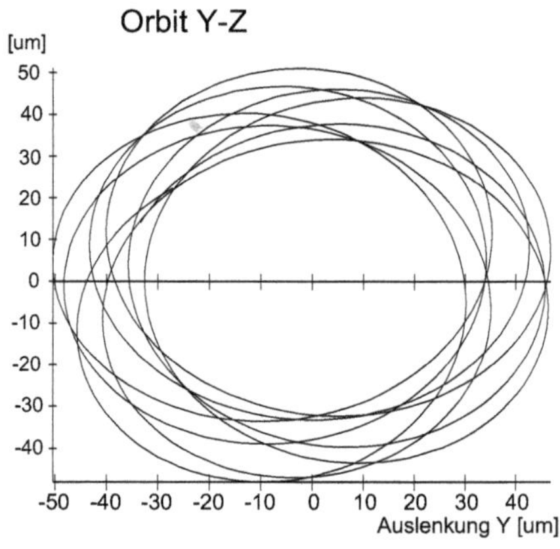

Zeigerdarstellung. Für jede Drehzahlordnung wird der Schwingungsanteil mit der zugeordneten Drehfrequenz durch die Angabe von Amplitude und Phase der Fourier-Transformierten bei dieser Frequenz quantifiziert. Für jede Drehzahl ergeben die Werte von Amplitude und Phase eines jeden Schwingungsanteiles einen Punkt in der komplexen Ebene, über dem Parameter „Drehzahl" entsteht so die Bahnkurve für jede Ordnung.

Drehzahl / Frequenzdiagramm (Campbelldiagramm). Guten Aufschluss über das Zusammenwirken von Resonanzfrequenzen und Schwingungen in den

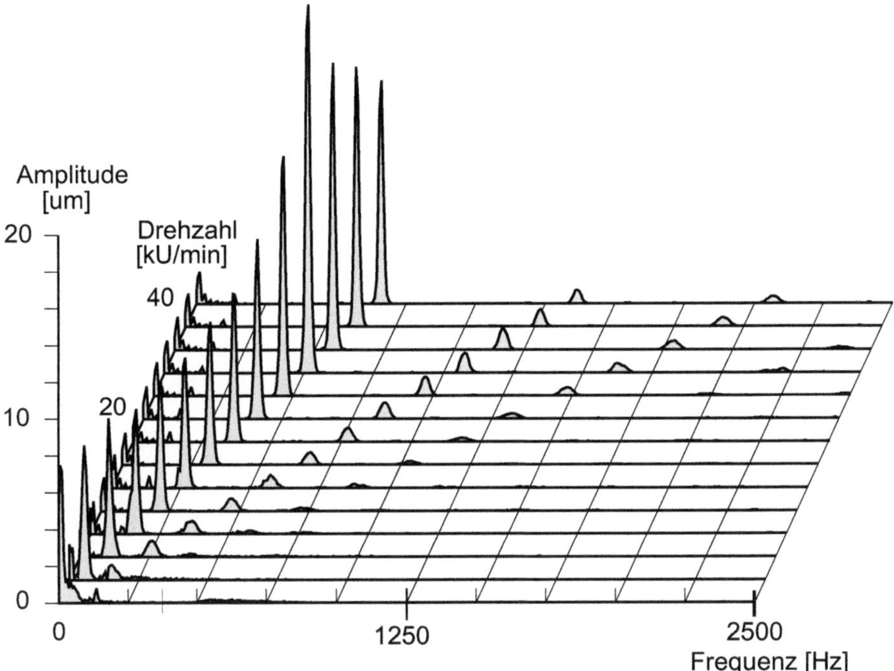

Abb. 3.5. Das Campbelldiagramm des Hochlaufes aus Abb. 3.2. Die großen Peaks entsprechen den Schwingungsanteilen der ersten Ordnung. Man erkennt die zweite und dritte Ordnung sowie kleine Peaks der vierten Drehzahlordnung. Als einziger Resonanzanteil sind die Resonanzen bei 125 Hz sichtbar, des Weiteren besitzt die erste Ordnung ein Maximum bei 500 Hz, dem vierfachen Wert der erkennbaren Resonanz

Drehzahlordnungen ermöglicht das Campbelldiagramm. Als Parameter einer Schar von FFT's, welche hintereinander in einem Wasserfalldiagramm angeordnet sind, dient die jeweils vorhandene Drehzahl. Bild 3.5 zeigt für einen Hochlauf (siehe Abb. 3.2) einer Turbine gemäß Abb. 4.7 das Drehzahl-Frequenzdiagramm. Resonanzen mit konstanter Frequenz sind in diesem Diagrammtyp durch eine Reihe von Maxima sichtbar, welche parallel zur Drehzahlachse verläuft. Die Schwingungsanteile in den Drehzahlordnungen sind durch die Maxima auf den entsprechend geneigten Diagonalen erkennbar. Im vorliegenden Fall ist nur eine Resonanz bei ca. $125 Hz$ sichtbar, welche auch mit dem Auftreten eines relativen Maximums der ersten Ordnung bei ca. $500 Hz$, der dritten höheren Harmonischen dieser Resonanz, gekoppelt ist. Die ersten drei Ordnungen zeigen deutliche Schwingungsanteile, während die Anteile der vierten Ordnung nur schwach erkennbar sind.

Hüllkurvenanalyse. Eine besondere Klasse von stoßförmigen, periodischen Schwingungsanregungen ist besonders mit Hilfe der Hüllkurvenanalyse detektierbar. Diskrete Schäden an Wälzlagern erzeugen beispielsweise eine Folge von Stößen, welche Strukturresonanzen angrenzender Maschinenteile anregen. Die entstehenden Frequenzen entsprechen nicht zwangsweise bzw. nur teilweise der Überrollfrequenz des schadhaften Wälzlagerringes. Die Hüllkurve der Zeitreihe zeigt jedoch die periodische Pulsfolge der Schwingungen. Die Fourier-Transformierte der Einhüllenden der Zeitreihe wiederum kann deutlich die spezielle Überrollfrequenz beinhalten, aus welcher dann ein Rückschluss auf das schadhafte Lager möglich wird. Die Einhüllende der Zeitreihe bezeichnet man als Hüllkurve, eine Fourier-Transformation dieser Hüllkurve als Hüllkurvenanalyse.

3.3 Überwachungssysteme in großen Industrieanlagen

In heutigen, kapitalintensiven und mit operativen Verfügbarkeiten von über 90 % arbeitenden Produktionslinien in der Metallindustrie und der Papierfertigung nimmt die Zahl großer Überwachungssysteme für Schwingungen und Qualitätsgrößen ständig zu. Die in der Produktion auftretenden, verschiedenen Formen von Schwingungen besitzen durch ihre Auswirkungen auf Schäden, Verschleiss und Produktionsstillstände einen signifikanten Einfluss auf die variablen Fertigungskosten als auch auf die erzielte Produktqualität und den erzielten Produktdurchsatz. Ziele des Einsatzes von Überwachungssystemen sind somit

- die Reduktion der variablen Fertigungskosten durch verlängerte Lebensdauer der Produktionsanlagen,
- eine optimierte Planung und Steuerung von vorbeugender Wartung und Instandhaltung,
- die Erhöhung der Anlagenverfügbarkeiten durch verkürzte nicht geplante Standzeiten,
- die Erhöhung des Produktionsvolumens durch Reduktion des Ausschusses,
- die Sicherstellung, Überwachung und Erhöhung der Produktqualität durch eine kontinuierliche Korrelation von Schwingungsgrößen in der Produktionsanlage mit Qualitätsgrößen des Produktes.

Der für das Erreichen dieser Ziele erforderliche Integrationsgrad von Sensorik, Auswertung und Vernetzung verschiedener Teilproduktionsanlagen ist sehr hoch. Oftmals sind mehrere Hunderte von Sensoren mit jeweils bis zu zehn verschiedenen, kontinuierlichen Auswertungen pro Sensor vonnöten. Der Aufbau und die verschiedenen Anwendungsformen eines entsprechenden, speziell für die Metall- und Papierindustrie entwickelten großen und leistungsfähigen Überwachungssystems ist Gegenstand dieses Kapitels.

3.3.1 Systemübersicht

Stellvertretend für die heutige Generation moderner Schwingungsdiagnose- und Überwachungssysteme für große Industrieanlagen wird im Folgenden einer Übersicht über das $SmartAdvisor^{TM}$-System der Firma Asea Brown Boveri AG, Zürich, zusammengestellt.

Das System wurde für die Unterstützung des Bedien- und Wartungspersonals in der Zement-, Metall- und Papierindustrie entwickelt. Durch die Benutzung von Beschleunigungssensoren, Druckwandlern, Walzen-Tachometern und Filz-Tachometern, Qualitätskontrollsystem-Scannern und digitalen Kameras, die in den Maschinen der Produktionskette positioniert sind, hält das System das Maschinenpersonal kontinuierlich über den Zustand der Maschine und des Prozesses auf dem Laufenden.

Das $SmartAdvisor^{TM}$-System kann das Personal in den folgenden, für die Produktion wichtigen Bereichen unterstützen:

- Störungen lokalisieren und analysieren,
- Pulsationen, Vibrationen finden und beseitigen,
- Standzeiten verbessern,
- Laufruhe des Systems erhöhen,
- Probleme durch Walzen (Unrundheit oder Oberflächen) identifizieren,
- Lager überwachen und
- vorbeugende Wartung ermöglichen.

Stahlwerke und Papiermacher profitieren von weniger Bahnabrissen, verbessertem Filz- und Walzenmanagement, Vermeidung von katastrophalen Lagerfehlern und verminderten Qualitätsschwankungen. Das Überwachungssystem hilft die Ursachen rasch zu finden und sofort automatisch Anweisungen zur Problemlösung vorzuschlagen. Es analysiert kontinuierlich die anstehenden Schwingungssignale und gibt entsprechend den aufgesetzten Analysen dreistufige Alarmmeldungen mit Trenddarstellung. Jeder Alarmmeldung und jeder typischen Störung können Abhilfevorschläge anhand des auftretenden Störungsmusters zugeordnet werden und stehen dem Bediener automatisch zur Verfügung. Die Vorschläge sind i. Allg. aus vorhandenen direkten Betriebsanweisungen, Wartungsanweisungen und Produktdokumentationen zusammengestellt.

3.3.2 Datenfluss und Systemarchitektur

Das Überwachungssystem ist in Abb. 3.6 dargestellt und besteht aus folgenden wesentlichen Komponenten:

- Sensorik mit handelsüblichen Wandlern zur Aufnahme der interessierenden Schwingungen, Temperaturen und Drücke
- Messumformern, welche die Signale der Sensoren in normierte 4-20 mA Stromsignale transformieren

- So genannte „Processor Units", welche die Stromsignale digitalisieren, die Zeitreihen in Fourier-Reihen transformieren, Hüllkurven und deren Fourier-Transformierte erzeugen, und die Rohdaten sowie alle transformierten Signale komprimieren und an den zentralen Rechner übermitteln
- Einem zentralen Rechner, „Server", welcher mit Hilfe entsprechender Software alle ankommenden Signale speichert, weiter verarbeitet und den Benutzern alle Funktionen des Überwachungssystems an dezentralen Bedien- und Beobachtungsarbeitsplätzen anbietet. Der Zentralrechner des Überwachungssystems stellt gleichzeitig die Schnittstelle zum Fabriknetzwerk dar. Der Datentransport zu den verteilten Anwender-Rechnern entspricht dem heutigen Standard einer Server-Client-Struktur.
- Dezentralen Bedienrechnern mit einer grafisch gestalteten Oberfläche für die Darstellung der Rechen- und Messergebnisse und für die Interaktion mit den Benutzern, siehe Abb. 3.7

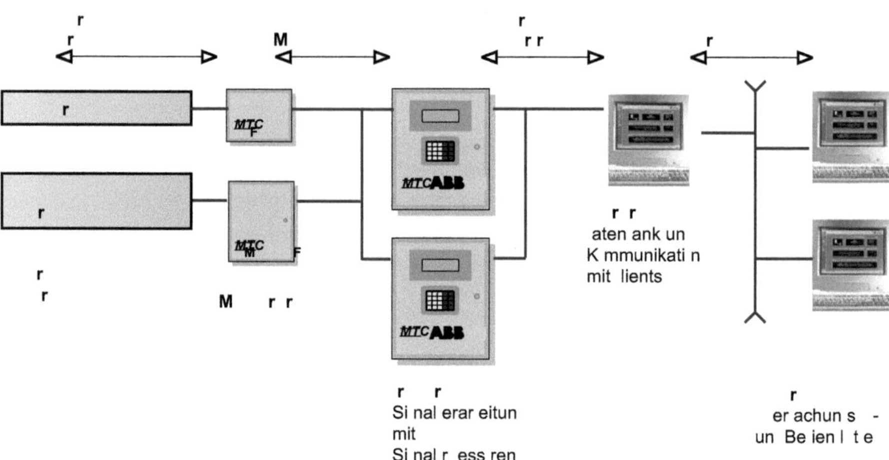

Abb. 3.6. Die Struktur eines großen Überwachungssystems aus der Prozessindustrie. Typischerweise einige Dutzend bis mehrere Hundert Sensoren werden über Interface-Einheiten, in denen rechenintensive Vorverarbeitungen stattfinden, mit einem zentralen Server verbunden. Benutzer greifen auf die Daten und die Auswertungen über so genannte „Clients" (Benutzerschnittstellen) von dezentral am Firmen-LAN (Local Area Network) angeschlossenen PCs zu

3.3.3 Analysemodule

Die Analysemodule sind Software-Funktionen des Überwachungssystems, welche die genannten Aufgaben und Ziele realisieren. Sie lassen sich im Wesentlichen in die Bereiche Qualitätsüberwachung, Walzenüberwachung, Lagerüberwachung, Experten-Ratschläge und Bedienerunterstützung, Alarmfunktionen und Kommunikationsfunktionen einteilen. Für spezielle Industriebranchen existieren i. Allg. eine Reihe weiterer prozessspezifischer Sonderfunktionen, welche hier nicht erwähnt sein sollen.

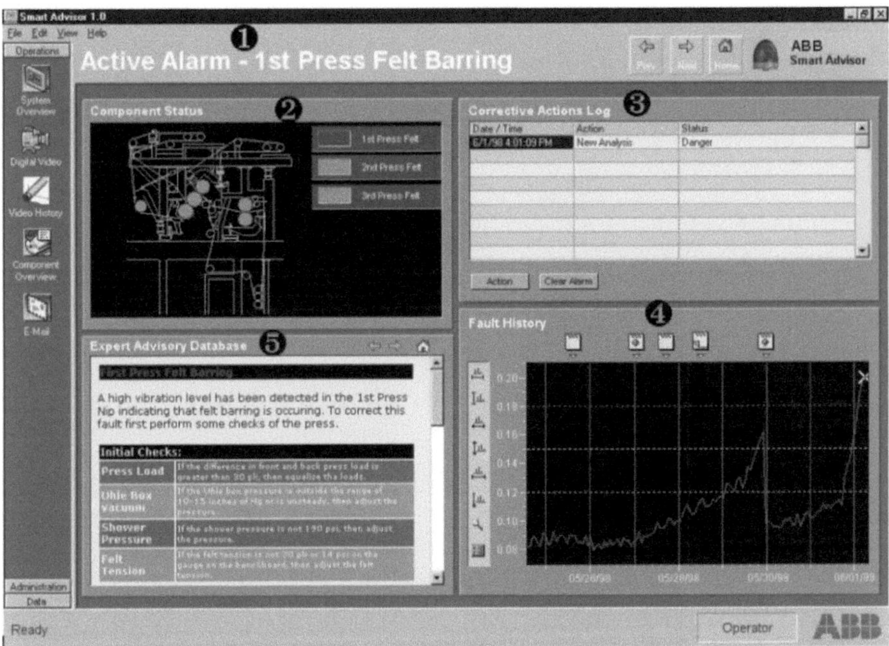

Abb. 3.7. Der Übersichtsbildschirm des Überwachungssystems. 1: Statuszeile, 2: grafische Übersichtsdarstellung des „Lager-Managers", 3: Schichtbuch, 4: Wochen-Historie des Energieintegrales der Summen-FFT des Lagers, welches den aktuellen Alarm auslöst 5: Experten-Ratschläge für die Bediener

Einige der wesentlichen Bedienfunktionen des Überwachungssystems sind in Abb. 3.7 dargestellt. Die typischerweise mehrere Hundert überwachte Lager sind in Summengrafiken (2) zusammengefasst. Die Einzeldarstellungen der Auswertungen können von dieser Grafik direkt angewählt werden. Das System überwacht pro Lager mehrere Auswertungen und Grenzwerte für die Schwingschnellen und die Energieintegrale in den gewählten Frequenzbändern. Übersteigt ein aktueller Wert den für ihn gültigen Grenzwert, so wird je nach Grenzwert entweder eine Warnung, ein Gefahrensignal oder ein Alarm ausgelöst. Ein Schichtbuch (3) dient zur Protokollierung und Archivierung der Maßnahmen, ein Experten-System (5) unterstützt die Bediener bei der systematischen Fehlerbehebung.

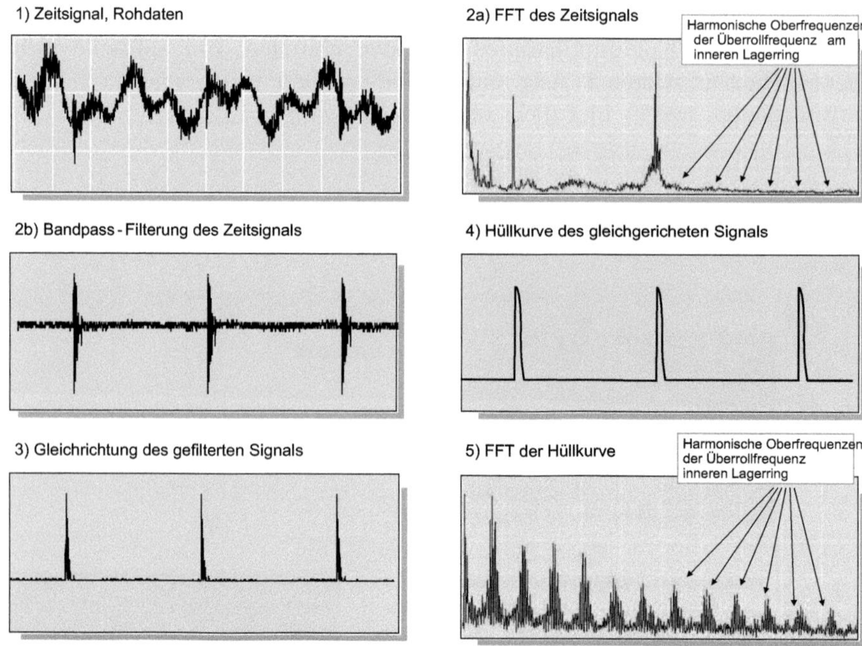

Abb. 3.8. Die Identifikation eines Defektes am Innenring eines Wälzlagers mittels der Hüllkurvenanalyse. Die „normale" Fourier-Transformation 2a) des gemessenen Rohsignales 1) der Schwingschnelle in radialer Richtung am stehenden Außenring der Lagerung weist in den Frequenzbändern der berechneten Überrollfrequenzen keine signifikanten „Peaks". Eine Bandpassfilterung 2b) mit darauf folgender Gleichrichtung 3) und Erzeugung einer einhüllenden Kurve 4) isoliert jedoch deutlich sichtbar die Energieanteile der durch das Überrollen der Wälzlager an der Schadensstelle am Innenring ausgelösten, sehr hochfrequenten, impulsartigen Schwingungen. Eine FFT 5) dieser Hüllkurve (siehe auch Abb. 3.9) besitzt dann signifikante Anteile in den drehzahlabhängigen Frequenzbändern der Überrollfrequenz der Wälzlager an der Schadensstelle am Innenring.

Qualitätsüberwachung. Die Anwendung „Qualitätsüberwachung" analysiert einerseits die mitlaufenden Messungen von Qualitätssystemen, welche gerade in der Metall- und Papierindustrie ständig die produzierte Bahn überwachen und regeln, andererseits Pulsationen, Schwingungen und Drucksignale in verschiedenen Bereichen der Produktion. Korrelationsverfahren bestimmen dann die Einflüsse dieser Maschinenteile auf die Qualitätsparameter des entstehenden Produktes. Diese automatisierte und kontinuierlich arbeitende Qualitätsüberwachung ist für viele hochwertige Produkte inzwischen ein unverzichtbares Werkzeug zur Sicherstellung der Produktqualität. Gerade die automatisierte Korrelation von zentralen Produktgrößen mit Vibrationen, Druck- und Temperaturschwingungen in relevanten Teilen der Produktions-

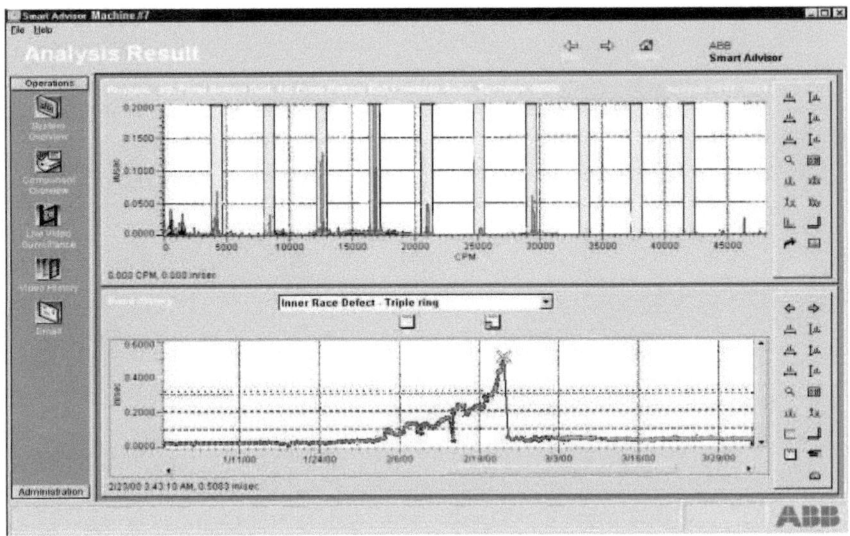

Abb. 3.9. Die Identifikation eines sich anbahnenden Schadens am Innenring einer Lagerung einer Arbeitswalze in einer Papierfabrik. Die untere Grafik zeigt das über Tage anwachsende Signal, welches nach dem Wechsel der Lagerung wieder auf einem normalen Niveau verbleibt. Das Signal entspricht dem Energiegehalt der Frequenzbänder der Überrollfrequenz am Innenring. Diese Frequenzbänder sind in der FFT der Hüllkurve (oberes Bild, vgl. Abb. 3.8) grau markiert

linie ermöglicht die Identifikation bisher unerkannter Einflussgrößen der Produktion auf das Produktergebnis.

Walzenüberwachung. Für Anwendungen in der Zement-, Metall- und Papierindustrie analysiert ein spezieller „Rollenmanager" die Vibrationen der in den verschiedenen Maschinenabschnitten vorhandenen Walzen und erkennt drohende Zustände wie Fehlausrichtung, Unwucht, Ablösung der Oberfläche, Aufbau von chemischen Rückständen, Lauflagerdefekte und Oberflächenbruch. Die Auswertung dient der optimalen Planung einer vorbeugenden Wartung. Entstehende Walzenschädigungen werden frühzeitig erkannt und der mögliche Schaden durch Ausfallzeit und Reparatur wird minimiert. Der „Rollenmanager" erkennt im Einzelnen

- Abnutzungen der Vakuumsegemente in Papiermaschinen,
- Mantelbrüche an den Walzen,
- Fehlausrichtungen der Walzen,
- Mantelunwuchten,
- Fehler an Antriebswellen und Getrieben,
- Lagerdefekte und
- Abnutzung und Ablösung der Beschichtung von Walzen.

Abb. 3.10. Der durch das Überwachungssystem frühzeitig erkannte und im Rahmen eines geplanten Wartungsstillstandes behobene Defekt am Innenring der Wälzlagerung einer Arbeitswalze in einer Papiermaschine. Eine verstärkte Schädigung des Lagers würde zu einem ungeplanten Stillstand mit hohen Ausfallkosten führen. Dieser wurde durch das Überwachungssystem vermieden

Lagerüberwachung. Der „Lager-Manager" stellt eine kontinuierliche Zustandsanzeige der Lagerungen in den Produktionsmaschinen bereit. Mit Hilfe kontinuierlich arbeitender Fourier-Transformationen und Hüllkurvenanalysen erkennt die Lagerüberwachung verschiedene vorhandene oder bevorstehende Defekte, zu denen

- Defekte und Verformungen der Wälzkörper,
- Lochfraß, Risse oder beginnendes „micro-pitting", d.h. beginnende Schädigungen in den Laufflächen der Lager,
- Schaftreibungen,
- Pumpenkavitation,
- Fehlausrichtungen und
- Verlust oder Mangel an Schmierung

zählen. Die Funktion des „Lager-Managers" wird durch die Abb. 3.8 und 3.9 verdeutlicht. Eine beginnende Schädigung des Innenringes einer Wälzlagerung einer Arbeitswalze in einer Papiermaschine erzeugt ein Anwachsen der Amplituden und der Energieintegrale der FFT der Hüllkurve in den Frequenzbändern der Überrollfrequenz der Walzen am Innenring. Die Arbeitswalzen in Papiermaschinen besitzen Längen von $4\,m$ bis $11\,m$, Durchmesser von $0,8\,m$ bis $1,5\,m$, und Gewichte von $1,5\,t$ bis über $20\,t$. Ein ungeplanter Ausfall der Lagerung bedingt einen Stillstand von mindestens einer Schicht

und damit einen Produktionsausfall im Wert von mehreren Hunderttausend
EUR pro Schicht. Abb. 3.9 zeigt im unteren Bild das über drei Wochen an-
steigende „HFE" (High Frequency Envelope) Hüllkurven-Signal eines Lagers,
welches daraufhin im Rahmen eines turnusmäßigen Wartungsstillstandes der
Maschine ausgewechselt wurde. Abb. 3.10 zeigt die verursachende Schädigung
am Innenring des Tonnenrollenlagers. Aufgrund der hohen Verfügbarkeiten
dieser Anlagen und der hohen Wartungsabstände ist es wahrscheinlich, dass
das proaktive Auswechseln dieses Lagers einen ungeplanten Stillstand mit
hoher Schadensfolge vermieden hat.

Automatische Expertenratschläge. Sobald das System Alarm gegeben
hat, führt die Expertenratschlag-Datenbank die Bediener durch Korrektur-
prozeduren. Bei der Inbetriebnahme wird dazu eine spezielle Datenbank auf-
gesetzt und mit zentral zusammengestellten, industriespezifischen Erfahrun-
gen sowie mit lokal von den Anwendern in der Produktion protokollierten Regeln und Verfahrensanweisungen gefüllt. Das Überwachungssystem stellt aufgrund von vorher definierten Regeln Anweisungen und Hinweise in Abhängigkeit des jeweiligen Schwingungsmusters zusammen und bietet diese Information dem Benutzer am Bildschirm an. Abb. 3.7 zeigt im linken unteren Bild
ein Textfeld mit Maßnahmen und systematischen Anweisungen und weiteren durchzuführenden Überprüfungen, welche in Abhängigkeit des aktuellen
Schwingungsniveaus, des Lagertyps und des Einbauortes vom System aus-
gewählt und angezeigt werden.

Automatisierte Kommunikation. Standardisierte Software für den Ver-
sand von elektronischer Post dient als Hilfsmittel für die Kommunikation des
Überwachungssystems mit dem Wartungspersonal. Der automatisierte Ver-
sand von Alarmen und Berichten via elektronischer Post an einen bestimmten
Empfängerkreis in Abhängigkeit von definierten Schwingungszuständen ist
möglich. So wird beispielsweise der gesamte Bildschirm in Abb. 3.7 via Internet an dezentrale Rechner oder in zentrale Warten portiert, damit auch nachts
oder an Wochenenden mit geringerer Mannschaftsstärke eine vollständige,
verzugsfreie Maschinenüberwachung gegeben ist.

4. Beispiele

Die gewählte Methodik und alle in den vorangehenden Kapiteln vorgestellten Gleichungen wurden im Rahmen der diesem Buch zugrundeliegenden wissenschaftlichen Arbeit in einem Software-Programmsystem „DYNAS" - Dynamik von Antriebsstrangsystemen - implementiert.

Anhand von drei Beispielen stellt dieses Kapitel einen kurzen Überblick über erhaltene Rechenergebnisse und ihren Vergleich mit realen Messdaten zusammen.

Als Beispielrechnungen dienen die nummerischen Untersuchungen von Rädertrieb,- Kurbel- und Nockenwellenschwingungen eines 12-Zylinder-Schiffsdieselmotors eines deutschen Herstellers sowie die Analyse des Schwingungsverhaltens einer luftgelagerten Kleinturbine eines britischen Herstellers. Anhand eines Kompaktplanetengetriebes wird die Flexibilität der Berechnung von Planetengetrieben demonstriert.

4.1 Schiffsdieselmotor, 12 Zylinder

Der untersuchte Motortyp (Abb. 4.1) leistet 2.4 MW und besitzt einen Hubraum von 5,95 Liter pro Zylinder. In Abb. 4.2 ist schematisch die relative räumliche Lage der betrachteten Elemente des Antriebsstranges skizziert.

Auf einem Prüfstand wurden die Torsionsschwingungen der Kurbelwelle und der Elemente des Rädertriebes genauestens aufgezeichnet und einer digitalen Auswertung zugänglich gemacht [102]. Mit Hilfe der vorgestellten Ersatzmodelle für Wellen, Räder, Verzahnungen, Lagerungen, Einspritznocken u.a. wurde ein Datensatz für diesen Motortyp erstellt und die Ergebnisse einer nummerischen Simulation der Dynamik mit den Messungen verglichen. Die Torsionsschwingungen der Kurbelwelle und die Dynamik des Rädertriebes sind im Folgenden beispielhaft herausgegriffen.

4.1.1 Modellierung des Schiffsdiesels

Übersicht. Das mechanische Ersatzmodell des Schiffsdiesel besteht aus insgesamt 15 Körpern (13 Räder und 2 elastische Wellen) mit minimal 37 Freiheitsgraden. Je nach Detaillierungsgrad der Nocken- und Kurbelwelle erreicht das

Abb. 4.1. Das V12-Zylinder Dieselaggregat der Baureihe 595 der MTU Friedrichshafen (MTU-Werksbild, mit freundlicher Genehmigung der MTU AG, Friedrichshafen)

mechanische Ersatzmodell bis zu 300 Freiheitsgrade. Die Zahl der Freiheitsgrade ist, angesichts der vollständigen Modellierung der Arbeitszylinder, der Kurbelwelle, des Rädertriebes mit allen Verzahnungen, der Nockenwelle mit den Ventil- und Einspritznocken, der Rückwirkung von Torsions- und Biegeschwingungen der Nockenwelle auf die Steuerzeiten der Arbeitszylinder und damit rückwirkend wiederum auf Rädertrieb und Nockenwelle, eine recht kleine Zahl. So würde eine Modellierung einer Nockenwelle für sich im Rahmen eines Finite-Elemente-Ansatzes sehr schnell eine weit höhere Zahl von mehreren Tausend Freiheitsgraden erreichen. Eine geschlossene Kopplung und Modellierung der Antriebseinheit über Arbeitszylinder, Verbrennungsprozesse, Wellen, Rädertriebe und Nockentriebe mit Finite-Element-Ansätzen für die elastischen Körper wäre somit sehr unübersichtlich und überstiege die Kapazitäten der meisten Rechenanlagen. Das Beispiel des Schiffsdiesels verdeutlicht den Sinn des in diesem Buch vorgestellten Ansatzes für die modulare Formulierung von mechanischen Ersatzmodellen aus „Körpern" und „Koppelelementen".

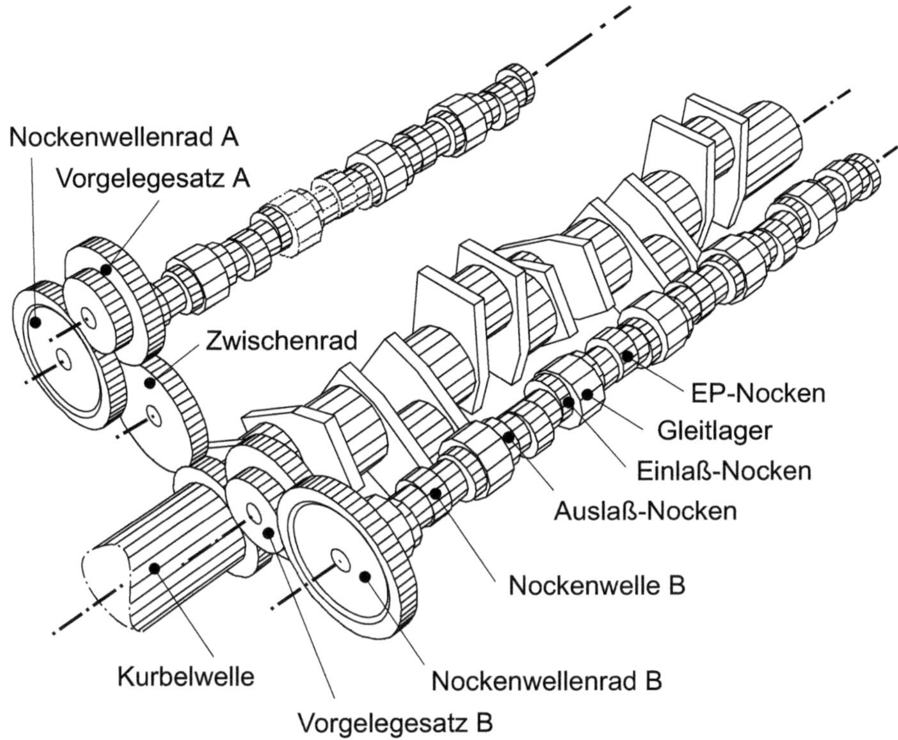

Abb. 4.2. Die Geometrie des Rädertriebes und der Kurbel- sowie Nockenwellen des betrachteten Schiffsdiesels

Modellierung. Die Körper werden durch 77 Koppelelemente verbunden und angeregt: 10 Torsionsfeder und Torsionsdämpfer koppeln die Räder und die Bremse, 12 Arbeitszylinder modellieren die Verbrennungsprozesse, 5 Verzahnungen simulieren die Kraftübertragung im Rädertrieb, 14 Gleitlager dienen der Lagerung der Nockenwellen, 12 Einspritznocken modellieren die Antriebe der Einspritzpumpen, 24 Momenterregungen die Rückwirkungen der Ventilstößel auf die Nockenwelle. Abb. 4.3 gibt einen Überblick über die Körper und Koppelelemente und ihre Wechselwirkungen.

Körper und Koppelelemente. Die Kurbelwelle des Dieselmotors wird durch neun Körper des Typs „Rad" modelliert. Sie repräsentieren jeweils einen starren Kurbelwellenabschnitt. Die Torsionssteifigkeit zwischen den einzelnen Kurbelwellenabschnitten wird durch insgesamt acht Koppelelemente des Typs „Torsionsfeder und -Dämpfer" (Abkürzung TF in Abb. 4.3) berücksichtigt. Sie koppeln die einzelnen Abschnitte miteinander, die betragsmäßigen Werte ihrer Tosionssteifigkeiten errechnen sich nach Anwendung von (2.168).

Auf dem Prüfstand lief der betrachtete Dieselmotor gegen eine Wasserbremse. Die Kupplung zur Wasserbremse wird durch ein weiteres Koppelele-

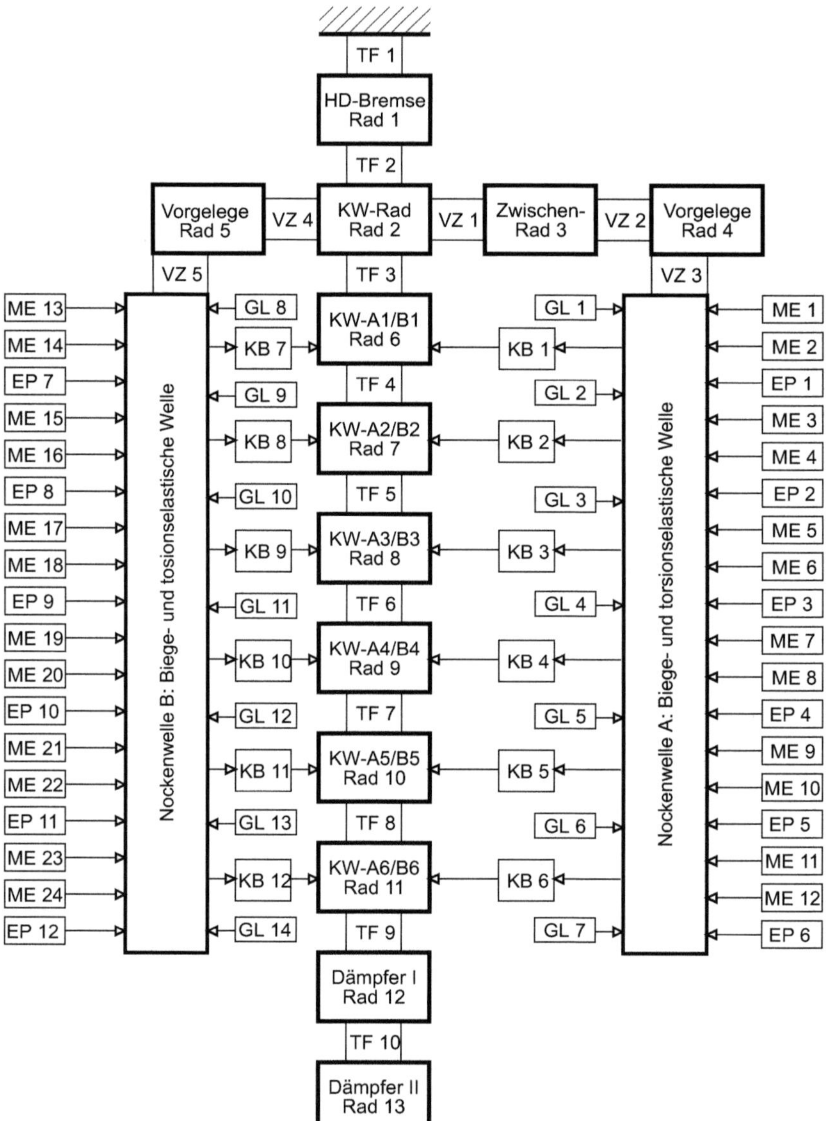

Abb. 4.3.   Das mechanische Ersatzmodell des Antriebsstranges des 12V-Schiffsdiesels. Die Abkürzungen sind Text erklärt

ment des Typs „Torsionsfeder- und Dämpfer" (TF) dargestellt. Die Trägheit des Bremsenläufers entspricht dem Rad Nr. 1 in Abb. 4.3, die Bremswirkung des Wassers wird durch ein Koppelelement Typ TF ohne Steifigkeit aber mit entsprechendem Dämpfungskoeffizient modelliert.

Der Rädertrieb besteht aus sechs Rädern: Zwei Nockenwellen-Räder, zwei Vorgelege-Räder, einem Kurbelwellenrad und einem Zwischenrad. Die Nockenwellenräder sind fest an die Nockenwelle geschraubt und durch entsprechende Abschnitte der elastischen Wellen modelliert.

Fünf Koppelelemente des Typs „Verzahnung" (Abkürzungen VZ1 bis VZ5) liefern die Kopplung der Torsionsfreiheitsgrade der Räder.

Die Nockenwellen sind biege- und torsionselastisch modelliert. In früheren Varianten wurden ausschließlich Torsionsfreiheitsgrade studiert. Dieses erscheint dadurch konsequent, dass die Nockenwelle an sieben Stellen durch Gleitlager (GL 1 bis GL 14 in Abb. 4.3). gelagert ist und Biegefreiheitsgrade durch den relativ geringen Lagerabstand (ca. 0.3m) und einem vergleichsweise großen Wellendurchmesser (ca. 9cm) stark eingeschränkt sind. Es zeigte sich aber im Laufe verschiedener Rechnungen, dass insbesondere die extrem hohen Kräfte zwischen Nockenwelle und den Einspritznocken, (Koppelelemente EP 1 bis EP 12 in Abb. 4.3) Auslenkungen im Bereich $200 - 500\,\mu m$ erzeugen. Die Kontaktkräfte erzeugen dabei je nach Drehzahl impulsförmige Spitzenwerte über $50.000\,N$. Die höchsten Beträge der Auslenkungen der Nockenwelle entstehen speziell an den Nockenwellenrädern, die fliegend gelagert sind. Neben der Verwendung der Eigenformen der gelagerten Nockenwelle trägt die Verwendung einer weiteren speziellen Biegeansatzfunktion für die Auslenkung des Nockenwellenrades diesem Umstand Rechnung. Über die Verzahnung an den Nockenwellenrädern werden im gleichen Rythmus die hohen Torsionsmomente als exzentrische Kräfte auf die Nockenwelle eingeprägt. Es entstehen gekoppelte Biege- und Torsionseigenformen, welche ein deutlich „weicheres" Frequenzspektrum besitzen als eine Modellierung mit ideal biegestarren Nockenwellen.

Die Koppelkräfte und Koppelmomente der Ventilstößel für den Ein- und Auslassvorgang an den 12 Zylindern sind durch drehwinkelbezogene äußere Momente modelliert (Momentanregungen ME1 bis ME24).

Die Auslenkungen der Nockenwelle sind minimal, sie entsprechen an den Nockenwellenrädern allerdings Torsionsschwingungen von $1 - 2\,mrad$ und liegen somit in der gleichen Größenordnung wie die gemessenen Torsionsverformungen.

Eine Modellierung der Nockenwellen ohne Biegefreiheitsgrade erzeugt aus diesem Grunde in der Simulation Torsionsschwingungen mit zu „steifen" Verhalten und zu hohen Frequenzen [102].

Die Nockenwellen dienen der phasenrichtigen Steuerung des Verbrennungsprozesses. Die Simulation dieses Verhaltens geschieht durch die individuelle Modellierung der zwölf Verbrennungsprozesse in den einzelnen Kolben (Koppelelemente KB 1 bis KB 12 in Abb. (4.3)).

4.1.2 Torsionsschwingungen in der Kurbelwelle

Vereinfachungen. Ein Vergleich mit Rechnungen, welche jeweils verschiedene Teilsysteme des Kurbelwellenstranges behandeln, zeigt sich, dass zur

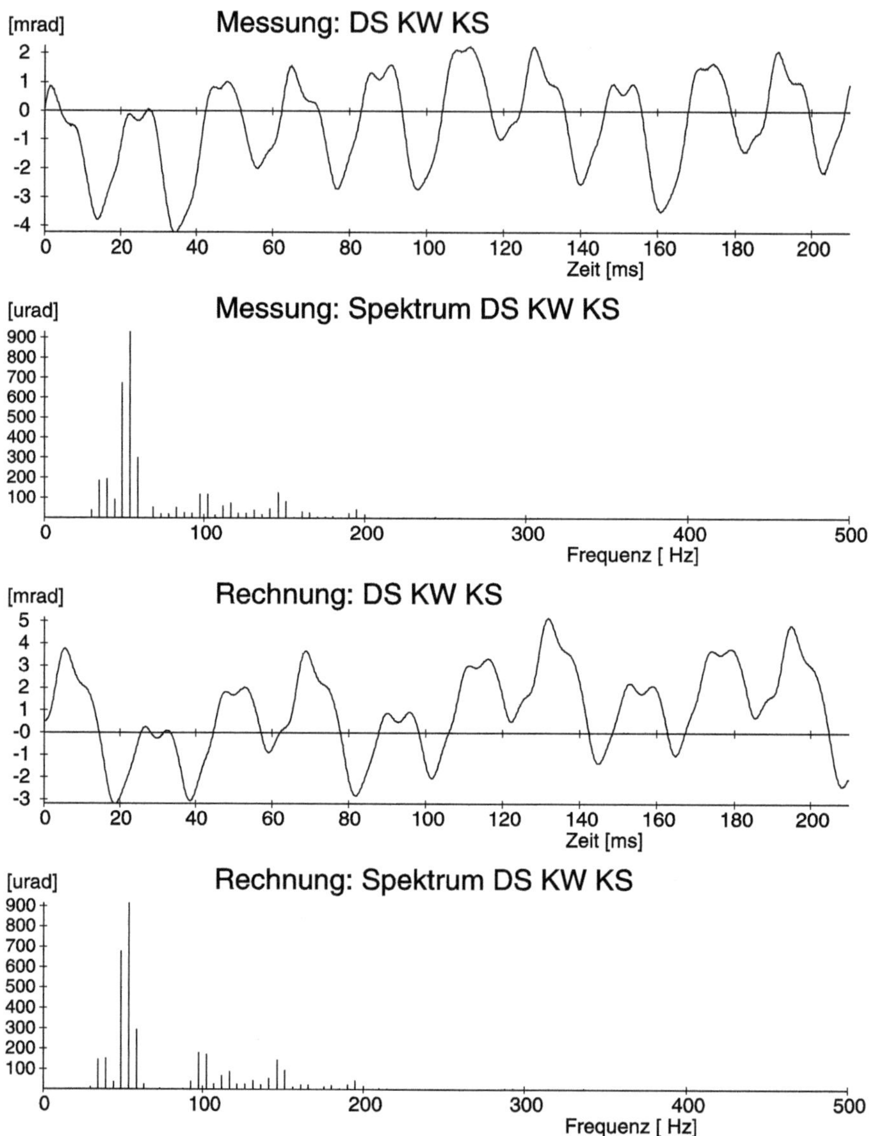

Abb. 4.4. Die Torsionsschwingungen der Kurbelwelle: Vergleich Rechnung und Messung

Modellierung der Torsionsschwingungen des Kurbelwellenstranges nicht das vollständige Modell gemäß Abb. 4.3 integriert werden muss.

Vielmehr ist es ausreichend, die Verbrennungsprozesse der zwölf Kolben zu modellieren und den Kurbelwellenstrang durch neun Abschnitte mit den entsprechenden Kraftkopplungen darzustellen. Entscheidenden Einfluss besitzen die nichtlinearen Masseneffekte der Kolben und der Pleuel, welche durch das Koppelelement („Verbrennungskolben") vollständig in die Rechnung einbezogen sind. Die Dynamik des Rädertriebes hingegen besitzt wenig Einfluss auf das Torsionsverhalten der Kurbelwelle. Die Schwingungsamplituden der Nockenwelle im Bereich der Steuernocken liegt unter $2mrad$, der Einfluss auf die Steuerzeiten ist minimal. Hinzu kommt die Tatsache, dass die Verbrennungsprozesse in etwa in der OT-Lage der Kolben zünden. Die resultierenden Momente auf die Kurbelwelle besitzen in der OT-Stellung trotz Zünddrucksprung aufgrund der koaxialen Lage von Kurbel und Pleuel hingegen nur minimale Werte (vgl. 2.56). Es ist dadurch für die Simulation der Torsionsschwingungen der Kurbelwelle ausreichend, die Nockenwellen ideal starr zu modellieren. Die Rechenzeiten reduzieren sich aufgrund dieser Vereinfachung signifikant. In Abb. 4.4 sind die Simulationsergebnisse den Messungen gegenübergestellt. Man erkennt anhand der sehr guten Übereinstimmung der Spektren von Rechnung und Messung, dass eine Simulation mit dem beschriebenen Detaillierungsgrad in der Lage ist, alle wesentlichen Feinheiten der Torsionsschwingungen eines solchen Systems wiederzuspiegeln.

4.1.3 Zahnhämmern im Rädertrieb des Dieselmotors

Umfangreicher und auch komplizierter als die Berechnung der Torsionsschwingungen in der Kurbelwelle ist die Modellierung des dynamischen Verhaltens des Rädertriebes. Der Rädertrieb ist ein mehrstufiges Zahnradgetriebe. Durch die Dominanz der Kurbelwelle ist es jedoch im dargestellten Beispiel möglich, die Simulation durch Trennung der beiden Nockenwellen bedeutend zu vereinfachen.

Die Dominanz der Rotationsträgheiten der Kurbelwellenabschnitte erlaubt es, das Kurbelwellenrad als Wegerregung auf das Zwischenrad des A-Zweiges (Nockenwelle A) und auf das Vorgelegerad (Rad 5 in Abb. 4.3) zu modellieren. Die Messung der Torsionsschwingung an dieser Stelle (Abb. 4.4) dient als Wegerregung (genauer: Winkelanregung) auf das KW-Rad (Rad Nr. 2 in Abb. 4.3). Die dynamischen Abhängigkeiten der beiden Zweige der Rädertriebe werden dadurch entkoppelt. Im Folgenden wird das Ergebnis der Rechnung für die Nockenwelle B weiter dokumentiert. Die Modellierung der Nockenwelle als biegeelastisches Kontinuum wurde aus den schon angesprochenen Gründen einer Kopplung von Biege- und Torsionseigenformen notwendig. Diese Kopplung liefert ein Gesamt-Schwingverhalten mit einer scheinbar geringeren Torsionssteifigkeit. Die gekoppelten Biege- und Torsionsfreiheitsgrade ermöglichen die Simulation der realen Bewegung des Nockenwellenrades, die aufgrund der hohen Drehmomente durch Rückwirkung der Einspritzpumpe auf die Nockenwelle entsteht. Überlagert zu der Nominaldrehung führt das Nockenwellenrad eine Taumelbewegung aus, deren Momentanpol der Wälzpunkt mit dem Vorgelegerad ist. Die Drehmomente auf die Einspritznocken tordieren die Nockenwelle, das fliegend gelagerte Nockenwellenrad weicht jedoch seitlich aus, indem es eine Rotation um den Eingriffs-

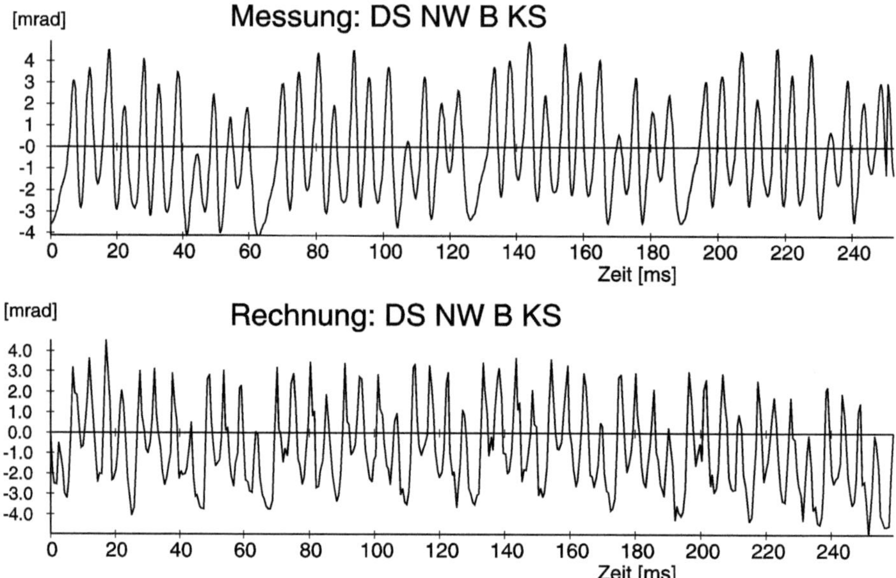

Abb. 4.5. Die Torsionsschwingungen des Nockenwellenrades im Zeitbereich. Der Vergleich von Rechnung und Messung

punkt der Verzahnung zum Vorgelegerad ausführt. (vgl. hierzu auch die Ansatzfunktionen gemäß Abb. 2.12). Die Amplituden dieser Bewegung sind klein ($1 - 2\,mrad$ Winkelamplitude bzw. bis zu $100\mu m$ Translationsamplitude pro Raumrichtung). Fehlen in der Simulation jedoch die Biegefreiheitsgrade, so kann das Nockenwellenrad den Zahnkräften nicht in dieser Form ausweichen. Die Einspannung der Nockenwelle zwischen der Zwangsdrehung durch das Kurbelwellenrad und das Vorgelege einerseits und den hohen Drehmomenten auf die Nocken andererseits führt im Falle fehlender Biegeelastizität in der Simulation zu überhöhten Frequenzen und zu geringeren Torsionsschwingungen als in der Realität. Abb. 4.5 zeigt das Ergebnis einer Simulationsrechnung für die resultierende Torsionsschwingung des Nockenwellenrades der B-Seite. Während die Spektren von Messung und Rechnung hervorragende Übereinstimmung zeigen, ist die Form der Schwingungsamplituden in der Realität „weicher" als in der Rechnung. Dies mag daran liegen, dass trotz höherem Modellierungsaufwand noch nicht alle denkbaren Verformungen des Systems durch entsprechende Freiheitsgrade im Modell repräsentiert sind. So müßte eine nächste Stufe der Modellierung sicherlich auch die relativen Gehäuseverformungen, die Verformungen der Pleuel, das Verkanten und Verkippen der Räder in den Lagerungen und weitere Effekte beinhalten. Die dargestellte Modellierung der Dynamik der Wellen und des Rädertriebes erlaubt jedoch auch mit dem gezeigten Detaillierungsgrad eine Analyse des gesamten Bewegungs-

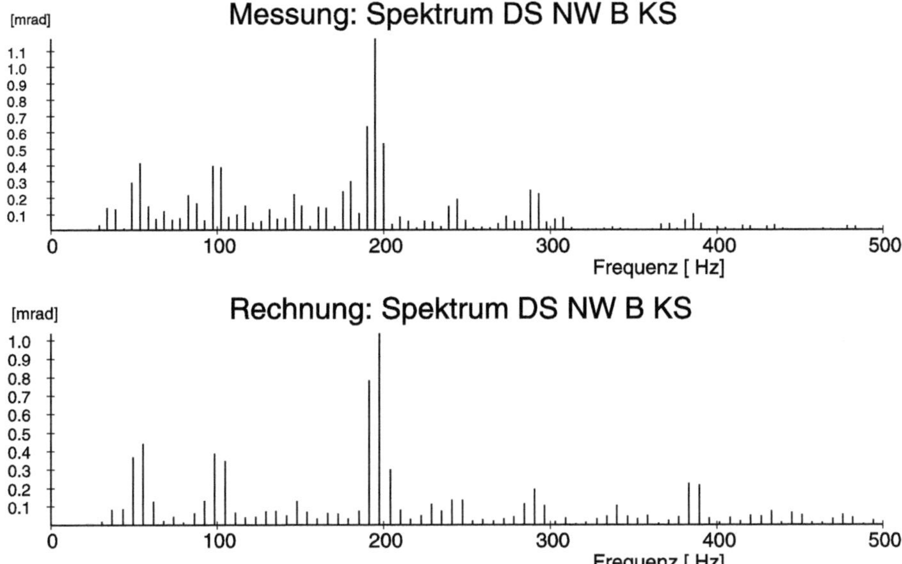

Abb. 4.6. Die Frequenzanalyse der Torsionsschwingungen des Nockenwellenrades: Vergleich von Rechnung und Messung

und Lastspektrums des Antriebsstranges. Die wesentlichen Belastungen und Spannungen der elastischen Körper und die Zeitverläufe der Kontaktkräfte in den Verzahnungen sind mit hinreichender Genauigkeit durch die Rechnung bekannt. Für vergleichbare Verbrennungsmotoren und Zahnradgetriebe ermöglicht die erläuterte Modellierung eine detaillierte Analyse und erlaubt eine weitere konstruktive Optimierung.

4.2 Luftgelagerte Kleinturbine

Die betrachtete Kleinturbine besitzt ein Gewicht von 300 g und treibt bei Drehzahlen zwischen 10.000 und 80.000 Umdrehungen pro Minute einen Lackierzerstäuber an, dessen rotierende Glocke das flüssige Lackgemisch verwirbelt und in kleine Tropfen zerstäubt. Die Tropfen werden von der Stirnseite der Glocke durch die entstehenden Zentrifugalkräfte abgeschleudert und folgen einem angelegten Hochspannungsfeld auf dem Weg zum lackierten Körper.

4.2.1 Aufgabenstellung

Aufgabenstellung einer nummerischen Analyse des Schwingungsverhaltens ist die Erfassung und Darstellung der auftretenden Schwingungsmodi und ihrer Drehzahlbereiche. Der Nutzen der Analyse liegt in einer konstruktiven Optimierung des Systems im Hinblick auf einen möglichst ruhigen Lauf im stationären Einsatz-Drehzahlbereich.

Das zur Analyse definierte mechanische Ersatzmodell des Antriebes besteht aus zwei ineinander gelagerten Wellen. Während der innere Läufer den eigentlichen Rotor mit der aufgeschraubten Farbglocke darstellt, modelliert die äußere Welle den durch O-Ringe elastisch gelagerten Lagerkörper. Zwischen Lager und Rotor wirken zwei Luftlagerungen, zwischen Lagerkörper und ruhender Umgebung wirken nichtlineare, elastische und vorgespannte O-Ringe.

Die komplizierte Geometrie der Luftlagerungen sowie die Anregung des Rotors durch Unwuchten durch Farbreste auf der Glocke und durch entstehende Axial- und Radialkräfte an der Antriebsbeschaufelung sowie das elastische Schwingungsverhalten des Verbunds Rotor-Glocke stellen die Besonderheiten dieses Beispieles dar.

Zur Verifikation des Modelles und der eingesetzten Parameter dient eine speziell konstruierte Messkabine, welche die Turbine mit den notwendigen Betriebsstoffen und der Antriebsluft versorgt. Vier speziell angesteuerte induktive Näherungssensoren sind in der Lage, den Abstand zum Glockenumfang und zu speziellen Punkten der Lagerung gegenüber der Aufnahme mit Messgenauigkeiten kleiner 20 nm und Frequenzen höher 100 kHz aufzunehmen. Abb. 4.7 zeigt den Rotor mit Glocke sowie die Lagereinheit. Das Gewicht von Rotor und Glocke liegt bei ca. 300 Gramm, die Länge des Rotors beträgt ca. 200 mm.

4.2.2 Mechanisches Ersatzmodell

Ziel der Modellierung ist die Erfassung der folgenden Effekte:

- Elastische Biege- und Torsionsschwingungen des Verbundes Rotor-Glocke
- Steifigkeiten der Luftlagerung und Relativbewegung der Lagerzapfen
- Drehzahl- und Unwuchtabhängigkeit der Axial- und Radialschwingungen des Gesamtsystems

Die genannten, unterschiedlichen Ziele der Modellierung sind optimal nur durch verschiedene Detaillierungsgrade der Modellierung zu erreichen. So wurden die folgenden drei Teil- und Gesamtmodelle betrachtet und ausgewertet:

- Finite-Elemente-Modell des Verbundes Rotor und Glocke. Dieses Modell dient insbesondere der Erfassung der Lage von Einzel- und Gesamtschwerpunkten und den Einzel- und Gesamt-Rotationsträgheiten des Systems um alle Körperachsen. Weiterhin liefert das FE-Modell alle Eigenformen des Verbundes mit den zugeordneten Eigenfrequenzen. Die einzelnen Ausführungen der FE-Modelle besitzen mehrere Hunderte Freiheitsgrade.

Abb. 4.7. Eine luftgelagerte Turbine, eingesetzt in Zerstäubern für Wasser-lackapplikatoren. Am Kopf des Läufers ist eine Glocke aufgeschraubt, durch welche der Farbstoff eingeleitet wird. Die hohe Rotationsgeschwindigkeit von Läufer und Glocke erzeugt eine Zerstäubung des an der Stirnfläche der Glocke austretenden Farbstoffes in Mikrotropfen, welche in einem elektrischen Feld auf den zu lackieren-den Körper fliegen

- Modellierung des biegeelastischen Rotors durch einen Ritz-Ansatz (siehe auch (2.110)), gekoppelt mit einer detaillierten Modellierung der Luftlager (2.324) zur Erfassung des nichtlinearen Verhaltens der Lagerungen und zur näherungsweisen Berechnung der Lagerkennlinien. Diese Modellierung eig-net sich insbesondere zur eingehenden Betrachtung nichtlinearer Effekte wie Anstreifen des Rotors am Lagerkörper und Einfluss der asymptotisch verlaufenden Lagersteifigkeiten bei größeren Schwingungsamplituden des Rotors. Das entstehende Gesamtmodell besitzt je nach Anzahl der Ansatz-funktionen zwischen 12 und 64 Freiheitsgrade.
- Modellierung der Schwingungen des Gesamtsystems Lagerung, Rotor und Glocke im Drehzahlbereich unter 60.000 Umdrehungen pro Minute. In die-sem Drehzahlbereich treten Schwingungs- und Anregungsfrequenzen auf, welche weit unterhalb der ersten elastischen Eigenfrequenz des Verbundes Rotor / Glocke liegen. Zur Modellierung von Lagerung und Rotor wurden deshalb die Bewegungsgleichungen für starre Rotoren gewählt (2.31). Der Lagerkörper mit den integrierten Bohrungen der Luftlager rotiert nicht, er besitzt eine Drehzahl identisch Null. In den Bewegungsgleichungen für den Lagerkörper entfallen somit alle drehzahlabhängigen Terme, insbesondere

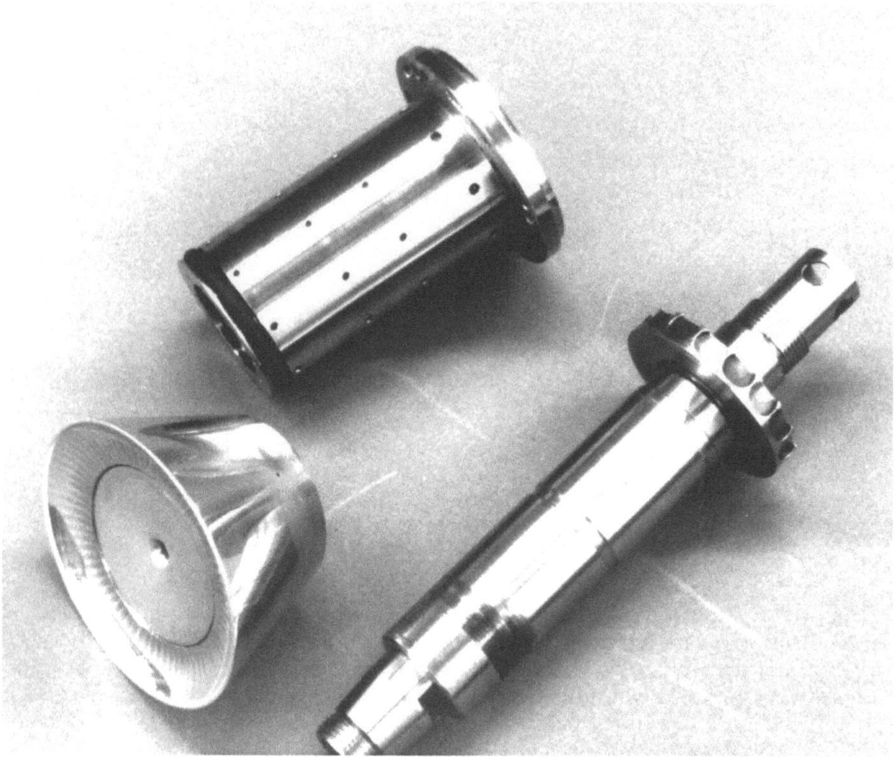

Abb. 4.8. Rotor, Farbglocke und Lagerkörper der Kleinturbine. Die Lagerluft strömt durch Düsen am Umfang des Lagerkörpers. Die Lagerung ist über O-Ringe elastisch in dem Gehäuse gebettet. Die Farbglocke wird auf den Rotor geschraubt, das Farbgemisch strömt durch den Rotor und wird auf der Stirnseite der Glocke aufgrund der wirkenden Zentrifugalkräfte zerstäubt

die gyroskopischen Effekte. Für die Berücksichtigung der Steifigkeiten der Luftlagerung wurde die in einer detaillierten Betrachtung der Lager gemäß (2.324) ermittelte lineare Näherung der Steifigkeit um den Betriebspunkt verwendet. Die betrachteten beiden Körper Rotor und Lagerkörper besitzen zusammen 12 Freiheitsgrade. Eine der Rotation überlagerte Drehschwingung wird für beide Körper nicht weiter verfolgt, da diese ohne Einfluss auf radiale Amplituden bleibt. Somit verringert sich die Zahl der Freiheitsgrade dieser Modellvariante auf zehn. Im Vektor $\boldsymbol{q}$ der verallgemeinerten Koordinaten verbleiben für Rotor (Index $_R$) und Lagerung (Index $_L$) dann jeweils die Kippwinkel β, γ um die beiden Querachsen sowie die translatorischen Auslenkungen x, y, z der Schwerpunkte:

$$\boldsymbol{q}^T := [\beta_R, \gamma_R, x_R, y_R, z_R, \beta_L, \gamma_L, x_L, y_L, z_L] \quad \in \Re^{10} \tag{4.1}$$

Gemäß (2.31) entstehen die Massenmatrix M, die Matrix der linearen Lagerkräfte K, die Matrix der gyroskopischen Kräfte G und die Matrix der geschwindigkeitsproportionalen Dämpfungskräfte D. Alle Unwucht- und Anregungskräfte und ihre Projektionen auf die verallgemeinerten Koordinaten q sind im Vektor F zusammengefasst. Die Bewegungsgleichungen erhalten dann die bekannte Form

$$M\ddot{q} + (G + D)\dot{q} + Kq = F \,. \tag{4.2}$$

Die Komponenten von G sind direkt proportional zur Rotationsgeschwindigkeit ω_R des Rotors, während die Komponenten $k_{i,j}$, $d_{i,j}$ in K und D nur indirekt über den Einfluss der Rotationsgeschwindigkeit auf Steifigkeiten und Dämpfungsmaße durch ω_R beinflusst sind. Eine drehzahlabhängige Darstellung der Amplituden der einzelnen Koordinaten von q wird bei linearer Betrachtung in effizienter Form durch den komplexen Ansatz

$$q := q_c e^{(i\omega_R t)}; \qquad F := F_c e^{(i\omega_R t)} \tag{4.3}$$

realisiert. Die Amplituden und die Phasenlagen der einzelnen Koordinaten von Rotor und Lagerung lassen sich dann für jede Drehzahl ω_R durch Lösung des komplexen Gleichungssystems

$$q_c = (-\omega_R^2 M + i\omega_R(GD) + K)^{-1} F \tag{4.4}$$

bestimmen. Das komplexe Gleichungssystem besitzt die Dimension $\mathbb{C}^{\,10x10}$.

Die Abb. 4.9 zeigt einen Axialschnitt durch das FE-Modell des Verbundes Rotor/Glocke. Die Verbindung der beiden Körper wird als starr angenommen, das Modell ist somit durch einen Gesamtkörper mit Bereichen unterschiedlicher Materialparameter realisiert.

4.2.3 Dynamisches Verhalten, Messung und Rechnung

Die erläuterten drei Varianten des mechanischen Ersatzmodelles mit ihren verschiedenen Detaillierungsgraden liefern dementsprechend Ergebnisse in den sich ergänzenden Aspekten. Zur Analyse des Eigenschwingungsverhaltens des Rotors mit aufgeschraubter Glocke sind die Ergebnisse der Modalanalyse des FE-Modelles heranzuziehen (Abb. 4.10). Eine Darstellung der radialen Bahnkurven und eventuellen Anstreifens des Rotors an der Lagerung liefert hingegen nur die nummerische Integration eines reduzierten Modelles, welches aber um nichtlineare Koppelelemente des Typs „Luftlager" ergänzt wird. Die drehzahlabhängigen Radial- und Axialamplituden in der Luftlagerung und in den zur Lagerung verwendeten O-Ringen liefert die dritte Form der Bewegungsgleichungen mit 10 Freiheitsgraden. Abb. 4.11 zeigt einen Vergleich von gemessenen und berechneten radialen Amplituden am

Abb. 4.9. Ein Axialschnitt durch den Läufer mit aufgeschraubter Glocke. Das FE-Modell wurde erstellt, um exakte Werte für Trägheiten und Eigenfrequenzen der Kombination zu erhalten. Weiterhin dient dieses Modell zur Verifikation der Eigenformen- und Frequenzen, welche ein spezieller Ritz-Ansatz mit deutlich reduzierter Anzahl der Freiheitsgrade liefert

funktionsrelevanten Ort auf der Glocke. Die in Realität gemessenen Frequenzen und ihre Amplituden gibt das Rechenmodell mit Abweichungen kleiner 10 Prozent wieder. Insbesondere eine Zuordnung der einzelnen Schwingungsformen zu den gemessenen Peaks wird durch die Ergebnisse des Rechenmodelles möglich.

Die Verwendung der vorgestellten Dynamiksimulation der Kleinturbine erlaubt eine quantitative Beurteilung der Auswirkungen von Geometrie und Toleranzen der Luftlagerungen und den Unwuchten in den rotierenden Massen auf das resultierende Schwingungsverhalten des Rotors.

Das gezeigte Beispiel dient dem Hersteller, der Firma ABB in Friedberg, zur konstruktiven Optimierung und nummerischen Analyse weiterer Konstruktionsvarianten. Eine spezielle Wahl der Konstruktions- und Betriebsparameter für den gewünschten ruhigen und verschleißarmen Lauf der Turbine mit hohen Standzeiten wird nur durch die erläuterte Modellierung und ihre Ergebnisse möglich.

Weiterhin wird anhand der verschiedenen Detaillierungsgrade der drei Teilmodelle deutlich, dass nicht etwa die Verwendung eines komplexen Ge-

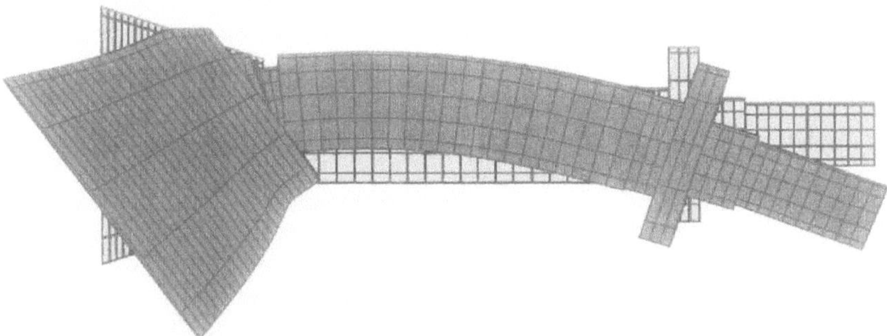

Abb. 4.10. Die erste Biegeeigenform der Kombination Läufer / Glocke. Sie liegt mit über $3000Hz$ deutlich über den betrachteten Drehzahlen ($< 1000Hz$). Eine Modellierung dieser Kombination als Starrkörper ist für den betrachteten Problemfall somit zulässig

samtmodells für alle gewünschten Ergebnisdarstellungen sinnvoll ist, sondern vielmehr eine speziell ausgerichtete und wohl abgewogene Wahl der einzelnen Freiheitsgrade für die Körper und der diese verbindende Koppelelemente ein optimales Verhältnis von Aufwand und Ergebnisgüte erzielt.

So ist beispielsweise die Verwendung des FE-Ansatzes zur drehzahlabhängigen Darstellung axialer und radialer Schwingungsamplituden nummerisch äußerst aufwendig und praktisch wohl nur unter nicht vertretbarem Aufwand durchführbar, während umgekehrt das einfach handhabbare Starrkörpermodell natürlich nicht zur Bestimmung elastischer Schwingungsphänomene des Rotors herangezogen werden darf.

Das Rotormodell mit der mittleren Zahl von Freiheitsgraden (Ansatzfunktionen für elastische Biegung), verbunden mit dem detailliert modellierten Koppelelement „Luftlager" liefert hingegen einen genauen Einblick in die Kraft- und Bewegungsspektren im Lagerspalt. Diesen speziellen Einblick liefert wiederum weder das FE-Modell noch die einfache Modellierung von Rotor und Lagerung als starre Wellen mit linearen Lagerkennlinien.

4.3 Kompaktplanetengetriebe

In Abb. 4.12 ist eine von der Firma BHS-Cincinnati in Sonthofen entwickelte Variante eines Kompaktplanetengetriebes dargestellt. Dieses Umlaufgetriebe ist dank der freundlichen Unterstützung der Firma BHS-Cincinnati Gegenstand einiger Arbeiten zur Theorie und Modellierung von Umlaufgetrieben [65], [64]. Die Umsetzung der Algorithmen aus dem Kapitel „Planetengetriebe" wird im Folgenden an den Parametern einer Ausführungsvariante dieses Getriebetypes quantitativ nachvollzogen.

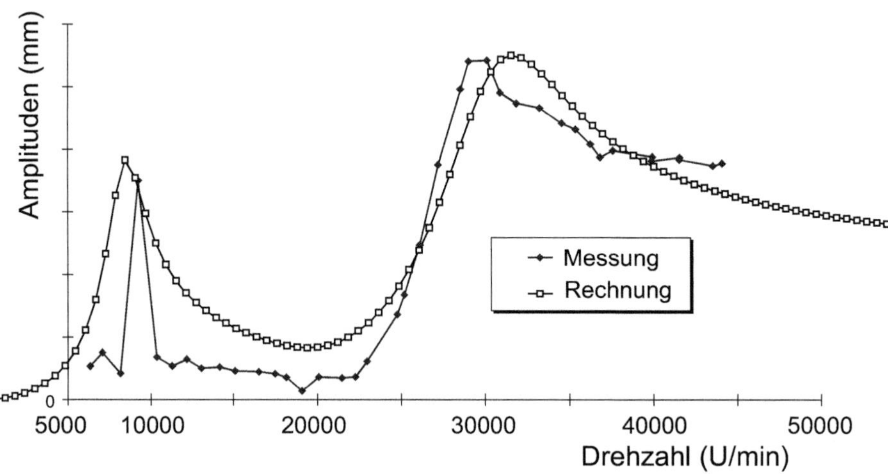

Abb. 4.11. Messung und nummerische Analyse der radialen Schwingungsamplituden des Rotors an der Farbglocke, aufgetragen über der Drehzahl der Turbine. Die Amplituden liegen im μm-Bereich. Die nummerische Analyse der Schwingungsamplituden liefert in ausreichender Näherung die auftretenden Schwingungsmodi im dargestellten Drehzahlbereich. Während in der realen Turbine mehrere innere Dämpfungseffekte (Gehäuseschwingung mit Dämpfung, viskose Dämpfung durch Strömung an der Antriebsbeschaufelung, weitere Effekte) auftreten und somit für „schlanker" ausgeprägte „Peaks" verantwortlich sind, zeigt die Rechnung etwas breiter ausgeführte Schwingungsmaxima. Die jeweiligen Frequenzen und die auftretenden Amplituden sind jedoch in akzeptabler Näherung durch die Rechnung approximiert. In weiteren Darstellungen lassen sich Amplituden und Phasen der Schwingungen aller einzelnen Koordinaten illustrieren. Die relativen Auswirkungen von konstruktiven Änderungen lassen sich nun anhand dieses Modelles durch entsprechende Parametervariationen im Detail studieren

4.3.1 Modellbeschreibung

Das Modell des Kompaktplanetengetriebes besteht aus den folgend aufgelisteten fünf Körpern mit insgesamt 31 Freiheitsgraden und fünfzehn Koppelelementen. Die Nummern der Auflistungen entsprechen der Zuordnung in Abb. 4.12.

1. Eine elastische Torsionswelle, welche den Verbund Sonnenradwelle des Getriebes und das montierte Verdichterrad repräsentiert. Sie wird durch sechs Abschnitte mit entsprechenden Durchmessersprüngen modelliert. Die Grunddrehzahl der Sonnenwelle/Verdichter-Kombination beträgt 30.000 Umdrehungen pro Minute für die betrachtete Parameterstudie. Die Anzahl der Freiheitsgrade der Torsionswelle beträgt fünf Starrkörperfreiheitsgrade plus optionaler elastischer Freiheitsgrade, welche in der vorliegenden Rechnung aufgrund der hohen Eigenfrequenzen nicht aktiviert sind.

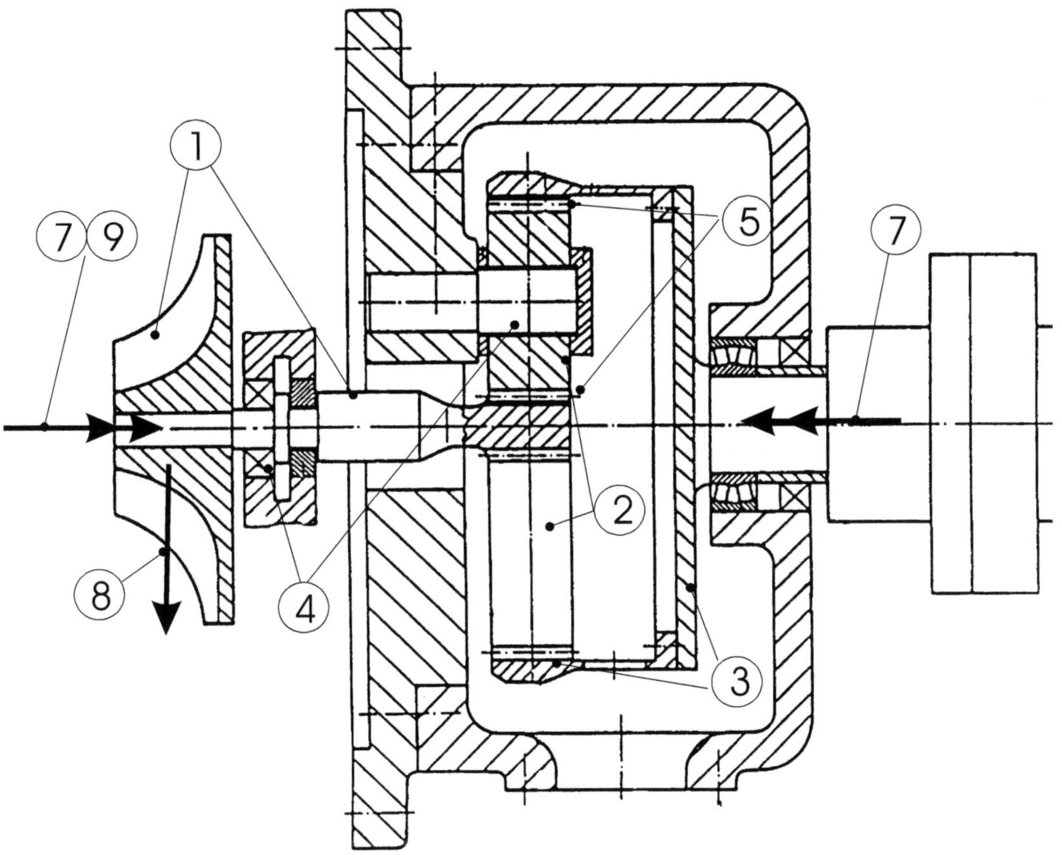

Abb. 4.12. Beispiel eines Kompaktplanetengetriebes. Dargestellt ist eine von der Firma BHS-Cincinnati in Sonthofen entwickelte Variante mit elastischem Hohlrad

2. Drei starren Scheiben zur Modellierung der Planeten mit je drei Freiheitsgraden, zwei translatorischen und einem rotatorischen Freiheitsgraden.
3. Einem elastisch modellierten Hohlrad mit starrer Schulter und elastischem Mantel. Das Hohlrad besitzt einen Starrkörper-Drehfreiheitsgrad und eine gewählte Zahl von je acht elastischen Verformungsmodi für azimutale und radiale Verformung des Mantels. Insgesamt wird somit die Bewegung des Hohlrad durch siebzehn Freiheitsgrade approximiert.
4. Vier elastischen Lagern des Typs Wälzlager, welche mit den Steifigkeitskoeffizienten der im realen Getriebe vorhandenen Wälzlager der Sonnenradwelle und den Gleitlagern der Planeten parametrisiert sind.
5. Sechs Koppelelemente „Verzahnung", welche die Verzahnungen zwischen den Planeten, der Sonnenradwelle und dem Hohlrad repräsentieren.

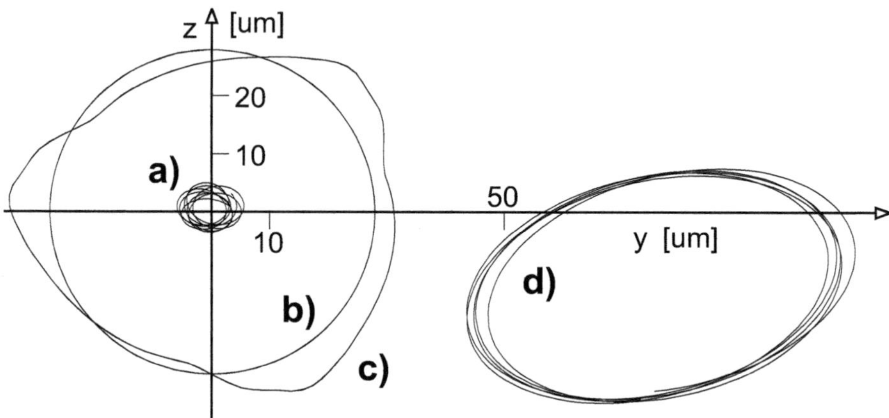

Abb. 4.13. Der Orbit des Sonnenrades für die vier Belastungsfälle

6. Ein Koppelelement des Typs „Planetensatz". Während die körperbezogenen Elemente des Planetensatzes, die Wellen, Zahnscheiben und Hohlräder, bereits durch entsprechende „Körper" modelliert sind, dient das Koppelelement „Planetensatz" der Überwachung und Berücksichtigung der kinematischen und kinetischen Wechselwirkungen der Verzahnungen. So ändern sich die auf ein inertialfestes System bezogenen Einbauwinkel der Planeten durch die Rotation des Planetenträgers. Das „Koppelelement" Planetensatz koordiniert diese und weitere zeitvariante Daten in der Modellrechnung und trägt sie in die Parameterfelder der einzelnen Verzahnungen ein.

7. Zwei Koppelelemente des Types „Momentanregung", welche einerseits das Antriebsmoment auf das Hohlrad, andererseits die Anregung durch Fluidkräfte auf die elf Schaufeln des Verdichterrades repräsentieren.

8. Eine Krafterregung, welche die Unwucht des Verdichterrades im Modell realisiert.

9. Ein System aus Torsions-Federn und Torsions-Dämpfern, dessen Federrate Null beträgt und die Dämpferrate der Förderleistung des Verdichterrades entspricht. Bei der Drehzahl von 30.000 U/min des Sonnenrades und dem entsprechenden Lastmoment wird eine Förderleistung von etwa einem Megawatt durch die Sonnenwelle auf das Fluid übertragen.

4.3.2 Zahnkräfte und Sonnenradschwingung

Gegenstand der durchgeführten Parameterstudie ist das Verhalten des Getriebes und die auftretenden Zahnkräfte bei verschiedenen Betriebszuständen,

a) Der Idealzustand ohne Unwucht und Zahnfehler, allerdings mit der immer im System vorhandenen Schaufelanregung des Verdichterrades,

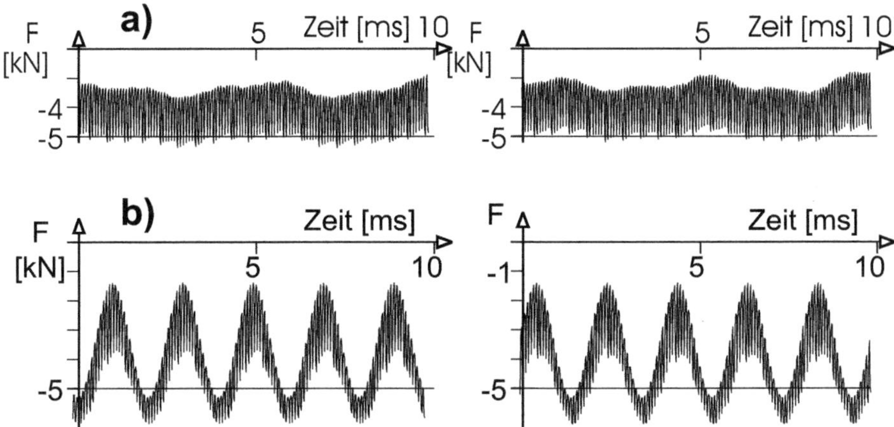

Abb. 4.14. Die Zahnkräfte zwischen den Planeten 1,2 und dem Sonnenrad für die Belastungsfälle a) und b) (siehe Text)

b) Ein Zustand mit erhöhter Unwucht (5g) am Verdichter,

c) Zusätzlich zur Unwucht tritt ein Einzel-Zahnfehler ($50\mu m$ in Belastungsrichtung) an einer Flanke der Sonnenradverzahnung auf ,

d) Zusätzlich zur Unwucht des Verdichterrades wird ein Versagen der Schmierung eines Planetenlagers und ein in Folge auftretender Rückgang der Steifigkeit dieses Lagers auf den halben Wert betrachtet.

In den Abb. 4.13 und 4.14 sind Ergebnisse der durchgeführten Rechnungen zusammengestellt. Abb. 4.13 zeigt den berechneten Orbit der Sonnenradverzahnung im Planetengetriebe, Abb. 4.14 die während des Betriebes mit den beschriebenen Randbedingungen auftretenden Zahnkräfte.

- Fall a) Idealer Zustand des Getriebes: Das Sonnenrad besitzt einen Orbit mit kleinem Radius und die Zahnkräfte erfahren nur geringe Schwankungen aufgrund der Schaufelanregung.
- Fall b) Erhöhte Unwucht am Verdichter: Es entsteht eine stabiler und annähernd kreisförmiger Orbit des Sonnenrades mit größerem Radius.
- Fall c) Falsche Lage einer Zahnflanke auf dem Sonnenrad plus Unwucht am Verdichter: Die fehlerhafte Zahnpaarung ruft stoßförmige Zahnkraftspitzen hervor. Da die Stoßkräfte umlaufsynchron erfolgen, erfährt der Orbit des Sonnenrades entsprechend der Planetenzahl drei Ausbeulungen.
- Fall d) Versagen eines Lagers: Das weichere Lager eines Planeten erzeugt eine starke Verstimmung der Geometrie des Systems mit einer außermittigen Lage der Sonnenverzahnung und des Planeten 2. Da die Sonnenradwelle nur durch eine Lagerstelle ohne axiale Momentübertragung fixiert wird, ist eine geringfügige Schiefstellung der Sonnenradwelle möglich. Durch das weichere Lager sinkt die Bandbreite der Zahnkräfte des betref-

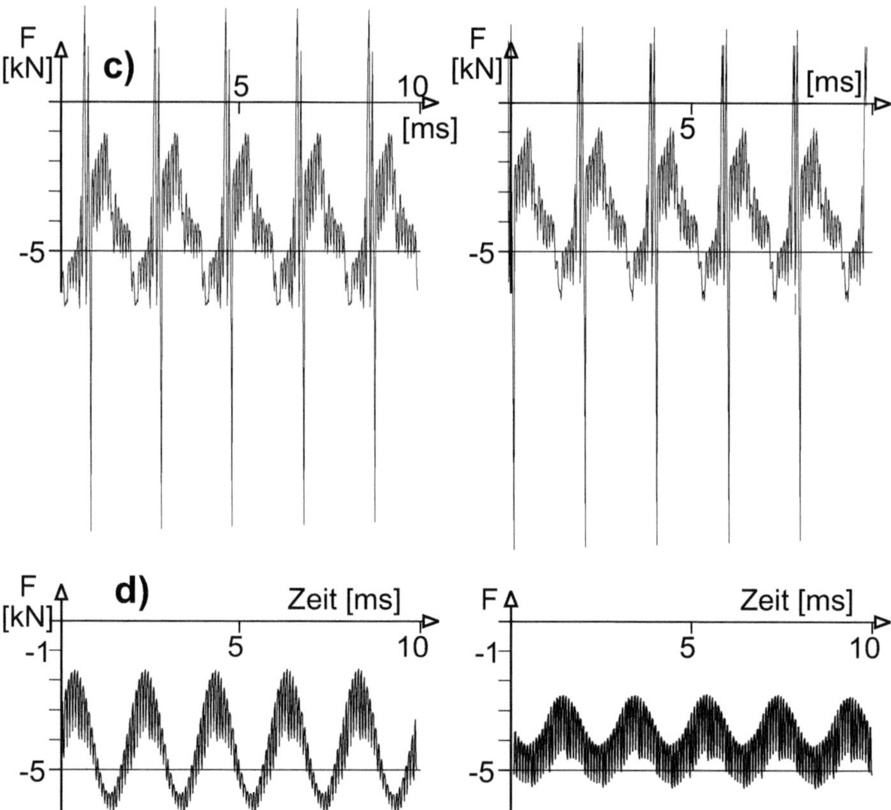

Abb. 4.15. Die Zahnkräfte zwischen den Planeten 1,2 und dem Sonnenrad für die Belastungsfälle c) und d). (Erläuterungen im Text)

fenden Planeten. Aufgrund weiterer Rechnungen wurde festgestellt, dass ein stärkeres Versagen der Planetenlager hingegen sehr leicht Instabilitäten und Zahnhämmern hervorruft.

Mit der vorliegenden Feinheit des Modelles lassen sich für weitere Entwurfs- und Betriebsauslegungen diverse Szenarien effizient mit Hilfe der nummerischer Studien vergleichen.

Literatur

Eine Übersicht über das Themengebiet „Schwingungen in Motoren und Getrieben" ist aufgrund der Vielfalt und Vielzahl der diesbezüglichen Arbeiten wohl nicht möglich. Im Folgenden sind daher die Beiträge aufgeführt, die im direkten Zusammenhang mit den genannten Einzelthemen stehen. Alle Autoren, deren Arbeiten ebenfalls in einen Überblick über dieses Thema gehören und die aufgrund der gewählten Beschränkung hier nicht erscheinen, sind um Nachsicht gebeten.

Bewegungsgleichungen von Antriebssystemen. Die Formulierung und numerische Simulation der Dynamik von Antriebssträngen beruht immer auf mechanischen Prinzipen, deren Erkenntnis und Formulierung schon vor Jahrhunderten gelang. So beruhen alle Bewegungsgleichungen letztlich auf dem Prinzip von D'ALEMBERT in der Fassung von LAGRANGE , [13]. Eine ergiebige und lebendige Darstellung der Geschichte der Entwicklung der Methoden in der Mechanik findet man in SZABO [126]. Der von RITZ [107] vorgestellte Separationsansatz bildet ein wichtiges Hilfsmittel zur Behandlung elastischer Kontinua. Schwingungen in mechanischen Mehrkörpersystemen behandelt MAGNUS [73]. Herleitung und spezielle Formen der Bewegungsgleichungen für allgemeine Mehrkörpersysteme sowie deren Regelungen diskutieren BREMER in [9], und PFEIFFER [97], die Theorie von elastischen Mehrkörpersystemen behandeln BREMER und PFEIFFER detailliert in [10]. Spezielle Methoden, die durch Rekursionsformeln Bewegungsgleichungen effizient lösen, geben HILLER [51], BRANDL / JOHANNI UND OTTER in [84] [85] sowie KIM / HAUG in [56] an. HOLZWEISSIG / DRESIG [52] befassen sich mit linearen Antriebsstrangmodellen im Sinne der klassischen Maschinendynamik. LASCHET [69] gibt einen guten Überblick über die Simulation allgemeiner Drehschwinger-Systeme unter Einbezug typischer nichtlinearer Koppelelemente wie Kupplungen und einfache Getriebe mit Spiel. Mit den Bewegungsgleichungen allgemeiner Antriebssysteme befasst sich KÜCÜKAY in [62]. Methoden zur nichtlinearen Antriebstechnik werden von PFEIFFER [100] diskutiert. Einen ausgezeichneten Überblick über Näherungsverfahren für elastische Kontinua geben BREBBIA, TELLES und WROBEL in [8].

Nichtlineare Kraftkopplungen. Neben den Körpern und ihren zugeordneten Bewegungsgleichungen dominiert die Behandlung der nichtlinearen Kraftkopplungen die Thematik der Simulation von Verbrennungsmotoren und

Zahngetrieben. In diesem Umfeld interessieren insbesondere Verzahnungen und Lagerungen, wobei das in den Kraftkopplungen auftretende Spiel und die entsprechende Behandlung einen weiteren Schwerpunkt setzt.

Systeme mit Spiel. Systeme mit Spiel führen zu strukturvarianten Topologien und somit zu Differenzialgleichungen mit Unstetigkeiten. Spiel in Getrieben führt je nach Lastzustand einer Stufe zu Hämmern (im Falle einer belasteten Stufe) oder zu Rasseln (in unbelasteten Getriebestufen). Das Rasseln wird von KÜCÜKAY [62] , PFEIFFER [92], [93], [95], [96] und KARAGIANNIS [55] mit Hilfe der Stoßtheorie behandelt. WECK / LACHENMAIER [141] untersuchen das Rasseln von Pkw-Getrieben. Während für Betrachtungen des Zeitverhaltens bei Rasseln und Hämmern rechenzeitsparende Modellierung mit Hilfe der Stoßtheorie ausreichend ist, muss der Zahnstoß durch Kraftkennlinien ersetzt und während der Integration aufgelöst werden, um Aussagen über die Kontaktkräfte und Flankenbelastungen zu erhalten. FRITZER [26] untersucht das Verhalten spielbehafteter Systeme mit Näherungsverfahren (Harmonischer Linearisierung) und numerischer Integration. PRESTL [102] modelliert Hämmern in Rädertrieben mit geknickten Ersatzkennlinien für die Zahnsteifigkeit und Dämpfung im Spielbereich, RETTIG / WIRTH [103], [147] behandeln Stöße und Hämmern von behandelten Zahnflanken, WECK / FRITSCH [142] berechnen Hämmern allgemeiner Zahnflanken. Noch nicht in die Modellierung von Antriebssystemen einbezogen sind durch mehrfache Haft-Gleit-Übergänge und durch Normal- und Tangentialsstöße auftretende Mehrdeutigkeiten im System. Mit diesen Problemen befassen sich MOREAU [75], PANAGIOTOPOLOUS [88], GLOCKER, PFEIFFER und SEYFFERTH [33], [99], [117] und geben Lösungen durch Modellierung dieser Systeme als lineare (LCP) und nichtlineare (NLCP) komplementäre Probleme an. ROSSMANN [108] berechnet die inneren Reibmomente in Wellgetrieben in Robotergelenkantrieben mit Hilfe der LCP-Methodik.

Kugellager. Die technische Bedeutung der Wälzlagerungen entspricht der hohen Zahl von Veröffentlichungen, welche sich mit der Berechnung der Kraft- und Verformungsverhältnisse in Wälzlagerungen aller Art beschäftigen. Die Reduktion der Eigenschaften dieser Maschinenelemente auf Steifigkeitskennlinien und Dämpfungswerte kann theoretisch und experimentell erfolgen. [20] stellt hierfür und zur Auswahl spezieller Lagerformen ein Standardwerk zur Verfügung, ebenso bieten alle namhaften Hersteller die wesentlichen Grundformeln in produktbegleitenden Schriften an. oder auch unten angegebene Formelzusammenstellung. Schwieriger ist die Bestimmung von hinreichend genauen Abschätzungen der Dämpfeigenschaften von Kugellagerungen. Diese sind unter anderem in [60] experimentell und theoretisch bestimmt. Auf der Grundlage der Theorien von HERTZ [48], [49] lassen sich die Annäherungen und inneren Spannungen der elastischen Wälzkörper elegant bestimmen. PALMGREN [87] erweitert diese für den nicht geschlossen lösbaren Fall bestimmter Rollenlager.

Gleitlager. Gleitlager sind ab gewissen Drehzahlen und Lasten die Lagerung der Wahl für Rotorsysteme. Auch in Kolbenmotoren findet die Lagerung der Kurbelwellen durch Schmierfilme statt. Die zentrale Gleichung zur Berechnung der Schmierfilmverhältnisse in Gleitlager liefert REYNOLDS [105] bereits im Jahre 1886. Er gibt eine geschlossene analytische Lösung für den Spezialfall eines unendlich langen Lagers an, für reale Geometrien sind Näherungsverfahren notwendig. Ausführliche Berechnungen der Steifigkeiten von Gleitlagern finden sich u.a. in den Arbeiten von GLIENICKE [32], SOMEYA [120], SPRINGER [123] und LANG [68] . Die dynamischen Lagersteifigkeiten von Kippsegmentlagern berechnet LACHENMAYR [65] über eine Näherungslösung der Reynolds'schen Differenzialgleichung durch TSCHEBYSCHEFF-Polynome höherer Ordnungen. SANTOS [112] erweitert diese Modellierung für aktive Kippsegmentlager.

Hubkolbenmotoren. Zur Dynamik von Hubkolbenmotoren existieren eine Reihe von Standardwerken, da auf diesem Gebiet in etwa seit der Entstehung der ersten Verbrennungsmotore intensiv geforscht wird. So sind hier die Arbeiten von SCHRÖN [114], HAUG [42], HAFNER / MASS [38] und LANG [67] zu nennen. Als allgemein gültiges Nachschlagewerk für Dieselmotoren gelten auch die Bücher von MAU [74], LILLY [70], während sich NESTORIDES und GRAMMEL [37] spezieller mit Torsionsschwingungen der Kurbelwelle und harmonischen Ansätzen zur Berechnung von Massen- und Erregerkräfte beschäftigen. Drehschwingungen in Steuertrieben und das dabei auftretende Zahnhämmern untersucht PRESTL [101] [102] durch torsionselastische Modellierung der Nockenwellen. Die nichtlinearen Effekte von Ventiltrieben, Riemen und Nockenstößel auf Steuertriebe diskutiert FRITZER [26].

Verzahnungen. Verzahnungen zählen zu den wichtigsten Koppelelementen zur Übertragung von Drehbewegungen und -Momenten. Entsprechend unübersichtlich groß gestaltet sich die Vielfalt der Arbeiten, welche sich mit der Kinematik und Elastostatik dieser Kraftkopplung beschäftigen. Die Grundlagen des elastostatischen Kontaktes regelmäßiger Kontaktgeometrien liefert HERTZ [48] bereits 1881. Auch die Berechnung von Spannungen im Zahnfuß ist inzwischen ein Forschungsgebiet mit jahrzehntelanger Tradition, HARRIS [43].

Mit zunehmender Leistung der verfügbaren Rechenmaschinen verlagern sich die theoretischen und messtechnisch orientierten Ansätze auf computerunterstützte Finite-Element-Berechnungen der Kontaktsteifigkeiten. Für den Maschinenbau richtungsweisend gilt die Norm DIN 3990. Einen gut mit Messungen abgestimmten Ansatz liefert ZIEGLER [149]. Im Verlaufe des letzten Jahrzehntes steigt die Zahl des Buchesen, die sich mit Hilfe feinmaschiger FE-Methoden dem Kontaktproblem nähern, an dieser Stelle sei WANDERER [140] genannt.

Zahnradgetriebe. Mit der Dynamik von Zahnradgetrieben beschäftigen sich eine große Vielzahl von Autoren. LOOMAN [72], KÜCÜKAY [61], [64], GOLD [36], VDI-Bericht [137] seien hier genannt. Dieses Forschungsgebiet ist bald ein Jahrhundert alt, siehe HARRIS [43], und es ist unmöglich hier einen vollständigen Überblick zu erstellen.

Planetengetriebe. Als spezielle Form der Zahnradgetriebe besitzen Planetengetriebe einen hohen Verbreitungsgrad. Ursache sind die vielen Vorteile, welche diese Bauform liefert. Mit der Geometrie und dem Wirkungsgrad dieser Getriebe befassen sich eine Reihe von Autoren, LOOMAN, MÜLLER, NIEMANN, STRAUCH [72], [76], [82], [125]. ZEMAN [148] befasst sich mit der inneren Erregung in Getrieben durch Zahnfehler. LACHENMAYR [65] berechnet Schwingungen in Planetengetrieben mit elastischen Hohlrädern. KÜCÜKAY [64] bearbeitet explizite Modelle und numerische Simulationen von Kompaktplanetengetrieben. Die Diskussion von konstruktiven Maßnahmen für eine möglichst gleichmäßige Verteilung der Lasten auf die einzelnen Verzahnungen in Planetengetrieben findet man u.a. in EHRLENSPIEL [18], PICKARD [91], HIDAKA et.al. [50] führen umfangreiche Messungen an einem Stoeckicht-Planetengetriebe durch und liefern Aussagen über verschiedene Ausgleichsanordnungen. HORTEL [53] stellt umfangreiche theoretische Arbeiten über Bewegungsgleichungen und ihre Auswertung zusammen. KÜCÜKAY stellt in [63] unter Verwendung eines Stirnschnitt-Modelles mit 13 Freiheitsgraden eine Näherungsmethode zur Berechnung der Zahnlasten und Zahnverformungen zusammen. Anhand einer numerischen Integration wird diese mit sehr guter Übereinstimmung überprüft.

Automatikgetriebe. HAJ-FRAJ und PFEIFFER [40], [41] erstellen ein detailliertes Modell der Schaltelemente in Automatikgetrieben und der Reibungsvorgänge in Lamellenkupplungen.

Press- und Schrumpfsitze. Schrumpfsitze sind ein häufig verwendetes Maschinenelement in der Antriebstechnik. BRAUN [7] modelliert diese Presssitze und formuliert ein „Kraftelement" zur Approximation von Mikroschlupf und zulässiger Belastung. Ein FE-Modell und Versuche sichern die Ergebnisse ab.

Kupplungen. Die Drehmoment- und Biegemomentcharakteristik einzelner Kupplungen als wesentliche Kenngöße in der Dynamik des Antriebsstranges findet sich i.Allg. in den Angaben der einzelnen Hersteller. Den verschiedenen Konstruktionsvarianten von Gleichlaufgelenken widmet sich DITTRICH [15]. Die Drehmomentschwingungen in Kupplungen bei Anfahrvorgängen ist unter anderem durch die FVA erforscht PEEKEN et al. [90]. Die spezielle Kinematik von Gelenkwellen und entstehende dynamische Effekte werden in HARTZ [44] studiert. Die sicherheitsrelevante Begrenzung des übertragenen Drehmomentes durch mechanische, passive Bauelemente oder durch zusätzliche elektronische Wächter ist Gegenstand des Buches von RETTIG und TIMTNER [104] [131]. Einen Überblick über die hydrodynamischen Kupplungen, Bremsen und Wandler liefert die Werksschrift der Firma VOITH KG [139].

Riementriebe. Das Auftreten von transversalen Riemenschwingungen ist Gegenstand vieler Untersuchungen und wissenschaftlicher Arbeiten. ABRATE [2] stellt die grundlegenden Differenzialgleichungen zusammen. FRITZER [26]

[27] löst die Differenzialgleichung für Riementriebe mit Hilfe eines mehrgliedrigen Ritz- Ansatz unter Berücksichtigung geometrischer Anregungen durch fehlerbehaftete Riemenscheiben. Müller-Slany [79] untersucht Serpentinenantriebe in Fahrzeugen in Theorie und Experiment.

Numerische Methoden. Die Vielfalt der Literatur im Hinblick auf numerische Lösungsverfahren für Anfangswertprobleme ist zu groß, um an dieser Stelle eine Auswahl anzugeben. Interessant ist im Hinblick auf die Integration der Dynamik von Mehrkörpersystemen die Problematik von Unstetigkeiten spezieller Koppelelemente. Prestl [102] und Fritzer [26] geben einen detaillierten Algorithmus zur Integration von Bewegungsdifferenzialgleichungen mit signifikanten Unstetigkeiten an.

Normierung und Standardisierung. Die Normierung und Standardisierung der Schwingungsmesstechnik und der Beurteilung und Diagnose von Schwingungsphänomenen begann im deutschsprachigen Raum mit der VDI Richtlinie 2056 im Jahre 1960. Seither sind in den Gremien des VDI, der DIN, der ISO, CENELEC und IEC eine Vielzahl weiterer Normen und Standardisierungen entstanden. Schwirzer [116] gibt einen umfassenden Überblick.

1. HIBITT, KARLSSON, SORENSEN: ABAQUS USER MANUAL. Version 5.5, Hibitt, Karlsson, Sorensen, Inc., Pawtucket, RI, USA, 1995

2. ABRATE, S.: Vibrations of Belts and Belt Drives. Mech. Machine Theory, 1992, (27) No. 6, pp 645-659.

3. BATHE, K.-J.: Finite-Elemente-Methoden. Deutsche Übersetzung, Springer-Verlag, 1986.

4. BAUER, S.: Kopplung von Subsystemen und Wahl der Subsystem -Ansatzfunktionen beim Ritz'schen Verfahren. Diplomarbeit, Lehrstuhl B für Mechanik der TU München, 1991.

5. BAUER, S.: Fehlerdiagnose in Luftfahrttriebwerken. Dissertation,Lehrstuhl B für Mechanik der TU München, 1998. VDI-Fortschritt-Berichte, Reihe 11, Nr. 250, VDI-Verlag, Düsseldorf, 1998

6. BRAUN, J. Einfluss von Pressverbänden auf die Dynamik von Antriebssträngen. Dissertation. VDI Fortschritt-Berichte, Reihe 11, Nr. 231. VDI-Verlag, Düsseldorf 1996

7. BRAUN, J., PFEIFFER, F.: Das dynamische Lastübertragungsverhalten von Schrumpfsitzen: Vergleich Messung-Rechnung. VDI Berichte Nr. 1220, 1995, pp. 207 ff.

8. BREBBIA, C.A., TELLES, J.C., WROBEL, L.C.: Boundary Element Techniques. Theory and Application in Engineering. Springer Verlag, Berlin, Heidelberg, New York, Tokio, 1984

9. BREMER,H.: Dynamik und Regelung mechanischer Systeme, B. G. Teubner Stuttgart 1988

10. BREMER,H., PFEIFFER, F.: Elastische Mehrkörpersysteme, B. G. Teubner Stuttgart 1992

11. BRONSTEIN,I.N., SEMENDJAJEW,K.A.: Taschenbuch der Mathematik, Verlag Harri Deutsch, Thun und Frankfurt/Main, 1985

12. CRAIG, R.R.: Structural Dynamics - An Introduction to Computer Methods John Wiley and Sons 1982, ISBN 0471044997

13. D'ALEMBERT: Traité de dynamique. 1743.

14. DE BOOR, C.: A Practical Guide to Splines Springer–Verlag, New York, 1978

15. DITTRICH, O., SCHUMANN, R.: Anwendungen der Antriebstechnik. Band 2: Kupplungen. Krausskopf-Verlag,Mainz 1974

16. DORMAND, J.R., PRINCE, P.J.: Runge-Kutta-Triples. Comp. & Maths. with Appls., Vol. 12A (1986), pp. 1007-1017

17. v.DUBBEL, H. (Begr.) v.BEITZ W., KARL, H.: Taschenbuch des Maschinenbaus. Springer Berlin, 19., Ausgabe 1997, ISBN 3-540-62467-8

18. EHRLENSPIEL, K: Planetengetriebe - Lastausgleich und konstruktive Entwicklung. VDI- Berichte 1967, Nr. 105, S 57-67.

19. ENGELN-MÜLLGES, G., REUTTER, F.: Formelsammlung zur Numerischen Mathematik mit Standard-FORTRAN 77-Programmen. BI Wissenschaftsverlag, Mannheim/Wien/Zürich, 1988

20. ESCHMANN, P., HASBARGEN, L., WEIGAND, K.: Die Wälzlagerpraxis: Handbuch für die Berechnung und Gestaltung von Wälzlagerungen. R. Oldenbourg Verlag, München / Wien, 1978.

21. FÄRBER,G.: Prozeßrechentechnik, Springer–Verlag, Berlin 1979

22. FEDERN, K: Systemeigene und zusätzliche Drehschwingungsdämpfung bei Kurbelwellen, ihr Wesen, ihre technische Erfassung und ihre gezielte Beeinflussung. VDI-Berichte Nr. 269 (1976), S.27-36

23. FEHLBERG, E.: Klassische Runge-Kutta-Formeln fünfter und siebenter Ordnung mit Schrittweiten-Kontrolle. Computing 4 (1969), S. 93-106 mit Berichtigung im Band 5 (1970), S. 184.

24. FEHLBERG, E.: Some Old and New Runge-Kutta Formulas with Stepsize Control and Their Error Coefficients. Computing 34 (1985) S. 265-270
25. FRITSCH, P.: Auswirkungen des Drehmomentwechsels auf die Flankenbeanspruchung von geradverzahnten Stirnrädern. FVA Forschungsreport, Vorhaben Nr. 112 der FVA, Bad Soden, November 1985
26. FRITZER, A.: Nichtlineare Dynamik von Steuertrieben. Dissertation, TU München 1992. VDI-Fortschritt-Berichte, Reihe 11, Nr. 176
27. FRITZER, A.: Transversalschwingungen eines Riementrums. ZAMM 1991 (71), T202-205
28. FRONIUS, S.: Maschinenelemente. VEB Verlag Technik Berlin, 1971
29. FÖLLINGER, O.: Regelungstechnik. AEG - TELEFUNKEN AG 1980.
30. GEAR, C. W.: Numerical Initial Value Problems in Ordinary Differential Equations. Englewood Cliffs, N.J.: Prentice Hall 1971
31. GLASMACHER, W., SOMMER, D.: Implizite Runge-Kutta-Formeln. Forschungsberichte des Landes NRW, Nr. 1763, Köln-Opladen 1966.
32. GLIENICKE, J.: Theoretische und experimentelle Ermittlung der Systemdämpfung gleitgelagerter Rotoren und ihre Erhöhung durch eine äußere Lagerdämpfung. Fortschr.-Ber. VDI-Z., Reihe 8, Nr.34, VDI-Verlag, Düsseldorf, 1972.
33. GLOCKER, C.: Dynamik von Starrkörpersystemen mit Reibung und Stößen. Dissertation, VDI-Fortschritt-Berichte, Reihe 18 Nr. 182. VDI- Verlag, Düsseldorf, 1995
34. GLOCKER, C., PFEIFFER, F.: Dynamical Systems with Unilateral Constraints. Nonlinear Dynamics 3,pp. 245-259, 1992, Kluwer Academic Press
35. GLOCKER, C., PFEIFFER, F.: Complementary Problems in Multibody Systems with Planar Friction. Archive of Applied Mechanics 63, pp. 452-463, 1993
36. GOLD, W.: Statisches und dynamisches Verhalten mehrstufiger Zahnradgetriebe. Dissertation, RWTH Aachen 1979.
37. GRAMMEL, R.: Über die Torsion von Kurbelwellen. Ing. Archiv 4 (1933), S.287
38. HAFNER, K.E., MASS, H.: Torsionsschwingungen in der Verbrennungskraftmaschine. Folge „Die Verbrennungskraftmaschine", Band 4. Springer Verlag Wien, New York, 1985
39. HAHN, H-G.: Elastizitätstheorie. Teubner Stuttgart, 1985, ISBN 3-519-02364-4
40. HAJ-FRAC, A., PFEIFFER, F.: Modellierung der Schaltelemente in Pkw- Automatikgetrieben. VDI-Berichte No. 1323, pp. 415-427, 1997
41. HAJ-FRAC, A., PFEIFFER, F.: Simulation of an Automatic Vehicle Transmission as a Mechatronic Model. Mechatronics '98, Proceedings of the 6th UK Mechatronics Forum International Conference, Skövde, Schweden, 9.-11. September 1998, pp. 85-90.
42. HAUG, K.: Die Drehschwingungen in Kolbenmaschinen. Springer Verlag Berlin-Göttingen-Heidelberg, 1952
43. HARRIS, L.: Dynamic Loads on the Teeth of Spur Gears. Proceedings, Institution of Mechanical Engineers, 1958, Nr. 2
44. HARTZ, H.: Antriebe mit Gelenkwellen, Teil I: Kinematische und dynamische Zusammenhänge. Antriebstechnik 24 (1985) Nr. 3. Teil II: Probleme und ihre Lösungen. Antriebstechnik 24 (1985) Nr. 4
45. HEINISCH, D.: Ein Verfahren zur lebensdauerorientierten Dimensionierung von Zahnradgetrieben mit Hilfe von Lastkollektiven. Konstruktion, 38 (1980) 11.
46. HEINZEL, G.: Beliebig genau. Moderne Runge-Kutta-Verfahren zur Lösung von Differentialgleichungen. c't 1992, Heft 8, pp. 172-186.
47. HEINZL, J.: Vorlesung Feingerätebau. Lehrstuhl für Feingerätebau und Getriebelehre, TU München, Wintersemester 1987/88
48. HERTZ, H.:Über die Berührung fester elastischer Körper. Journal für Mathematik 92, S. 156-171, 1881

49. HERTZ, H.:Über die Berührung fester elastischer Körper. Ges. Werke, Bd. 1 Leipzig, Barth 1895

50. HIDAKA, T., TERAUCHI, Y., FUJII, M.: Analysis of dynamic Tooth Load on Planetary Gear. Bulletin of JSME, Vol. 23, No. 176, Februar 1980, S.315-323

51. M. HILLER, A. KECSKEMETHY, C. WOERNLE: A Loop-Based Kinematical Analysis of Complex Mechanisms. ASME Conference, Columbus, Ohio, USA, 1986.

52. HOLZWEISSIG, F., DRESIG, H.: Lehrbuch der Maschinendynamik. Springer-Verlag, Wien, New-York, 1979.

53. HORTEL, M.: Zur Problematik der Behandlung dynamischer Vorgänge in Planetendifferentialgetrieben. (Übersetzung aus dem Tschechischen). Stroynicky casopis 24 (1973), Heft 5, pp. 447-458

54. JOHANNI, R.: Automatisches Aufstellen der Bewegungsgleichungen von baumstrukturierten Mehrkörpersystemen mit elastischen Körpern. Diplomarbeit, Lehrstuhl B für Mechanik der TU München, 1984

55. KARAGIANNIS, K.: Analyse stoßbehafteter Schwingungssysteme mit Anwendung auf Rasselschwingungen i in Getrieben. Dissertation, VDI Fortschritt-Berichte, Reihe 11, Nr. 125, VDI-Verlag, Düsseldorf 1989.

56. KIM, S.-S., HAUG, E.J.: A Recursive Formulation for Flexible Multibody Dynamics, Part II: Closed-Loop Systems. Comp. Meth. in Applied Mech. and Eng., 74 (1989) 251-269.

57. KER WILSON, W.: A Practical Solution of Torsional Vibration Problems. 5 Volumes, Chapman & Hall 3rd. edn. 1956-1969

58. KOLLMANN, F.G.: Welle - Nabe - Verbindungen. Konstruktionsbücher, Band 32, Springer- Verlag, Berlin, Heidelberg, New York, 1984

59. KLEIN, U.: Getriebediagnose an Industrieturbosätzen. Methoden, Nutzen und Trends der schwingungsdiagnostischen Überwachung von Turbosätzen in Kraftwerken und Industrieanlagen. 3. Symposium, Tagungsbericht. Carl Schenk AG, 1995.

60. KLUMPERS, K.J.: Theoretische und experimentelle Bestimmung der Dämpfung spielfreier Radialwälzlager. Fortschritt-Bericht VDI-Z, Reihe 1, Nr. 74, VDI-Verlag, Düsseldorf, 1980.

61. KÜCÜKAY, F.: Über das dynamische Verhalten von einstufigen Zahnradgetrieben. VDI-Fortschritt-Berichte, Reihe 11, Nr. 43, VDI-Verlag, Düsseldorf, 1981.

62. KÜCÜKAY, F.: Zur Formulierung und Programmierung der Bewegungsgleichungen von Antriebssträngen. VDI-Z, Band 126, (1984) Nr. 20.

63. KÜCÜKAY, F.: Parametererregte Schwingungen in Planeten- Standgetrieben. ZAMM 65 (1985), S. T71-T74

64. KÜCÜKAY, F.: Dynamik der Zahnradgetriebe. Modelle, Verfahren, Verhalten. Springer Verlag, 1987.

65. LACHENMAYR, G.: Schwingungen in Planetengetrieben mit elastischen Hohlrädern. Dissertation, TU München 1988. VDI-Fortschritt-Berichte, Reihe 11 Nr. 108

66. LAGRANGE, L.:Mécanique analytique, 1788.

67. LANG, O., R.: Triebwerke schnellaufender Verbrennungsmotoren. Konstruktionsbücher, Band 22, Springer-Verlag, 1960.

68. LANG, O., R., STEINHILPER, W.: Gleitlager. Konstruktionsbücher, Band 31, Springer-Verlag, 1978.

69. LASCHET, A.: Simulation von Antriebssystemen. Fachberichte Simulation, Band 9, Springer Verlag, 1988.

70. LILLY, L.: Diesel Engine Reference Book. Butterworths, London, 1984

71. LINKE, H.: Untersuchungen zur Ermittlung dynamischer Zahnkräfte von einstufigen Stirnradgetrieben mit Geradverzahnung. Dissertation, TU Dresden, 1969.

72. LOOMAN, J.: Zahnradgetriebe. Springer- Verlag Berlin- Heidelberg- New York, 1970

73. MAGNUS, K.: Schwingungen. Teubner, Stuttgart 1976.

74. MAU, G.: Handbuch Dieselmotoren im Kraftwerks- und Schiffsbetrieb. Vieweg, 1984

75. MOREAU, J.J.: Unilateral Contact and Dry Friction in Finite Freedom Dynamics. Non-Smooth Mechanics and Applications, CISM Courses and Lectures, Vol. 302, Springer Verlag, Wien, 1988

76. MÜLLER, H.W.: Die Umlaufgetriebe. Springer- Verlag, Berlin- Heidelberg- New-York, 1971.

77. MÜLLER, H.W.: Drehmomentübertragung in Preßverbindungen. Konstruktion 14 (1962), S. 112-115.

78. MÜLLER, H.W.: Drehmomentübertragung in Preßverbindungen. Konstruktion 14 (1962), S. 47-57.

79. MÜLLER-SLANY, H.H.: Transversale Riemenschwingungen (Beltflutter) in Serpentinentrieben von Fahrzeugmotoren - Theoretische Modellbildung und experimentelle Verifikation. VDI Berichte Nr. 1220, 1995, pp. 145 ff.

80. NESTORIDES, E.J.: A Handbook on Torsional Vibration, B.I.C.E.R.A. Cambridge, 1958

81. NIEMANN, G.: Maschinenelemente, Band I. Springer Verlag, 1981.

82. NIEMANN, G., WINTER, H.: Maschinenelemente, Band II. Springer Verlag, 1981.

83. PRESS, H., FLANNERY, B., TEUKOLSKY, S., VETTERLING, W.: Numerical Recipes - The Art of Scientific Computing Cambridge University Press, 1986

84. M.OTTER, H.BRANDL, R.JOHANNI: A very efficient algorithm for the simulation of robots and similar multibody systems without inversion of the mass matrix. In: Proceedings of the IFAC/IFIP/IMACS International Symposium on Theory of Robots, Vienna, Austria, Dec. 1986

85. M.OTTER, H.BRANDL, R.JOHANNI: An algorithm for the simulation of multibody systems with kinematic loops. In: Proceedings of the 7th World Congress on Theory of Machines and Mechanisms, IFToMM, Sevilla, Spain, 1987.

86. ODA, J.: SHIBAHARA, M.: MIYAMOTO, H.: On Shrink-Fitnesses bewteen an Infinite Cylinder and a Finite Hollow Cylinder. Bulletin of the JSME, Vol 15., No. 88, 1992

87. PALMGREN, A.: Grundlagen der Wälzlagertechnik. Frankhsche Verlagshandlung, Stuttgart, 1964.

88. PANAGIOTOPOULOS, P.D.: Inequality Problems in Mechanics and Applications. Birkhäuser ,Boston, Basel, Stuttgart, 1985.

89. PARLEVLIET, T.: Modell zur Berechnung der erzwungenen Biege- und Torsionsschwingungen von Kurbelwellen unter Berücksichtigung der Ölverdrängungsdämpfung und -steifigkeit in den Grundlagern. Dissertation, Berlin, 1983

90. PEEKEN, H., TROEDER, C., DIEKHANS, G.: Beanspruchung elastischer Kupplungen in Antriebssystemen mit Asynchron-Motoren Antriebstechnik, 18 (1979), Nr. 10

91. PICKARD, J., ET.AL.: Planetengetriebe in der Praxis. Kontakt und Studium, Band 30, Expert-Verlag 1981.

92. PFEIFFER, F.: Mechanische Systeme mit unstetigen Übergängen. Ing.-Archiv 54 (1984), S. 232–240.

93. PFEIFFER,F., KÜCÜKAY, F.: Eine erweiterte Stoßtheorie und ihre Anwendung in der Getriebedynamik. VDI-Z, Bd. 127, Nr.9, S. 341-349, 1985

94. PFEIFFER,F., REITHMEIER,E.: Roboterdynamik, B. G. Teubner Stuttgart 1987

95. PFEIFFER,F.: Chaos im Getriebe. ZAMM, 68 (1988) 4, T100-T102.

96. PFEIFFER,F.: Theorie des Getrieberasselns. VDI Berichte Nr. 697, 1988, S. 45-65.

97. PFEIFFER,F.: Einführung in die Dynamik, B. G. Teubner Stuttgart 1989

98. PFEIFFER,F.: Dynamical Systems with Time-Varying or Unsteady Structure. ZAMM 71 4, T6-T22,1991

99. F. PFEIFFER, C. GLOCKER: Dynamical Systems with unsteady Processes. AS-ME, DE-vol.49, Friction-Induced Vibration, Chatter, Squeal and Chaos Editors: R.A. Ibrahim, A.Soom, Book No. G00735-1992

100. PFEIFFER,F.: Methoden zur nichtlinearen Antriebstechnik. VDI Berichte Nr. 1153, S. 599-624, 1994

101. PRESTL, W.: GENEF - Bestimmung von Ansatzfunktionen für elatische Wellen. Dokumentation, Lehrstuhl B für Mechanik, TU München, Februar 1990

102. PRESTL, W.: Zahnhämmern in Rädertrieben von Dieselmotoren. Dissertation, TU München 1990. VDI-Fortschritt-Berichte, Reihe 11, Nr. 145.

103. RETTIG, H., GERBER, H.: Innere Anregung und Verzahnungsdämpfung bei Stirnradgetrieben. Antriebstechnik, 16 (1976), Nr. 9

104. RETTIG, H., HOPPE, F.: Sicherheitskupplung mit Brechringen für Schwermaschinenantriebe. Antriebstechnik, 25 (1986), Nr. 11

105. REYNOLDS, O.: On the Theory of Lubrication and its Application to Mr. Beauchamp Tower's Experiments. Phil. Trans.Royy. Soc. London, 177:157-234, 1886

106. RIESENFELD, R. F.: Applications of B-Spline Approximations to Geometric Problems of Computer-Aided Design, PhD Dissertation, Syracuse University, N.Y., Mai 1973

107. RITZ, W.: Theorie der Transversalschwingungen einer quadratischen Platte mit freien Rändern. Ann. der Physik IV, 737-786, 1909

108. ROSSMANN, T.: Eine Laufmaschine für Rohre. Dissertation, TU München, VDI- Fortschritt-Berichte, Reihe 8, Nr. 732, VDI-Verlag, Düsseldorf, 1998.

109. RUDERT, W., WOLTERS, G.M.: Baureihe 595: Die neue Motorengeneration von MTU-Teil 1 Motortechnische Zeitschrift 52 (1991) 6, pp 274-282

110. RUDERT, W., WOLTERS, G.M.: Baureihe 595: Die neue Motorengeneration von MTU-Teil 2 Motortechnische Zeitschrift 52 (1991) 11, pp 538-544

111. SÄHN, S.: Torsionsfederzahlen abgesetzter Wellen mit Kreisquerschnitt und Folgerungen für die Gestaltung von Schrumpfverbindungen. Konstruktion 19 (1967), Heft 1, pp. 12-19

112. SANTOS, I.: Aktive Kippsegmentlagerung, Theorie und Experiment Dissertation, TU München 1993. VDI Fortschritt-Berichte, Reihe 11, Nr. 189. VDI Verlag, Düsseldorf, 1993

113. SCHMIDT,G.: Grundlagen der Regelungstechnik, Springer Verlag Berlin 1991

114. SCHRÖN, H.: Die Dynamik der Verbrennungskraftmaschine. Springer- Verlag, Wien 1947

115. SCHWERTASSEK, R.; ROBERSON, R.E.: A state-space dynamical representation for multibody mechanical systems. Acta Mech. 50 1983, 141 - 161; Part II: Systems with closed loops. Acta Mech 51 (1984), 15 - 29

116. SCHWIRZER, T.: Beurteilung und Überwachung der Schwingungen von rotierenden Maschinen. Aktueller Stand und Tendenzen der nationalen und internationalen Normung. Methoden, Nutzen und Trends der schwingungsdiagnostischen Überwachung von Turbosätzen in Kraftwerken und Industrieanlagen. 3. Symposium, Tagungsbericht. Carl Schenk AG, 1995.

117. SEYFFERTH, W.: Modellierung unstetiger Montageprozesse mit Robotern. Dissertation. VDI-Fortschritt-Berichte Reihe 11 Nr. 199. VDI-Verlag, Düsseldorf, 1993

118. SEYFFERTH, W., PFEIFFER, F.: Modelling of Time-Variant Contact Problems in Multibody Systems. Proc. of 12th Symposium on Engineering Applications of Mechanics, June 27-29, Montreal, Canada, pp. 579-588, 1994

119. SHAMPINE, L. F., GORDON, M.K.: Computer Solution of Ordinary Differential Equations. The Initial Value Problem. W.H. Freeman, San Francisco , USA, 1975.

120. SOMEYA, T.: Journal Bearing Data Book. Springer-Velag, Berlin Heidelberg New York, 1989

121. SORGE, K.: Erweiterung des Programmsystems GETSIM um elastische Freiheitsgrade des Hohlrades. Diplomarbeit, Lehrstuhl B für Mechanik der TU München, August 1987.

122. SORGE, K.: Mehrkörpersysteme mit starr-elastischen Subsystemen. Dissertation, TU München 1992

123. SPRINGER, H.: Zur Berechnung hydrodynamischer Lager mit Hilfe von Tschebyscheff-Polynomen. Forsch.-Ing. Wes. Bd. 44 Nr. 4 S.126-134, 1978

124. STOER, J., BULIRSCH, R.: Introduction to Numerical Analysis. New York, Springer Verlag 1980.

125. STRAUCH, H.: Zahnradschwingungen. Z. VDI, Bd. 95 Februar 1953, S. 159-163

126. SZABO, I.: Geschichte der mechanischen Prinzipien und ihrer wichtigsten Anwendungen. Birkhäuser, (Nachdr. d. 3. korr. u. erw. Aufl. 1987) 1996, ISBN 3-7643-1735-3

127. SZABO, I.: Höhere Technische Mechanik. 5. Auflage, Springer-Verlag, Berlin, Heidelberg, New York, 1977

128. TENBERGE, P.: Verstellsysteme für kurvengesteuerte Ventilantriebe in Hubkolbenmotoren VDI-Berichte Nr. 1111, 1994. VDI-Verlag, Düsseldorf

129. TILLER, W.: Rational B-Splines for Curve and Surface Representation IEEE Computer graphics and Applications, September 1983, pp 61-69

130. TIMOSHENKO, S., GOODIER, J.N.: Theory of Elasticity 2nd. Edition, New York, McGraw-Hill, 1951

131. TIMTNER, E.: Elektronische Drehmomentüberwachung für den allgemeinen Maschinenbau. Antriebstechnik, 26, 1987

132. TONDL, A.: Erregungsmechanismen und Merkmale der Schwingungen von Turbomaschinen. Methoden, Nutzen und Trends der schwingungsdiagnostischen Überwachung von Turbosätzen in Kraftwerken und Industrieanlagen. 3. Symposium, Tagungsbericht. Carl Schenk AG, 1995.

133. TREFFTZ, E.: Ein Gegenstück zum Ritz'schen Verfahren. Proc. 2nd Int. Congress on Appl. Mech., Zürich, 1926

134. TROEDER, C.: Die Bedeutung der Drehschwingungs- und Drehmomentmessung im Antriebsstrang für die technische Diagnose. VDI Berichte Nr. 1220, 1995, pp. 227 ff.

135. TRUCKENBRODT, A.: Programmsystem SPLIN - Erzeugung von Spline-Ansatzfunktionen für hybride Mehrkörperfunktionen, Bericht TUM-MW 706B-8001, Technische Universität München, 1980

136. ULBRICH, H.: Dynamik und Regelung von Rotorsystemen. Habilitationsschrift. VDI Fortschritt-Berichte, Reihe 11 Nr. 86. VDI-Verlag, Düsseldorf 1986.

137. VDI (Verein Deutscher Ingenieure, Herausgeber): Computerprogramme zur Berechnung der Schwingungen von Maschinen und Bauwerken. VDI Berichte 786, Düsseldorf, 1989

138. VOCKE, W.: Eine geschlossene Lösung bei Torsion zylindrischer Stäbe mit Umlaufkerbe. ZAMM 37 (1957), pp 403-415.

139. FA. VOITH GETRIEBE KG (Hrsg.): Hydrodynamik in der Antriebstechnik. Wandler, Wandlergetriebe, Kupplungen, Bremsen. Vereinigte Fachverlage, Mainz 1987

140. WANDERER, G.: Zahnsteifigkeit aus FE-ermittelten Einflusszahlen. VDI-Fortschritt-Berichte Reihe 11, Nr. 211. VDI-Verlag, Düsseldorf, 1994

141. WECK, M., LACHENMAIER, S.:Numerische Simulation des dynamischen Leerlaufverhaltens von Pkw-Getrieben. VDI-Z, Bd. 126 (1984), Nr. 18

142. WECK, M., FRITSCH, P.:Zahnflankenhämmern. VDI-Z, Bd. 127 (1985), Nr.7 - April(I)

143. WEIDEMANN, H.-J.: Regelung elastischer Rotorsysteme mit aktiven Kammersystemen. Diplomarbeit, Lehrstuhl B für Mechanik der TU München, 1988.

144. WEIDEMANN, H.-J.: Technische Mechanik in Formeln, Aufgaben und Lösungen. Teubner Stuttgart, 1995. ISBN 3-519-03098-5

145. WEIDEMANN, H.-J.: Schwingungen in Nocken- und Kurbelwellen mittelgroßer Dieselmotoren. VDI- Berichte 1220, 1995, pp. 393 ff.

146. WHITE,D.-J., HUNPHERSON, J.: Finite-Element-Analysis of stresses in shafts due to interference-fit hubs, Journal of Strain Analysis, Vol 4., No. 2., 1969

147. WIRTH, X.: Stoßartige Belastung an oberflächengehärteten Zahnrädern. FVA Heft 12, 1973

148. ZEMAN, J.: Dynamische Zusatzkräfte in Zahnradgetrieben. VDI-Z, 99 (1957), Nr. 6

149. ZIEGLER, H.: Verzahnungssteifigkeit und Lastverteilung schrägverzahnter Stirnräder. Dissertation, RWTH Aachen, Mai 1971.

Sachverzeichnis

Abklingen 35
absolute Beschleunigung 15
absolute Geschwindigkeit 15
Absätze 56
Achsabstand 111
Adiabatenexponent 152
adjungierte Formen 27
Ansatzfunktion, statische GGW- 61
Ansatzfunktionen 32,69
Anschauungsraum 12
Anstreifen 233
Antriebsbeschaufelung 230
Attachement Modes 56
Axialschnitt 234

B-Splines 69
Bahnkurven 233
Balkenelemente 38
Baugruppen 1
Baumstruktur 12
Bernoulli 32
Betriebseingriffswinkel 109,109
Bewegungsgleichungen 11,12
Bezugsknoten 70
Bezugsprofil 109
Bezugspunkt 11
Biegelinie 39
Blockdiagonalisierung 12

charakteristische Gleichung 57
Cholesky 58
Cholesky-Zerlegung 23
class 183

Datenstrukturen 182
Defekt 32,34
Dichteschwankungen 92
Dieselaggregat 222
differentielle Massenelemente 13
DIN 867 109
Dirac-Punkte 30
Direkte Integrationsverfahren 170

Drallsatz 13
Drehzahlplan 120
Drehzahlverhältnis 109
Dreibein 90
Durchmessersprünge 76
dynamische Viskosität 91
Dämpfungsmaß 35

Eigenfrequenzen 57
Eigenfunktionen 57
Eigenwertproblem 57
Einbaulage X,110
eingeprägte Kräfte 11
Eingriffslinie 110
Eingriffsmatrix 34
Eingriffsmoment 31
Eingriffsstrecke 112
Eingriffsteilung 111
Einschrittverfahren 171
Einspannpunkt 78
Einspannung in Wellenmitte 78
Einspritzmenge 153
Einspritznocken 61
Einströmverlust 106
Einstufige Baumstruktur 12
Einstufige Verfahren 171
Einzeldüse 103
elastisches Kontinuum 26
Energiebilanz 154
Energieverlust 35
Euler'sche Differenzialgleichung 96
Evolventenfunktion 109
Evolventenverzahnung 109,110
Explizite Formeln 170
Extrapolationsmethoden 171
Exzentrizität 89

Fehlerordnung 177
Flankenspiel 110
formale Ableitung 11
Formänderungsenergie 37
freie Minimalkoordinaten 11

Freischneiden 166
Funktionalmatrizen 23
Funktionensystems 70
Fußeingriffsstrecke 112
Fußhöhe 112
Fußradius 110

G1L 74
G1R 74
Galerkin 32
Galerkin'sche Forderung 29
Gaskräfte 51,150
Gauß-Typ 174
Gelenk 11
Gelenke 11
geometrischen Randbedingungen 69
geradflankig 109
Gesamtüberdeckung 113
geschlossene Schleife 24
Gewichtungsfunktion 29
Gieren 49
Gleitlagerungen 88
Green'sche Funktion 30
Grundkreis 111
Grundprinzipe 12
Gyromatrix 41

Hagen-Poiseulle 104
Hauptachsensystem 18
Hertz'sche Formeln 80
Hohlräder 43
Hooke 32
Hubkolbenmotoren 150
Hubraum 221
hyperbolische Differenzialgleichung 26

Implizite Verfahren 170
Impulssatz 13
inneres Produkt 26
instationäre Belastung 89
Intervallgrößen 71
Inversion 23

KARDAN-Winkel 15
kinematische Kopplungen 11
kinematische Schleife 12,25
Kleinturbine 221
Knoten 70
Knotenpunkt 75
Knotenpunktsbedingung 71
Knotentypen 75
Kolben 50,150
Kollokation 30
Kollokationsmethode 34

Kompressionsphase 153
Kon-ti-nu-itäts-be-din-gung 92
Kopfeingriffsstrecke 112
Kopfhöhe 111
Kopfhöhenrücknahme 111
Kopfhöhenänderung 111
Kopfkreisdurchmesser 112
Kopfspiel 110
Koppelelemente 11
Koppelvektor 34
Kraftanregung 167
Krafteinleitung 71
Kraftfluss 109
Kraftgesetz 11
Kraftkopplungen 11
Kraftwinder 12
Kubische Splines 71
Kugellager 80
Kupplungen 133
Kurbelwellen 50

L0F 72
L0G 72
L0P 72,72
Lackierzerstäuber 229
Ladungswechsel 152
Lagerabstand 225
Lagerkörper 230
Lagerspiel 80
Lagerzapfen 88
Lagrange 10
laminar 103
Lehr 35
Luftgelagerte Kleinturbine 229
Luftlager 102
Lösungsfluss 17

Massendeviationsmomente 18
Massenmatrix 23
Materialdämpfung 35
Materialgesetz 32
Materialparameter 233
mathematische Modelle 3
mathematisches Ersatzmodell 3
Matrixinversion 23
Matrixnotation 23
Matrixschreibweise 33
Matrizenpaar 57,59
Mehrschrittverfahren 171
Mehrstufige Verfahren 171
MEL 74
Methode von Trefftz 30
Mikroschritt 181
Minimalkoordinate 11

MKS 23
Modalmatrix 60
Modalreduktion 57
Modaltransformation 36
Modellbildung 3
Modul 110
Momentanregung 167
Momenteinleitung 71
Momentenfreiheit 13

Newton-Verfahren 111
Nicht schaltbare Kupplungen 137
Nichtlineare Steifigkeiten 136
Nocken 56,163
Nockenwellenschwingungen 221
Nomenklatur 11
Nominallage 37
Normaleingriffswinkel 110
Normalmodul 110
Normalschnitt 109
nullwertiges Gelenk 13
Nummerische Integration 169
Näherungsverfahren 26

O-Ringe 230
Oberflächenkräfte 13
objektorientiert 183
Operator 26
Ortsintegralmatrizen 44
OT-Lage 227

partiell 33
Planetensätze 117
Pleuel 150
Pleuelstange 50
Plungergeschwindigkeit 163
polares Flächenträgheitsmoment 31
polynomische Splines 69
Polytropenexponent 152
Prinzip von d'Alembert 10,11
Profilverschiebung XIV,109,110
Profilüberdeckung 112
Prädiktor-Korrektor-Methoden 171
Punktkollokationsmethode 35

R1E 73
R1F 73
Rad 109
Rand-Integral-Methode 30
Randbedingungen 33
Randmomente 33
Randterme 33
Rechenzeit 23
rechte Seite 61

Rechtssystem 90
Rekursive Verfahren 23
Relativableitungen 11
Relativkinematik 15
Residuen 28
Reynolds'sche Gleichung 88
Ritz, Walter 69
Ritzel 109
ROF 73
ROG 73
Rohrreibung 106
Rollreibung 164
ROP 73
Rotationsträgheit 31,31
Runge-Kutta-Verfahren 173
Räder und Wellen 49
Rädertrieb 221
Rücktransformation 59

Schaltkupplungen 141
Schaltpunktsuche 172
Schiffsdieselmotor 221
Schlange-Operator 11
schleifendes Koordinatensystem 19
Schmierfilm 88
Schnittmoment 31
Schnittmomentenverlauf 61
Schrittweitensteuerung 172
Schubmodul 31
Schubspannungen im Fluid 90
Schwingungsformen 69
Schwingungsmaxima 236
Schwingungsmodi 229
Separationsansatz 69
Sollbewegung 14
Sommerfeld-Zahl 89
Sonne 118
Spaltfunktion 89
Spannungstensor, symmetrischer 13
Spezielle B-Splines 71
spezielles Eigenwertproblem 59
Spline-Vielfachheit 78
Sprungüberdeckung 113
Stabilität 172
Standgetriebe 120
Starrkörper 12,14
Stauchung 38
Steg 118
Steigung (Ansatzfunktion) 75
stetig differenzierbar 70
Steuerzeiten 227
Stirnrad-Getriebe 49
Stirnschnitt 109
Strömung 236

Stößel 61,163
Subregionen 30
Superposition 45
symmetrische B-Splines 69
Systemgrenze 166

Taumelbewegung 227
Teilkreis 111
Teilung 111
Topologie 12
Torsionswellen 30
Traglager 107
Transponierte 11
Tschebyscheff-Polynome 94
turbulente Strömungen 103

UEL 74
Umlaufgetriebe 117

verallgemeinerte Koordinate 69
Verdrillung 30
Verformungen 30
Vergabeschema 75
verlorene Kräfte 11
Verschiebungen 11
verschleißarm 234
Verzahnungen 109,109

Verzahnungstyp 109
Vielfachheit 75
vollelastische Wellen 37
vollständiges Funktionensystem 69
Vorgelege 228
Vorwärtsrekursion 25

Wasserbremse 223
Weak Formulation 27
Weganregung 167
Wegvorgabe 167
Werkzeugkopfhöhe 110
Wurzel 36
Wälzkreis 110
Wälzlagerungen 79
Wälzpunkt 227

Zahnpaarung 109
Zahnräder 21
Zahnsteifigkeiten 113
Zeitfunktionen 69
Zentrale-Differenzen-Methode 176
Zusatzlängen 57
Zwangskräfte 11
Zylinder 150,221
Zünddrucksprung 227
Zündung 153

MIX
Papier aus verantwortungsvollen Quellen
Paper from responsible sources
FSC® C105338

If you have any concerns about our products,
you can contact us on
ProductSafety@springernature.com

In case Publisher is established outside the EU,
the EU authorized representative is:
**Springer Nature Customer Service Center GmbH
Europaplatz 3, 69115 Heidelberg, Germany**

Printed by Libri Plureos GmbH
in Hamburg, Germany